横山隆一【監修】

電力自由化と技術開発

21世紀における電気事業の
経営効率と供給信頼性の向上を目指して

Liberalization of Electricity Markets
and
Technological Issues

東京電機大学出版局

本書の全部または一部を無断で複写複製（コピー）することは，著作権法上での例外を除き，禁じられています．小局は，著者から複写に係る権利の管理につき委託を受けていますので，本書からの複写を希望される場合は，必ず小局（03-5280-3422）宛ご連絡ください．

はじめに

　エネルギー等の諸分野での規制緩和と自由化が世界各国において進められており，とりわけ，米国での競争的電力市場の創設，英国での完全電力自由化への移行，さらにEU諸国の電力自由市場の統合が，わが国の電気事業のあり方にも大きな影響を与えた。1997年7月に，電気事業審議会基本政策部会から，日本型電力小売自由化と言うべき「部分自由化」が打ちだされ，1995年12月に施行された卸電気事業の自由化とあいまって，大口需要家は，従来の区域内電気事業者のみならず，区域内外の新規発電事業者及び電気事業者からの電力購入が可能となり，また，電力供給に参入しようとする事業者にとっては自社保有の発電設備以外の他発電事業者や区域内外の電気事業者からの電源調達も可能となるなど選択の自由度が向上した。さらに，小売り託送および料金設定ルールが明示され，2000年3月より，我が国においても競争原理に基づく電力市場自由化の本格的潮流が動きだしている。今後は，新たな環境下における電気事業の経営効率の向上，供給信頼度の確保のための電力設備形成及び公平性のある系統運用と送電サービスの確立が求められている。

　このような電力自由化の流れの中で，建設期間が短く，需要地に近接して設置が可能であり送電ネットワークへの負担が軽く，またクリーンで地球温暖化の防止に貢献することから，天然ガスコジェネレーション，マイクロタービンや燃料電池などの新エネルギー利用技術及び風力発電や太陽光発電などの自然エネルギー利用発電といった分散電源が注目を集めている。総合資源エネルギー調査会新エネルギー部会（2001年5月）においては，2010年度における供給サイドの新エネルギー導入見通し（現行対策維持ケース）は，原油換算で約878万klであり，1次エネルギー総供給に占める割合は，1.4％にとどまると見込まれている。これをふまえ官民の最大限の努力を前提とした新エネルギー導入見通し（目標ケース）では，石油換算で1,910万klとなり，この場合の1次エネルギー総供給に占める割合は，3.2％になることが期待されている。新エネルギー（再生可能エネルギー）による電力の導入促進のための法的措置による諸般の制度の整備と並んで，このような新エネルギー利用の分散電源が電力系統に導入されるにあたっては，系統の計画・運用への影響評価，系統連系時の接続技術要件と保護システムの整備，系統周波数，電圧，高調波などの電力品質の管理と制御に関する技術開発が重要となっている。

一方，電力自由化に伴う電力系統運用に係わる懸念も指摘されている。規制緩和が進展するなかアメリカ西部地域の大停電事故(1994年12月, 1996年7月, 1996年8月)，マレーシアの全系崩壊(1996年8月)，ニュージーランド北島の長期間停電(1998年1月)など電力系統障害が多発している。これは電力自由化により送電ネットワークはコモンキャリア化され，多くの市場参加者間の複雑な電力取引によりネットワーク運用に歪みが生じ，電力潮流が混雑(過負荷)状態に陥ったことが原因といわれている。これらの対応として，送電可能容量の算定と評価，系統安定度，電圧安定性，事故波及防止などの供給信頼性確保に係わる技術開発，パワーエレクトロニクス機器による送電可能容量の向上技術が求められている。

また，アメリカで他州に先駆けて電力自由化に踏み切ったカリフォルニア州は，電力危機に襲われている。州の4割にあたる1300万人が利用している最大手電力会社パシフィック・ガス＆エレクトリック(PG&E)が経営難による資金不足から十分な電力の調達ができず，広い範囲で計画停電を実施せざるを得なくなり，ついには倒産にいたった。エネルギー分野への競争導入の旗の下に規制緩和がすすめられ，同州の電力会社は発電と送電部門が分離され，電力は卸電力取引所(PX)から調達することが義務付けられて，そこから電力を購入して企業や一般消費者に送電・販売するという仕組みとなった。同州では，厳しい環境規制と不透明な電力需要動向のもとでコストのかかる発電設備の新設はここ十年まったく行われていなかった。この状況において，シリコンバレーに代表されるIT産業の急成長，人口の急増加さらには豪雨，寒波，猛暑といった異常気象などの複数の要因が重なって電力需要が急増加し，電力供給力不足に陥り電力価格が暴騰したことがこの危機の第一要因と考えられている。しかし，始まったばかりの自由電力市場の中で，発電事業者がより高く電力を売ろうと供給調整や価格調整をはかったのではないかとの意見，あるいは前日入札型スポット市場，強制的な発電設備の売却命令，ストランデッドコスト回収までの決済価格へのプライスキャップ制などの市場メカニズムの未熟さに起因するといった見方もある。これらの対応としては，供給信頼度監視機構の見直し，その維持のための送配電設備計画手法の確立，需給運用と設備補修計画の策定，信頼度解析ソフトウェア技術の開発，双方向情報通信技術の開発の重要性が認識されている。

我が国の電気事業体制のあり方に関しては，2000年3月の部分自由化の効果を3年に渡って検証し，さらなる自由化を進めるか否かを決定することとなっている。しかし，電力市場の自由化は，従来の供給体制，エネルギー事情，国際あるいは地域間連系構造，供給信頼性及び安定運用に対する需要家の要望等の国情によりその選択するべき道も大きく異なる。我が国の電力事業は，世界でも最も良質で信頼性の高い電力

を安定に供給してきていることから，今後の電力自由化の方向は，他国を模倣することなく，我が国電気事業の特性に則した独自の最適選択をすることが望まれる。

　本書においては，電力自由化という新環境下において電気事業の経営効率の向上と供給信頼度の確保のための重要ソフト及びハード技術：電力市場のための基礎経済理論(第2章 岡田健司)，送電サービスと送電料金設定理論(第3章 浅野浩志)，短期限界費用と最適潮流計算(第4章 久保川淳司)，系統維持運用・制御とアンシラリーサービス(第5章 栗原郁夫，岡田健司)，安定度評価と固有値解析(第6章 的場誠一)，供給信頼度評価と電力設備形成(第7章 陳洛南)，電力系統の運用・解析支援シミュレーション技術(第8章 中西要祐)，分散電源連系と電圧管理技術(第9章 福山良和)，分散型電源系統連系と単独運転検出技術(第10章 舟橋俊久)，新エネルギー導入と可変速回転機器技術(第11章 小柳薫)，電力品質維持とパワーエレクトロニクス(第12章 荒井純一)，新エネルギー利用と分散電源(第13章 藤田吾郎)，分散電源の系統計画への影響評価(第14章 新村隆英)について述べる。本書において紹介する各種の先端技術が，廉価で信頼性の高い電力を安定的に供給できる電気事業及び電力系統の構築の一助となることを期待している。

2001年8月

監修　横山隆一

■監修者

横山 隆一（よこやまりゅういち）　工学博士　東京都立大学大学院 工学研究科 教授

■執筆者

浅野浩志（あさのひろし）　工学博士　(財)電力中央研究所 経済社会研究所 上席研究員

荒井 純一（あらいじゅんいち）　博士(工学)　(株)東芝 電力システム社 電力・産業システム技術開発センター 技監

岡田健司（おかだけんじ）　工学博士　(財)電力中央研究所 経済社会研究所 主任研究員

久保川淳司（くぼかわじゅんじ）　博士(工学)　広島工業大学 工学部 知能機械工学科 助教授

栗原郁夫（くりはらいくお）　工学博士　(財)電力中央研究所 狛江研究所 電力システム部長

小柳 薫（こみなぎかおる）　博士(工学)　東電ソフトウエア(株) 応用技術部 次長

陳洛南（ちんらくなん）　工学博士　大阪産業大学 電気電子工学科 助教授

中西要祐（なかにしょうすけ）　工学博士　富士電機(株)事業開発室 IT ソリューション部 課長

新村隆英（にいむらたかひで）　工学博士　University of British Columbia
　　　　　　　　　　　　　　　　Department of Electrical and Computer Engineering

福山良和（ふくやまよしかず）　博士(工学)　富士電機(株) 事業開発室 IT ソリューション部 担当課長

藤田吾郎（ふじたごろう）　博士(工学)　芝浦工業大学 工学部 電気工学科 電力システム研究室 講師

舟橋俊久（ふなはしとしひさ）　博士(工学)　(株)明電舎 エネルギー事業本部 電力事業部 電力技術部 主管技師

的場誠一（まとばせいいち）　工学博士　(株)開発計算センター 電力システム部 解析技術室 グループリーダ

■執筆分担

第1章　横山 隆一　　第6章　的場 誠一　　第12章　荒井 純一
第2章　岡田 健司　　第7章　陳 洛南　　　第13章　藤田 吾郎
第3章　浅野 浩志　　第8章　中西 要祐　　第14章　新村 隆英
第4章　久保川淳司　　第9章　福山 良和　　第15章　横山 隆一
第5章　栗原 郁夫　　第10章　舟橋 俊久
　　　　岡田 健司　　第11章　小柳 薫

目　　次

第 1 章　電力自由化動向と技術課題 …………… 1

1.1　電力自由化の背景と供給形態の変遷 ………… 1
1.1.1　電力自由化の背景 ………………………………… 1
1.1.2　電力自由化の世界的潮流と供給形態 …………… 3
1.1.3　資本所有形態による電力供給事業体系の分類 … 6
1.1.4　垂直統合型と水平分割型による電力供給事業体系の分類 … 7
1.1.5　競争導入による電力供給形態の変遷 …………… 8

1.2　イギリスにおける電力自由化の動向 ………… 12
1.2.1　電気事業の民営化と完全競争型供給形態 ……… 12
1.2.2　プール市場の設立と電力取引の手順 …………… 14
1.2.3　プール市場での電力取引の構造 ………………… 16
1.2.4　競争導入後の電気事業への影響 ………………… 18
1.2.5　完全自由化へ向けての今後の動向 ……………… 18

1.3　アメリカにおける電力自由化の動向 ………… 22
1.3.1　アメリカにおける電力自由化の経緯 …………… 22
1.3.2　FERC Order No.888 と No.889 による電力自由化の促進 … 23
1.3.3　ISO 設立による電気事業再編 …………………… 24
1.3.4　カリフォルニア州のハイブリッド型電力取引形態 … 25
1.3.5　送電線情報システムの設置 ……………………… 28

1.4　欧州連合(EU)における電力自由化の動向 … 28
1.4.1　EU 電力市場自由化指令の背景 ………………… 28
1.4.2　EU 委員会の電力市場自由化の提案 …………… 30
1.4.3　自由化電力市場の選択制 ………………………… 31
1.4.4　送電事業の機能分離 ……………………………… 32
1.4.5　EU 域内電力市場構想と加盟国の対応 ………… 33
1.4.6　今後の課題 ………………………………………… 33

参考文献 ………………………………………………………………… 34

第2章　電力市場のための基礎経済理論 ………… 36
2.1　電力産業の概要 ……………………………………………… 36
2.1.1　電力供給体制と電力系統の特徴 ………………………… 36
2.1.2　電力産業における自然独占性と規制の根拠 …………… 40
2.2　需要と供給の経済学的な考え方 …………………………… 43
2.2.1　基本的な経済問題 ………………………………………… 43
2.2.2　需要曲線の基本的な性質 ………………………………… 44
2.2.3　供給関数と費用概念 ……………………………………… 46
2.3　完全競争市場での需給均衡と社会厚生 …………………… 53
2.3.1　市場構造の特徴 …………………………………………… 53
2.3.2　完全競争市場における需給均衡 ………………………… 55
2.3.3　消費者余剰・生産者余剰と社会厚生 …………………… 57
2.4　不完全競争市場の特徴 ……………………………………… 59
2.4.1　独占市場 …………………………………………………… 59
2.4.2　独占的競争市場 …………………………………………… 61
2.4.3　寡占（および複占）市場 ………………………………… 61
2.5　電力自由化に伴う諸問題 …………………………………… 62
参考文献 ………………………………………………………………… 65

第3章　送電サービスと送電料金設定理論 ………… 67
3.1　送電サービスと送電コスト ………………………………… 67
3.1.1　オープン・アクセスと送電サービス …………………… 67
3.1.2　送電コスト ………………………………………………… 69
3.2　送電プライシング手法 ……………………………………… 70
3.2.1　総括費用方式と限界費用方式 …………………………… 70
3.2.2　固定費回収のためのアクセス料金設定 ………………… 72
3.2.3　限界費用方式の特徴とノーダルプライシング ………… 74
3.3　送電線混雑管理と送電利用権の導入 ……………………… 83

	3.3.1	送電線混雑管理	83
	3.3.2	送電線混雑料金	86
	3.3.3	送電利用権の導入	88

3.4 欧米諸国における送電料金設定方式の動向 …… 90
- 3.4.1 イギリスの送電料金 …… 90
- 3.4.2 ドイツの送電料金 …… 93
- 3.4.3 アメリカの送電料金 …… 96
- 3.4.4 北欧の送電料金 …… 99

3.5 日本の託送料金 …… 100
- 3.5.1 託送制度の概要 …… 100
- 3.5.2 託送料金体系 …… 102

3.6 今後の課題 …… 104

参考文献 …… 105

第4章　短期限界費用と最適潮流計算 …… 107

4.1 短期限界費用の算出方法 …… 107
- 4.1.1 短期限界費用の定義 …… 107
- 4.1.2 直流法潮流計算に基づくノーダルプライスの計算法 …… 108

4.2 最適潮流計算法の定式化 …… 110
- 4.2.1 OPF問題の定式化 …… 111
- 4.2.2 目的関数 …… 112
- 4.2.3 等式制約 …… 112
- 4.2.4 不等式制約 …… 112

4.3 内点法による最適潮流計算の解法 …… 113
- 4.3.1 主双対内点法によるOPFの定式化 …… 113
- 4.3.2 主双対内点法のアルゴリズム …… 116
- 4.3.3 主双対内点法によるOPF解法の実行例 …… 118

4.4 最適潮流計算法の拡張 …… 118
- 4.4.1 実行不可能な運用条件に対する最適潮流計算法 …… 119
- 4.4.2 電圧安定度を考慮した最適潮流計算法 …… 120
- 4.4.3 安定度制約を考慮した最適潮流計算法 …… 123

4.5　まとめ ……………………………………………………… 127
　参考文献 …………………………………………………………… 127

第5章　系統維持運用・制御とアンシラリーサービス ……………………………………………………… 130
　5.1　電力市場におけるアンシラリーサービスの必要性 …………………………………………………… 130
　5.2　電力系統における系統維持運用・制御の現状 …… 132
　　5.2.1　系統維持運用・制御の種類 ………………………… 132
　　5.2.2　個別発電事業者／需要家を対象とした系統運用・制御 …… 138
　5.3　アメリカにおけるアンシラリーサービスの考え方と問題点 ……………………………………… 140
　　5.3.1　アメリカにおけるアンシラリーサービスの考え方 …… 141
　　5.3.2　カリフォルニア州におけるアンシラリーサービスの実例 …… 148
　参考文献 …………………………………………………………… 156

第6章　安定度評価と固有値解析 ……………………… 159
　6.1　電力系統安定度解析手法と電力自由化におけるその役割 …………………………………………… 159
　　6.1.1　電力系統の安定度 …………………………………… 159
　　6.1.2　近年の安定度と規制緩和 …………………………… 160
　　6.1.3　安定度解析における固有値法の位置づけ ………… 161
　6.2　線形微分方程式の安定性と固有値解析 …………… 163
　　6.2.1　線形微分方程式の解の固有値による表現 ………… 163
　　6.2.2　デジタル制御系に対応する固有値解析 …………… 166
　6.3　電力系統解析における固有値解析の定式化 ……… 170
　　6.3.1　電力系統動特性方程式 ……………………………… 170
　　6.3.2　固有値の数値解析手法 ……………………………… 172
　6.4　大規模電力系統における固有値解析手法 ………… 175

	6.4.1	大規模電力系統の固有値法の特徴 …………………………175
	6.4.2	行列のスパース性を考慮した固有値計算法 ………………177
	6.4.3	固有値計算の効率化 …………………………………………180
	6.4.4	大規模固有値解析の今後の課題 ……………………………183

参考文献 ………………………………………………………………183

第7章 供給信頼度評価と電力設備形成 …………185

7.1 供給信頼性と生産コストの評価法 …………………………185
- 7.1.1 等価負荷持続曲線と信頼性指標 ……………………………187
- 7.1.2 直接たたみ込み法(RCT)による評価 ……………………189
- 7.1.3 高速フーリエ変換法(FFT)による評価 …………………189
- 7.1.4 フーリエ級数近似法(FEA)による評価 …………………190
- 7.1.5 グラムシャリエ級数近似法(GCE)による評価 …………191
- 7.1.6 比較 ……………………………………………………………192

7.2 電力市場における需要家向け信頼度指標とその評価法 ………193
- 7.2.1 需要家向け信頼度指標 ………………………………………193
- 7.2.2 モンテカルロ法による評価 …………………………………195
- 7.2.3 高速モンテカルロ法による評価 ……………………………196

7.3 多地域電源拡張計画法 ………………………………………197
- 7.3.1 多地域電源計画の定式化 ……………………………………199
- 7.3.2 下位問題と解法 ………………………………………………200
- 7.3.3 上位問題と解法 ………………………………………………201
- 7.3.4 評価 ……………………………………………………………203

7.4 不確実性を考慮した電源拡張計画法 …………………………203
- 7.4.1 2-ステッジ統計計画問題の定式化 …………………………204
- 7.4.2 統計電源計画問題の解法 ……………………………………205
- 7.4.3 アルゴリズム …………………………………………………208
- 7.4.4 小規模系統の計算と比較 ……………………………………210
- 7.4.5 大規模系統の計算と比較 ……………………………………213
- 7.4.6 評価 ……………………………………………………………215

参考文献 ………………………………………………………… 215

第8章 電力系統の運用・解析支援シミュレーション技術 ……218

8.1 電力系統のシミュレーション技術 ……………………218
8.1.1 系統解析ソフトウェア ……………………………219
8.1.2 シミュレータ ………………………………………220

8.2 電力自由化におけるシミュレーションの課題例 …222
8.2.1 配電系統における分散型電源のシミュレーションの必要性 ……222
8.2.2 送電線の利用に対するシミュレーション ………224

8.3 シミュレーションの実例 ……………………………225
8.3.1 供給信頼度評価解析支援ソフトウェア：PROMODIV …225
8.3.2 送電可能容量評価支援ソフトウェア：PSS/E …229
8.3.3 長周期系統現象評価解析支援シミュレータ：EUROSTAG …233

8.4 電力系統のシミュレーション技術の開発動向 …237
8.4.1 モデルのライブラリー化とシミュレーション結果の可視化技術 …237
8.4.2 リアルタイムシミュレーション技術 ……………238
8.4.3 統合型シミュレーション技術 ……………………239
8.4.4 独立系(IPP)の導入評価および運用支援技術 …240
8.4.5 緊急時給電指令の公平性の検証技術 ……………241

参考文献 ………………………………………………………… 242

第9章 分散電源連系と電圧管理技術 …………………243

9.1 送電系統の電圧安定性解析による管理 ……………243
9.1.1 連続型潮流計算 ……………………………………244
9.1.2 P-Vカーブのシナリオ作成 ………………………246
9.1.3 簡単なシミュレーションによる比較 ……………247

9.2 送電系統の想定事故解析による電圧管理 …………248
9.2.1 Look-Ahead法 ……………………………………249

9.3 配電系統の電圧管理のための高速潮流計算 ………251

- 9.3.1 放射状系統潮流計算 ································· 252
- 9.4 電圧制御機器の最適整定 ································· 257
  - 9.4.1 最適整定問題の定式化 ································· 258
  - 9.4.2 Reactive Tabu Search(RTS)の概要 ····················· 259
  - 9.4.3 最適整定方式 ······································· 261
  - 9.4.4 シミュレーションによる検証 ···························· 265
- 9.5 配電系統の電圧制御機器の協調制御 ························· 268
  - 9.5.1 協調制御方式の基礎検討 ······························· 269
  - 9.5.2 協調制御システムの概要 ······························· 269
  - 9.5.3 シミュレーションによる検証 ···························· 270
- 9.6 まとめ ··· 271
- 参考文献 ··· 272

第10章 分散型電源系統連系と単独運転検出技術 ·············· 273

- 10.1 分散型電源系統連系と電力品質 ························· 273
  - 10.1.1 周波数変動 ·· 273
  - 10.1.2 電圧変動 ·· 274
  - 10.1.3 高調波 ·· 275
  - 10.1.4 信頼度 ·· 276
- 10.2 単独運転検出の必要性 ································· 277
  - 10.2.1 単独運転とは ······································ 277
  - 10.2.2 単独運転の弊害 ···································· 278
  - 10.2.3 従来の単独運転検出技術 ···························· 278
  - 10.2.4 受動的方式と能動的方式 ···························· 280
- 10.3 単独運転検出技術(受動的方式) ······················· 281
  - 10.3.1 周波数変化率検出方式(ROCOF) ······················ 281
  - 10.3.2 電圧位相シフト検出方式 ···························· 281
- 10.4 単独運転検出技術(能動的方式) ······················· 283
  - 10.4.1 無効電力変動方式 ·································· 283

10.4.2　QCモード周波数シフト方式 ································· 285
　　　10.4.3　負荷変動方式 ·· 287
　　　10.4.4　周波数シフト方式 ·· 287
　　　10.4.5　次数間高調波注入方式 ··· 288
　　　10.4.6　その他の能動的方式 ··· 288
　10.5　単独運転検出リレーシーケンス ··· 289
　　　10.5.1　周波数変動量の検出 ··· 289
　　　10.5.2　無効電力変動方式の単独運転検出シーケンス ···· 290
　　　10.5.3　無効電力変動方式に対する電圧変動低減対策 ····· 291
　10.6　今後の課題と将来展望 ·· 292
　　　10.6.1　分散型電源複数台連系時の単独運転検出 ············ 292
　　　10.6.2　誘導発電機を用いた風力発電機の単独運転検出 ···· 292
　　　10.6.3　パワーエレクトロニクス技術や通信網を活用した新しい
　　　　　　　自律分散型電源の実現可能性 ······························· 294
参考文献 ··· 294

第11章　新エネルギー導入と可変速回転機器技術 ··· 297
　11.1　新エネルギー導入と可変速技術の応用 ································ 297
　　　11.1.1　新エネルギー電源の系統導入 ································· 297
　　　11.1.2　風力発電の概要と課題 ·· 297
　　　11.1.3　風力発電システムへの可変速技術の応用 ············ 299
　11.2　可変速揚水発電システムの構造と特徴 ································ 302
　　　11.2.1　夜間揚水運転時における揚水電力調整が可能 ···· 303
　　　11.2.2　系統安定度の向上 ·· 303
　　　11.2.3　発電運転時における運転効率の向上 ···················· 304
　11.3　可変速揚水発電システムの制御方式 ···································· 304
　　　11.3.1　過渡安定度などの短時間領域での解析 ················ 304
　　　11.3.2　周波数応答解析などの長時間領域での解析 ········ 306
　11.4　可変速揚水発電システムと系統安定度 ······························· 311

11.4.1　可変速機による系統安定度向上効果の解析モデル……………311
　　11.4.2　可変速機の安定化装置の設計例………………………………311
　　11.4.3　設計した安定化装置適用の効果………………………………314
　11.5　可変速回転機器の系統連系装置としての
　　適用研究事例……………………………………………………………317
　　11.5.1　回転形系統連系装置の構成と特性，モデリング……………317
　　11.5.2　簡単なモデル系統での系統連系装置の動特性シミュレーション319
　　11.5.3　ウインドファームと系統との連系装置への適用研究事例………322
　参考文献 ……………………………………………………………………326

第12章　電力品質維持とパワーエレクトロニクス……………………328

　12.1　電力託送と既存送電線の送電能力向上……………328
　　12.1.1　送電電力………………………………………329
　　12.1.2　FACTS機器…………………………………330
　　12.1.3　SSSC…………………………………………334
　　12.1.4　UPFC…………………………………………335
　　12.1.5　TCSC…………………………………………336
　　12.1.6　TCBR…………………………………………337
　　12.1.7　TCPST………………………………………337
　12.2　部分系統の運用と制御………………………………338
　　12.2.1　自励式直流送電………………………………338
　　12.2.2　他励式直流送電………………………………340
　　12.2.3　サイリスタスイッチ…………………………341
　　12.2.4　限流器…………………………………………343
　12.3　高調波とアクティブフィルタ………………………344
　　12.3.1　LCRパッシブフィルタ………………………345
　　12.3.2　アクティブフィルタ…………………………345
　　12.3.3　組み合わせ型…………………………………345
　12.4　電力品質における今後の多様化と課題……………346

参考文献 …………………………………………………………… 348

第 13 章　新エネルギー利用と分散電源 …………… 350
13.1　概要 ……………………………………………………… 350
13.2　背景 ……………………………………………………… 352
13.2.1　新エネルギーへの転換政策 ……………………… 352
13.2.2　研究・普及支援体制 ……………………………… 352
13.2.3　電力業界のグリーン制導入 ……………………… 353
13.2.4　余剰電力の購入 …………………………………… 353
13.2.5　ESCO の成立 ……………………………………… 353
13.3　連系方法 …………………………………………………… 354
13.3.1　分散電源導入への法規整備 ……………………… 354
13.3.2　連系の要件 ………………………………………… 355
13.4　風力発電 …………………………………………………… 355
13.4.1　開発の背景 ………………………………………… 355
13.4.2　標準システム ……………………………………… 355
13.4.3　基本技術 …………………………………………… 356
13.4.4　導入事例 …………………………………………… 357
13.5　太陽光発電 ………………………………………………… 359
13.5.1　開発の背景 ………………………………………… 359
13.5.2　標準システム ……………………………………… 360
13.5.3　基本技術 …………………………………………… 360
13.5.4　導入事例 …………………………………………… 361
13.6　コジェネレーションシステム …………………………… 361
13.6.1　開発の背景 ………………………………………… 361
13.6.2　標準システム ……………………………………… 364
13.6.3　基本技術 …………………………………………… 365
13.6.4　開発・導入状況 …………………………………… 366
13.7　燃料電池 …………………………………………………… 369
13.7.1　開発の背景 ………………………………………… 369
13.7.2　標準システム ……………………………………… 370

13.7.3　基本技術 ·· 371
　　　13.7.4　導入事例 ·· 372
　13.8　まとめ ·· 373
　　　13.8.1　そのほかの開発動向 ·· 373
　　　13.8.2　分散型電源の限界 ··· 374
　　　13.8.3　今後の動向 ··· 374
　参考文献 ··· 374

第14章　分散電源の系統計画への影響評価 ······ 376

　14.1　背景：分散電源の影響評価 ·· 376
　14.2　影響評価の指標 ·· 377
　　　14.2.1　最適潮流計算の概要 ·· 377
　　　14.2.2　評価指標 ·· 379
　14.3　ファジィ指標による総合評価 ·· 380
　　　14.3.1　送電損失 ·· 381
　　　14.3.2　環境影響 ·· 382
　　　14.3.3　系統混雑度 ··· 382
　　　14.3.4　系統信頼度 ··· 382
　　　14.3.5　電圧分布 ·· 383
　　　14.3.6　総合評価 ·· 383
　14.4　適用事例 ··· 384
　　　14.4.1　モデル系統と設定 ··· 384
　　　14.4.2　評価シミュレーション(1)：託送なしの場合 ······················· 384
　　　14.4.3　評価シミュレーション(2)：託送がある場合 ······················· 390
　14.5　考察 ··· 395
　参考文献 ··· 395

第15章　電力自由化の今後の展望 ······ 397

　15.1　わが国における電力自由化の動向 ·· 397
　　　15.1.1　部分自由化の採用 ··· 397

  15.1.2　電力自由化の効果の検証 …………………………399
  15.1.3　わが国の小売部分自由化における制度整備 …………399
 15.2　主要諸国における電力自由化の動向 …………………401
  15.2.1　電力市場統合へ向けての諸国の動向 …………………401
  15.2.2　フランスの電力自由化動向 ……………………………408
  15.2.3　北欧諸国の動向 …………………………………………410
  15.2.4　ドイツの動向 ……………………………………………413
  15.2.5　イタリアの電力自由化動向 ……………………………415
  15.2.6　スペインの電力自由化動向 ……………………………416
  15.2.7　EU区域電力市場統合のための新たな取り組み ……417
 15.3　電力市場自由化に伴う諸課題 …………………………419
  15.3.1　電力系統の計画・運用における諸課題 ………………419
  15.3.2　送電線開放に伴う諸課題 ………………………………420
  15.3.3　電気事業の競争への対応 ………………………………421
 15.4　送電可能容量の算定と公開 ……………………………422
  15.4.1　競争的電力取引と送電可能容量算定 …………………422
  15.4.2　送電可能容量の定義 ……………………………………423
  15.4.3　送電可能容量の算定 ……………………………………424
 15.5　地域送電機構(RTO)に関する
   最終規則(Order 2000) …………………………………426
  15.5.1　地域送電機構(RTO)の提案 …………………………426
  15.5.2　地域送電機構(RTO)の特徴と機能 …………………427
  15.5.3　地域送電機構(RTO)の形成動向 ……………………428
 参考文献 ……………………………………………………………429

索　　引 ……………………………………………………………433

第1章

電力自由化動向と技術課題

1.1 電力自由化の背景と供給形態の変遷

1.1.1 電力自由化の背景

　電力・ガス・水道，電信・電話，鉄道などの産業は，公益事業として伝統的に政府規制のもとにあり，参入規制，料金規制，事業規制，業務規制や安全・保安規制など，その内容は産業により若干異なるものの，幅広い制約を受けてきた．電気事業などへ公的規制が必要であると考えられてきた理由は，自然独占が成立すること，電気は日常生活や産業に不可欠であること，設備投資額が大きく事業リスクが高いこと，エネルギーの確保など政策的な側面が強いことなどがあげられる．このような自然独占性は，ある産業の市場需要に見合った供給量の生産が，技術的特性から，単一企業によって行われた方が，複数の企業による供給よりも費用が安くなるという性質を意味する．

　しかし，市場における供給者を特定企業のみに託す場合，価格支配など独占の弊害が発生するおそれがあるので，公的機関による料金規制などが参入規制と同時に必要となる．一方，規制関連費用の増大，規制の目的と手段間の不適合による損失など，規制の非効率面も指摘され，規制自体の再検討も行われてきている．

　1970年代以降，アメリカ，イギリスや日本などの主要国を中心に，電気通信，運輸，金融，鉄道などの多くの産業分野にわたって規制緩和(deregulation)が実施され始めた．参入規制や価格規制を緩和すれば，新規企業の参入による競争や新規企業と既存企業との間および既存企業間での価格競争が発生し，競争の導入・促進を通じて，多様なサービスの提供，料金水準の低下，料金体系の多様化，技術革新の促進などが期待できると考えられるようになってきたからである．

　このような背景のもとに，近年，諸分野の規制緩和あるいは自由化が進められ，こ

れまで自然独占が成立し，独占が認めれてきた公共事業においても競争原理の導入が行われている．特に，欧米では 1970 年代後半から規制緩和が始まった．まず，アメリカでは，カーター政権時代(1970 年代後半)に陸上輸送，航空，電気通信の分野で規制緩和が行われ，レーガン政権ではさらにこれらの分野での規制緩和を促進するとともに，ガス・電力分野にも競争が導入された．イギリスでは，サッチャー政権時代に，国有企業の民営化に伴って，石油，陸上輸送，電気通信，ガス，電力に競争が導入された．

日本でも，1985 年の NTT 民営化と競争導入，1987 年の JAL 民営化，国鉄の分割・民営化さらに 1995 年のガス・電力への競争導入と，高度成長が終りを遂げた 1980 年代後半から，経済の活性化対策として規制緩和策がとられている．このような内外の規制緩和の背景として，図 1.1 に示すように，技術革新，ニーズの多様化，経済の成熟化，国際化といった経済社会の基本潮流の変化が指摘されている．

特に，1970 年代後半から始まった公益事業への規制緩和の流れの中で，従来より，自然独占が成立すると考えられていたネットワーク型産業にも競争導入がなされたことがきわめて特徴的である．電力事業の規制緩和あるいは自由化の固有の背景として，とりわけ，以下の状況をあげることができる

① 分散型電源の普及：技術革新により，従来，自然独占が成立すると考えられ，

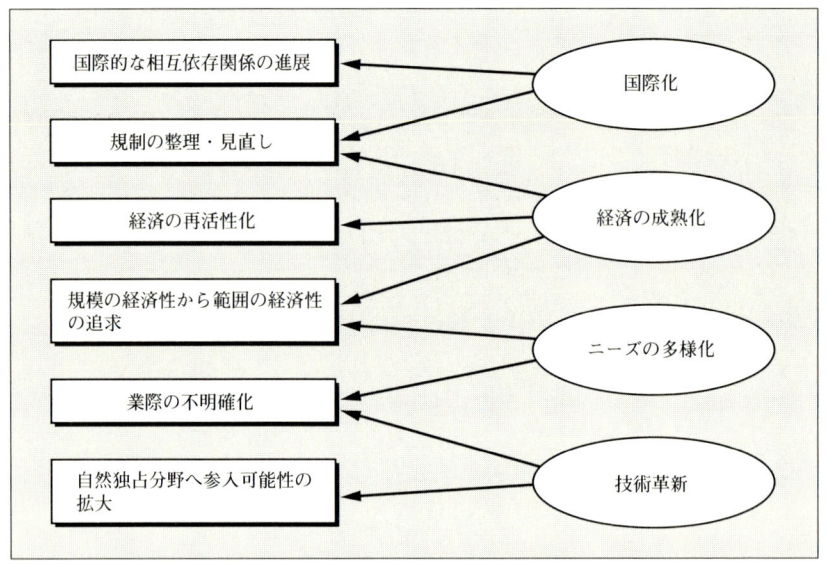

図 1.1　規制緩和推進の因果関係(参考文献 6 より作成)

独占が認められてきた分野への分散型電源の参入が可能になった．小規模発電が大規模発電に対抗できるような技術的・制度的な基盤ができ上がり，従来の発電分野において，独占体制が崩れ，電力分野における規制緩和の推進要因の一つであると考えられる．

② エネルギー間競合：電力産業のほかに，ガス産業および石油産業において，エネルギーの供給および利用方法について技術開発が進み，特に熱需要をめぐっての各エネルギー産業間での競争・競合が強まっている．

③ 発電・送電部門を独占体制におき，配電部門を地域独占体制におくことが企業の効率化や活性化，料金の低廉化，サービスの多様化などに弊害をもたらすと考えられ，競争体制を導入した方がこれらが改善されるという認識が，他の産業(航空産業やガス産業など)における規制緩和の実績を通じて強まったこと．

④ ECや北アメリカにおける電力の広域運営が進行し，これを可能な限り競争体制で運営することが効率化を促進するという考え方が支配的となってきたこと．

これらのほかにも，首都圏の電力需給の逼迫，電気料金の内外価格差なども，電力分野での規制緩和の背景として考えられる．さらに，イギリスではサッチャー政権，アメリカでは共和党政権が公的規制の削減と市場原理導入を強く主張したように，政策的に"小さな政府"への志向が強くなっていることも見逃せない．

わが国の電気事業においては，戦後9電力体制(1978年以降は沖縄電力が加わり10電力体制)と呼ばれる地域独占の供給体制がとられ，電気事業法に基づき参入や料金体系について詳細な規定が設けられている．電力産業が，一般の産業と異なり，公的な規制を受けている理由の一つとして，電力産業自体が自然独占性(natural monopoly)という特別な技術的要件を備えていると考えられている．さらに，電力は，一般の財(製品やサービス)と異なり，日常生活や産業活動に必要不可欠であること，大規模な設備形成が要求され，埋没費用が大きく事業リスクが高いことや二重投資の回避，さらに破滅的競争の防止なども公益事業規制の根拠としてあげられている．

さらに，発電用燃料などエネルギーの確保などの政策的な必要性があることも考えられてきた．しかし，技術進歩の変化や規制による費用と効率を比較検討することの必要性が注目されるようになり，これらの規制の根拠についても再検討されるようになった．その結果，規制関連費用の増大や，規制目的と規制手段との間の不適合による損失などの非効率性にも注目が集まるようになってきた．

1.1.2 電力自由化の世界的潮流と供給形態

旧来，電力供給システムは，国営，公営，私営といった企業形態の差異はあるもの

の，発送配電一貫型の電気事業者を中心とした供給体制であった．これらの電気事業者は，公益事業として，一定の供給地区に独占的に電力を販売する権利を法的に認められていた．その一方で，需要家に供給義務を負い，規制当局から料金や参入などの広範な規制を受けていた．このような電力事業システムのあり方への疑問から，1970年代後半から，民営化や規制緩和による競争原理導入の兆しが見え出している．

電気事業への競争原理の導入は，アメリカにおいて，1978年に成立した公益事業規制政策法(PURPA : Public Utilities Regulatory Policies Act)の発効により，QF(qualifying facilities：認定設備)と呼ばれる非電気事業者が電力市場への参入を認められたことに始まる．その後，このQFやIPP(Independent Power Producer：独立系発電事業者)からの供給力の調達が拡大し，1992年のエネルギー政策法(EPAct)の成立により，非電気事業者の発電市場への自由な参入が認められた．しかし，送電線のアクセスが問題となり，卸電力市場の自由化が不完全な状態であった．そこで，1996年に，連邦エネルギー規制委員会(FERC : Federal Energy Regulatory Commission)は，「送電線の開放及び回収不能投資費用に関する最終規則(Order No. 888)」と「送電線の情報公開および運営に関する最終規則(Order No. 889)」を制定し，電気事業者はすべての発電事業者(IPPを含む)への送電網の開放と非差別的な送電料金の算定が義務づけられ，競争的な卸電力市場の実現への道が開かれた．

一方，イギリスでは戦後復興期に建設された数多くの老朽発電所建て換えの時期を迎えていた．電力会社が国有独占形態であったことに加え，国内炭やメーカ保護など政治的に利用されていたことや，小さな政府を標榜とするサッチャー政権の民営化政策の流れから，1990年にイングランド・ウェールズ地域において，国有電気事業が，発電・送電・配電の各社に分離され，発電と小売供給に競争が導入された．その後，北欧諸国やニュージーランドなど，世界各国で電力市場の自由化が進展している．

このようなアメリカでの競争的卸電力市場の創設，イギリスでの完全自由化への移行，ヨーロッパの発電自由市場統一の進展が，わが国の電気事業のあり方にも影響を与えている．1995年12月に施行された改正電気事業法により，卸電気事業への参入規制が原則として撤廃され，電力会社の電源調達に係る入札制度が導入された．その落札価格は上限価格(電力会社が自ら電源開発した場合にかかるコスト)より20～40％ほど安いものとなり，発電部門への参入自由化は初期の効果を達成しているとの評価も得られた．そこで，さらなる効率化の手段として小売り供給の自由化を始めとする競争導入の論議が電気事業審議会において進められ，2000年3月21日より小売りの部分自由化が実施されるはこびとなった．

アメリカにおいて，1978年に成立した公益事業規制政策法の発効により，QFと呼

ばれる非電気事業者が電力市場への参入を認められたことにより，電力自由化がはじまったことは先に述べた．その後は，競争導入に関して先進的な立場をとるカリフォルニア州では，1994年4月に提案された電力事業再編指令後，1996年には，全需要家に直接アクセス(小売自由化)を実施することが法制化された．1998年3月31日に，卸プール市場として需給調整を行う電力取引所(PX : Power exchange)と系統設備の運用制御・監視を担う独立系統運用機関(ISO : Independent System Operator)の運営がそれぞれ開始，同時に，直接アクセス制度も導入され，すべての需要家が供給事業者を選択できるようになった(全面自由化)．これは，卸プール市場と直接アクセス制度の両者を含むハイブリット型供給システムとも呼ばれ，また ISO と PX の機能は明確に分離されている．

イギリスでは，長らく電力国有化が続いていたが，サッチャー政権のもとで「1989年電気法」が成立し，1990年4月に国営電力会社は発電会社3社と送電会社1社に分割・民営化された．また，従来の12地域電力局もそのまま民営化され12配電会社となった．電気法の成立によりプール制度が導入され，電力を商品市場のように売買できるようになった．民営化後，電気事業の規制機関として，従来の電気会議が廃止され，政府からの独立性の強い電気事業規制局(OFFER)が新たに設置された．2001年3月より，イギリスでは小売市場完全自由化のための環境整備ならびに電力取引の枠組みの再構築を実施した．

最近では，アメリカにおける独立系発電事業者(IPP : Independent Power Producer)の興隆と送電線開放の動き，EC 統合による電力市場の単一化と第三者アクセス(TPA : Third Party Access)の動き，多くの途上国における電気事業の民営化と

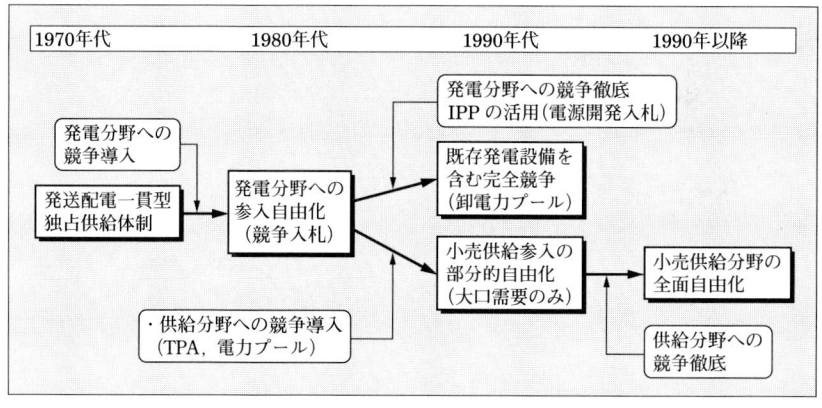

図1.2　電気事業における競争原理導入の流れ

6 第1章 電力自由化動向と技術課題

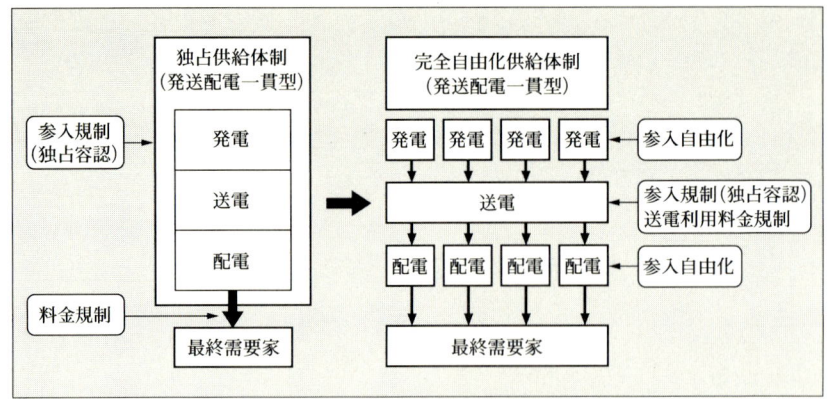

図1.3 電力自由化に伴う供給形態の転換

自由化など,来世紀に向けて,電気事業の再編が世界的な潮流になっている(図1.2参照).

世界的に電気事業の供給体制は,発送配電一貫の独占供給体制から,発送配電部門および供給部門の分離供給体制へと移行しつつある.これら分離供給体制は,送配電網への公平なアクセス,発電・供給事業への参入自由化と公正な競争の確保のために採用される.特に,送配電事業では,経済的な観点からも,自然独占が容認される.そのため,送配電設備の公平な利用と適正な設備形成を達成し,独占による弊害を排除するために,託送料金規制や託送義務などの公的規制,発電や供給事業からの分離(組織分離や機能分離)を実施する方向にある(図1.3参照).

次項以下には,これまでに諸国で採用されてきた電力供給形態とその変遷を電力自由化の進展に合わせて整理する.さらに,自由化が進んでいる代表的な例としてアメリカ,イギリス(イングランド・ウェールズ),北欧諸国,ECの電力市場の単一化構想などの概要を紹介する.

1.1.3 資本所有形態による電力供給事業体系の分類

資本の所有形態によって,電気事業者は大きく,国営,公営,私営に分類される.

(1) 国　営

一般に,国家が所有する企業をさす.ただし,政府が全額出資しているものを日本では公社と呼んでいる.ここでは,厳密に完全所有でないものも含めて国営と呼ぶことにする.また,株式会社の形態をとらず,国家が直接経営する企業および社会主義体制下の企業も狭義で国営といえよう.たとえば,フランス電力公社(EdF),イタリ

ア電力公社 (ENEL) などが，国営に属していた．

(2) 公　営

公営とは州または市町村などの地方自治体が所有する企業を意味する．大規模な電源開発は，大規模な資金を要する上に，国家のエネルギー政策に密接な関係があるので，発電事業者には国営が比較的多いのに対して，配電系統規模と行政区画が類似しているケースが多いことなどから，配電業者には公営のものが多い．

(3) 私　営

私営は私的資本による所有であるが，一部に公的資金が含まれている場合もある．たとえば，国営から民営化さらたイギリスの National Power 社や Power Gen 社では，株式の約 60% が民間に売却されたが，残りの約 40% は政府が所有するケースである．

国営中心の企業体制では，民間投資導入による合理化を目的として，株式会社化や民営化さらに競争導入を検討または実施している．一方，公営や私営中心の企業体制では，規制緩和に対する防御策として，市場支配力の強化を目的とする合併・統合がくり広げられつつある．

1.1.4　垂直統合型と水平分割型による電力供給事業体系の分類

発送配電事業を同一事業者が一貫体制で行うか，分業体制で行うかという分類もできる．

(1)　垂直統合型供給体制

この供給体制は，発送配電事業を同一事業者が一貫体制で行う．さらに，この体制は以下の2種類に大別することもできる．

① 従来，多数の小規模な電気事業者が存在していたが，規模の経済性の効率化を図ることを目的として，統合し国家の一元的な管理下におく国有1社による独占的体制に移行したケースである．

② ある程度まとまった需要が見込まれる大都市で，公営事業者がその供給地区の需要のほとんどを自社の発電設備で賄うことによって安定供給を確保し，地域熱供給事業なども兼業することによって，効率的な事業運営をめざしたケースである．

(2)　水平分割型供給体制

従来，この水平分割体制は，競争導入とは直接関係なく，発送配電が別々の事業によって行われている分業体制を意味する．しかし，最近の動向では，競争導入に伴い，各部門間の相互補助を禁止して系統使用料金の透明性を確保するために，各部門ごと

に水平分割して別会社化を図るケースもある．また，EU指令のように，会計上の分離を行うケースもある．

　送電系統運用部門を発電部門より引き離し，国家による所有または複数発電事業者による共同所有のもとで，自然独占を維持し，発電部門のみ競争を導入するケースもある．このとき，配電部門を配電系統運用部門と供給部門に分割して，配電系統運用部門は自然独占のままとし，供給部門にも競争を導入する再編が進行している．電気事業体制の水平分割をどの段階まで進めるかは，競争導入の進展度合いと密接な関係があるとともに，各国のエネルギー政策など個別の事情に左右される．

1.1.5　競争導入による電力供給形態の変遷

　電気供給形態は，競争導入や自由化の度合いによって，"独占的供給形態"，"発電市場自由型供給形態"，"送電線開放型供給形態"，"完全自由型供給形態"の四つに大別される．ここでは，それらの市場構造の違いと電力供給上の特徴について解説する．

(1)　独占的な供給形態（monopoly model）

　独占的供給形態(monopoly model)をとる国の電気事業者は，発送配電設備を所有し，発電から送電，配電までを垂直的に統合された独占企業体である(図1.4参照)．これらの電気事業者は，一定の供給地区に独占的に需要家に電力を供給している．この体制では，電気事業への新規参入がきびしく制限されており，発電部門や供給部門のいずれにも競争は導入されていない．よって，この段階では，既存の発電事業者が独占的に供給しているため，規制の対象外となる独立系発電事業者(IPP：independent power producer)が参入する余地はない．ただし，供給力の一部を，種々の規制を受ける卸発電事業者から購入するケースもある．

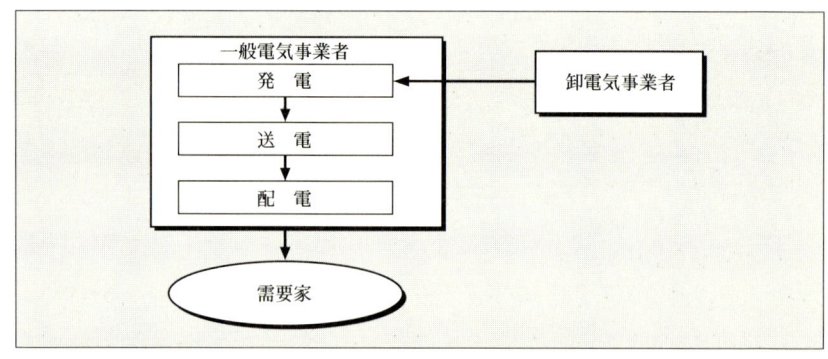

図1.4　独占的供給形態の構造

私営，国営といった経営形態の違いはあるものの，1995年以前の日本，フランス，イタリアなどが，このモデルに属する．また，公共事業規制政策法(PURPA)によって認定施設(QF)が発電市場に参入する前のアメリカの電気事業体制も含まれる．再生可能エネルギー発電設備やコジェネレーションなどについては，発電事業許可が不要であったり，自家発電からの余剰電力については回避可能コストで買い取ることが，法律で義務づけられていたりするなど，次の段階である発電自由化への端緒となるケースもある．ただし，卸電気事業者との買電は，供給義務に基づく供給であるケースが多い．

(2) 発電市場自由化型の供給形態（purchasing agency）

この供給形態は，図1.5に示すように，送配電部門については既存の電気事業者による系統設備の独占的所有と利用が認められる一方で，発電部門では独占が撤廃され，新規参入が自由化された供給体制である．供給域内で送配電施設を所有し，最終需要家に電力を供給する既存の電気事業者は，必要とする供給力の一部を，規制の緩和(撤廃)により参入してきたIPPなどの他の発電事業者から買電する．

ここでは，発電部門の一部に競争が導入され，電力会社が所有する既存の発電設備まで競争入札の対象にはならない．この場合，既存の電気事業者は自ら新規の発電所を建設せず，IPPなどの他の発電事業者を対象とし競争入札が行われる．契約に先立ち，既存の電気事業者は，電源の規模や型，必要電力量やその他の供給条件を，入札者(IPPなど)に提示する．入札してきた各発電プロジェクトは，入札価格の低い順にランク付けされ，必要量に達した点で締め切られる．入札した各プロジェクトが提示した中で最も高い価格のものが共通の買取料金とされ(メリットオーダ方式)，需給契約を締結する落札者が決定される．

この供給形態は，競争導入の最初の形態である．発電部門への競争導入というより

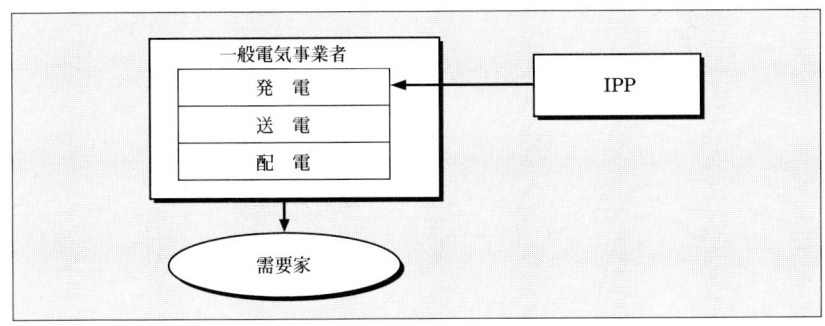

図1.5 発電市場自由化型の供給形態の構造

も，電力会社が新規発電設備の選択・導入に競争が導入され，新規発電設備の競争的調達という意味合いが強い．

（3）送電線開放型あるいは卸託送型供給形態（open access or wholesale competition)

この供給形態は，図1.6に示すように，発電部門の自由化に加え，送電線がコモンキャリア化され，さらに競争が進展した供給体制である．このモデルでは，送電系統を有する電気事業者が，第三者に送電サービスを提供することを義務づけられることになる．つまり，ある発電事業者(またはIPP)は，送電系統所有事業者(既存の電気事業者である場合もある)に対して，配電事業者へ卸託送を希望する場合には，卸託送を希望する発電事業者は適切な送電系統使用料金を支払い，送電系統の余裕部分を使用することができる．この場合，送電系統所有事業者は，送電料金設定の透明性を確保するために，送電部門と他の部門との内部相互補助が禁止され，部門ごとに別会社を創設するか，会計上の分離を行うことが必要となってくる．

ただし，この形態では，基本的に卸電力市場での競争促進を意図したものなので，最終需要家を巡っての競争は考慮されない．つまり，最終需要家への小売託送(直接供給)は認めておらず，送電系統運転者(たとえば既存の電気事業者)や配電事業者への卸託送に限定されるので，最終需要家は供給者を選択することはできない．卸託送(wholesale wheeling)は，託送される電力の買い手が電気事業であるのに対し，電力の買い手が最終需要家である場合を小売託送(retail wheeling)と呼ばれる．供給形態で，卸託送の拡大や，競争条件の整備がなされると，小売託送が導入された供給形態

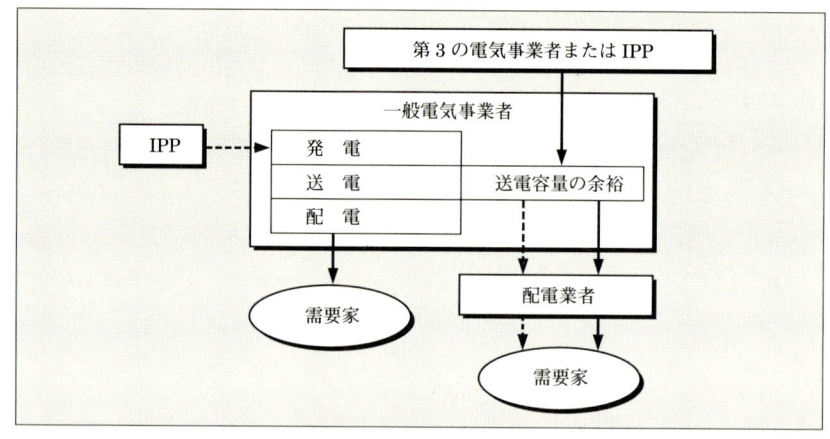

図1.6　送電線開放型あるいは卸託送型供給形態の構造

(4)に近づくことになる．1992年のエネルギー政策法(EPAct)成立以降のアメリカなどがこのモデルの代表例である．

(4) 完全競争型の供給形態 (complete : competition or retail wheeling)

この供給形態では，各部門の垂直統合が分離され(unbundling)，ネットワークへの接続も開放され，最終需要家への小売託送が認められ，発電部門から最終需要家への供給部門に至るまで徹底して競争原理が導入される．現在のアメリカ・カリフォルニア州もこの形態であるが，それ以前の1990年以降のイギリスなどがこのモデルに相当するので，イギリス型供給体制と呼ぶ場合もある(図1.7参照)．

この完全競争型電力市場では，送電系統運用会社は，日々の需給状態に応じて，メリットオーダ方式により，発電事業者に対して給電指令を行い，卸購入・販売料金を決めて配電事業者に売電する．この形態では配電系統も開放されているので，系統を所有する電気事業者に小売託送を義務づけることで，最終需要家はIPPから直接電力を購入することができたり，地元以外の配電事業者から電力を購入することができる．

発電と最終需要家への供給の両部門に競争が導入されるが，送電系統の所有・運用を，このような完全競争体制下におくと，設備の二重投資を招き，経済的に非効率であるため，自然独占が維持されている．発送配電が垂直統合された電力会社が発電部門の投下資本を回収するために，自社の発電設備を優先的に投入しようとする可能性がある．原価配分の際に，固定費用や間接費用を発電部門よりも送配電部門に多く配分する可能性がある．よって，発電コストは安くなり，送配電コスト(託送コスト)を高くして自社の発電設備を優先させて，電力会社に有利な競争条件をつくることも可

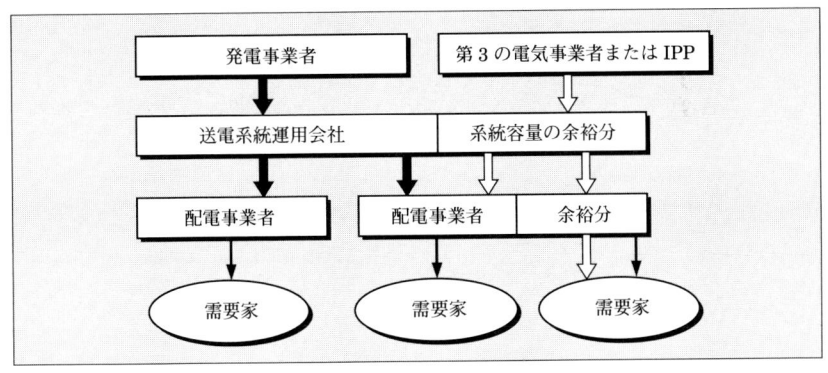

図1.7 完全競争型の供給形態の構造

能となり，ネットワークに連系しようとするIPPなどへ参入障壁をつくる可能性が指摘されている．この完全競争型供給体制下では，内部相互補助を防ぎ，系統使用料金の透明性を確保するために，送電部門と配電部門についても，系統運用部門と供給部門の別会社化または会計分離が義務づけられている．

1.2 イギリスにおける電力自由化の動向

1.2.1 電気事業の民営化との完全競争型供給形態

イギリスの電力構造改革は，電気事業の再編と民営化により，発・送・配電を垂直的に統合していた国営電力を分割し，電力プール制度を導入することで発電部門と配電部門に市場競争を導入した点で，電力市場を競争原理に基づいて自由化した典型的なモデルの一つとして知られている．これは，イギリス型あるいは電力プール型などとも呼ばれ，完全競争型の供給形態である．

サッチャー保守政権下に，国営企業の効率化・民営化の一環として，1990年に国営中央発電局(CEGB：Central Electricity Generating Board)を3社の発電会社(ナショナル・パワー(NP：National Power)，パワー・ジェン(PG：Power Gen)，ニュー

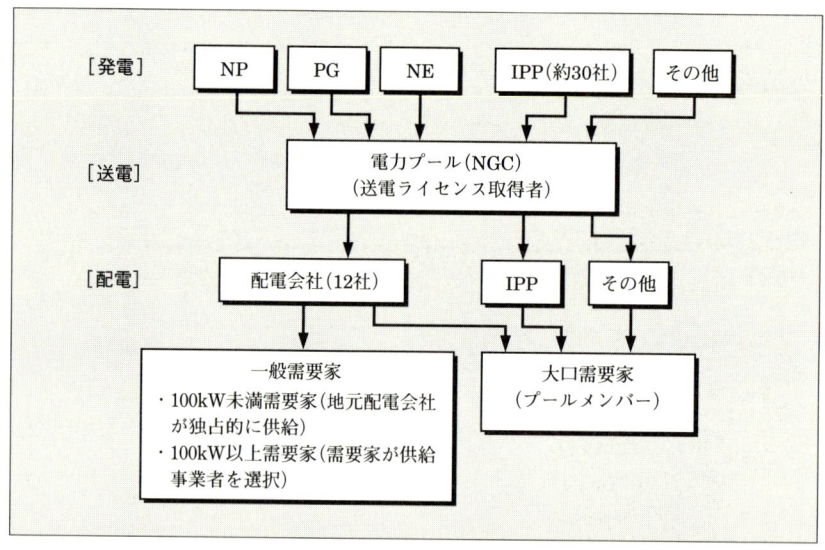

図1.8 民営化後のイギリス(イングランド・ウェールズ)の電力供給形態

クリア・エレクトリック(NE: Nuclear Electric，現ブリティッシュ・エナジー))と送電1社(ナショナルグリッド，NGC: National Grid Company)に分割・民営化し，12地区配電局は従来の形態と供給区域のまま配電事業者として民営化した．原子力発電所を民間会社に移管することは負担が大きすぎると判断され，NE社のみ国有の原子力発電会社として設立された(図1.8参照)．

この民営化の基本的な目的は，経済効率の改善，公的債務の軽減，企業の意思決定に対する政府干渉の軽減などによって，経済の活性化を図ったものであったといえよう．また，当時のサッチャー政権の"小さな政府"政策，割高な電気料金にみられた国有企業の非効率性，国有企業であったために議会の決定のみで再編・民営化が可能であったこと，さらに，エネルギー自給率がほぼ100%で，発電設備も過剰状態であったため，短期的には供給不足の問題がなかったことも民営化の背景として指摘されている．

民営化後，発電市場は自由化され，発電電力はすべて送電会社(NGC)が運営する電力取引市場を介して取引することを義務づけたプール市場を導入した．送配電部門は，民営化前と同様所有については，自然独占を認める一方で，利用については独占を認めずコモンキャリアとした．

新体制の発足にともない，電気事業規制局(OFFER: Office of Electricity Regulation)が新たに設立された．OFFERは，1986年電気事業法で示された政府の関与の極力排除に則り，政府から独立した規制機関である．OFFERには，発電事業から供給事業に至るまですべての事業者のライセンス発給権限を有するとともに，発給したライセンスの内容に基づき業者を監督する義務を負っている．また，表1.1に示す各ライセンスは，競争の促進，供給信頼度の維持，需要家の利益保護などを意図して作成

表1.1 電力市場におけるライセンスの種類

ライセンスの種類	内容
発電ライセンス	・5万kW以上の発電設備容量を有する発電所を運転する際に必要(NP社，PG社などのほかに12配電会社も取得)
送電ライセンス	・送電業務を行う際に必要(NG社取得)
一般供給ライセンス	・供給地域内において小売供給事業および配電事業を営む者(12配電会社取得)
第2種供給ライセンス	・一般供給ライセンス外で行われる小売供給事業の際に必要とされる(12配電会社，NP，PG他が取得)

出典："海外の電気事業"電力新報社(1996).

され，各ライセンス保有者が遵守しなければならない条件が記されている．

自然独占を容認した送電，配電事業や配電会社による供給事業には，伝統的な原価規制の代わりに，料金上限規制(プライスキャップ規制)が導入された．プライスキャップ規制は，消費者物価上昇率(RPI)－生産性向上率(X)を上限とし，この範囲であれば事業者は価格を自由に設定することができる．

さらに，小売供給事業についても大口需要家を対象に段階的に自由化され，1998年4月から，順次すべての需要家について小売供給が自由化された．

1.2.2 プール市場の設立と電力取引の手順

表1.2に示すように，八つの手順によりプールでの電力取引が行われている．

① 取引前日：取引前日の発電事業者による入札データの提示内容は，ユニットの時系列形式の発電可能出力，起動費や発電コスト(価格)，運転特性や運転制約が含まれる．無制約供給計画(U-schedule)で，必要供給発電量，入札価格の計算を行う．必要供給発電量は，想定需要に必要予備力を上乗せしたものを取引当日の必要供給発電力として，30分ごとに作成する．入札価格は，発電事業者入札データをもとに，30分単位に対応するユニットの可能出力値に対応する発電費用を算定する．最後に，30分ごとの必要供給発電力および発電ユニットの入札価格をもとに，各時間ごとに取引当日に運転されるユニットを入札価格の安い順に選択する(メリットオーダ方式)．このメリットオーダ方式による必要供給電力量の決定では，送電制約を無視し，発電ユニットの単純な運転特性のみは考慮して決められる．さらに，送電制約，各発電ユニットの詳細な特性を反映し，取引当日に系統運用者が使用する"運転用給電計画(operational schedule)"も併せて作成される．

U-scheduleで選択された発電ユニットの中で，最も高い発電価格を系統限界価格(SMP：system marginal price)とする．なお，発電価格の計算方法は，重負荷時間帯(table A period)と軽負荷時間帯(table B period)とで異なる．軽負荷時間帯では増分費用のみだが，重負荷時間帯では増分費用のほかに発電ユニットの起動費用の回収も考慮した発電価格が計算される．ただし，運転制約や出力指定のある発電ユニットは，このSMPの選定から除外される．

LOLP(loss of load probability：供給電力が想定需要を下回る確率)とVOLL(value of lost load：需要家が停電を避けるために支払ってもよいとする価格)から，各時間帯ごとにCE(capacity element)の値を計算する．CEは，短期的には需給逼迫時の需要の抑制および供給力の増加という点で，長期的には発電設備への投資の必要性を促すという点で，インセンティブを与えている．

表 1.2　イギリスの完全競争型プール市場での取引手順

	電力取引の手順	業務内容と算定項目
取引前日	[1] 需要想定	・取引前日の午前10時までに当日の需要想定を行う(30分間隔). ・過去の実績,天気予報,その他の需要変動に影響を与えそうな要因(社会的行事)を考慮して,予測される.
	[2] 発電事業者入札データの提示	・取引前日の午前10時までに,各ユニットごとに入札データを提示(発電可能量,起動費,発電コストなど)
	[3] 無制約の給電計画(U-schedule)の作成 (運転用給電計画の作成)	・必要供給発電力(+必要予備力)を算定し,30分単位に発電費用を計算し,入札価格の安い順に発電ユニットを選択する. ・U-schedule の作成には,GOAL と呼ばれる給電計画作成専用プログラムが利用されている. ・送電制約,各発電ユニットの詳細な特性を反映した運転用給電計画も作成され,取引当日に系統運用者が使用する.
	[4] SMP の計算(系統限界価格)	・無制約給電計画の中で,最も高い発電価格を系統限界価格とする.ただし,運転制約や出力指定のある発電ユニットは,SMP の選定から除かれる.
	[5] CE(capacity element)の計算	・供給量が想定需要を下回る確率(loss of load probability : LOLP),需要家が停電を避けるために払ってもよいとする価格(value of lost load : VOLL)より, 　　$CE = LOLP \times (VOLL - SMP)$ を求める. ・短期的には需給逼迫時の需要抑制と供給力の増加,長期的には発電設備投資へのインセンティブとなる.
	[6] PPP の決定	・取引当日に発電事業者がプールに電力を供給する際の価格 PPP(pool purchase price)の決定(時間帯別) 　　$PPP = SMP + CE$ 　　　　$= SMP + LOLP \times (VOLL - SMP)$ 　　　　$= (1 - LOLP) \times SMP + LOLP \times VOLL$
取引当日	[7] 取引当日の給電 　　修正無制約給電計画作成	・運転用給電計画に沿った発電ユニットの給電. ・修正無制約給電計画(revised U-schedule)の作成.
取引後	[8] uplift の算定と PSP の決定	・uplift:送電制約のために出力調整を行った場合に,給電計画と運転実績の誤差分の補償費用. その他に,周波数制御や無効電力補償などの補助サービス(ancillary service)も含まれる. ・プール販売価格 PSP を求める. 　　$PSP(pool\ selling\ price) = PPP + uplift$

プール市場で，取引当日の発電電力量に対して支払われる価格であるプール支払価格(PPP：pool purchase price)は，需要想定と発電事業者による競争入札を行う"取引前日"に，SMPとCEの和として決定される(表1.2参照)．PPPは，取引前日の段階で，想定需要が供給力を上回るか否かという2ケースを考慮した確率的な予想価格(期待値)であるといえよう．

② 取引当日：取引当日は，NGCの系統運用者が，運転用給電計画に基づいて，需要変動に応じた発電ユニットへの給電指令と，運用上の制約を考慮した系統運用を実施する．ただし，発電ユニットの入札データ(ただし価格に関するものは除く)の変更は，取引当日でも，事前になされれば，随時受け付けられ運転用給電計画に反映される．また，取引当日の発電ユニットの運転予定の変更や実際の運転実績は，発電事業者への支払いの計算に必要なので，これらの変更・実績記録をもとにU-scheduleを修正する．

取引後：取引当日に送電線制約のために運転した高価格の発電ユニットの運転費用，需要想定の誤差や発電ユニットの給電計画と実際の運転実績(operational out-turn)との誤差分についての補償費用は，アップリフト(uplift)として取引後に清算される．さらに，系統周波数・電圧の安定運用に必要な発電ユニットが提供する補助サービス費用や，発電ユニットが提示した出力可能値のうち，修正U-scheduleの中に組み込まれなかった発電可能容量分の費用もupliftに含まれる．このupliftとPPPをもとに，供給事業者がプールから電力を購入する価格であるプール購入価格(PSP：pool selling price)が，取引後に決定される．ただし，このupliftは重負荷時間帯に配分され，送電ロス費用は供給事業者の購入電力量に比例して分担される．

1.2.3 プール市場での電力取引の構造

プール市場での価格決定手順の中で，プールを介して行われる電力取引は，以下の市場から構成されている(図1.9参照)．

(1) 先物市場(forward market)

発電事業者が取引前日に，価格PPPで販売電力の契約を結ぶ市場で，プールにおける発電事業者(電力の売り手)と供給事業者(電力の買い手)との間で取り交わされる電力の先物取引(厳密には先渡取引という)と考えることができる．つまり，U-scheduleで決められた価格(PPP)で，U-scheduleで決定した発電電力量をプールに供給することが相当する．プールで取引される電力の大半は，取引前日に行われる先物市場で電力取引が成立する．

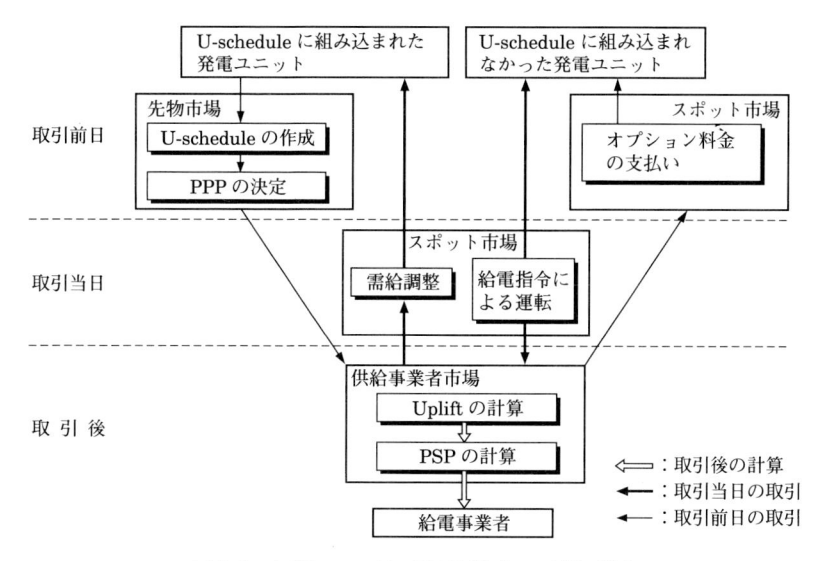

図1.9 イギリスにおける電力取引プール市場の構造

(2) オプション市場 (option market)

　実際に，送電制約の発生により，U-scheduleに組み込まれた発電ユニットの出力を抑え，U-scheduleに組み込まれなかった高価な発電ユニットを運転しなければならない場合がある．このような事態を想定して，この市場では，取引前日の段階で，予備的な位置づけの発電ユニット，あるいは発電ユニットの容量余力に対して，取引当日の不測の事態や送電制約発生時に給電指令に応じられるように待機する契約を結ぶ．この場合，いざ必要がるときには，U-scheduleに組み込まれなかった発電ユニットの発電可能容量分(unscheduled availability)に対する費用をオプション料金(給電指令をする権利)として支払う．実際にこれらの発電ユニットが給電指令を受けた場合には，そのユニットの表示価格(>PPP)で支払いを受けることができる．なお，オプション料金に相当するunscheduled availabilityに対して発電事業者に支払う価格は，取引当日にその発電ユニットが実際に給電指令を受ける期待値(CEの算定に類似)を反映して決められる．このオプション料金と高価な発電ユニットの運転費用は，アップリフト費用として算定される．

(3) スポット市場 (spot market)

　取引前日に作成された給電計画と取引当日の運転実績との差を調整するために，そのときどきに応じて必要電力量を取引する市場である．特に，U-scheduleに組み込まれた発電ユニットが取引前日の先物市場で価格PPPで契約した取引量が，取引当日

の送電線制約発生により発電できなかった場合，プールからその発電事業者にその発電ユニットの提示価格(＜PPP)で払い戻しが行われる．なお，送電制約のために出力を抑制したユニットに対して払い戻すために生じる損益分も，アップリフト費用に組み込まれる．

(4) 供給事業者側の市場

プールから電力を引き出す供給事業者市場では，プール市場全域で価格 PSP で電力取引が行われる．

1.2.4 競争導入後の電気事業への影響

民営化および競争導入の成果については，さまざまな評価がなされている．たとえば，規制緩和後のイギリスの電気料金の変化を他の EU 諸国と比較すると，1990 年(規制緩和直前)と 1996 年時点(規制緩和後 6 年)での電気料金を名目と実質で，標準的な家庭用需要家の名目値では 20％ 上昇し実質値では 5％ 低下，大口産業用需要家の名目値は 23％ 上昇し実質値では 3％ 低下している．このように需要家にとってみれば電気料金は実質的に低下している．この実質的な電気料金の低下により，電力規制緩和は成功との評価も聞かれるものの，名目価格でも低下している国(ドイツ，デンマーク，アイスランドなど)もあり，為替レートベースでも購買力平価ベースでも，イギリスの電気料金の相対的なポジションには大きな低減効果は現れなかった．

規制緩和後も電気料金が名目で低下しない原因の一つは，競争が導入された発電市場価格(プール価格)が大幅に上昇したものとみられている．1990 年 4 月から 1996 年 8 月の間，需要量で加重平均した販売価格(PSP)は，名目値で年平均 5.7％ の増加，実質値で 2.7％ の増加であった．市場価格の上昇は年々増加し，その中でも CE の増加率が大きくなっている．このようなプール価格上昇の要因は，発電市場内の大手発電事業者(ナショナル・パワーとパワー・ジェン)の価格操作にあるといわれている．規制当局は，この発電市場内の市場支配力解消のため，これら大手発電事業者のシェア低下を図るための対策を行ったものの，依然としてこれら事業者のプール価格設定のシェアは 76％ を占める状態にある．この市場支配力問題の原因と対策についての検討の必要性，さらに，この問題が，イギリス型のプールモデルの有効性評価を左右する重要な課題であることが指摘されている．

1.2.5 完全自由化へ向けての今後の動向

1990 年の電力民営化以来，プールシステムを導入し，発電事業者および供給事業者の間でプール規則に則った電力取引が実施されてきた．1998 年 4 月 1 日から，同地域

(イングランド・ウェールズ地域)の電力供給事業で，すべての最終需要家が供給事業者を自由に選択できるように完全自由化されている．

このような供給事業者間での競争は，90年の民営化当初から，段階的に導入されている．民営化当初は，ピーク需要が 1000 kW を超える需要家のみが供給事業者を選択できると限定されていたが，94年には対象となる需要家の規模が 100 kW に引き下げられた．現在，同地域の小売供給部門では，ピーク需要 100 kW を境に，供給事業者間の競争市場(100 kW 以上の大口需要家)および地元の配電会社の独占市場(100 kW 以下の需要家)が存在する状態である．そして，98年にはすべての需要家が供給事業者を選択できるようになり，完全自由化が実現され，各地域の配電会社の独占市場(100 kW 以下需要家)は消滅した．

(1) イギリスの完全電力自由化における課題

イギリスの完全電力自由化実施後の課題も明らかになりつつある．まず，完全自由化市場の特徴は以下のようである．

① 電力取引は，自由化以降も引き続きプール市場を介して，毎日 30 分ごとに決定されるプール価格に基づき，発電事業者と供給事業者間で行われる．

② 自由化に合わせて，すべてのメータシステムを 30 分ごとの電力量を計算し伝送することが可能なメータシステム(30 分メータ)に変更することが不可能である．(ただし，98年4月1日以降は，100 kW 超需要家は 30 分メータの設置義務を負う)．

③ 現在の 100 kW 以下の市場を独占している地元の配電会社の供給部門は，競争する他の供給事業者と同様に公平に扱われる．

現在，同地域の電力取引は，現行の 30 分ごとのプールシステムでの電力取引の枠組を保持しつつ，30 分メータが設置されていない需要家の使用電力量の計測(プロファイリング)や，それに伴うプール決済方式の変更に対応するためのシステムの準備が進められている．しかし，これらのシステムの準備は大幅に遅れており，当初の予定であった 1998 年4月1日の完全自由化には間に合わず，整備が急がれている．規制当局側も"完全自由化の段階的導入"などシステムの準備の進捗状況に合わせた妥協を迫られている．

(2) 完全自由化における新運用システム

完全自由環境下での新運用システムの枠組は，発電事業者と供給事業者の間の既存のプール決済システムは保持しつつ，供給事業者側のシステムの変更が大きな特徴といえよう．システム変更のポイントは，プロファイリングによるデータ処理や，既存のプール決済システムとのリンクを考慮した2段階決済システムである．さらに，最

終需要家のデータ処理から供給事業者のプール取引電力量決定に至るまでのデータ処理フローも修正される．

① **プロファイリングの適用**　約2200万軒の需要家のすべてに，30分メータを設置することは，経済的にみても実行不可能である．そこで，需要家種別，電力使用状況，負荷率などをもとに8種類の需要パターン（商工業用6パターン，住宅用2パターン）を設定し，この需要パターンに基づいて30分ごとの需要パターンをプロファイリングする方法が適用される．この30分ごとのプロファイリングにより求めた電力量をもとに，供給事業者のプールからの取引電力量が暫定的に決定される．このような需要パターンの利用によって，既存のkWhメータを30分メータに取り替える費用を需要家が負担しなくてすむようになる．

② **段階決済システム**　供給事業者は，計測データとプロファイリングによる推定データが混在した状態で初期の決済(initial settlement)を暫定的に行う．実際のメータ値が得られたあとに，初期決済との差額を調整(reconciliation)する．

(3) 小規模電源の配電系統連系の影響

最近，イギリスでは，再生可能エネルギー開発プロジェクト，ガスを燃料とするコジェネレーション・プロジェクトの推進や小規模発電の効率向上など急速な技術進歩を背景に，配電系統(132 kV 以下)に接続される小規模電源(embedded generators)の開発が増大している．98年の完全自由化以降，小規模電源に対する規制が大幅に緩和される予定で，取引規模が少量な故に認められるプール外取引が増加する見込みである．小規模電源の存在が，配電系統にとって系統設備の増強回避，送配電ロスの低減，ピーク電源，無効電力の供給源としての便益は定性的に理解されているものの，系統運用の複雑化，短絡容量の増大など技術的な問題点が指摘されている．今後，完全自由化を目前にして，さらに小規模電源がもたらす便益と技術的問題点を定量的な評価などの議論が活性化するものとみられている．

プール市場では，発電事業者と供給事業者との間で差額契約(CFD : contract for difference)と呼ばれる制度が導入されている．CFD制度は，あらかじめ両者の間でとり決めた価格と実際の価格の差額を後日調整するもので，プール価格の変動によるリスクヘッジが可能となる．実際，プール市場で取引される電力量のほぼ90%がCFDによるものであるため，プールでの価格決定が経済原理から乖離しているとの問題が指摘されている．

しかし，OFFERは労働党政府の意向を受けて1997年11月から，現行のプール制度の見直しに着手し，1998年7月29日に新電力取引制度最終報告書(proposal)を政府に提出し，プール制度に代わる新しい電力供給体制の全面改革案を発表した．

導入から8年間運用されてきたプール制度は，旧国有事業者が抱えていた非効率性が排除されるなど一定の評価を得ている．しかし，複雑な価格形成プロセスによる参入障壁，長期供給保証の面から有効性が懸念されるキャパシティエレメント機能，プールプライスと発電コストの乖離，流通性が低いCFD契約，プール市場とガス市場との相互干渉など数々の問題点が指摘されており，今回の制度見直しに至った．

　OFFERが提案した新しい取引制度は，先物市場(forward and future market)，短期契約市場(short term bilateral market)，需給調整市場(balancing market)の3市場の創設が提案されている(図1.10参照)．先物市場で，発電事業者と小売事業者の間で数年先まで契約が締結される．短期契約市場では，実際の電力取引の直前(提案では4時間前)まで契約の過不足分が取引される．この二つの市場での取引をベースに30分ごとの給電計画が策定される．需給調整市場(提案では実際の電力取引の4時間前からスタート)では，発電・供給事業者とシステム・オペレータ(NGC)との間で，総契約容量と想定需要量の相異分が取引される．これらの取引には送電会社とは別組織でブローカー的機能を有するマーケット・オペレータ(market operator)が介在する．いずれの市場も従来とは違い参加は自由である．OFFERでは，今までのプール市場からこの新電力取引制度への移行を2000年4月に予定していた．しかし，コンピュータソフトの開発，法改正，ライセンス条件の改訂，既契約の見直しと多くの課題を抱えていたため，その実施は2001年3月となった．

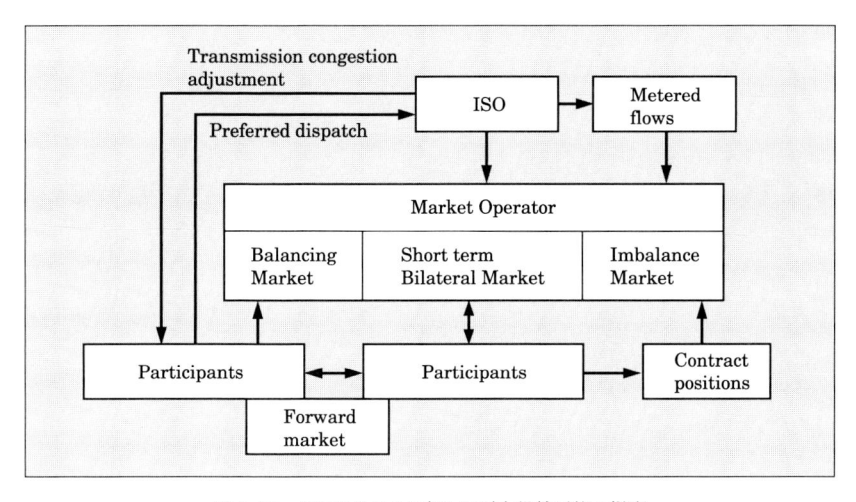

図1.10　OFFERによる新たな電力供給形態の提案

1.3 アメリカにおける電力自由化の動向

1.3.1 アメリカにおける電力自由化の経緯
(1) 発電市場の競争化
　アメリカにおける電気市場への競争制度導入は，1978年の公益事業規制政策法(PURPA：Public Utility Regulation Policies Act)成立に始まる．PURPAにより，認定施設(QF：qualifying facility)と呼ばれる小規模発電事業者やコジェネレータから余剰電力の購入義務が電力会社に課された．再生可能なエネルギー資源を使用する小規模発電施設(8万kW以下)やコジェネレーション施設のうち，PURPAで規定する資格要件(燃料，規模，効率など)を満たす発電プロジェクトを，連邦エネルギー規制委員会(FERC：Federal Energy Regulatory Commission)が"QF"として認定し，電気事業者に対してこのQFから回避可能減価(avoided cost)で買取ることを義務づけた．この回避可能減価とは，QFからの電力購入がなかったとした場合に，自社による発電，あるいはQF以外の電源から電力購入したことによって生じる電力会社のkWhあたりの増分コストを意味する．この結果，QF資格が与えれた小規模発電設備やコジェネレーション施設などが発電市場に参入するようになり，電気事業者以外の発電設備が急増した．

(2) 送電線のコモンキャリア化
　さらに，卸電力市場を活性化させるために，電気事業者が所有している送電線に卸発電事業者がアクセスし，託送により配電事業者を選択できるようにすることが必要であるという議論がなされた．IPPやQFといった発電事業者や配電専業の公営事業者らは，発電部門への競争導入には送電線を所有する電気事業者に対するFERCの託送命令要件の緩和が必要であると主張していたのに対し，発送配電一貫の私営電気事業者側は，供給信頼度や費用負担の面から，この託送命令要件の緩和には反対していた．アメリカでは，1992年に成立してたEPAct(エネルギー政策法)において，卸電力市場の競争促進のため，送電網の開放，卸託送の自由化のためのFERCの託送命令権限を強化した．これ以降IPPが台頭し，1995年には，IPPの総発電量に占めるシェアは11％に達している．

(3) 送電線の非差別的オープンアクセス
　FERCは利用者個々の申請による託送命令権限の行使だけでは，差別的な送電線利用を是正するには十分ではないと認識し，競争的な卸電力市場を実現するために，1995年3月に送電線利用の非差別性に関する一般規則案(MEGA-NOPR：MEGA

NOtice of Proposed Rule-making)を示し，規制委員会，学術，産業界を巻き込んだ議論を行った．約 1 年間にわたる議論の末，FERC は，1996 年 4 月に，各電気事業者に対し連邦のすべての送電線の開放(transmission open access)を義務づけ，それに関わる各種規則，「送電線の開放及び回収不能投資費用に関する最終規則(Order No. 888)」と「送電線の情報公開及びその運営の基準に関する最終規則(Order No. 889)」を発効した．

1.3.2　FERC Order No. 888 と No. 889 による電力自由化の促進
(1)　送電線の開放及び回収不能投資費用に関する最終規則(Order No. 888)

本規則では，電気料金の低廉化，電力供給の信頼性の確保，公平な送電サービスの提供を実現するため，送電線を所有・運用・制御するすべての電気事業者が第三者に対し自己の電力売買活動と非差別的に送電サービスを提供することを義務づけている．

送電線開放により，卸契約需要家が契約供給者を変更することにより発生する回収不能投資(stranded investment)の完全回収を認めている．ただし，この費用回収の適用範囲は，回収不能投資回収に関する規則案が公示以前(1994 年 7 月 11 日)に締結された卸契約とし，以前の卸供給契約を破棄する需要家に対してのみとし，回収不能投資費用を離脱料金として付加することを明確にしている．さらに，Order No. 888 に付属する形式的送電料金規則(pro forma open access transmission tariff)で，各種送電サービスをすべての送電利用者に非差別性をもって提供することを義務づけ，地点間サービス(point-to-point transmission service)，ネットワーク送電サービス(network integration transmission service)の詳細な規定，系統運用補助サービス(ancillary service)の規定が盛り込まれている(表 1.3 参照)．

(2)　送電線の情報公開及びその運営の基準に関する最終規則
　　　(Order No. 889)

送電系統に関するリアルタイムでの情報公開とその情報ネットワークの運営に関する規則で，OASIS(Open Access Same-time Information System)ルールと呼ばれている．この Order No. 889 は，送電アクセスを活性化させるために，Order No. 888 を補完する形で公開され，以下のことを義務づけている．

① 送電線所有者が自己の電力売買活動に必要となる系統情報を第三者に対しても非差別的に提供する(送電線情報公開システムの構築)．
② 送電線所有者の電力売買活動と系統運用業務を完全に独立させることにより，情報公開に対して公正性をもたせ，電気事業者の卸電力取引に従事する部門と送電系統の運用・計画に従事する部門を分離させ行動規制を行う．

表 1.3 アメリカにおける送電サービスと補助的サービス

サービス分類	サービス分類	サービス内容
送電サービス	地点間送電サービス	常時地点間送電サービス(短期，長期サービス)
		非常時地点間送電サービス
	ネットワーク送電サービス	
補助的サービス	グループ1(送電線提供者が唯一のサービス提供者)	スケジューリング・系統制御およびディスパッチ
		電圧・無効電力制御サービス
	グループ2(送電線提供者以外にサービス調整が可能なサービス)	需給バランス調整・周波数制御サービス
		電力量偏差調整サービス
		瞬動予備力サービス
		運転予備力サービス

1.3.3 ISO 設立による電気事業再編

　FERC の最終規則により卸電力市場の創設の土台が整備されたものの，電力取引の複雑化による系統信頼性の低下や市場支配力の問題など，競争的電力市場を正常に機能させるために克服すべき課題が多く残されている．電力市場において，複雑な電力取引を把握し，公平な競争を実現するために，すべての市場参加者から独立した機関である ISO (独立系統運用機関，Independent System Operator)の設置が検討されている．最終規則(Order No. 888)においても，ISO 設置のガイドラインを掲げている．ISO 組織は，すべての市場参加者から独立した機関となるような公正かつ非差別的に構築され，従来の電力系統の運用業務(系統運用業務，需給運用業務)に加えて，市場参加者の電力取引の調整も行う．さらに，ISO は，送電線同時情報公開システム(OASIS)を介し，送電系統の情報を一般に公開すべきであるとしている．

　この最終規則では ISO の設立を義務づけているわけれはないものの，中部大西洋地域協議会(MAAC)管轄地域(PJM)，ニューヨーク州(NYPP)，ニューイングランド 6州(NEPOOL)，カリフォルニア州，テキサス電力信頼度協議会管轄地域(ERCOT)，太平洋北西部地区(Indego)，ウィスコンシン州やアメリカ中西部地域(Midweat)など 8地域で ISO の設置が検討されている．次項では，アメリカの中でも電気料金の最も高い州であるカリフォルニア州で実施されている電力取引システムを例として ISO の特徴を説明したい．

1.3.4　カリフォルニア州のハイブリッド型電力取引形態

カリフォルニア州では，図1.11に示すような電力取引モデルの構築について検討が進められている．Order No. 888の送電線利用の公平性を確保するために，ISO，PX(電力取引所，Power EXchange)，SC(Scheduling Coordinator)の機能分離が意識的に行われている．

(1)　ISOの機能

あらゆる送電線利用者に対して公平な送電サービスを提供するために，供給地域(カリフォルニア州)全域の送電系統の信頼度運用を行う．具体的には，

① 送電系統情報提供：制御地域内の需要分布，送電制約，送電アクセス料金や補助サービスなどの系統情報を，OASISネットワークを介して提供する．
② 給電計画策定：PXおよびSC(Scheduling Coordinator)から提出された需給計画を統合し，制御地域内の短期給電計画を策定する．
③ 系統運用制御：信頼度および需給バランス維持のためのオンラインで系統運用・制御を行う．
④ 電力取引決済：送電線利用者の電力取引に対する決済業務とその費用回収を行う．

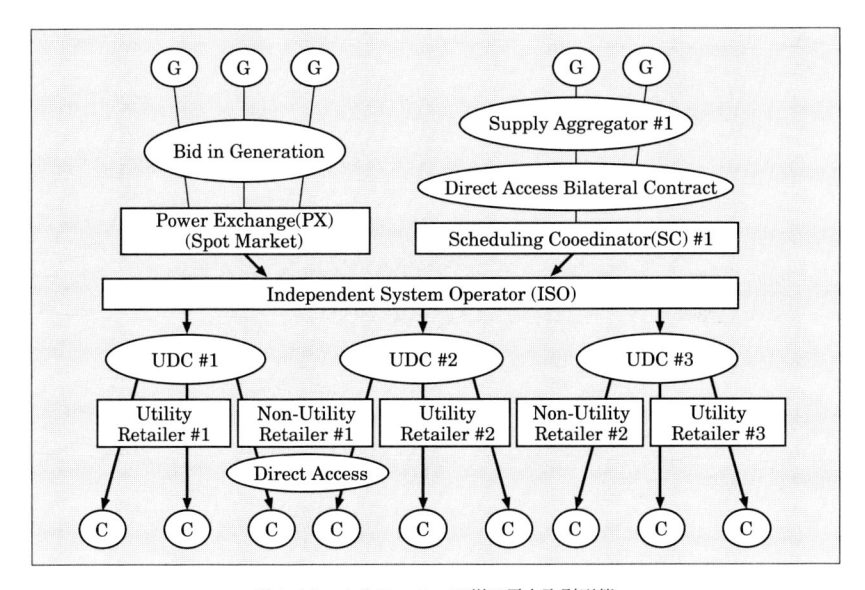

図1.11　カリフォルニア州の電力取引形態

などである．なお，ISO による給電計画は，電力取引の特徴から"取引前日(day-ahead)"と"取引1時間前(hour-ahead)"の二つの先物市場(forward market)での取引をもとに作成される．

(2) PX の機能

日間スポット市場の運営を行い，時間ごと(30分または1時間)の電力売買の需給バランスとそのスポット料金設定を行う．具体的には，

① 発電入札：最終需要家と直接取引を行わない発電事業者からの入札を受け付ける．
② 需要入札：PX が運営する短期スポット市場から買電する事業者が，地点ごと・時間ごとの希望需要量と購入希望上限価格を提示する．
③ 入札決定：原子力や QF などの買取り義務のある電力は前もって組み込まれ，最小費用で時間ごとに需給バランスが保たれるように各入札電源を決定する．ここで策定された需給計画は ISO に提出され，ISO が策定した給電計画がフィードバックされる．
④ 市場価格の決定：ISO が策定した給電計画の中で増分発電費用(限界費用)が最も高い発電ユニットは限界ユニットとされ，その発電ユニットの価格をもとに，送電ロスが考慮され，各発電事業者への支払い料金を決定する．
⑤ 決済業務：発電業者および買電業者に対し，電力取引計画と実績の差分処理を行う．

(3) SC の機能

送電損失を考慮して電力の直接取引の売り手と買い手の間の需給バランスを確保する需給調整機関である．送電線を利用する経済主体(発電事業者，IPP や需要家など)は，必ずいずれかの SC を指名しなければならない(ただし，自分自身も SC になることも可能)．つまり，この SC は，"一つまたは複数の発電事業者"，"一つまたは複数の最終需要家"あるいは"1組みまたは複数組みの発電事業者および最終需要家"を代表する電力取引仲介者として，ISO による給電計画作成に参加する重要な役割を果たす．スポット市場を運営する PX も"不特定多数の発電事業者および需要家"を代表する SC とみなすこともできる．なお，ISO の給電計画作成作業を助けるために，PX および SC は，送電損失も考慮し需給バランスを満足する給電計画の作成が義務づけられている．

カリフォルニア州のハイブリッド型電力取引形態が義務づけられ，すべての州で非差別的な卸託送が実施可能である．一方，小売レベルでは，各州の判断に委ねられているため，州によって状況が異なる．競争導入に関して先進的な立場をとるカリフォル

ニア州では，1994年4月にCPUC(California Public Utility Commission)によって提案された電力事業再編指令後，1996年には，全需要家に直接アクセス(小売自由化)を実施することが法制化された．1998年3月31日に，卸プール市場として需給調整を行う電力取引所(PX)と系統設備の運用制御・監視を担う独立系統運用機構(ISO)の運営がそれぞれ開始された．同時に，直接アクセス制度も導入され，すべての需要家が供給事業者を選択できるようになった．つまり，卸プール市場と直接アクセス制度の両者を含むハイブリット型供給システムが採用されたため，ISOとPXの機能が分離された．

この新システムにより，発電事業者も消費者もインターネットを利用して，OASISを介して，送電線利用の予約を行うことができる．現在のところ大手3社(PG & E，SCE，SDG & E)は全発電電力をPXに卸売りし，配電(供給)は，電力会社の配電事業者かPXから電力を購入する．地域配電会社は，PXあるいはSC(scheduling coordinator)経由の直接購入の何れも選択できる．さらに，新システムの中で，SCは，直接アクセスを選択した市場参加者の代理者として，需要と供給のまとめ，ISOに需給をバランスさせた給電計画を提出する．ISOは，希望給電計画をもとに，送電線混雑の有無，補助サービスの量，系統信頼度基準の評価などの確認の後，必要な修正を加えた上で，最終給電計画を提示し，当日のリアルタイム給電運用を実施する．

PXは，この最終給電計画をもとに，市場決済価格を算定し，市場参加者との間で料金決済を行う．このほか，自由化により回収できなくなった費用は競争移行料金(CTC: Competition Transition Charge)を通して，電力会社が徴収することができる．

卸市場の自由化後も，世界的な規制緩和の取り組み，技術進歩による小規模発電設備の経済性向上とガス価格低下の影響，地域間の電気料金価格格差などを背景とし，小売部門まで含めた電力市場自由化の議論が活発に進められた．一部の州では急激といえるスピードで小売部門の開放が進んでおり，連邦レベルでの電力再編に関するコンセンサスを得るための調整が今後必要となるものと予想されている．現在では，ほぼ全米の各州で小売託送に関する検討が進められている．各州の電気料金水準が異なるため，小売託送への取り組みには差があるものの，電気料金水準が合衆国全体平均よりも高い州では積極的な導入への動きがみられる．1998年6月の時点で，12州が電力再編を州法で決定し，6州の公益事業委員会が再編に関する命令を発効している．また，約2500もあった電力関連会社が，規制緩和を通して統合され，最終的にはいくつかのMega-utilityへと再編されるかもしれないとの見方もある．

1.3.5 送電線情報システムの設置

最終規則 Order No.889 では,送電線所有者へ,送電ネットワークの運用に関わる情報を,すべての送電線利用者に非差別的に提供するために,この OASIS の設立もしくは他の団体が運用する OASIS への参加を義務づけている.

送電線利用の透明性を確保し公平な電力市場を実現させるため,情報ネットワークと計算機システムを利用した効率的な電力供給システムを構築するために,送電サービス業務は,原則,すべて OASIS を介して行われる.OASIS に掲載される情報は,

① 送電線の利用可能送電能力(available and total transmission capability)
② 価格,条件などの送電サービスに関する情報(transmission service offering and price)
③ 形式型送電料金で規定された内容とその料金など補助サービスに関する情報(ancillary service offering and price)
④ サービスの申請と申請に対する回答(transmission service requests and responses)
⑤ 送電サービスのスケジュールに関する情報(transmission schedule information)
⑥ 発電,送電設備の運転状況

などである.

送電線利用者はこの OASIS にアクセスすることで,電力取引を行う上で必要な情報を得ることができ,希望するサービスを申請することもできる.送電線利用が拒否されたり,送電サービスが停止されたりする可能性を判断することができる.現在,当システムは,OASIS フェーズ 1 として運用されており,インターネットの公衆情報網を利用し,OASIS を介して送電線利用の予約を行うことができる.

1.4 欧州連合(EU)における電力自由化の動向

1.4.1 EU 電力市場自由化指令の背景

EU は,市場統合の一環として,80 年代後半から"域内エネルギー単一市場"の形成をめざして,さまざまな法制化を試みてきた(図 1.12 参照).電力については,1990 年代初頭のイギリスや北欧諸国の電気事業の改革に触発され,90 年には託送命令,価格透明化指令を制定し,92 年には小売供給部門への競争導入を目的とする第三者アク

1.4 欧州連合(EU)における電力自由化の動向

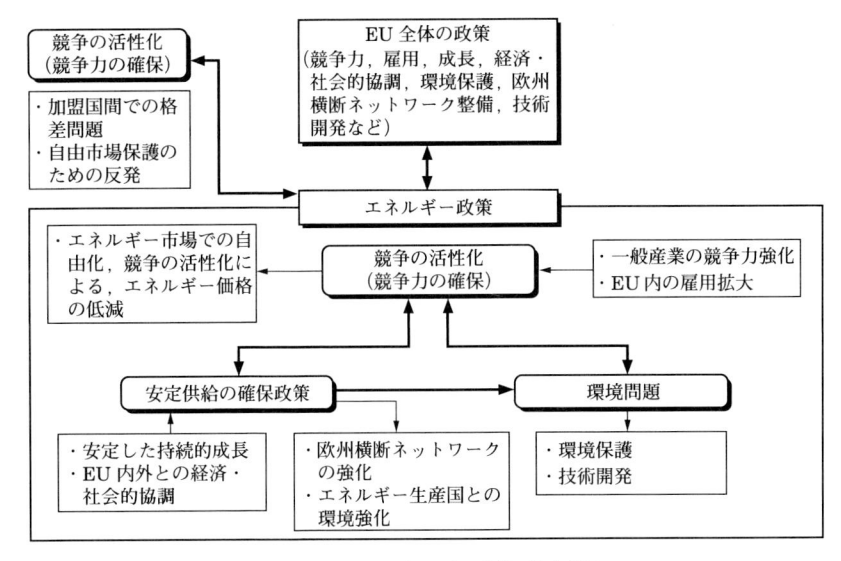

```
           競争の活性化
          (競争力の確保)              EU 全体の政策
                              (競争力, 雇用, 成長, 経済・
     ・加盟国間での格              社会的協調, 環境保護, 欧州
       差問題                    横断ネットワーク整備, 技術
     ・自由市場保護の              開発など)
       ための反発

                              エネルギー政策

   ・エネルギー市場での自                                  ・一般産業の競争力強化
     由化, 競争の活性化に      競争の活性化                ・EU 内の雇用拡大
     よる, エネルギー価格      (競争力の確保)
     の低減

              安定供給の確保政策              環境問題

     ・安定した持続的成長      ・欧州横断ネットワーク      ・環境保護
     ・EU 内外との経済・          の強化                  ・技術開発
       社会的協調              ・エネルギー生産国との
                                 環境強化
```

図 1.12 EU のエネルギー政策の取り組み

表 1.4 EU 電力市場における規制緩和の経緯と今後の展開

年次	規制緩和の経緯
1987 年	EU 委員会, 域内エネルギー単一市場構想を発表
1992 年	EU 委員会, 第三者アクセス(TAP)指令案を提出
1993 年	EU 委員会, TPA 修正指令案を提出
1994 年	フランス, 対案として単一購入者制度(SBS)を提案
1995 年 6 月	EU 閣僚理事会, SBS を一部修正すれば TPA と並列導入が可能と結論
1995 年 10 月	議長国スペイン, TPA 修正指示案を提出
1996 年 2 月	議長国イタリア, 再修正案を提出
1996 年 6 月	EU 閣僚理事会, 基本合意
1996 年 12 月	EU 議会, 閣僚理事会合意案を修正なしで採択
	EU 閣僚理事会, 最終的に指令案を採択
1997 年 2 月	EU 指令発効
	-以下, 市場開放スケジュール-
	年間 4000 万 kW 以上の需要家の EU 全域でのシェア(22.5%)以上の自国市場電力を開放. ただし, 2 年間の国内法化のための猶予期間あり
1999 年	猶予期間の終了. 指令の法的効力発生
2000 年	自由化対象を 2000 万 kWh に拡大(EU シェア 28.5%)
2003 年	自由化対象を 900 万 kWh に拡大(EU シェア 32%)
2006 年	自由化対象をされに拡大するか再検討

セス(TPA: Third Party Access)制度の案を提出するなど，卸発電・小売の自由化や送配電網の開放を是非を巡り，EU加盟国内ではげしい議論がなされてきた(表1.4参照)．特に，小売供給事業自由化を主張するイギリスや北欧諸国に対して，発送配電一貫の国営企業形態で電気事業を行うフランスやイタリアなどが，自由化を発電部門に限定し，小売供給事業の自由化を原則認めない単一購入者制度(SBS: Single Buyer System)を提案するなど，各国の利害が絡み合い，議論は紛糾してきた．しかし，EU市場統合の一環として電力市場の統合も不可欠であるという考え方に，各国とも歩みよりみせ，1997年(2月)にEU電力市場規制緩和指令(正式には「域内電力市場の共通規制に関するEU閣僚理事会指令」)が発効された．これにより，EU加盟国は，発令後2年以内にこの発令の内容を国内法化しなければならない状況を迎えている．

1.4.2　EU委員会の電力市場自由化の提案

　イギリスの電力規制緩和の動きは，前述のように小売市場の自由化にまで突き進む大胆な改革となった．これが一つのきっかけとなり，欧州連合(EU)全体にまで電気事業の再編と規制緩和の動きが及んだ．
　EU委員会は，1991年に公益事業である電気とガスの市場について次のような提案を行った．
① 発電および送配電線，ガス・パイプライン建設の排他的な権利に終止符を打つこと．
② 垂直統合型事業者について，分離(アンバンドリング)を行う．すなわち，電気事業であれば，発・送・配電部門の管理と会計を分離する．
③ 大口産業用需要家と配電・配給事業者が送配電線あるいはガス・パイプラインにアクセスする権利を認め，安価なエネルギーの購入を可能にする．いわゆる第三者アクセス(TPA)を認める．

　しかし，加盟国の一部にこれに対する強硬な反対がでた．その急先鋒であるフランスは，自由化を発電部門に限定した"単一購入者制度(SBS)"を提案し，第三者アクセスと同等の選択肢として認めるように求めた．そして最終的には，第三者アクセスについて，"交渉による第三者アクセス"を認めるのか，"修正された単一購入者制度"を選択するのか，という二つの方法を加盟国ごとに決めることでまとまり，1996年12月にEU電気市場指令が成立した．このEU指令では，第三者アクセスの有資格者(大口需要化や配電会社)についての統一基準はなく，各国がその基準を公表することになっている(図1.13参照)．
　また，事業の分離については，送電システムのオペレータ管理は他の部門から独立

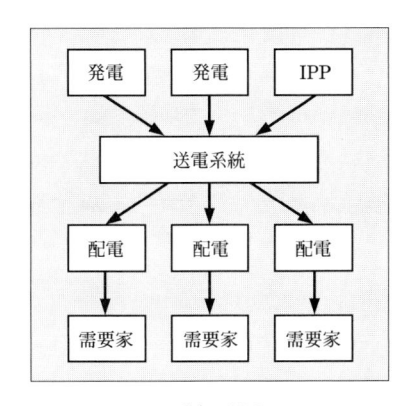

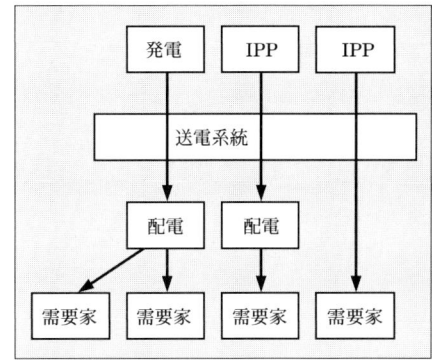

1.4 欧州連合(EU)における電力自由化の動向

(a) SBS　　　　　　　　　　(b) TPA

図1.13　EU案とフランス案のアクセス制度の比較

し，透明性を担保すること，垂直統合型の電気事業者は発・送・配電事業ごとの会計の分離を行わなければならないことが盛り込まれた．すなわち，EU指令では，イギリスのような事業の完全分割と小売市場での完全自由化にまでは至っていないが，垂直統合型電気事業者の発・送・配電活動における会計と管理の分離を求めている．

1.4.3　自由化電力市場の選択制

このEU指令により，EU加盟国は，この指令で定められた小売供給の段階的部分自由化を，1999年までに国内法化しなければならなくなった．EU加盟各国は，発電事業者と需要家の取引形態として，第三者アクセス制度(TPA)，または単一購入者制度(SBS)のいずれかを選択することができ，一定範囲以上の市場を段階的に開放することになった．

TAPでは，地域内の送電網を開放し，小売託送を認めるもので，発電事業者と需要家が直接契約し，送電事業者には，送配電線利用料金は支払う(図1.13(b)参照)．TPAを選択した国は，"交渉によるTPA(negotiated access to the system)"(非強制託送)または"規制せされたTPA"(強制託送)を選択できる．"交渉によるTPA"は，系統運用者と商業ベースに基づく交渉をして，系統運用者が認めれば系統を使用できる．これは，系統アクセスへの交渉権であり系統アクセス権ではない．

一方，"規制されたTPA"は，有資格需要家に系統アクセス権が与えられ，送電線使用料金は公開される．この場合では，商業ベースの交渉に基づくものなので，送電線使用料金などの交渉内容は公表されない．ただし，送配系統運用者は，必要な系統容量がない場合には，明確な理由を提示し系統アクセスを拒否することができる．

SBSは，自国の大口小売市場を開放し，単一の購入者が国内外の発電事業者から電力を一括して購入した上で，需要家に供給するシステムで，送配電設備の運用は独占とする(図1.13(a)参照)．このシステムでは，発電事業者と需要家が直接契約を結ぶが，電力の売買は発電事業者と単独購入者，単独購入者と需要家という形で行われる．単独購入者以外の発電事業者を需要家の個別の契約内容を競争相手である単独購入者は一方的に知りうるという問題点があり，EU指令においては，発送配電部門の分離運営，情報交換制限を行うものとされている．TPAでの新規電源の建設は許可制で，SBSでは入札制をとる．

さらに，1999年にEU指令が発効されたが，各国は，それに準拠するよう国内法を整備してきた．ただし，ベルギーとアイルランドには1年，ギリシャには2年の追加猶予期間が与えられている．

特に，これまで独占供給体制を維持してきたフランス，イタリアやドイツでは，早急な国内法の改正が進められ，部分的な自由化を実施しているスペインやポルトガルでも，国内法の一部改正が必要となった．大幅な規制緩和を実施をめざす国はTPAを，制限的な自由化をめざす国はSBSを選択するものと考えられている．各国の電力供給体制から，TPAを選択するとみられている国は，イギリス，スウェーデン，フィンランド，ドイツ，スペイン，オランダなどで，一方，SBSを選択するとみられている国は，フランス，イタリア，ポルトガル，ベルギー，ギリシャ，アイルランドやオーストリアなどであるが，まだ流動的であり，フランスも近々TPAへの移向とのことである．

1.4.4 送電事業の機能分離

このEU指令では，公平な競争を確保するために，発電，送電および配電事業の区分経理が最低条件とし規定され，新規発電設備の建設に入札制度を導入する場合には，発送配電事業から独立して入札評価を行う第三者評価機構の設置も規定されている．

今後のスケジュールは，段階的に小売供給自由化の対象を拡大していく予定である．第1段階(1997年)では，各国の年間消費電力の上位22.5%(EU全体の年間消費電力量が4000万kWh以上の需要家の構成比に相当)の需要家が対象となった．さらに，第2段階(2000年)では，同28.5%(2000万kWh)の需要家が対象，第3段階(2003年)では，同32%(900万kWh)の需要家が対象と拡大される．さらに，対象を拡大するかは2006年に再度検討するとしている．

1.4.5　EU 域内電力市場構想と加盟国の対応

　1987 年，EU 委員会が，域内エネルギーの大規模単一市場の実現に向けて動き出した．従来の地域独占供給体制から，発電市場の自由開放と，小売電力取引の広汎な自由化への転換が目標とされ，EU 関係国の共通ルールづくりが議論された．1996 年 12 月に共通ルールとして，「域内電力市場の共通規制に関する EU 閣僚理事会指令」がまとまり，1997 年 2 月に発効された．この共通ルールでは，発送配電事業の区分経理，発電所建設時にコストを比較する第三者評価機関の設置など，公平な競争を可能とするための環境整備が明文化された．

　この EU 指令を受けて，段階的な小売供給の自由化を行うことが決まり，EU 加盟国は EU 指令の法的効力が発生する 1999 年までに，国内法を整備しなければならない．イギリスや北欧諸国(ノルウェー(91 年)，スウェーデン(96 年)，フィンランド(97 年)では小売市場を全面自由化)では，すでに EU 指令以上の自由化を達成している．フランス，ドイツ，イタリアなど独占供給体制を維持してきた国では，ようやく重い腰を上げ，再生可能エネルギーの活用などを含め競争条件の整備を進めつつある．EU 指令の決着に先行する形で，1994 年にポルトガルが，1995 年にスペインが独自の規制緩和を実施した．そして，イタリアも民営化と規制緩和に向けて動いている．

　なお，一部の国は，国内事情を配慮して国内法整備の準備期限に 1～2 年の猶予期間が認められている(アイルランドは 1 年，ギリシャは 2 年)ことは先に述べたとおりである．

　また，スイスは EU 加盟国ではないが，欧州国際送電連網の中心的存在であり，今後，EU 電力自由化の動きに巻き込まれていくことが予想される．そのため，スイス政府は，国際競争に対応していくために，事業再編の動きが活発になってきた．ヨーロッパでも電気料金水準が最も高いスイスの産業用需要家からの規制緩和の要請も強く，EU 電力自由化指令の加盟国での国内法化に合わせて，法制化を行う予定である．しかし，イギリスや北欧諸国のような全面自由化ではなく，フランスやドイツなどの近隣諸国に合わせた段階的な自由化を指向している．

1.4.6　今後の課題

　90 年代初頭に欧米で始まった電気事業の規制緩和や競争原理導入の流れは，世界的に広まっていく傾向にある．ただし，電力産業における規制緩和の考え方やその程度，電力供給体制再編は，国情によって異なる．しかし，従来の電力会社と卸電気事業者を含めた発電部門全体の費用最小化と電力産業活性化への貢献という点から，発電部

門への参入規制緩和は評価されなければならない．次に，わが国でも必然的に"託送の自由化"（いわゆるオープンアクセス）の議論が生まれてくる．ただし，託送自由化問題は，電力会社の供給義務，供給信頼性，経営安定性などの電力供給体制のあり方と深い関わりをもつので，十分な検討が必要である．

このような，新環境下における電気事業分野の技術課題としては，新規参入者による電力系統計画・運用への影響評価，分散電源系統連系のための技術要件の整備，自然エネルギーおよび分散電源の電力品質に及ぼす影響評価，供給信頼度評価およびその維持のための送配電設備計画手法の確立，託送料金算定や需給運用計画のための系統解析ソフトウェア技術の開発，双方向情報通信技術の活用，単独運転検出などの系統保護方式の構築などがあげられる．

そこで後章では，これらの重要技術開発課題を解決する手段として，以下に示すような解析理論および技法について詳しく述べる．

- （a） 電力市場のための基礎経済理論
- （b） 送電サービスと送電料金設定理論
- （c） 短期限界費用と最適潮流計算
- （d） 系統維持運用・制御とアンシラリーサービス
- （e） 安定度評価と固有値解析
- （f） 供給信頼度評価と電力設備形成
- （g） 電力系統の運用・解析支援シミュレーション技術
- （h） 分散電源連系と電圧管理技術
- （i） 分散電源系統連系と単独運転検出技術
- （j） 新エネルギー導入と可変速回転機器技術
- （k） 電力品質維持とパワーエレクトロニクス
- （l） 新エネルギー利用と分散電源
- （m） 分散電源の系統計画への影響評価
- （n） 電力自由化の今後の展望

参 考 文 献

1) 石井編：現代の公共事業，NTT出版，1996．
2) 植草 益：公的規制の経済学，筑摩書房，1991．
3) 林 敏彦編：公益事業と規制緩和，東洋経済新報社，1990．
4) 植草 益：講座・公的規制と産業①電力，NTT出版，1994．
5) B. Tenenbaum, R. Lock and J. Barker：Electricity Privatization Structural, com-

petitive and regulatory options, ENERGY POLICY, pp. 1143-1161, December 1992.
6) 矢島正之:電力市場自由化,日本工業新聞社,1994.
7) 矢島正之:電力市場自由化モデル分析,電力中央研究所報告,Y95012, 1997.
8) S. Hunt and G. Shuttleworth: Competition and Choice in Electricity, John Wiley & Sons, 1996.
9) (社)海外電力調査会:海外諸国の電気事業 第1編1993年, 1993.
10) 電力新報社:電気事業講座15 海外の電気事業, 1997.
11) 圓浄:英国にみる電力ビックバン(その光と影),電気新聞, 1997.
12) M. Yajima, C. Riechman and M. Kitamura: Evaluation of Electric Power Deregulation in England and Wales, CRIEPI Report EY97001, 1997.
13) (社)海外電力調査会:98年以降の英米の電力供給システム,海外電力調査報告 No. 186, 1997.
14) 塚本:送電アクセスが電力計画/運用に与える影響と課題(米国規制緩和事例を参考として),エネルギー経済, **23**, 5, pp. 2-25, 1997.
15) 塚本:米国における送電アクセスを巡る動きと託送料金算定方式例,エネルギー経済, **21**, 9, 1995.
16) 岡田,浅野,松川:Nodal Pricingによる送電料金による送電料金設定方法の基礎的検討,電気学会電力技術研究会資料 No. PE-96-53, 1996.
17) 矢島正之:電力改革,東洋経済新報社, 1998.
18) 矢島正之:世界の電力ビッグバン,東洋経済新報社, 1999.
19) 石原正康:電力自由化,日刊工業新聞社, 1999.
20) 電力政策研究会:図説電力の小売り自由化,電力新報社, 2000.
21) 鶴田俊正:規制緩和,ちくま新書, 1997.
22) 川本 明:規制改革,中公新書, 1998.
23) 鶴 光太郎:日本的市場経済システム,講談社現代新書, 1998.
24) 橋本寿郎,中川淳司:規制緩和の政治経済学,有斐閣, 2000.

第2章

電力市場のための基礎経済理論

2.1 電力産業の概要

2.1.1 電力供給体制と電力系統の特徴
(1) わが国の電力供給体制

わが国の電力供給体制は，一定の供給区域をもち，その区域内の需要家に電気を供給する"一般電気事業者"（既存の電力会社）と，供給区域をもたず一般電気事業者に電気を卸供給する"卸電気事業者"によって営まれてきた．約30年ぶりとなる1995（平成7）年の電気事業法改正では，卸電気事業に係わる認可が原則撤廃され，発電部門への新規参入の拡大が図られた（卸電力入札制度の創設）．同時に，特定の供給地点における需要に応じ電気を供給する"特定電気事業者"に係わる制度（特定電気事業制度）も創設された．さらに2000（平成12）年3月21日に施行された改正電気事業法では，"特定規模電気事業者"に係わる制度が創設され，小売部分自由化が導入された[1]．

---

[1] 一般電気事業者には，電気の生産から販売に至るまで発電・送電・配電部門を一貫してになう従来の電力会社が含まれる．現在，1951（昭和26）年5月の電力再編時に誕生した北海道，東北，東京，中部，北陸，関西，中国，四国，九州電力会社に，1972（昭和47）年5月の沖縄返還以降に発足した沖縄電力を加えた10電力会社がある．卸電気事業者には，電源開発株式会社，日本原子力発電株式会社，公営電気事業者（34事業者），その他の私営電気事業者（20社）がある．特定電気事業は，需要家へ直接電気を供給する事業者であるものの，その事業が一般電気事業者のように広域的な需要に応じて供給を行うものではなく，限定された供給地点における需要に対して効率的な供給を行うことを前提とするものである．そのため，特定電気事業者には料金認可や供給計画の届出等が義務づけられておらず，一般電気事業者よりも簡易な規制のもとにおかれている．2000（平成12）年9月1日現在で，諏訪エネルギーサービス(株)（長野県，最大出力3122 kWの火力発電機(LPGガスタービン)）と尼崎ユーティリティサービス(株)（兵庫県，最大出力12600 kWの火力発電機(都市ガスタービン)）の2社が特定電気事業者として認可を受け，事業を行っている．さらに，平成12年3月21日以降，ダイヤモンドパワー(株)，丸紅(株)，旭硝子(株)，イーレックス(株)，新日本製鐵(株)，(株)エネットなどが，特定規模電気事業者として届出を行っている．

この特定規模電気事業者とは，一般電気事業者(従来の電力会社)が維持・運用する送電ネットワークを利用して(託送)，電気を特定規模需要家(2万V以上の送電線で電力を受電し，原則2000kW以上の最大使用電力を有する需要家)に販売する事業者である．特定の需要家へ私契約に基づき電力供給を行うことから，この特定規模電気事業者へは，原則として参入規制・供給義務・料金規制は課されない．また，同時に"火力全面入札制度"が導入され，従来の電力会社や卸電力会社も新規参入者と同等に卸電力市場への入札が可能となった(図2.1参照)．

(2) わが国の電力需要の動向

近年，バブルの崩壊や円高の進行などにより日本経済の成長は鈍化したが，この間も電力需要は比較的堅調に推移している．1999(平成11)年度の総電力需量は，9573億kWhで，対前年度増加率は2.4%となり，2年ぶりに2%を上回る伸びとなった[*2]．

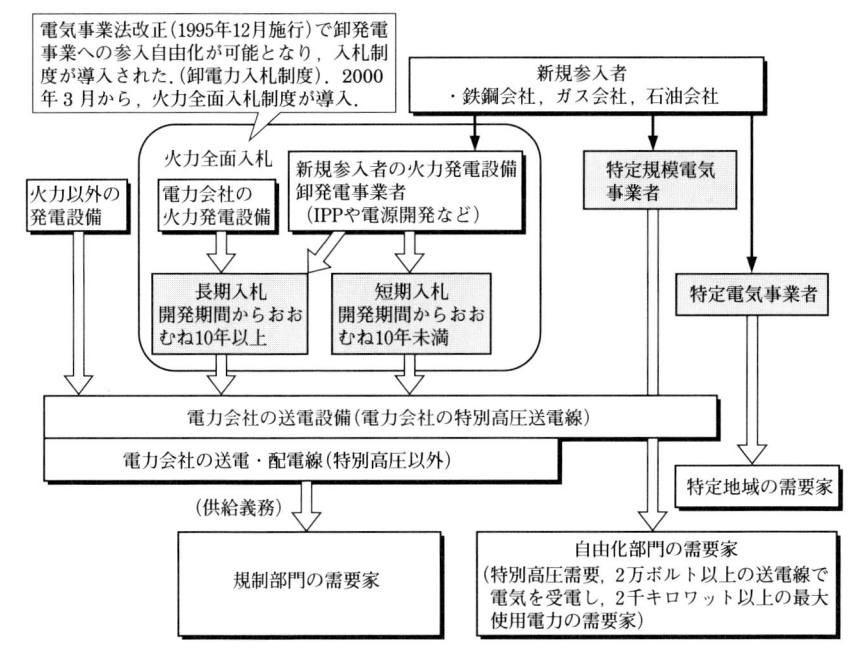

図2.1 わが国の電力供給体制

[*2] このうち，民生用需要については，東日本を中心とした夏場の高気温などの影響による冷房需要の増加によるものである．一方，景気低迷の影響はあるものの，鉄鋼をはじめとする一部素材型産業のアジア向け輸出増や電気機器(IT関連)の好調を反映し，大口電力の対前年度増加率は，2.1%増となった．

一方，最大電力の伸びは，夏季の気温の影響を大きく受けつつも，電力量の伸びをほぼ一貫して上回っている．さらに，年負荷率(年間平均電力量の最大電力に対する比率)は，1970年代の60%を上回っていたが，猛暑・冷夏などの影響で変動してはいるものの90年代には55〜57%台へと，その水準は低下している．このような年負荷率の低下要因として，冷房需要の増加，用途構成の変化，産業用需要における業種の変化などがあげられる[*3]．しかしながら，近年ヒートポンプエアコンや電気カーペットなどの暖房機器の普及増により，冬季の最大電力の増勢も顕著になっている．

(3) 電力系統の構成と特徴

"電気エネルギー"は，そのままの形で大量に貯蔵することが困難であり，瞬時瞬時で生産量と需要量がバランスしていなければならない．"電力系統(電力システム)"は，多種多様な需要家に対し安全かつ廉価に電気エネルギーの発生，輸送，配分を行うことを目的とし，常時莫大なエネルギーを取り扱う巨大なシステムである．電力系統は，石油，石炭，ガス，水力，原子力，太陽光や風力などのエネルギー源を電力という形に変換する発電所，発生した電力を輸送する送電線や配電線，利用しやすくするために適切な電圧値に変換するとともに集積・配分の役割を果たす変電所などの設備により構成されている．電力系統を構成する各電力設備は，時々刻々と変化する需要に対応し所要のサービスレベルを確保しつつ，系統全体の安定性や効率性を保持するために運用されていなければならない．そのため，電力系統内には保護・制御・監視設備・通信設備など運用に必要となる諸設備も備えられている．

電力系統で発生し輸送する電力(交流電力の場合)は，有効電力(active power)と無効電力(reactive power)の二つがある．有効電力は，電灯に灯をともし，エアコンや冷蔵庫のモータを回し，熱を発生させるという実際的な仕事を行うもので，エネルギーそのものである．電気現象は光の速度(約 3×10^8 m/s)で伝わるため，地理的に遠く離れた地点で発生した有効電力の変化が，電気的には即座に，システム全体に動揺を与える．たとえば，ある地点で生じた消費電力の急増が，系統全体の需給バランスを崩し，その結果として周波数低下という現象を生じさせる可能性もある．電力系統は，有効電力の面では，系統全体が一つのシステムとして動作し，その動特性は全体的である．

[*3] 家庭用エアコンの普及率の増加に加え，業務用ビルの高層化，機密性の高い建造物の増加，オフィス環境の改善や工場におけるクリーンルームなどでの冷房・空調需要が増加しているためと考えられる．また，経済のサービス化の進展により年負荷率の低い業務用電力の比率が上昇するなどの用途構成の変化が生じている．また，産業用需要における鉄鋼・紙パルプ・石油化学などに代表される昼夜間連続操業型の電力多消費産業の比率が低下し，機械などの昼間操業型産業のウエイトが増加するなどの産業用需要における業種の変化が生じている．

一方,電力系統を安定に運転するためには,負荷状況に合わせて適切な無効電力を供給しなければならない[*4].無効電力の供給方法は,発電機の運転によるものと調相設備によるものに大別される.このうち,調相設備は,系統の拠点となる送電用変電所や配電用変電所に設置される.無効電力は,発生源付近の送電線や負荷で消費され,数百 km 離れた地点にその影響が及ぶことはなく,無効電力の発生とその消費は局所的である.電力の需給調整とは,このようにまったく対照的な性格を有する有効電力と無効電力の両者のバランスを保つことである.

また,電力系統の発達の歴史的な経緯から,わが国の電力系統は本州中部以東の 50 Hz,本州中部以西の 60 Hz と異なる二つの周波数域に分かれている.このため,両周波数領域間に直流を用いた周波数変換設備が設置されている.

(4) 発電および流通設備の動向

1963(昭和 38)年度に初めて火力発電設備出力が水力発電設備出力を上回って以降,燃料コストの安い石油火力の積極的な導入により,大容量・高効率の火力発電所を中心に建設が進められ,総発電設備に占める火力発電設備の比率は年々増加してきた.しかし,第一次石油危機を境に,原子力発電,石炭火力発電,LNG 火力発電などの石油代替電源の開発が推進され,電源の多様化が図られてきた.1999(平成 11)年度末現在の発電設備容量(一般電気事業者用)は,2 億 2410 万 kW で,その電源構成比率は,水力 19.8%,火力 60.2%,原子力 20% となっている.しかし,大都市周辺などの需要地帯周辺には,火力発電所や原子力発電所などの大規模電源を建設できる適地は少ない.さらに,近年,環境問題への関心の高まりなどから,需要中心地帯から遠隔化する傾向にある.

日本の基幹送電線は,高度経済成長時代の電力需要の増加に伴い,187～275 kV の超高圧送電線が増強され,基幹送電網として骨格が形成された.その後,電源の遠隔化や大容量化に伴い,高電圧大容量の長距離送電設備の増強が進められ,ほぼ完成に近い.最近では,地域社会の発展に伴い,都市化,過密化の傾向が一段と強まっている.電力需要の巨大化,大都市集中の傾向に対処するために,架空送電線の太線化や複導体化が図られている.しかし,偏在する電源地帯と大都市部を結ぶ送電系統は,人口密度の高い地域を通過する部分が多いため,環境対策や都市構造との調和などさまざまな制約を受け,電力輸送設備計画もますます困難になってきている.

[*4] 無効電力(reactive power)は,系統内のインダクタンスやコンダクタンスに蓄えられる単位時間あたりのエネルギーに相当する電力で,有効電力と同様に,電力系統の特性に大きな影響を与える重要な物理量の一つである.

(5) 電気という財の特性

電気エネルギーは，国民生活や産業活動に不可欠なエネルギーであり，電気の利便性・安全性・快適性などの面で，他のエネルギーと比較してすぐれた特性をもっているため，国民生活や産業経済のあらゆる分野で電気の使用範囲が拡大している．現代社会は，電気エネルギーの利用なくして成り立たないといっても過言ではない．電気は，社会経済における必需な財(社会における共通の必需財)といえよう．そのため，電気を供給する企業(電力会社などの発電事業者)には，電気を顧客(供給事業者や個別需要家など)に安定的かつ低廉に供給できる体制を整備することが要求される．

さらに，電気を供給する企業は，需要家から公平で非差別的な供給(価格や供給条件も含む)を行うことが強く求められる．このように"電気という財"は公共的な性格をもつが，個別需要家の需要量(消費量)が明確に区分できる財でもあるため，価格形成が可能な"私的財"あるいは"経済財"である[*5]．したがって，私企業，公企業を問わずに企業は，需要家(消費者)から，提供した電気の使用量(消費量)に応じて料金を徴収できる．ただし，電力は大規模な貯蔵が困難な財であるため，季節別・時間帯別に変動する需要に応じて，瞬時瞬時で生産量と需要量をバランスさせなければならない．さらに，需要が季節別・時間帯別に変動するため，発電事業者はピーク需要に見合った供給設備を常に確保しなければならず，オフピーク時には遊休となる設備が発生する．

2.1.2 電力産業における自然独占性と規制の根拠

19世紀末に登場して以来，電力産業は，各国でさまざまな形で公的規制のもとで発展してきた．しかし，15年あまり前に経済学の分野で電気事業への競争の導入可能性が示唆されて以来，第1章で述べられているように，欧米諸国で電力民営化・電力自由化が検討・実施されている．わが国では，沖縄返還後，10電力体制と呼ばれる地域独占の供給体制がとられ，電気事業法によって参入や料金などに関して詳細な規制が実施されてきた．

第1章で述べられたような90年代以降の世界的な電力市場改革の潮流の中，わが国の特性をふまえ，1995年の電気事業法の改正による発電部門への競争導入に続き，

[*5] 公共財(public goods)とは，「各個人が共同で消費し，料金を支払わない人を排除できず(排除不能性)，ある人の消費により他の人の消費量が減少しない(消費の非競合性)ような財・サービス」をさす．一方，私的財(private goods)とは，「対価を支払わなければ消費できず(排除可能性)，またはある人が消費する分だけ他の人が消費できなくなる(消費の競合性)ような財・サービス」をさす．したがって，電力は公共財ではなく，われわれが消費するほとんどの財・サービスと同様に私的財である．

2000年3月の電気事業法改正では小売部分自由化が導入された．しかし，このような電力改革以前，電力産業が一般の産業と異なり公的規制を受けていた(受けている)のは，自然独占性(natural monopoly)という特別な条件を備えているという考えに基づいている．自然独占性を有する産業では，価格支配などの独占の弊害が発生するおそれがあるので，これを防ぐために公的機関による参入規制や料金規制が必要となる．また，自然独占性のほかに，サービスの必需性や二重投資の回避および破壊的競争の防止なども公的規制の根拠としてあげられている．そこでまず，"自然独占性"の考え方について概説したい．

(1) 自然独占性

自然独占性とは，資源の希少性や規模の経済性・範囲の経済性が存在するため，単一の財・サービス(ないしは複数の財を結合して)を供給する企業が，一社(独占)もしくは少数の企業(寡占)を形成する蓋然性が高いことをいう．技術的理由または特異な経済的理由で成立した独占を"自然独占"(寡占を自然寡占)という[*6]．その中でも財・サービスの生産段階における"規模の経済性(economic of scale)"とは，その生産規模が増加するに従って，その財・サービスの1単位あたりの平均費用が逓減する状態をさす．たとえば，ある財・サービス量が q_1 から q_2 に増加し，各生産量の平均費用($C(q)$)の間に以下のような関係が成り立つ場合，この生産水準の範囲では規模の経済性が存在する．

$$\frac{C(q_2)}{q_2} < \frac{C(q_1)}{q_1} \tag{2.1}$$

最近では，自然独占性の条件として規模の経済性とは区別して，費用の劣加法性(subadditivity)という概念が用いられている．ある産業の市場に，同じ生産物(財・サービスなど)を生産する企業が n 社あるとし，i 企業の生産量を q_i とし，その q_i を生産するための総費用を $C(q_i)$ とする．一方，市場全体の総需要量を Q とし，これを1社がすべて生産したときの総費用を $C(Q)$ とする．このとき，

$$Q = \sum_{i=1}^{n} q_i \tag{2.2}$$

---

*6 資源の希少性による自然独占が成り立つケースとして，資源の利用可能性が限定されるなど自然条件が決定的な要因となった独占が考えられる．たとえば，ある村落で利用可能な井戸を一つしか確保できない場合，その井戸を特性の組織(個人，企業もしくは自治体組織)が所有し，全住民が利用する場合などが典型的なケースとして考えられる．自然独占は，このような資源の希少性や規模の経済性の他に，範囲の経済性などによって説明される場合もある．範囲の経済性は，規模の経済性と密接に関連した概念で，二つの製品を別々の企業(または工場)で生産するよりも集中した方が，総費用が安くなる状態をさす．詳しくは，植草著「公的規制の経済学」(筑摩書房，1991年)などを参照されたい．

という条件のもと，

$$C(Q) < \sum_{i=1}^{n} C(q_i) \tag{2.3}$$

が成立する場合，すなわち，市場全体の需要量を1社で生産したときの費用($C(Q)$)の方が，2社以上の企業で分割して生産したときの費用($\sum_{i=1}^{n} C(q_i)$)よりもその産業の生産費用が安くなるとき，"費用の劣加法性がある"という[*7]．規模の経済性の条件が成立していれば，上記の費用の劣加法性の条件も満たされる．つまり，規模の経済性は自然独占のための十分条件であり，自然独占的な産業の特徴として重視されてきた．

(2) 電力産業における自然独占性の議論

歴史的な経緯や各部門(発電・送電・配電など)を形成する要因を整理すると，電力産業は規模の経済性が強く作用する産業で，自然独占性をもつ産業である．しかし，近年，効率的な小規模発電技術の開発は目をみはるものがある．さらに，エネルギー利用技術機器の発達と相まって，電力，石油およびガス産業の間でのエネルギー市場の奪い合い(エネルギー間競合)が強まっている．これらの理由から，電力産業(特に発電分野)での自然独占性が薄れてきているのではないかという指摘がなされている．規模の経済性が自然独占のための十分条件として意味をもつとして，これまでに電力産業の規模の経済性に関して多数の研究がなされている．その中でも，ChristensenとGreen(1976年)は，長期費用関数を用いてアメリカの火力発電における規模の経済性の推計を初めて行った．彼らの研究結果は，アメリカの発電分野では規模が拡大するにつれ規模の経済性が消失する傾向にあることを意味するものとして注目され，それ以降，アメリカでの発電分野の規制緩和が唱えられるようになった[*8]．

一方，送電部門に関しては規模の経済性が存在するため，従来どおり自然独占を認め，規制を継続すべきであるという考えが主流である．電力，ガス，熱供給および水道などの産業では，製造設備(電力の場合は発電設備)から需要家へのサービス供給(電力)のためにネットワーク設備(送配電設備)が形成されている．このような産業で

[*7] この場合，費用関数 $C(q_i)$ が市場に参加するすべての企業で共通であり同一の技術が各企業で利用可能であるという仮定のもとで成り立つ．さらに，規模の経済性は，必ずしも費用の劣加法性を意味するものではない．規模の経済性が成立しない場合でも，単一企業に生産を委ねた方が，総費用が安くなる場合がある．詳細は，植草編，「講座・公的規制と産業① 電力」(NTT出版，1994年)などを参照されたい．

[*8] わが国およびアメリカにおける電気事業の規模の経済性に関する研究動向は，たとえば，根本(1992)，植草(1994)などを参照されたい．また，富田(1994)では，電力需要構造の計量経済学的分析を含め企業の経済分析における実証的分析手法について，体系的にまとめられているので参照されたい．

は，ネットワーク供給システムは，利用者数や供給区域などの規模が増大するほど，送電設備やパイプラインなどの膨大な固定資本投資を必要とする．財・サービスの生産・配分を含めた総費用に占める固定費用の比率が大きい産業では，一般に需要量が多いほど，固定費用が各需要に分散されるため，規模の経済性が享受できるといわれている．第1章でも述べた競争的な電力市場を導入した諸外国の事例をみても，送電系統の運営に関して，市場参加者への非差別的なオープンアクセスや送電料金設定に関する規制が課せられるものの，送電部門に関しては，従来どおり，電力会社による自然独占が認められている．

2.2 需要と供給の経済学的な考え方

2.2.1 基本的な経済問題

"どのような財がどれだけ生産されるのか"，"これらの財はどのように生産されるのか"，"これらの財は誰のために生産されるのか"が，経済学における基本問題である．これらの解決方法は，歴史的・社会的な条件の相違に応じてさまざまである[*9]．中でも，市場経済(market economy)は，商品の売り手と買い手がその価格と数量を決定すべく相互に関係し合う仕組みが上手く機能する市場(market)を通じて，上記の基本的な経済問題を効率的に解決しようとしたものである．市場経済では，個人や企業など個々の経済主体の選択が，財・サービスの需要と供給という形で現れる．

また，1市場内で，需要サイドと供給サイドを結びつけるのが価格である．価格は，財・サービスに対する対価であり，その価格の変化が，売り手の供給量や買い手の需要量に影響を与える．売り手と買い手は価格を媒体として経済取引を行おうとするが，市場で取引される財・サービスの性質や，市場に参加する売り手(供給者)と買い手(消費者)の性質が，市場設計(制度設計)のあり方やその市場モデルが望みどおりに機能するか否かなどに大きな影響を与える．

このような市場経済の利点を利用し効率的な資源配分を実現するために，第1章でも述べたように，欧米を中心に，競争的な電力市場の導入が検討・実施されている．

[*9] このような三つの基本問題に加えて，"だれが経済的決定を行うのか，またどのような過程を経て行うのか"という第4の基本問題がある．市場経済と相対する考え方である中央集権的計画経済(centrally planned economy)では，政府が経済活動のあらゆる決定を行い，それを官僚機構を通じて実行する．一方，政府も重要な経済的な決定を行いつつ，公共部門と民間部門との相互依存関係を重視する混合経済(mixed economy)という考え方もある．社会において，どのような形態を選択するかは，歴史的・社会的な条件による．

多少，経済学の入門的な話が中心となってしまうが，以下に需要や供給の基本的な考え方，さらに市場での需給均衡の仕組みなどについて紹介したい．

2.2.2 需要曲線の基本的な性質

　需要という概念は，与えられた価格のもとで個人や企業などの個々の経済主体(以下，需要家と称す)が購入しようとする財・サービスの量を表したものである．一般的に，財の価格が上昇すると，予算制約などの要因により，需要家はその購入量を減少させようとする．経済学の慣例に従うと，財・サービスの数量を横軸に価格を縦軸にとり，さまざまな価格水準において需要家が選択した財の購入量(需要量)は，図 2.2 に示すように，右下がりの曲線(または直線)となる．これを需要曲線(demand curve)と呼ぶ．ただし，ある財・サービスの需要は，それ自身の価格だけではなく，密接に関連した他の財の価格(代替財や補完財の価格)，各需要家の所得(予算制約)，選好(preference)や金利(耐久財の場合)などの要因に依存する[*10]．

　また，その財・サービスの当該市場における総需要は，市場内のすべての買い手(需要家)のそれぞれの価格のもとにおける個々の需要量を集計したものである．すべての需要家の需要量を合計し(各需要家の需要曲線を水平方向に足しあわせたもの)，各価格水準での市場全体の需要量を表したものを市場需要曲線(market　demand curve)と呼ぶ．個別需要曲線と同様に，価格が上昇したとき，各需要家が需要量を減

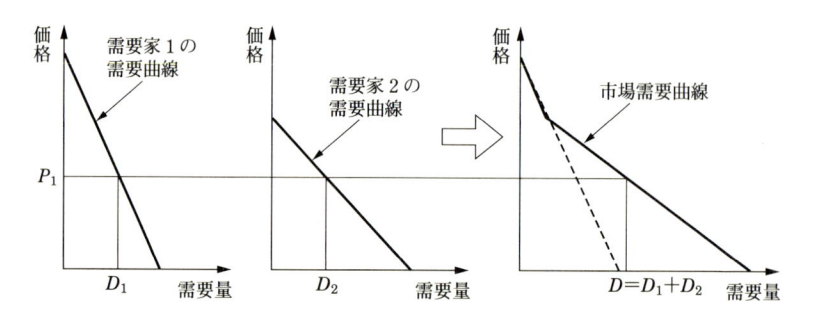

(注)　ある財の価格が P_1 のときの需要家 1 の需要量が D_1，需要家 2 が D_2 のとき，市場全体での需要量は $D(=D_1+D_2)$ となる．

図 2.2　市場需要曲線の考え方

[*10] ここでは，財・サービス自身の価格以外の諸要因は一定と仮定し，価格変化に対する需要変化は，需要曲線に沿った動きをするものとする．

少させるため，市場需要曲線も右下がりとなる．

　財の価格変化がその需要量をどれだけ変化させるかは，その財の性質や各需要家の選好により異なり，各需要家の需要曲線の傾きに反映される．財・サービスの価格の変化率に対する財の需要量の変化率の比を，需要の価格弾力性(price elasticity of demand)と呼ぶ．たとえば，図2.3に示すように，財の価格がPから$\varDelta P$だけ値上りしたとき，その需要量がDから$\varDelta D$だけ減少した場合，その需要の価格弾力性η(点弾力性)は，

$$\eta = -\frac{\varDelta D/D}{\varDelta P/P} = -\frac{P}{D}\cdot\frac{\varDelta D}{\varDelta P} \tag{2.4}$$

で表される[*11]．

　価格弾力性の大きな財ほど，価格変化に対して需要の変化量が大きく(弾力的)，その需要曲線は平らになる．一方，価格弾力性の小さな財の需要の変化量は小さく(非弾力的)，その需要曲線の傾きは急になる(図2.4参照)．

　一般に，生活必需品，所得と比較して支出額の小さい財や代替性の少ない財・サービスなどの需要は非弾力的で，代替財が多数存在するような財・サービスは弾力的になる傾向にある．さらに，需要の弾力性を左右する要因として，時間も重要となる．たとえば，価格が変化しても時間の経過が長ければ需要量を調整することも可能となる．したがって，長期の需要曲線は短期の需要曲線に比べて弾力的となる傾向がある．

　公表された統計やアンケート調査に基づき，原油価格やGNPが電力消費に及ぼす

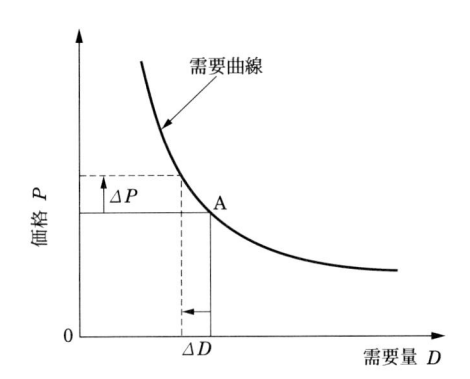

図2.3　価格の値上げによる需要量の変化

[*11] 式(2.4)のように有限な変化幅によって表す弾力性を弧弾力性という．一方，$\eta = -(P/D)(\partial D/\partial P)$のように微分的な変化による弾力性を点弾力性という．

図2.4 需要曲線の形状と価格弾力性

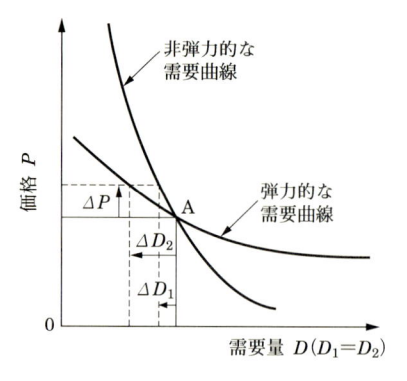

(注) ここでは，価格 P のとき，各需要家の需要量がともに $D(D_1=D_2)$ であるとする．価格の値上げ（ΔP）による弾力的な需要家の需要減少量（ΔD_2）は，非弾力的な需要家の需要減少量（ΔD_1）よりも大きくなる．

影響を考慮した計量経済モデルによるエネルギー需要予測や，産業や家庭など用途別の需要構造に注目した価格弾力性の計測をもとに電気料金と需要の関係など，電力需要分析に関する研究が行われてきた[*12]．特に，1980年代におけるエネルギー価格の大幅な変動は，省エネルギーの進展や自家発電と購入電力の競合など，産業部門のエネルギー消費構造に多大な影響を与えた．そのため，他のエネルギー価格の影響も明示的に考慮した分析も行われている．産業や家庭部門の電力需要におけるデマンド・サイド・マネジメント（DSM：demand side management）の観点からも，エネルギー間競合を考慮した電力需要の価格効果の計測は重要である．

また，電気料金が家庭の電力需要に与える影響の分析は，料金を通じた間接的な負荷管理手法の一つである季時別料金制度の効果を検討する際にも重要となる．特に，省エネルギー機器導入効果や燃料費の低下によるエネルギー消費増大効果などを議論する上で，個別需要家の価格弾力性は重要なデータとなる．このように，電力需要の構造分析や価格効果の測定は，電力自由化が議論される以前から行われている．

2.2.3 供給関数と費用概念

企業は，何をどれだけ生産するか，それらを生産するのに労働，材料，機械設備をどのように組合せるかを決定しなければならない．なお，ここでは，財・サービスの価格が市場によって定まる単一の財・サービスを生産する企業について考える．

[*12] 公表されたデータを用いて，計量経済モデルによる部門別の電力需要の価格弾力性の測定に関しては，富田著「企業経済の計量分析」（税務経理協会，1994年）や，松川著「電気料金の経済分析」（日本評論社，1995年）などを参照されたい．

企業が何を生産するかは，その企業がもつ技術を前提として，財・サービスの市場における価格を参照して決定されると考えられる．つまり，ある技術を前提とし，ある製品を生産する労働，材料，資本財(機械などの設備，ビルや工場などの建造物など)などの生産要素(または投入物)のいろいろな組合せが考えられるが，企業は，利潤が最大となるように財・サービスの生産数量や生産要素の組合せを決定する[*13]．その際，すべての生産要素を増減できるような場合を"長期"，ある生産要素が固定で他の生産要素のみ増減できるような場合を"短期"と呼ぶ．ここでは，主に"短期"の費用概念と企業の最適化行動について概説する．

(1) 短期の費用概念

総費用とは，ある財の生産量に対するすべての生産要素の費用を総計したもので，通常，生産量が増加すると総費用も増加する．この各生産量と総費用の関係を結んだ軌跡を総費用曲線と呼ぶ．短期の総費用(短期費用)$C(Q)$は，可変費用($VC(Q)$: variable cost)と固定費用(FC: fixed cost)からなり，以下のように生産量(Q)の関数として表される．

$$C(Q) = VC(Q) + FC \tag{2.6}$$

固定費用(FC)は生産量の大きさに関係なく一定なので，図2.5に示すように，短期費用曲線$C(Q)$をFC分だけ下方にシフトさせたのが可変費用曲線($VC(Q)$)となる．

ある生産量の微小増分に伴う総費用の増分比を限界費用($MC(Q)$: marginal cost)と呼び，以下のように表される．

$$MC(Q) = \frac{dC(Q)}{d(Q)} = \frac{dVC(Q)}{d(Q)} \tag{2.7}$$

つまり，限界費用は，総費用曲線の接線の傾きの値であり，この傾きは可変費用曲線の接線の傾きの値でもある．

平均費用(AC: average cost)は，任意の生産量のもとにおける1単位あたりの費用である．たとえば，生産量Q_2のときの総費用曲線上のA点と原点を結んだ直線の勾配に等しい．また，平均費用は，平均可変費用(AVC: average variable cost)と平均固定費用(AFC: average fixed cost)の和に等しい．

$$\begin{aligned} AC(Q) &= \frac{C(Q)}{Q} = \frac{VC(Q)}{Q} + \frac{FC}{Q} \\ &= AVC + AFC \end{aligned} \tag{2.7}$$

固定費用は生産量に関係なく一定であるため，平均固定費用は生産量が大きくなる

[*13] 生産要素の投入量と生産可能な生産物の最大量との関係を表したものを，生産関数と呼ぶ．

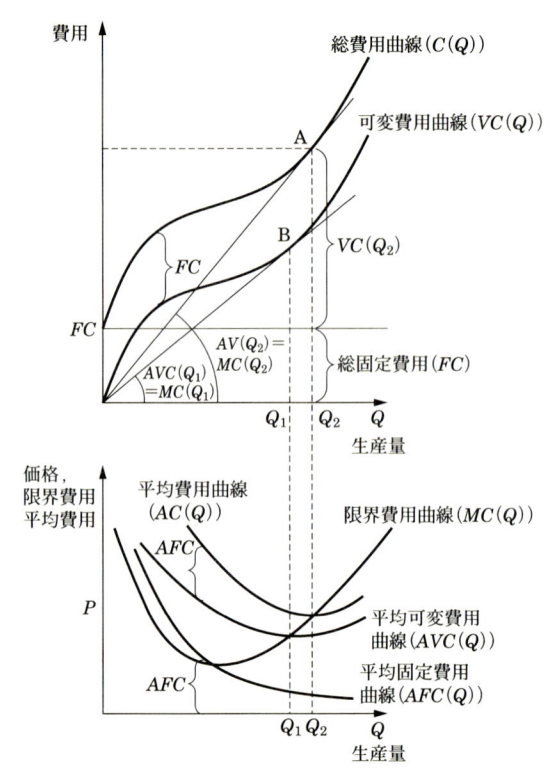

48 第2章 電力市場のための基礎経済理論

図 2.5 各費用概念の関係

に従ってだんだん小さくなり，垂直双曲線を描く．一定の生産設備のもとでは，通常，その設備の規模に見合った最適な生産量の水準というものがあり，生産量がそれをかけ離れて過大あるいは過小になると生産の効率が低下し，生産物1単位あたりの費用が増加する．そのため，平均費用曲線はU字型の形状となる．図2.5に示すように，生産量 Q_2 で総費用曲線の接線が原点をとおり，同様に，生産量 Q_1 で可変費用曲線の接線が原点をとおる．このとき，$MC(Q_2)=AC(Q_2)$，$MC(Q_1)=VAC(Q_1)$ となり，図2.5に示すように限界費用曲線は，平均費用曲線と平均可変費用曲線の最小点で交差する．

(2) 短期における企業の利潤最大化

次に，利潤（＝総収入（売上げ）－総費用）の最大化を目標としたときの，企業（生産者）の生産活動について考えよう．いま，財の価格は完全競争市場で決まるものとし，企業が価格受容者（price taker）として行動し，市場内での価格支配力をもたない（行

使しない)ものとする．図2.6に示すような費用曲線をもつ企業に対し，価格 P_1 のときの，各生産量(Q)における利潤($\Pi(Q)$＝総収入($P_1 \cdot Q$)－総費用($C(Q)$))の大きさをむすんでいくと，図2.6のような利潤曲線を描くことができる．任意の生産量のもとでの利潤曲線の勾配($d\Pi/dQ$)を限界利潤と呼ぶ．利潤が最大となる生産量は，利潤曲線の山頂で，限界利潤がゼロとなる点で，

$$\frac{d\Pi}{dQ} = \frac{d(P_1 \cdot Q - C(Q))}{dQ} = P_1 - \frac{dC}{dQ} = 0 \tag{2.8}$$

となり，短期の最適生産量(Q_1)は，価格＝限界費用を満たす点である．つまり，ある企業にとって，現在の生産量を変化させることが有利かどうかを判断するためには，生産量を変化させた場合の収入面と費用面の両者の変化を比較することが必要となる．生産量をもう1単位増加させた場合に得られる売上げの増加分の大きさはその生産物の価格に等しい．

一方，その場合の費用の増加分は限界費用に等しい．よって，生産物の価格が限界費用を上回る(下回る)かぎり，生産量を増加(減少)することで追加的な利潤を得る(損失を避ける)ことができる．

しかし，式(2.8)は，極値条件であり利潤極大化の必要条件にすぎず，図2.6に示すように利潤極小のケースも含まれる可能性もある($Q = Q''$ の場合)．そのため，利潤極大化のための十分条件としては，以下の条件が成り立っていなければならない．

$$\frac{d^2\Pi}{dQ^2} = -\frac{d^2C(Q)}{dQ^2} < 0 \tag{2.9}$$

この条件で，$d^2C(Q)/dQ^2$ は，限界費用(MC)の勾配である．つまり，利潤が極大となるためには，限界費用曲線の勾配が正，つまり右上がり(限界費用が逓増的)でなければならないことを意味している．

よって，限界費用曲線が与えられれば，生産物の価格に対して，最適生産量が決定する．図2.6に示す A_2 点のように，価格が平均費用と等しい場合($P_2 = AC$)には超過利潤はゼロとなるが，総収入をもってすべての費用をまかなうことが可能なので生産を行うことができる．この A_2 点(平均費用曲線の最低点)は損益分岐点といわれる．それよりも価格が下がると，料金収入で固定費用をすべて回収することができなくなる．ただし，P_3 より高い価格であれば可変費用は回収でき，短期的に生産続行が可能となる．しかし，価格が P_3 よりも下落した場合には，生産の続行により固定費用に加え，可変費用すら回収することができなくなる．この A_3 点(平均可変費用曲線の最低点)は操業停止点と呼ばれる[*14]．短期における1企業の行動の指針となるのは，逓増的な限界費用曲線のうち，操業停止点(図2.6の A_3 点)よりも上の部分で，この部分

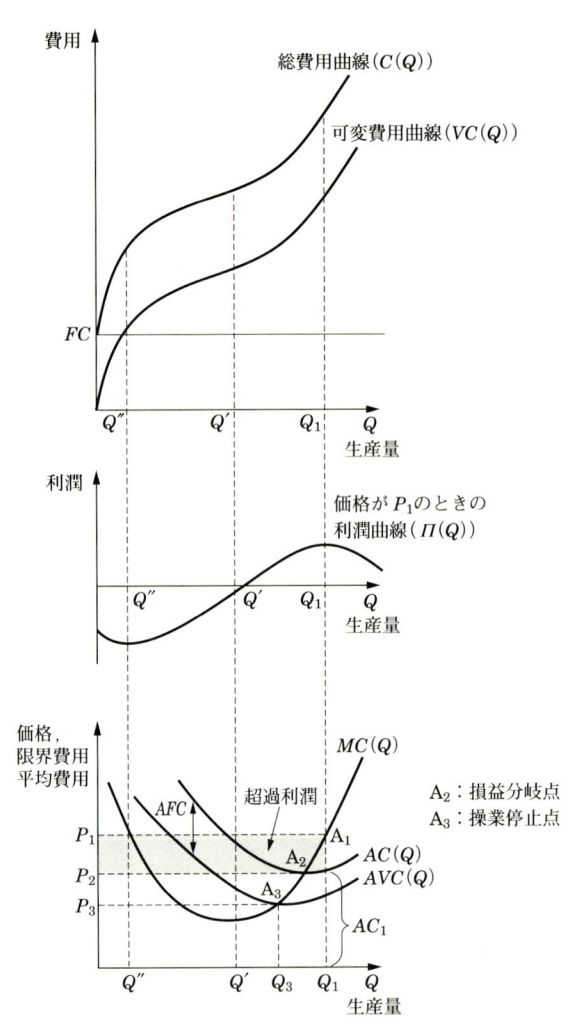

図 2.6 短期における最適生産量の決定の考え方

を 1 企業の短期供給曲線と呼ぶ．

先で述べた市場の需要曲線の導出と同様に，当該市場に存在するすべての企業(生

---

*14 図 2.6 において，もし価格が P_3 であれば，$P_3 = MC$ となる生産量 Q_3 が選ばれる．この点では，$AC > MC$ となるため利潤は負となる．このときの総収入($P_3 \times Q_3$)と総可変費用($VC = AVC \times Q_3$)は等しくなり，損失は総固定費用に等しくなる．つまり，総費用＝総可変費用＋総固定費用と利潤＝総収入－総費用の関係から，利潤＝(総収入－総可変費用)－総固定費用となるが，総収入と総可変費用は等しいので，利潤＝－総固定費用となる．

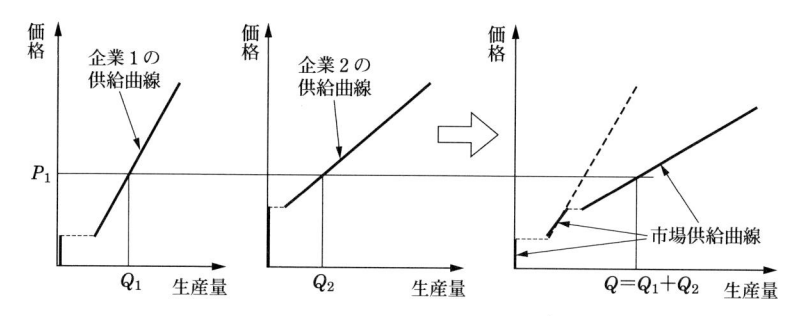

2.2 需要と供給の経済学的な考え方　**51**

(注)　価格が P_1 のとき，企業家 1 の生産量が Q_1，企業家 2 が Q_2 で，市場全体での供給量は $Q(=Q_1+Q_2)$ となる．

図 2.7　市場供給曲線の考え方

産者)のそれぞれの価格のもとでの供給量(生産量)を集計すれば(具体的には，すべての企業の供給曲線を水平方向に集計)，市場の供給曲線を求めることができる(図 2.7 を参照)．

(3) 長期費用曲線

短期の場合には設備などの資本は，考察期間中ではその規模が変更できないものとして考えた．したがって，そのような固定要素に関する費用は，固定費用(FC)として取り扱った．しかし，長期においてはその資本も可変的である．つまり，企業は，生産規模に応じて最低費用の生産設備を選択すると仮定すると，長期総費用曲線(LC：long-run cost curve)は，図 2.8 に示すように，短期費用曲線の包絡線として描くことができる[*15]．同様に，長期平均費用曲線(LAC：long-run average cost)は，短期平均費用曲線の包絡線として描くことができる．

一方，長期限界費用曲線(LMC：long-run marginal cost)は，各生産量のもとでの長期費用曲線の勾配である．短期限界費用が生産量の増産に伴う可変費用のみの増分比であるのに対し，長期限界費用は増産に伴う総費用(固定費用はないものとして)の増分比率であるので，長期限界費用曲線は，短期限界費用曲線の包絡線とはならないことに留意されたい．長期平均費用が最小となる生産量を最適最小規模という．ある産業の需要規模が各企業の最適最小規模よりも十分大きければ，その産業には多数の企業が存在しうることになる．

また，長期供給曲線とは，長期費用曲線のもと，生産物の価格が所与のときに決定される各企業の生産量の合計量を結んだ曲線をさす．これは短期の供給曲線と同様

[*15]　ただし，ここでは生産設備が連続的に変化するものとする．

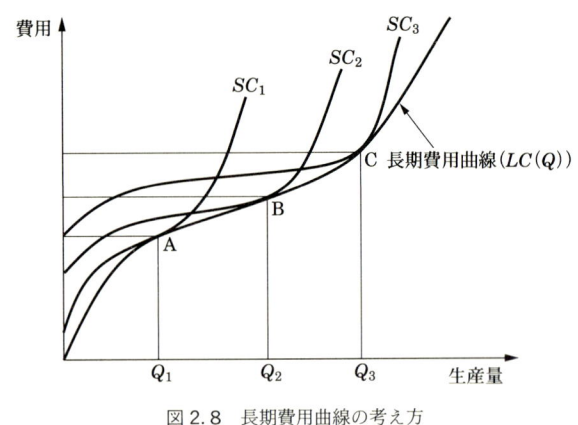

図2.8 長期費用曲線の考え方

に, 価格＝長期限界費用の関係から求められる. ただし, 短期の場合とは異なり, 赤字が生じれば企業は生産を停止し, 当該市場から撤退するので, 長期供給曲線は, 長期平均費用曲線を上回る長期限界費用曲線のこととなる.

(4) 電気事業における限界費用の計測

これまで, 電気事業を対象とした限界費用の計測は, 期間や需要種間の費用配分などの料金分析を主な目的として行われてきた. 電気事業の料金形成に限界費用原理を適用することに関しては, 理論面および実践面から多数の議論がなされているが, 電気事業における限界費用について具体的な計測ないし実証分析を試みた事例は少ない.

いま, 簡単化のため発電部門のみ考えよう. 将来の電力需要が与えられた場合, 系統全体で信頼性を保ちつつ電力需要を賄うような発電設備の建設計画および運転計画を作成することが必要となるが, この一つのアプローチとしては最適化モデルによって, 発電設備の資本費(固定費)と運転費(可変費)の現在価値換算値の総和を最小とすることが考えられる. この最適化モデルにより発電設備の総費用(＝固定費＋可変費)を最小とする運転・建設計画が得られるとするならば, 1単位の需要量(kWまたはkWh)の増加によってもたらされる発電部門の総費用の増加量が限界費用となる. たとえば, 最大ピーク時の電力需要[kW]の1単位の増加による総費用の増加量は最大kWの限界費用, また, 各時間帯での1単位の電力量[kWh]の増加による総費用の増加分は, 時間帯別kWhの限界費用と解釈することができる.

そのほかに, 計量経済学的な手法を用いて電気事業の費用関数を推定し, その結果をもとに需要家別の限界費用を測定する方法もある. このアプローチの利点は, 公表

された電気事業関連のデータを用いて比較的容易に測定可能であること，また経済理論との整合性が保持できる点などである．費用関数の推定に際しては電気事業の費用最小化行動を前提として行い，費用構造の地域差や時系列的な変動を引き起こす要因を説明変数として考慮し，その他の要因は誤差項(確率変数)として取り扱う．このようにして求めた費用関数は，限界費用の計測のほかに，要素価格および生産量の説明要因にも用いられる．

2.3 完全競争市場での需給均衡と社会厚生

2.3.1 市場構造の特徴

売り手や買い手の各経済主体の相互関係がもたらす条件の相違により，市場構造はいくつかのタイプに分類される．たとえば，企業の数，財の差別化などをもとに区別すると，表 2.1 に示すように，完全競争，独占，独占的競争，寡占の四つの市場構造に分類される[16]．

(1) 完全競争

完全競争(perfect competition)とは，①市場内に売り手・買い手が多数存在し(多数性の条件)市場参加者(売り手と買い手の双方とも)が価格に対し影響力をもたない価格受容者であり，②取引される財が同質的で(同質性の条件)，③売り手も買い手も

表 2.1　市場構造の分類

競争状態	市場構造	特徴		
		市場内の企業数	企業の価格支配力	参入の可能性
完全競争	完全競争市場	無数	ない	容易
不完全競争	独占的競争市場	多数	若干の支配力あり	容易
	寡占市場(複占市場)	少数(2社)	ある	困難
	独占市場	1社	絶大	不可能

---

[16] 市場構造の特徴には，製品差別もある．寡占市場や複占市場では，同種の製品でありながら品質，デザイン，ブランドによって製品の差別化が生じる場合がある．独占市場では，1社が製品の生産を行うので差別化は生じない．独占的競争市場は，企業数が多数という点では完全競争と同じだが，製品の差別化が存在するため，各企業にある程度の価格支配力をもつ点では完全競争とは異なる．完全競争は，その定義でもあるように，同種類の財をつくる企業の生産物は同質で差別化がされない．

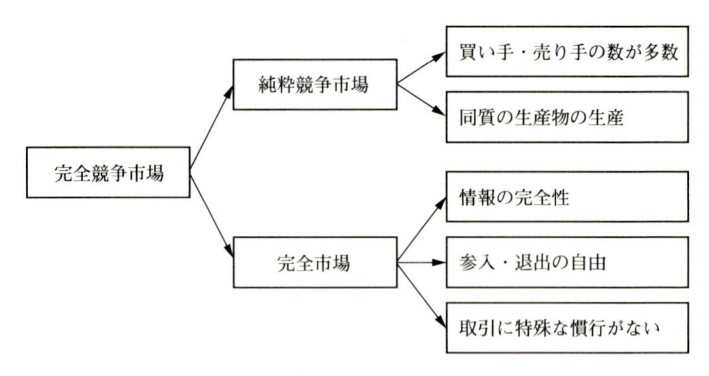

```
完全競争市場 ─┬─ 純粋競争市場 ─┬─ 買い手・売り手の数が多数
              │                └─ 同質の生産物の生産
              └─ 完全市場 ─┬─ 情報の完全性
                          ├─ 参入・退出の自由
                          └─ 取引に特殊な慣行がない
```

図 2.9　完全競争市場の市場状態

価格のみを行動の目安とし価格の動向に関する情報が完全かつ即時的に伝わり(情報の完全性)，④売り手と買い手が当該市場に自由に参入・退出できる(参入退出の自由)状態であることをいう．このような状態が満たされた市場を完全競争市場と呼ぶ(図 2.9 参照)．

(2) 不完全競争

実際の市場構造では，上記の完全競争市場の条件があてはまらない不完全競争(imperfect competitian)のケースが多く，企業が直接的あるいは間接的に製品の価格に対して影響力をもつ．具体的には，①市場を構成する需要・供給の経済主体の数が少なく，②同質の財を供給しないで製品間で差別化が存在する，③市場をめぐる情報が完全ではない，④価格をめぐって競争するのではなく，その他の要因で取引が行われるなど特殊な取引関係がある，⑤市場への参加・退出に制限がある，などの何れかの状態であれば，その市場を不完全競争市場と呼ぶ．

特に，市場への供給が1企業によって行われる場合を独占(monopoly)または供給独占という．このとき，買い手もまた一人の場合は，双方独占と呼ぶ．また市場への供給が少数企業によって行われていれば寡占(oligopoly)，特に2企業の場合を複占(duopoly)と呼ぶ．

一方，製品差別化があれば，長期的には競争圧力が生じるが，短期的には買い手に対して独占者としてふるまうことができる．したがって，企業数が多数であっても製品差別化がある場合(独占的競争，monopolistic competition)では，不完全競争となりうる．

2.3.2 完全競争市場における需給均衡
(1) 需給均衡の考え方

完全競争市場の四つの条件が満たされるとき，市場における財の価格と取引量は，図2.10に示すように，市場の供給曲線($S(P)$)と需要曲線($D(P)$)との交点(E)で決定される．この均衡点では，もはや価格や取引量の変化を引き起こす力が働かない状態であり，市場参加者の誰一人として価格と取引量(需要量と生産量)を変えようとするインセンティブが働かない状況を意味する[*17]．

先に述べたような短期の費用構造からも，短期市場の場合には，供給曲線は限界費用によって決められる．たとえば，電力市場におけるスポット市場を考えた場合，この発電事業者の供給曲線(限界費用曲線)として，経済負荷配分(ELD: economic load dispatching)で用いられる発電の燃料費用関数の一階微分関数(増分燃料費用関数)を用いることができる．さらに，ある発電事業者が複数の電源設備を保有している場合は，ある供給量で総燃料費が最小となる発電設備の出力配分の組合せから等増分燃料費を求めることができる．供給量毎の等増分燃料費をプロットすれば1発電事業者の限界費用曲線を描くことができる．さらに，市場に参加している全発電事業者の限界費用曲線から，図2.10に示すような市場での供給曲線も同様に描くことができ

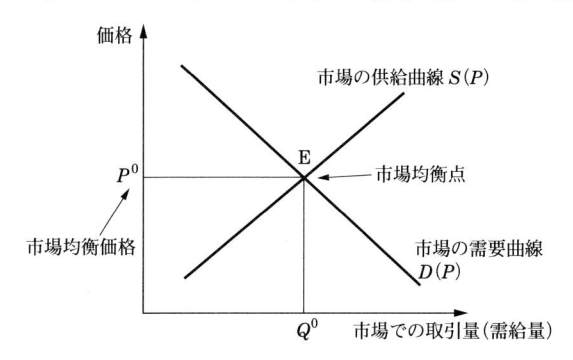

図 2.10 完全競争市場での市場均衡の概念

[*17] ここでは，需要関数と供給関数をそれぞれ $D(P)$，$S(P)$ という単純化した形で市場均衡を考えた．ここでは，他の財の価格からの影響を無視し，ある1財の市場(あるいは数個の財の市場)における市場均衡(需給均衡)のみを考え，残余の市場との作用・反作用の影響は考慮しない．このような市場分析を部分均衡分析(partial equilibrium analysis)と呼ぶ．これに対して，さまざまな市場間の価格変化に対する作用・反作用の関係をすべて考慮し，市場全体の均衡状態分析を一般均衡分析(general equilibrium analysis)と呼ぶ．なお，ここでは，部分均衡分析の立場で市場構造について考える．

る．

(2) 完全競争市場における個別企業の生産量の決定

完全競争では，供給者や需要家は当該市場への参入，退出の自由を阻害する要因(法律上および慣行上)は一切存在しない．したがって，売り手(企業)は，利潤が存在すれば当該市場に参入し，利潤がなくなり赤字になればその市場から自由に退出することができ，市場内での超過利潤があるかぎり新規企業の参入が続くことになる．たとえば，図2.11(a)に示すように，市場の供給曲線と需要曲線の交点によって決まった市場での取引量(需給均衡量)Q^0と価格(市場均衡)P^0のもとで，図2.11(b)に示すような各費用曲線をもつある企業で超過利潤が発生すれば，新規の企業が市場に参入する．その結果，図2.11(c)にみられるように，市場の供給曲線は右方にシフトし，新た

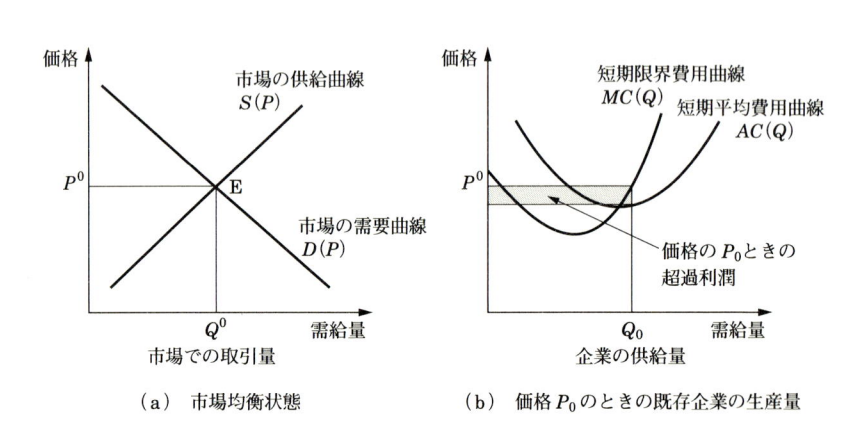

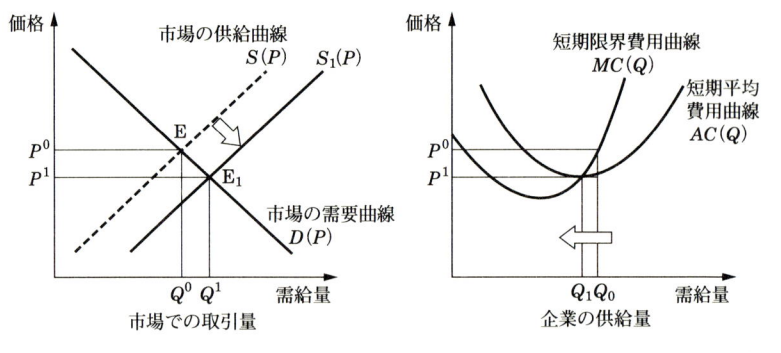

(a) 市場均衡状態

(b) 価格 P_0 のときの既存企業の生産量

(c) 市場参入と市場均衡の考え方

(d) 参入後の既存企業の生産量の変化

図2.11 市場参入と市場均衡の考え方

な市場での取引量が Q_1 に増加し，価格も P_1 に下落する．この価格の下落に応じて，図 2.11(d) に示すように，既存企業は生産削減を行い生産量を Q_1 に決定する．価格 P_1 が平均費用曲線 (AC) の最小値と等しいので，超過利潤はゼロとなる．市場に参加するすべての企業に超過利潤が発生しなければ，当該市場の参入企業数は確定し，市場内の取引量とその均衡価格が決定する．

2.3.3 消費者余剰・生産者余剰と社会厚生

市場均衡が成り立ち，ある財が取引されると，売り手(企業)と買い手(消費者)に余剰 (surplus) と呼ばれる便益が生じる．このとき，消費者が得る便益(効用)を消費者余剰 (CS : consumer's surplus)，生産者が得る便益(利潤)を生産者余剰 (producer's surplus : PS) と呼ぶ．これらの余剰を，図 2.12 を用いて説明しよう．

消費者余剰は，消費者が現在の消費に対して支払っても良い最大の金額(消費者便益または効用)と実際に支払う額との差額として定義される[*18]．各消費者の余剰の総和が，市場(産業)の消費者余剰となる．図 2.12(a) に示すように，均衡価格が P^*，均衡取引量 Q^* の均衡状態での市場全体の消費者余剰 CS は，市場価格線と市場の需要曲線とで囲まれた領域(領域 DEP*)として表される．

一方，競争的企業は市場価格と限界費用を等しくさせる生産量を選ぶことで利潤を最大にする．企業が財を供給・販売することで生じる生産者余剰 (PS) は，企業が財を売って得た収入から可変費用を差引いた準レントとして表される[*19]．産業全体の生産者余剰は，産業が受ける総収入 ($= P^* \times Q^*$) から総可変費用を引いたもので，図 2.12 の領域 SEP* の面積に等しい．

[*18] 消費者は，自らの意思で対価を支払い財を入手することで満足(効用)が得られる．需要曲線は，消費者が財の各単位に対して貨幣でどう評価するかを表したものとも考えることができる．需要曲線が右下がりなので，需要量を追加的に 1 単位増加すると限界的(追加的)"金銭による"評価は小さくなる．図 2.12(a) に示すように，市場価格が P^* のときには，消費者は限界的単位の貨幣的評価が市場価格と一致する購入量 Q^* を決める．たとえば，財を Q^* 以上購入しようとすると，限界的評価が価格 P^* を下回り，追加的購入による追加的効用は負となる．価格 P^* は，すべての需要単位に適用されるので，Q^* よりも少ない各単位の貨幣による限界的評価は P^* を上回る．この上回った貨幣による限界的評価の総和を消費者余剰と呼ぶ．

[*19] レントとは，生産要素の受け取る余剰をさす．準レントとは，総収入から可変的要素への支払い総額(可変費用)を除したものとして定義される．短期では固定要素の量(たとえばある発電事業者が保有する発電機の総数)を変化させることができない．また，消費者の場合でも，使用契約をむすぶだけで発生する水道や電話利用の基本料金やクレジットカード利用における年会費など，消費活動がゼロでも負担しなければならない費用が存在する場合がある．こうした固定費の存在により，経済主体が実際の経済活動を行わない場合に比べて，実際に行うことで得られる超過利得額は，総便益額から総可変費用を差し引かなければならない．このような超過利得額，または準レントを一般に余剰と呼ぶ．

(a) 消費者余剰

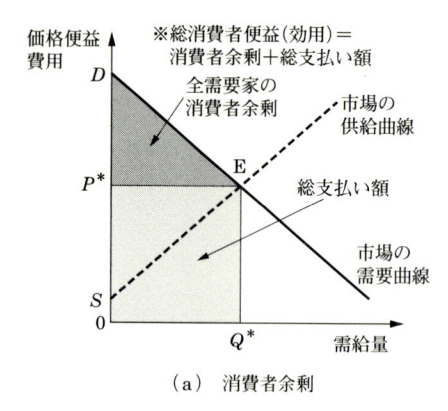

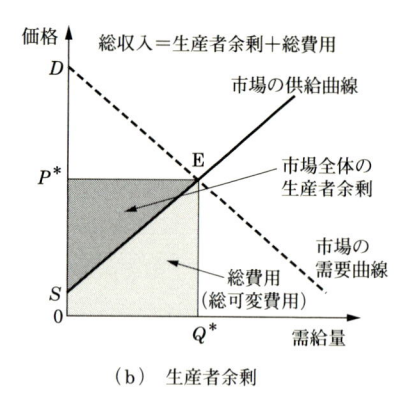

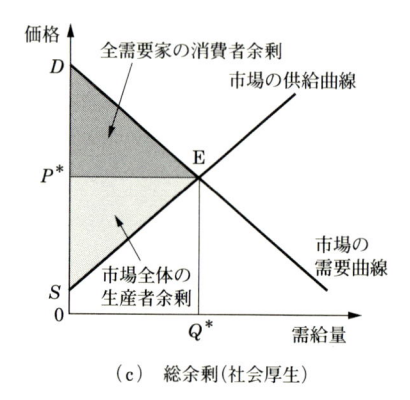

(b) 生産者余剰

(c) 総余剰(社会厚生)

図 2.12 完全競争市場(短期)における消費者余剰,生産者余剰,総余剰の考え方

　各経済主体の余剰の定義と同様に,社会全体の総余剰(または社会厚生,SW:social welfare)は,ある財の生産・消費活動によって社会が享受する総消費便益(効用)と産業の総費用(総可変費用)との差として定義される.図2.12(c)に示すように,総余剰は,消費者余剰(CS)と生産者余剰(PS)の和で表され,市場取引から得られる消費者と企業の便益の総和に等しい.図2.12(c)からも容易にわかるように,総余剰が最大となる取引量は,市場需要曲線と市場供給曲線とが交わる Q^* である.つまり,総余剰は,当該市場の需要曲線と供給曲線(限界費用)が等しい均衡状態のもとで最大となる.競争的市場(完全競争市場)では,すべての消費者が価格と限界便益が等しくなるように各々の需要量を決め,一方,すべての企業が価格と限界費用が等しくなるように各々の供給量を決め,価格を媒体として需要と供給が調整されれば均衡状態に至る.つまり,理論的には,競争的市場(完全競争市場)下では効率的な資源配分が実現される.

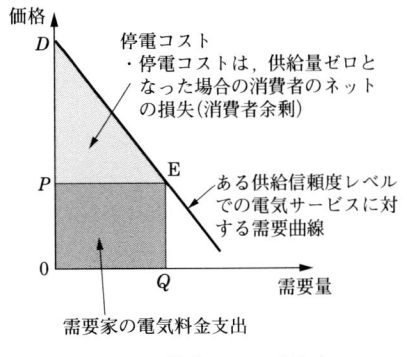

図2.13 停電コストの考え方

特に, 消費者余剰の概念を, 電力需要の停電コストと考える場合もある. 停電コストは, 消費者が電力供給停止によって被る経済的費用とみなし, 停電対策の有無により, 短期と長期の停電コストに区分することができる[20]. このうち, 短期の停電コスト (interruption cost もしくは outage cost) は,「バック・アップ電源などの停電対策の水準が一定, または停電時に電力以外の生産要素および消費財への切り替えができない状況で, 需要家が被る経済損失」と定義することができる. 図2.13 の需要曲線は, ある供給信頼度の水準を所与とした場合の需要曲線で, その場合の停電コストは供給量ゼロとなった場合に消費者のネットの損失として考えるならば, 図2.13 の消費者余剰が停電コストに相当する.

2.4 不完全競争市場の特徴

2.4.1 独占市場
(1) 独占の定義

一般に, ある市場が1企業により支配されているとき, (完全)独占(monopoly)という. つまり, 生産・供給される財(製品やサービス)には競合する代替財(substitu-

---

[20] 長期の停電コスト(shortage cost)は, 短期の停電コストの期待値に停電対策関連費用を加えたものである. つまり, ここでいう長期とは需要家によるバック・アップなどの停電対策や電気利用機器の選択を変更できるほど十分に長い期間であることを意味する. したがって, 企業や家計が経済合理的に行動すれば, 停電による経済的損失を最小にするようにバック・アップ設備の投入を決定することができるはずである. また, 停電による影響は, 直接的影響と間接的影響があげられるが, ここでは直接的な影響による停電コストのみとする.

tional goots) がなく，他の企業が新規参入しかねる参入障壁が存在する状態にある市場を独占市場，この市場内に存在する企業を独占企業と呼ぶ[21]．

(2) 独占企業の価格と生産量の決定

供給独占では供給者は唯一であるので，独占企業は自社製品の生産量と価格を自由に決めることができる立場にある．しかし，自由に決定した価格で想定した生産量が販売できるわけではない．独占企業であっても，完全競争市場下での企業と同様に，利潤の最大化を求めて，市場の需要曲線に沿って製品の価格と生産量の組合せを決定する．

独占企業の利潤 $\Pi(Q)$ は，

$$\Pi(Q) = R(Q) - C(Q) \tag{2.10}$$

で表される．利潤が最大となる生産量は，次式のように限界利潤がゼロとなる点で，

$$\frac{d\Pi(Q)}{dQ} = \frac{dR(Q)}{dQ} - \frac{dC(Q)}{dQ} = 0 \tag{2.11}$$

となる．図 2.14 に示すように，限界収入曲線（MR＝dR/dQ）と限界費用曲線（MC＝dC/dR）の交点（図 2.14 中の A 点）によって独占企業の最適生産量（図中の Q_0）が決まる．この生産量に対応する市場の需要曲線上の B 点によって，独占価格（P_0）が決まる[22]．このときの独占利潤は，図 2.14 に示すように，販売価格（P_0）と平均費用（AC）

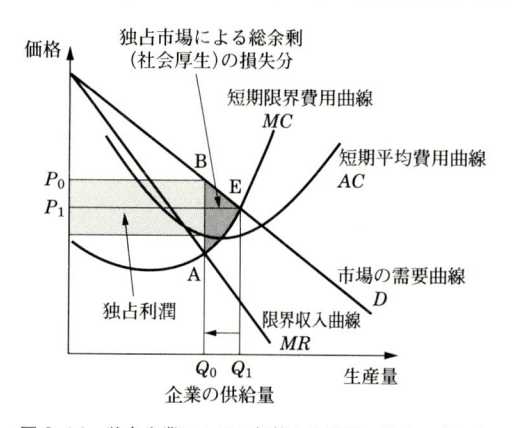

図 2.14 独占企業における価格と生産量の決定の考え方

---

[21] ある財の市場で供給が独占されている場合を供給独占または売り手独占と呼ぶ．需要が独占されている場合を需要独占または買い手独占と呼ぶ．特に，生産要素市場（input market）での買い手独占を monopsony と呼ぶ．供給と需要の双方が独占されている場合を，双方独占と呼ぶ．ここでは，供給独占のみ取り扱うものとする．

[22] この価格は，市場の需要曲線によって決まる需要価格で，販売可能な最高価格である．なお，この B 点をクールノー点と呼ばれる．

との差額に生産量(Q_0)を乗じた大きさとなる．

図2.14に示すように，完全競争均衡はE点で，そのときの生産量がQ_1で価格がP_1となる[*23]．完全競争では，独占に比べて，より安くより多く供給されることになる．さらに，独占市場の方が，消費者余剰と生産者余剰の和である社会厚生(総余剰)は，図2.14に示すように面積BEA分だけ小さくなる．この減少分を，社会的欠損(social deficit)と呼ぶ．

2.4.2 独占的競争市場

独占企業には，同一製品について競争者が存在しない．しかし，それにも関わらず，類似の代替的商品が存在する場合には独占企業は代替的商品に関して競争者をもち，間接的な競争が行われるような市場形態が考えられる．このような市場形態を独占的競争(monopolistic competition)と呼ぶ．独占的競争の典型的な例は，製品差別である．つまり，同種類の生産物であるが，各企業の生産物の形態や性能に大きな相違があり，各企業は独自のブランド製品として独占者であって，しかも互いに競争しているという状況である．また，地理的条件によってある企業が一定地域内では独占者となっているが，買い手が他の地域まで手を伸ばすことによって同一の商品を買うことができるような場合も，独占的競争にある．つまり，独占的競争とは，完全競争の条件のうち，"取引される財(製品やサービス)が同質である"という条件が成り立たない場合である．

2.4.3 寡占(および複占)市場

寡占(oligopoly)とは，市場内の個々の売り手(または買い手)の行動(価格・販売戦略の決定・変更などのすべての行動)が競争相手に影響を及ぼすほど少数の売り手(または買い手)しか存在しないような市場の状況のことである．また，複占(duopoly)とは企業数が2である寡占の特殊ケースである．

寡占は，寡占企業間の競争の有無によって競争的寡占と非競争的寡占とに分けることができる．ここで，非競争的寡占とは，企業が互いに結託して協調行動をとる場合である．また，寡占企業の生産物が企業間で同質である場合を同質寡占，製品差別が存在して生産物が企業間で異質である場合を異質寡占と呼ぶ．

[*23] 先に述べたように，各企業の操業停止点よりも上の逓増的な限界費用曲線が企業の供給曲線である．この各企業の供給曲線を集計したものが，市場の供給曲線である．ただし，独占企業の行動指針となる限界費用曲線を，完全競争市場における市場の供給曲線とした．

2.5 電力自由化に伴う諸問題

2001年1月にアメリカ・カリフォルニア州で発生した電力危機は，百万世帯に影響を与える停電というかたちで顕在化した．近年の人口増加，ITの普及や好景気による電力需要の増加に加え，同州の慢性的な供給力不足，きびしい環境規制と卸電力価格への上限価格の導入などで発電所の投資が予想以上に進まなかったなどが，今回の電力危機の要因ではないかと考えられている．さらに，小売価格規制，長期契約の制限，スポット市場への偏り，行き過ぎたアンバンドリグ，価格操作しやすい構造など電力市場設計の不備などの問題が指摘された．特に，発電設備や流通設備(特に送電線)への投資のインセンティブが働くような政策の必要性が強調される結果となった．何れにしても，カリフォルニア州の電力危機問題は，電力の市場取引のむずかしさを端的に示した事例であり，これまでに述べた市場メカニズムに基づく電力取引システムのあり方について，世界中に大きな試金石を投じた．伝統的な規制体制下におかれていた電気事業に競争市場を導入する場合に，適切な施策が講じられなければ，重大な事態を招く可能性があることが示された．

(1) 回収不能費用問題

伝統的な規制体制下では，一般に発電設備や流通設備など投資費用の回収が認められる．つまり，規制当局は電力会社に対し，投資費用を回収するに十分な収入が得られるような料金設定を認め，これらのコストはすべて電気料金を通じて需要家から回収された．しかし，適切な施策を講じないと，規制体制下では回収を予定していた設備投資費用が競争市場体制への移行により回収できなくなり，巨額な費用(回収不能費用，stranded cost)が発生する可能性がある．

これまでに，アメリカを中心に回収不能費用の回収の是非を巡って議論がなされてきた．たとえば，規制上の盟約の義務を果たすために電力会社は設備投資などを行ってきたが，政策変更により生じた設備投資に対する損失を電力会社が被る必要はないという主張と，盟約は過去の設備投資に対し完全回収を保証しているものではなく，むしろ回収不能費用のほとんどは電力会社の過剰・不良な設備投資に起因するものであるという相対する二つの主張があった[24]．

回収不能費用の負担は，電力業界の財務問題のみならず，社会経済的および政策的要素も含んでいる．また，これらの費用が需要家負担となった場合，回収額や回収時

---

[24] 規制上の盟約(regulatory compact)とは，電力会社がその供給地域内の需要に対し正当な価格で適切なサービスを供給する義務を負う代償として，その区域内での市場独占権と有するという，規制当局と電力会社間の社会契約のことである．

期の設定によっては競争への移行が遅れ，自由化本来の目的である電気料金値下げやその経済効果がもたらされない可能性もある．電力自由化を推進する欧米諸国では，事業再編にあたり，この回収不能費用の取り扱いを最重要課題として受け止めている．アメリカにおいては，電力自由化を推進する州のうち，回収不能費用の全額回収を認める州もあるが，競争市場への円滑な移行を図るために，各々の利害関係者への公正を配慮した上で適切な処置を講じることが，政策変更の成功の鍵を握っているといえよう．

(2) 市場支配力

市場支配力とは，ある事業者が競争市場下で決定される価格水準以上に，価格を吊り上げ，かつそれを維持する能力である．さらに，市場支配力は"水平的市場支配力"と"垂直的市場支配力"に区分される[*25]．その中でも，水平的市場支配力は，「ある企業が，ある一つの市場で高い占有率を有している場合に，その支配力を通じて市場価格を吊り上げる能力」である．この水平的市場支配力は，市場集中度という指標により評価されることが多い．

市場集中度を定量化する代表的な指標として，アメリカの司法省連邦取引委員会が考案したハーフィンダル・フィッシャーマン指標(HHI)がある．これは，ある市場における全事業者の市場占有率(%)を二乗したものをすべて加算することで得られる．

$$\text{HHI} = \sum_{i=1}^{n}(S_i)^2 \tag{2.12}$$

n：ある市場内の事業者の総数，S_i：企業 i の市場占有率(%)

特に，アメリカでのM&Aのガイドラインでは，HHI<1000の場合では市場集中度は低く，1000≦HHI<1800ではやや高く，HHI≧1800では高いとしている．特に，HHIが50ポイント増大する場合には競争を阻害する懸念があり，100ポイント増大する場合には市場支配力の増大と行使が懸念されるとしている．

イギリス(イングランドとウェールズ)では，1990年に卸電力市場(強制プール市場)が導入されて以来，発電市場への新規参集者は増加している．イギリスの発電市場におけるHHIは大幅に改善されたものの，市場支配力の行使により価格操作が継続されているという評価もされている．このようなイギリスのプール市場運営の経験か

[*25] 垂直的市場支配力は，ある企業が生産活動の上流と下流の両方あるいはどちらかで生産活動を行っているときに，どちらか一方の市場における独占力を利用(行使)して，他の市場の価格を吊り上げたり，上流，下流間の取引を制限したりして企業全体として利益増加を図る能力とされている．たとえば，卸電力市場が導入され，送電系統の非差別的なオープンアクセスが義務づけられ場合に，垂直統合型(発送配電一貫型)の電力会社が，自然独占性を有する送電部門などの支配力を行使し，自社の発電設備の送電系統の利用を優先にするような場合が，垂直的市場支配力の行使に相当する．

ら，市場集中度を低下させるだけでは市場支配力を緩和することができない可能性もあるといえよう．

(3) 電力市場の価格高騰

1998年6月25日に，アメリカ中西部地域で卸電力価格が，一時7500ドル/MWhと通常の100〜200倍の水準にまで高騰した[*26]．さらに，カリフォルニア州では，1998年7月13日に，アンシラリーサービスの一種である待機予備力の価格が，一時9999ドル/MWと通常の1000倍の水準まで高騰した(第5章参照)．卸電力市場に競争原理を導入したにも係わらず，卸電力やアンシラリーサービスの価格が高騰する理由については，さまざまな見解があるが，ここでは，需要側の価格弾力性と系統内の混雑に着目して紹介したい．

もし，卸電力プール市場で供給サイドと需要サイドの双方が提出する希望価格と希望電力取引量の組合せに基づいて市場価格(プール価格)と取引電力量を決定する場合，需要側(供給事業者や需要家など)が価格に対して弾力的であれば，プール価格が希望価格よりも高ければ電力需要は減少し，価格の上昇は(ある程度)抑制される．しかし，電力は，一般の財とは異なり，価格高騰時の消費電力の抑制や他の財への代替，他の時間帯へのシフトがむずかしい．特に，小口需要家(一般家庭など)は価格に対して"非弾力的"であるため，市場支配力を行使するインセンティブとなり，発電事業者は価格を引き上げやすくなる．このような発電事業者の市場支配力を緩和するためには，需要側の価格弾力性を向上させることが効果的である．需要の価格弾力性を高めるには，卸電力市場価格との連動した小売料金の適用に加え[*27]，直接負荷制御などのDSM方策の促進，消費電力を時間帯別に計測できるメーターの設置などの情報伝達システムの構築，バックアップ用電源や分散型電源の設置促進や電力貯蔵技術の促進などの技術的な対策を組合せる必要があろう．

一方，卸電力市場が競争的であったとしても，電力会社の供給区域間を連系する送電線の容量が十分でなければ，送電制約により電力取引が拒絶される場合もあり，卸電力市場の活性化にはつながらない．このような供給区域間の送電容量不足が，経済的な電力取引の阻害要因になり卸電力価格が低下しにくくなる．その結果，電力市場への参入障壁となり，相対的に規模の小さい独占的な電力市場が乱立し，発電事業者

[*26] FERCは，この価格高騰は，計画外の発電ユニットの停止や季節はずれの熱波襲来による電力需要の急増，送電線混雑に伴う電力取引の制限や競争市場における経験不足などの，さまざまな要因が重なり合った結果発生したものであり，再度生じる可能性は低いという調査結果をまとめた．しかし，同地域の卸電力価格は，1999年7月下旬には再び1万ドル/MWhまで高騰した

[*27] ただし，需要家保護の観点から，想定を上回る卸電力価格の高騰が生じた対策(上限価格規制など)を講じておく必要はある．

が市場支配力を行使しやすくなる．さらに，送電線の電力潮流は，系統構成に依存し物理的・電気的な法則によって決まるので，電力潮流そのものを制御するのはむずかしい．そのため，系統内の混雑解消や需給バランスの維持のために，高コストの発電ユニットを運転しなければならない場合もある．系統のボトルネックに位置する発電事業者は，故意に系統内に混雑を発生させ価格を引き上げるなど，市場支配力を行使しやすくなる．

　供給区域内および区域間の送電容量を増強することにより，市場支配力を緩和することができる．しかし，競争市場化に伴い，送電線所有者(電気事業など)は，リスクを伴う巨額な設備投資を控える傾向にあるため，送電線増強も容易ではない．そのため，すべての市場参加者に送電線増強への投資インセンティブを与えるような仕組みが必要となる．

参考文献

1) 植草：公的規制の経済学，筑摩書房，1991．
2) 植草編：講座・公的規制と産業　①電力，NTT出版，1994．
3) 江副：市場と規制の経済理論，中央経済社，1994．
4) 大山：最適化モデル分析，日科技連，1993．
5) 奥野，鈴木：ミクロ経済学I，岩波書店，1985．
6) 大住：図解　価格と市場の理論，シーエーピー出版，2000．
7) 金森ら：経済辞典(新版)，有斐閣，1986．
8) 熊野：実証研究／電気料金行政と消費者，中央経済社，1992．
9) 川島：寡占と価格の経済学，勁草書房，1995．
10) 佐藤監訳：入門ミクロ経済学(原著：Hal R. Varian : Intermediate Microeconomics : A Modern Approach, 5th edition, W. W. Norton & Company, 1999)，勁草書房，2000．
11) 資源エネルギー庁公益事業部編：電気事業の現状(2000年・平成12年版)，(社)日本電気協会，2000．
12) 資源エネルギー庁公益事業部：電力構造改革(改正電気事業法をガイドラインの解説)，(財)通商産業調査会出版部，2000．
13) 電力新報社：電気事業講座，第1巻　電気事業の経営，1996．
14) 電力新報社：電気事業講座，第7巻　電力系統，1997．
15) 電気学会(電力・エネルギー部門，電力系統技術委員会，新しい電力システム計画手法調査専門委員会)：新しい電力システム計画手法，電気学会技術報告書，第647号，1997．
16) 電力政策研究会：図説　電力の小売り自由化，電力新報社，2000．
17) 細江，大住：ミクロ・エコノメトリックス，有斐閣，1995．
18) 関根：電力系統，電気書院，1985．
19) 田村編：電力システムの計画と運用，オーム社，1991．

20) 富田:企業経済の計量分析,税務経理協会,1994.
21) 長岡,平尾:産業組織の経済学 基礎と応用,日本評論社,1998.
22) 根本:電気事業の規模の経済性,最近の研究展望,電力経済研究,No.31,1992.
23) 野村,松田:電力 自由化と競争,同文舘出版株式会社,2000.
24) 矢島:電力改革 規制緩和の理論・実際・政策,東洋経済新報社,1998.
25) 矢島編:世界の電力ビッグバン,東洋経済新報社,1999.
26) 藪下ほか訳:スティグリッツ・ミクロ経済学(原著:J. E. Stiglitz : ECONOMICS, W. W. Norton & Company, 1999),東洋経済新報社,1995.
27) 藪下ほか訳:スティグリッツ 入門経済学(第2版),東洋経済新報社,1999.
28) 松川:電気料金の経済分析,日本評論社,1995.
29) 森本:ミクロ経済学,有斐閣ブック,1992.
30) 西村:ミクロ経済学入門(第2版),岩波書店,1995.
31) L. R. Christensen and W. H. Greene : Economies of Scale in U. S. Electric Generation, Journal of Political Economy, No. 84, pp. 655-676, 1976.
32) FERC : Staff Report on the Federal Energy Regulatory Commission on the Causes of Wholesale Electricity Pricing Abnormalities in the Midwest During June 1998, 1998(www.ferc.fed.us)

第3章

送電サービスと送電料金設定理論

3.1 送電サービスと送電コスト

3.1.1 オープン・アクセスと送電サービス

　電力の送電設備は，電力システム内あるいは電力システム間で異なる電力消費パターンや発電コストの違いを調整するために，電力システムの効率的な計画・運用において中心的な役割を果たしてきた．発電および供給には本書の主題である競争導入が可能であるが，自然独占の性質を有する送電および配電への非差別的なアクセスが発電および供給における競争のための前提条件である．

　伝統的な垂直統合型電気事業では，発電から供給に至る電力供給のすべての機能が一つの組織に組み込まれていたため，送電は電源と需要をむすびつける物理的なネットワークとして存在してきた．一方，自由化され，電気事業の機能が分離された競争的環境では発電事業者から卸売事業者や小売り需要家への物理的な送電を可能とするのが送電サービス(transmission service)である．送電サービスは，送電容量〔kW〕，送電電力量〔kWh〕，無効電力〔VAR〕をある受給点から別の受給点(複数の受給点もある)まで輸送するサービスである．定められた1組の受給点間のサービスは地点間サービスと呼ばれ，複数の受給点を認めるサービスを送電網(ネットワーク)サービスと呼ぶ．送電容量〔kW〕については，常に契約容量を確保する確約(firm)サービスと，送電容量に空きがある場合に利用可能な非確約(non-firm)サービスとがある．

　託送(wheeling)とは，新規発電事業者が既存電力会社の送電設備を利用して他の電力事業者や最終需要家に電力を供給することであり，送電サービスに含まれる．託送料金の設定が新規参入規模に大きな影響を与える．託送料金の算定のため，送電所有者に対して，会計的に明確な費用配賦が求められる．発電事業者やトレーダなどの市場参加者は送電系統の所有者との間で系統接続と利用に関して，需要家との間で電力

第3章 送電サービスと送電料金設定理論

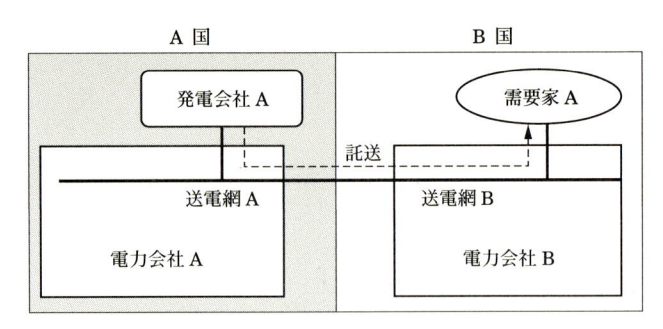

```
       A国              B国
   ┌─────────┐    ┌─────────┐
   │ 発電会社A │    │ 需要家A │
   │         │ 託送          │
   │  送電網A │    │  送電網B │
   │         │    │         │
   │ 電力会社A│    │ 電力会社B│
   └─────────┘    └─────────┘
```

図 3.1 第三者アクセス(TPA)の概念図

供給に関しそれぞれ相対契約を締結する．託送はヨーロッパでは第三者アクセス(TPA)と呼ばれ，電力の受け手に配電事業者を含む．TPA とは，託送を希望する第三者（電気事業者，IPP など）の無差別な送配電網利用を認めるため，配電会社および大口需要家が国内外の発電会社や供給事業者から直接電力を購入できる制度をさす（図 3.1）．系統のアクセス条件やその利用料金は，送電会社（電気事業者）との個別交渉に基づき認められる交渉 TPA（第三者アクセス）と，一般化されたルールのもとでのアクセス条件が規制され，公表される規制 TPA がある．

託送は一般に卸託送と小売託送に区別される．前者は送電される電力の受け手が卸売事業者（パワーマーケッター）であり，後者では最終需要家である．1995 年の電気事業法改正まで，託送が認可制であったが，改正後は自家発電を所有する大口需要家と電力会社との交渉の私契約に委ねられるようになった．わが国では，小売託送が導入される前に，工場の自家発電から同一電力会社管内にある同社の工場へ託送する自己託送が 1997 年に導入された．

競争的な電力市場を構築するため，ネットワークに対するオープン・アクセスが認められる必要がある．その際，既存の発送配電一貫（垂直統合）型私営電力会社は，財産権の問題を回避するために，発電・送電・配電の機能分離はするものの，自然独占の性格をもつ送電網を所有したまま，電力供給体系が再編される．そのとき，自社発電を優先して給電する可能性がある．そこで，送電網の所有権は既存電力会社に残したまま，運用のみを独立した中立組織に委ねるというアイデアがアメリカで生まれ，これを実現したのが ISO（独立系統運用機関）である．ISO は技術的な側面から電力供給に関わるが，電力取引には関与しない．

競争が有効に機能するためには，ISO のように系統運用と所有権を法的に分離するなど系統アクセスのあり方が重要である．送電サービスの料金は，送電網の全費用を

負荷見合いで分担することが基本である．最も単純な負荷見合いとは，系統全体の最大負荷と特定の送電利用者の最大負荷の比率で費用を配分する郵便切手法をさす．送電サービス料金(あるいは簡単に送電料金ともいう)には，卸託送料金および小売託送料金，プール市場下における系統使用料金などが含まれる．

望ましい送電料金を設定する目的としては，以下の六つが考えられる．

目的[1]：電力市場の効率的な運用
目的[2]：新規発電投資への適切な価格シグナル
目的[3]：新規送電線投資への適切な価格シグナル
目的[4]：既存コストの回収(既存事業者にとって重大な事項)
目的[5]：一般に簡潔かつ透明性の高いこと
目的[6]：送電線使用者にとっての公平性と受容性

目的1は，短期的な効率の優劣について言及するものである．目的2から4は長期的な効率に関するもの，目的5および6は実施上の検討項目に相当する．当然のことながら，自由化の段階に応じて，また国や地域により，どの目的に優先順位をつけるかは異なる．たとえば，託送料金設定の効率性と透明性，簡潔性とは矛盾する面もある．系統利用の短期的な効率性は，系統混雑時(送電制約発生時)に系統アクセスに混雑費用を反映した理論的に適切な価格シグナルを提供する．一方，長期の効率性は，新規発電投資および新規送電線投資への適切な価格シグナルを要求し，そのためには各負荷断面における潮流計算に基づく送電の長期限界費用を計算しなければならない．そのために系統利用者への計算の透明性は減じられ，効率性追及と両立しない．現実にはある程度の系統条件を反映するものの，電力系統工学の非専門家でも理解できる簡単な料金設定が適用されている．

3.1.2 送電コスト

わが国の送電費用の内訳は，資本費70%，修繕費19%，人件費11%と資本費比率が高い(電気事業審議会電力流通設備検討小委員会，1997年12月)．表3.1に1996～98年度3年平均の送電および変電の原価を示す．系統構成や設備のビンテージなど

表3.1 送電および変電の原価(円/kWh)

電力会社	送電	変電
東京	2.38	1.46
中部	1.88	1.38
関西	1.78	1.48

によりコストの水準は変わる．託送料金には送電費用と一部の変電費用が含まれる．実際のわが国の小売託送料金は，電源開発促進税を除いて 2.3～2.6 円/kWh 程度である．

一般に，送電コストは送電設備の資本費を反映した"送電容量コスト"と系統運用制約や経済効率改善を考慮した"系統運用コスト"(一部のアンシラリーサービスコストも含まれる)の和として考えることができる．

$$送電コスト＝送電容量コスト＋系統運用コスト \qquad (3.1)$$

送電容量コストは，資本費(固定費に相当する部分)のほかに，送電系統の運転・維持に関わる費用が含まれる．系統の接続場所や送電線の利用実態などを反映させて，利用者に配分される．系統運用コストは，送電系統の安定運用に必要なコストで，送電ロスや送電制約により発生するコスト(混雑費用も含む)が含まれる．混雑費用の詳細はノーダルプライシングの節で述べる．また，アンシラリーサービス(ancillary service)コストには，運転予備力の確保，無効電力供給，負荷追従などに関連するコストが含まれるが，その一部は送電系統の安定運用コストと考えることができる．

どのような競争導入形態においても，電力系統が効率的に運用され，長期的にも望ましいシステムが構成されることが望ましい．さらに，発電市場での競争が維持されるためにも，送電線を利用するすべての電力取引に対して非差別的なサービスを行い，コストと価値を忠実に反映した送電料金設定が不可欠となる．本章では，送電サービスのコストと送電料金設定方法の理論と国内外の実際例を紹介する．

3.2 送電プライシング手法

3.2.1 総括費用方式と限界費用方式

託送料金を設定するには，託送に係わる費用を特定し，共通費を利用者間で配分するルールを決めなければならない．特定された費用から料金スケジュールに展開することをプライシング(価格設定)あるいはレートメイキング(料金設定)という(図3.2)．これまでさまざまな送電料金が提案されているが，大別すると総括費用方式(embedded cost method，埋没費用方式)と限界費用方式(marginal cost method)に大別できる．表3.2にそれぞれの特徴を概括する．

総括費用配分方式は，系統内の送電線や変電設備，調相設備などの総費用(資本費，運用費，保守費など)を一括して，送電線利用者の利用状況に応じて配分するものである．利用状況の定義の違いから，郵便切手方式(postage stamp method)，契約経路方

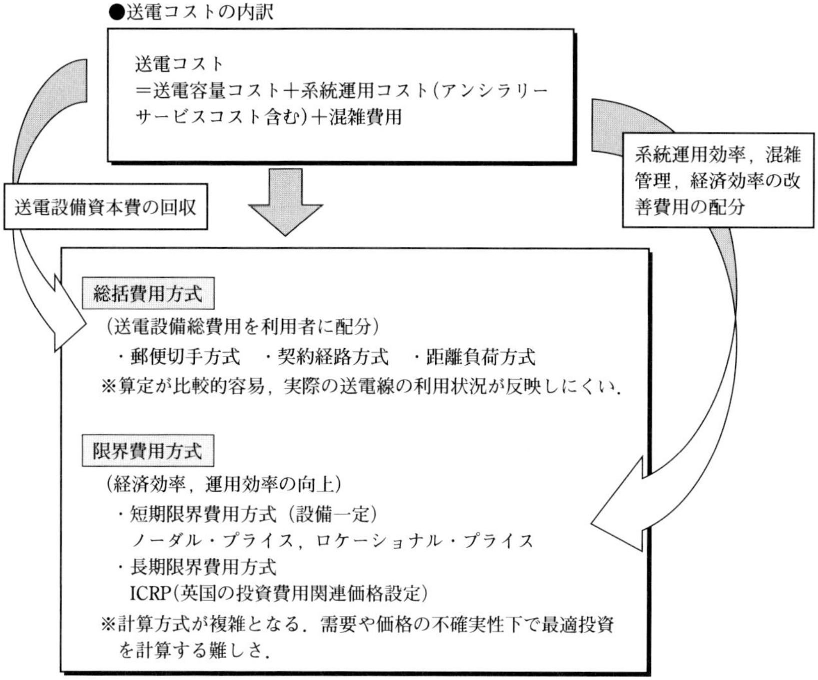

3.2 送電プライシング手法

●送電コストの内訳

送電コスト
＝送電容量コスト＋系統運用コスト（アンシラリーサービスコスト含む）＋混雑費用

送電設備資本費の回収

系統運用効率，混雑管理，経済効率の改善費用の配分

総括費用方式
（送電設備総費用を利用者に配分）
・郵便切手方式　・契約経路方式　・距離負荷方式
※算定が比較的容易，実際の送電線の利用状況が反映しにくい．

限界費用方式
（経済効率，運用効率の向上）
・短期限界費用方式（設備一定）
　ノーダル・プライス，ロケーショナル・プライス
・長期限界費用方式
　ICRP（英国の投資費用関連価格設定）
※計算方式が複雑となる．需要や価格の不確実性下で最適投資を計算する難しさ．

図 3.2　送電コストと送電料金方式の関係

表 3.2　総括費用方式と限界費用方式

配分方式	コスト配分の考え方	特徴
総括費用方式	・送電設備の総費用（資本費，運用費，保守費など）に基づいた配賦方式 ・個々の利用者から費用回収できるように，料金水準を設定する	・算定方式は容易である ・実際の送電線の利用状況を反映しにくい ・システム効率向上のインセンティブを付与しにくいなど，効率のよい運用や投資を誘導しにくい
限界費用方式	・効率的な資源配分の面から考えられた方法 ・各経済主体に最適インセンティブを与えることができる	・系統制約や運用制約を考慮した料金設定方法を実現するのが困難（計算方式が複雑になる）

式(contract path method)や負荷・距離法(MW-mile method)などが提案されている．これら総括費用配分方式は，既存の送電網のコストを回収する上では都合のよい方法であるものの，効率のよい運用や投資を誘発するための最適経済シグナルを各意

思決定主体に与えるという意味からは最適な方法とはいえない．しかし，わかりやすい方法であるため，主に固定費回収のためのアクセス料金設定に適用されている．

一方，限界費用配分方式は，経済学上の効率的な資源配分の面から導出された方法で，各経済主体に送電線利用の価格シグナルを与えることができる．ただし，送電線費用回収のための収支均衡を満たすとは限らず，すべての送電線費用を回収できるわけではない．限界費用方式は，短期限界費用方式(short-run marginal cost method)と長期限界費用方式(long-run marginal cost method)に分類される．

短期・長期の経済効率的な送電線利用のインセンティブ，全利用者への公平性，信頼度や予備率の確保など系統運用条件を同時に満足する送電料金を設計することは，国内外で重要な研究課題となっている．

3.2.2 固定費回収のためのアクセス料金設定

これまでに主に既存の送電設備のみを対象として適用されているコスト算定方式として，"郵便切手方式"，"契約経路方式"，"負荷距離型方式"があげられる[1,2]．表3.3にこれら総括費用方式の概要をまとめる．

(1) 郵便切手方式 (postage stamp method)

郵便切手方式では，送電サービスが提供される域内(電力会社のサービス区域内)については，郵便切手と同様に，距離や接続地点に関係なく一定の送電料金を設定する方法である．郵便切手方式による送電料金(送電線使用コスト)は，US_{PS}〔円/kW〕は，

表 3.3 総括費用方式の概要[1]

	郵便切手方式	契約経路方式	負荷距離方式
概要図*			
概要	・所有する送電設備を一体と考え，単位kWあたりの平均費用にて配賦	・契約時に送電系路を交渉で決定．決定した経路を対象に費用配賦を行う	・送電線を流れる潮流を，送電する距離を考慮して費用配賦を決定
長所	・算定が容易でサービス提供者，利用者の双方に対してわかりやすい	・算定が比較的容易であり，ある程度潮流，距離を考慮できる	・個々の送電線利用が送電線に与える責任度(潮流負荷，距離)を反映している
短所	・送電線に与える影響の大きいものも，小さいものも同様に取り扱われるので，効率的利用のインセンティブが働かない	・電力潮流の物理的な法則を忠実に反映しておらず，ループフローなどの問題が発生しやすい	・個別の送電利用に対し潮流計算を実施する必要があり，複雑 ・逆向き潮流の問題あり

* 太線は対象範囲を示す

域内の送電線の設備費用(建設費に年経費率をかけた)の総和に対し,系統内の最大電力需要で除したものである.

$$UC_{PS} = \frac{送電設備の設備費用}{最大電力要量} \tag{3.2}$$

郵便切手型送電料金は,系統利用者の接続地点や供給距離に関わらず,託送電力の大きさのみに比例するので,料金算定が比較的容易であり,説明がしやすい.しかし,新規・既存設備の区別をせずすべての送電設備を一設備として考えるため,送電線所有者への新規設備投資のインセンティブに乏しいという欠点をもっている.さらに,実際の送電線の使用状況や個々の託送取引が系統に与える影響が反映されていないことから,系統全体の運用コストを上昇させるような託送取引に関しても,他の託送取引と同水準の料金が適用される.

(2) 契約経路方式 (contract path method)

この方式では,系統利用者と系統運用者との間で,託送の送受電地点を託送が流れる送電線(送電経路)を契約時に定める.送電料金 UC_{CP}〔円/kW〕は,契約時に決定した託送潮流量に対する契約送電線の送電容量の割合をもとに配分される.

$$UC_{CP} = \frac{\sum 契約送電設備の設備費用}{契約送電線の線路容量} \tag{3.3}$$

託送料金算定時に考慮する送電線は,契約経路のみに限定されるため,送電料金算定が比較的容易である.しかし,現実の電気物理法則を無視して契約経路が設定された場合,契約時に決定した送電経路と実際の託送が流れる潮流の送電経路が一致するとは限らない.そのため,契約送電経路以外の送電線に流れた電力が,送電系統内に混雑(過負荷潮流)を発生させ,経済運用を阻害する要因となりうる.さらに,系統利用者(託送者など)と系統運用者(電力会社など)の間で費用負担の相互補助が生じ,市場の公平性が維持されない可能性もありうる.これはいわゆるループフロー問題と呼ばれ,北米で大きな問題になった.

(3) 負荷距離方式 (MW-mile method)

この方式は,各電力取引(既存取引+託送取引)による送電系統上の潮流分布に基づき,託送取引が実際に使用した送電経路ごとに,送電容量と送電距離を用いて送電コスト(送電容量コスト)を配分する.

送電料金 UC_{MM}〔円/年〕は,系統内の総費用を各送電容量と線路こう長の積の合計で割った「単位 kW・km あたりの費用」をもとに,各送電経路ごとの託送電力の通過量(託送潮流)と送電距離を考慮して算定される.

$$UC_{MM} = \Delta MW \frac{\sum 送電線の資本費}{\sum (送電容量 \times 線路こう長)} \tag{3.4}$$

74 第3章 送電サービスと送電料金設定理論

ただし，ΔMW は，電力取引が各送電線に与えた影響分（＝(託送取引を含めた各送電線潮流)－(既存取引のみ各送電線潮流)）を，どのように見積るかで，料金水準が左右される[2]．たとえば，ΔMW の考え方として，

① 正・負両方の潮流変化を考慮
② 正の潮流変化のみ考慮(増分潮流のみ)
③ 潮流変化を絶対値として考慮

などがあげられる．たとえば，正の潮流変化のみを考慮した場合は，過負荷潮流を軽減する潮流変化は評価されない．正・負両者の潮流変化を考慮した場合は，過負荷潮流を軽減する電力取引には負の送電料金が設定される場合もある(系統利用者が逆に料金を受けることができる)．しかし，同じ電力取引でも，潮流変化を絶対値で評価すると常に料金は正となり，過負荷潮流軽減の貢献は評価されない．

このように，送電系統への影響評価の仕方によって料金水準が左右されるものの，負荷距離法は，送電系統ごとに流れる潮流の大きさと送電距離が料金に反映されている．

3.2.3 限界費用方式の特徴とノーダルプライシング
(1) 電力取引への限界費用原理の適用

既存設備のコスト回収を目的とする総括費用型送電料金方式に対し，経済効率や運用効率の向上を考慮したのが限界費用方式である．わが国においても，電源構成や需要構造に地域差があるため，発電の限界費用は必ずしも全国で均一ではない．このため，低コスト地域(地点または母線)から，高コスト地域へ送電すれば，両者の間で電力取引の便益を享受することができる．そこで，発電・送電・受電の3者間で，純便益が最大となるような電力取引(電力融通または電力託送)が行われれば，経済効率の点で望ましい状態となる．図3.3は，発電の限界費用の低い地域2(電力会社)から，送電会社(または電力会社)を通じて，限界費用の高い地域1(電力会社)への電力託送(電力融通)を想定した場合の，託送量(Q)と各地域の限界費用(C_i)との関係を示したものである．送電の限界損失(増分送電損失)が，送電量または託送量に近似的に比例するものと仮定すると，図中の W は，送電会社の限界費用として解釈することができる．図で，託送量がゼロの場合には，地域1の発電限界費用 C_1 が地域2の限界費用 C_2 よりも大幅に上回っている．電力託送により，両者の間の限界費用の格差は縮小するが，送電損失は増加する．このような状況で，各者の純便益は，地域1は領域 $C_1^0P_1A$，地域2は $C_2^0P_2B$，送電会社は $(W^0P_1A + W^0P_2B)$ となる．経済効率の点から，最適な電力取引(電力託送，融通)は，各者が享受する純便益の総和が最大とな

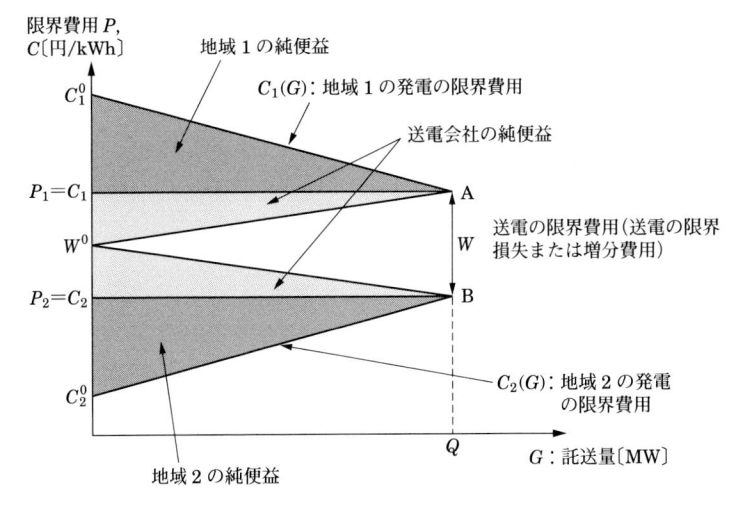

図 3.3　経済効率の観点からの最適な電力取引(融通,電力託送)

る点となる．

　限界費用原理に基づく送電料金方式は，短期および長期限界費用方式に分類することができる．長期限界費用方式は，長期の需要変動に応じて，電力設備投資を最適に求める問題を解くことにより導出される．将来の電力系統の拡充計画に基づき，運転費(燃料費含む)と資本費(建設費含む)を統合した総コストの最小化を図る．しかし，競争環境下では需要や市場価格の変動などの不確実性が増すため，最適な設備投資の時期とその規模を特定するのが困難となる．イギリス NGC(National Grid Company)が採用した ICRP(investment cost related pricing)が長期限界費用に基づく送電料金方式の代表例である．この ICRP では，送電系統上のノードごと(母線または地点)の需要または発電量の増加により，必要となる送電系統の設備投資の限界費用を算定する．

　一方，短期限界費用方式は，発電および送電設備を一定とし(分析期間中には，設備の増強や新設はないものとする)，送電制約などの運用制約や送電損失などを考慮した送電料金設定方式である．つまり，発電・送電に関する固定費用の部分は一定で，発電に関する可変費用の部分を考慮した料金設定方式である．近年，アメリカの一部の州(カリフォルニア州や PJM(ペンシルベニア・ニュージャージー・メリーランド)地域やニューヨーク地域)で導入されたロケーショナル・プライスまたはノーダル・プライスが，短期限界費用に基づく送電料金方式の代表例である．これらの送電料金

方式は，系統運用上の制約と経済効率の両者を同時に満足する手法として期待されている．

(2) 短期限界費用原理に基づく送電料金方式

短期限界費用方式は，発電・送電設備を一定(考察期間中は，これらの設備の増設や新設がないものとする)として，送電容量制約(主に熱容量制約)などの系統運用制約や送電損失を考慮して，送電料金を設定する手法である．

送電系統内の各母線(ノード)は，"電力の発電・送電に関わる費用"と"系統内に発生する機会費用"とを反映した短期限界費用(spot price)[3]として価格づけされるという考え方をベースに，次式のように各母線のノーダルプライスが求められる．

$$P_i = MC(G)_i + MC(L)_i + OC(PF)_i$$
$$= (発電の限界費用(需要の限界便益)) + (送電の限界損失費用)$$
$$+ (送電網の混雑費用) \quad (3.5)$$

ここで，$MC(G)_i$：母線 i(ノード i)が発電機母線であれば発電限界費用(増分燃料費)，負荷母線であれば限界便益．$MC(L)_i$：母線 i の発電量(または需要量)が1単位変動したとき系統全体の送電損失に及ぼす影響を表す増分送電損失に関わる費用．$OC(PE)_i$：送電容量制約によって発生する機会費用．

通常，発電機(主に火力発電設備)の経済運用は，各発電機の増分効率が等しくなるように各発電機の出力が配分される．これは，発電機の運転状態が効率そのものではなく，増分効率によって発電機の出力配分が決められることを意味し，系統運用上きわめて重要な概念である(等増分効率則)．この増分効率の逆数として増分燃料費が与えられるので，特に火力発電機間で，経済負荷配分を行う場合には，増分燃料費(発電の限界費用)が等しくなるように発電機出力を決めればよい(等増分燃料費則)．送電線容量制約などの送電制約を考慮しなければ，経済効率的に最適な発電機の出力配分を求めることができる．経済的に最適な状態であれば，各ノードの発電限界費用(もしくは限界便益)は等しくなる．このような場合，どの地点間で託送を行っても，系統内には機会費用は発生しない．

しかし，系統内のある送電線の電力潮流(負荷)が送電容量を超えた場合には，その過負荷潮流を解消するように各発電機出力や需要量の調整が行われる．つまり，送電制約を満たすために経済性を犠牲にして需給調整が行われるので，制約を満足した需給バランスは，最適状態からはずれ，出力調整ならびに需要調整を行ったノードの限界費用は増減する．つまり，混雑管理により系統内に機会費用が発生する．この機会費用(混雑費用)は，混雑の場所と程度に依存して，各ノードに配分される．

混雑が発生した系統で，地点 A から地点 B に容量 W の託送を行うとき，混雑費用

を考慮したノーダルプライスに基づく託送料金は，次式のように求められる．

$$PW(AB) = P_B - P_A$$
$$= \{MC(L)_B - MC(L)_A\} + \{OC(PF)_B - OC(PF)_A\} \quad (3.6)$$

(3) ノーダル・プライスの導出と特性

ノーダル・プライス(nodal price，地点別料金)の導出方法を簡単に紹介する[1])．ノーダル・プライスが価格シグナルとして機能し，市場内の電力取引が決まる場合，需要家も価格変動に応じて消費量を調整する．需要家の便益(B)および発電費用(C)が図3.4のように表されるとすると，系統内の電力取引が，社会全体(系統全体)で望ましい状況は，社会便益(B-C)曲線が最大となる発電・需要量(需給バランス量)である．同様に，(C-B)曲線の最小点を求めれば，(B-C)曲線の最大時の需給均衡量と一致する．本モデルでは，各種制約を満足し(C-B)曲線の最小値となる，需要量ならびに発電量を求める．このときの目的関数(社会便益にマイナスを付す)は，次式のように表すことができる．

$$OBJ = \sum_{i=1}^{NG} C_i(G_i) - \sum_{i=1}^{NC} B_i(D_i) \quad (3.7)$$

$C_i(G_i)$：i 発電機の出力 G_i〔puMW〕の発電費用(燃料費のみ)，NG：系統に連系する発電機の総数，$B_i(D_i)$：i 需要家の需要量 D_i〔puMW〕の便益，ND：系統に連系する需要家の総数．

ここで，従来の経済運用方式との違いは，想定する需要家が価格変動に反応して，消費量(需要量)を変化させる点である．また，送電の固定費は目的関数に含まれないため，別途この費用を回収するためアクセス料金を設定する必要がある．

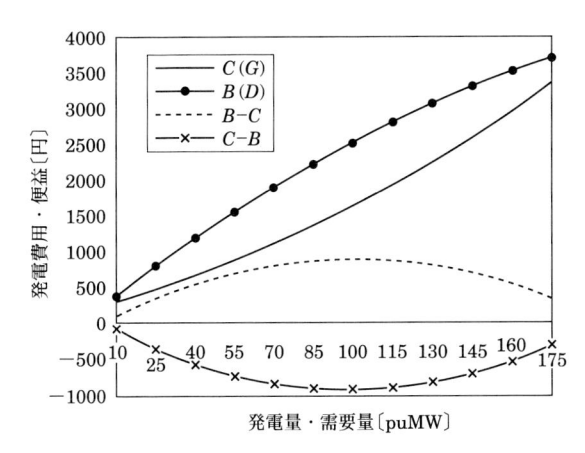

図3.4 費用関数および便益関数

式(3.7)の目的関数の最小値を求める際に，以下の制約条件を想定することができる[*1]．

$$\sum_{i=1}^{ND} D_i - \sum_{i=1}^{NG} G_i + TPL = 0 \quad (\text{系統内の需給均衡制約}) \tag{3.8}$$

$$G_{MINi} \leq G_i \leq G_{MAXi} \quad (\text{発電機出力の上下限制約}) \tag{3.9}$$

$$D_i > 0 \quad (\text{需要量の非負制約}) \tag{3.10}$$

$$PF_k \leq PF_{MAXk} \quad (\text{送電線容量制約}) \tag{3.11}$$

TPL：系統全体での送電ロス〔MW〕，G_{MINi}，G_{MAXi}：発電機 i の下限制約および上限制約量〔MW〕，PF_k：k 送電線を流れる電力潮流量〔MW〕，PF_{MAXk}：k 送電線の送電容量〔MW〕

式(3.7)を最小化し，各制約式を満足するような需給バランス(各発電量と需要量)を求めればよい．ここでは，簡単化のため，送電線電力潮流をDC法(直流法潮流計算)で計算し，送電系統内の混雑による託送料金への影響に重点をおいて送電損失を考慮しないでモデル化を行う．式(3.8)～(3.11)の各制約条件を満たし，式(3.7)の目的関数を最小とする発電機出力と需要量を求めるために，次式のようなラグランジュ関数を導入する．なお，送電損失や無効電力を考慮した場合は最適潮流計算(OPF)を適用して導出できる(4章参照)．

$$\left.\begin{aligned}\Phi = & \left(\sum_{i=1}^{NG} C_i(G_i) - \sum_{i}^{ND} B_i(D_i)\right) + \lambda\left(\sum_{i}^{ND} D_i - \sum_{i}^{NG} G_i\right) \\ & + \sum_{i}^{NG} \mu_{GUi}(G_{MAXi} - G_i) + \sum_{i}^{NG} \mu_{GLi}(G_i - G_{MINi}) \\ & + \sum_{i}^{NG} \mu_{DLi}(D_i - D_{MINi}) + \sum_{k=1}^{NB} \mu_{Tk}(PF_{MAXk} - PF_k)\end{aligned}\right\} \tag{3.12}$$

λ(システムラムダ)：需給バランス制約(等号制約)，μ_{GUi}，μ_{GLi}：発電機の上下限出力制約，μ_{DLi}：需要量の下限値制約，μ_{Tk}：送電線容量制約に関するラグランジュ未定乗数

式(3.12)から，各発電機出力に関するラグランジュ関数の一階微分ベクトル(勾配ベクトル)は，次式のようになる．

$$\frac{\partial \Phi}{\partial G_i} = \frac{\partial C_i(G_i)}{\partial G_i} - \lambda - \mu_{GUi} + \mu_{GLi} - \sum_{k=1}^{NB} \mu_{Tk} \frac{\partial PF_k}{\partial G_i} \tag{3.13}$$

一方，需要量に関する勾配ベクトルは，以下のようになる．

$$\frac{\partial \Phi}{\partial D_i} = -\frac{\partial B_i(D_i)}{\partial D_i} + \lambda + \mu_{DLi} + \sum_{k=1}^{NB} \mu_{Tk} \frac{\partial PF_k}{\partial D_i} \tag{3.14}$$

[*1] そのほかに，系統全体での予備力制約や信頼度制約なども考えることができるが，ここでは省略する．

特に，DC法による潮流計算の基準ノードの勾配ベクトルは，他のノードと異なり送電制約の影響を受けない．たとえば，発電機母線を基準ノードした場合には，勾配ベクトルは以下のように表すことができる．

$$\frac{\partial \Phi}{\partial G_i} = \frac{\partial C_i(G_i)}{\partial G_i} - \lambda - \mu_{GUi} + \mu_{ILi} \tag{3.15}$$

式(3.7)の目的関数を最小にする最適な発電・需要量における有効制約条件の勾配ベクトルが1次独立ならば，クーン・タッカ条件を満たす解が存在する．このとき，式(3.13)，(3.14)で表される各変数(各発電機出力ならびに各需要量)に関する勾配ベクトルは，

$$\frac{\partial \Phi}{\partial G_1} = \cdots\cdots = \frac{\partial \Phi}{\partial G_{NG}} = \frac{\partial \Phi}{\partial D_1} = \cdots\cdots = \frac{\partial \Phi}{\partial D_{ND}} = 0 \tag{3.16}$$

となる．

上記の条件が成り立ち，需給制約や送電線容量制約などの各制約を満足する各発電機出力と需要量が求められたときの各ラグランジュ未定乗数を用いると，以下のように各発電機ならびに需要ノードのノーダルプライスは，それぞれ以下のように表すことができる．

$$(発電ノード): p_i = \lambda + \mu_{GUi} - \mu_{GLi} + \sum_{k=1}^{NB} \mu_{Tk} \frac{\partial PF_k}{\partial G_i} \tag{3.17}$$

$$(需要ノード): p_i = \lambda + \mu_{DLi} + \sum_{k=1}^{NB} \mu_{Tk} \frac{\partial PF_k}{\partial D_i} \tag{3.18}$$

$$(基準ノード：発電機が接続する場合) p_i = \lambda + \mu_{GUi} - \mu_{GLi} \tag{3.19}$$

たとえば，送電線の電力潮流をDC法を用いて計算すると以下のように定式化することができる．

$$\boldsymbol{PF} = \boldsymbol{A} \times \boldsymbol{NP} \tag{3.20-a}$$

$$\boldsymbol{NP} = \boldsymbol{CN} \begin{bmatrix} \boldsymbol{G} \\ -\boldsymbol{D} \end{bmatrix} \tag{3.20-b}$$

$\boldsymbol{PF}$：NB次元の線路潮流ベクトル，$\boldsymbol{A}$：$(NB \times NN)$次元の潮流分布係数行列(ただし，基準ノードに相当する列ベクトルの要素はゼロ)，$\boldsymbol{NP}$：NN次元のノード電力ベクトル，$\boldsymbol{CN}$：$(NN \times (NG+ND))$次元の接続行列(ただし，発電機G_i(または需要家D_i)が接続するノードjの要素CN_{ji}のみ1)

式(3.17)，(3.18)の送電線容量制約に関する項(右辺の最終項)は，上式のDC法による潮流計算式を用いたが，各G_i，D_iの接続するノードjに関連する潮流分布係数の行要素a_{kj}を用いれば，以下のように表すことができる．

$$p_j = \lambda + \mu_{GUi} - \mu_{GLi} + \sum_{k=1}^{NB} \mu_{Tk} a_{kj} \tag{3.17}'$$

$$p_j = \lambda + \mu_{DLi} + \sum_{k=1}^{NB} \mu_{Tk} a_{kj} \qquad (3.18)'$$

通常,直流法における潮流計算では,基準ノードを省いて計算できる.送電容量制約以外の制約違反が生じないような発電機または需要の接続ノードを基準ノードとすれば,このノードのノーダルプライスは,需給均衡制約のラグランジュ未定定数 λ と等しくなる.

$$p_j = \lambda \qquad (3.21)$$

このノーダル・プライスの格差を用いて,混雑費用を考慮した託送料金を求めることができる.たとえば,発電ノード N_1 から需要ノード N_2 に容量 X の電力を託送し販売した場合には,その託送価格(WP_{12})は,次式のように,受電ノードと送電ノード間のノーダルプライス格差で求めることができる.

$$\begin{aligned} wp_{12} &= p_{2(Di)} - p_{1(Gi)} \\ &= (\lambda + \mu_{DLi} + \sum_{k=1}^{NB} \mu_{Tk} \frac{\partial PF_k}{\partial D_i}) - (\lambda + \mu_{GUi} - \mu_{GLi} + \sum_{k=1}^{NB} \mu_{Tk} \frac{\partial PF_k}{\partial G_i}) \quad (3.22) \\ &= \{\mu_{DLi} - (\mu_{GUi} - \mu_{GLi})\} + \{\sum_{k=1}^{NB} \mu_{Tk} (a_{k2} - a_{k1})\} \end{aligned}$$

$P_1(G_i)$:発電ノード 1 のノーダル・プライス,$P_2(D_i)$;需要ノード 2 のノーダル・プライス

系統内に混雑が発生せず,発電出力の上・下限制約などすべての不等式制約違反がなければ,各ノードのノーダル・プライス P_j はすべて同じ値となる.このときの混雑費用を考慮したノーダル・プライスに基づく託送料金はゼロとなる.仮に,送電容量制約違反のみ発生した場合(系統内に混雑が発生した場合),各電力取引の託送料金格差は,混雑が発生した送電線の個所と超過潮流の大きさ(混雑の度合い)のみに左右される.ただし,送電系統を利用する市場内のすべての電力取引を行う市場参加者(発電事業者や需要家)は,あるルールにより配分される送電線の固定費分(送電容量コスト)を送電設備保有者(たとえば電力会社)に支払わなければならない.

ノーダル・プライスが経済的に最適な需給均衡を導出するための価格シグナルとして機能するためには,需要家の需要量も価格に応じて調整されなければならない.通常,費用・便益分析における便益は,理論的には,公共投資が生み出す財・サービスに対して,消費者が支払ってもよいと思う最大貨幣額で表される.図3.5に示すような当該財・サービスの需要曲線を想定すると,消費者が OC 量を需要するとき,支払い額は,面積 $ABCO$ となる.一方,消費者が支払ってもよいと思う最大貨幣額は面積 $EBCO$ で表される.まさに,この右下がりの曲線は,需要曲線となり,価格が低下すれば需要が増加し,価格が高騰すれば需要が減少する性質を表している[*2].

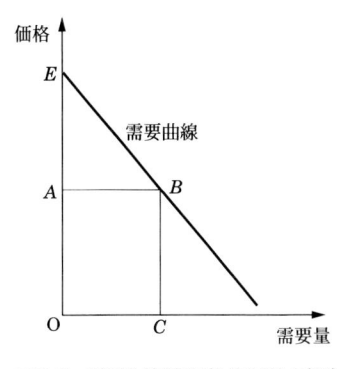

図 3.5　需要曲線(限界便益曲線)の概念 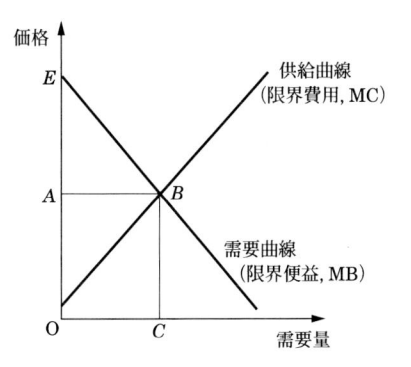　　　図 3.6　需給均衡の概念(送電制約を考慮しない場合)

さらに，図 3.5 に発電機の限界費用曲線を重ねると，図 3.6 のようになる．図 3.6 の限界発電費用は，燃料費用関数の一階微分関数(増分燃料費用曲線)に相当する．送電制約が活性でない場合(系統内に混雑が発生しない場合)，図 3.6 より，発電と需要側の限界曲線(MC と MB)が等しい点(両曲線の交点)で，系統内の電力取引量(需給均衡量)が最も経済的となる．最適解は，図 3.6 の需給均衡点での発電量と需要量である．系統に混雑が発生した場合には，その制約を満足する需給均衡量を調整し，混雑を解消するための費用配分を，混雑の発生場所と程度に応じて配分する．

(4) 長期限界費用方式の特徴

長期限界費用型送電料金方式(長期限界費用方式)は，系統全体の長期限界費用に基づき，系統利用者に費用配分を行うものである．長期限界費用とは，長期の需要変動に応じて，資本費用を含むあらゆる投入財を最適に変化させることができるものとし，単位発電量を増加させた場合に必要最小限となる増分費用として定義することができる．たとえば，ある発電設備の総費用が，燃料費，建設費，保守費，人件費などから構成される場合，燃料費は短期的に変動させることはできるが，建設費などの固定費はいったん計上すると短期的に変動させることができない．もし，分析対象期間を長くとれば，総コストが最小となる組み合わせを見つけることができる．

送電系統における長期限界費用は，将来のシステム拡張計画に基づき送電線ごとに策定される運用費と投資費用の両者を統合した限界値と考えることもできる．そのため，各ノードごとに設定される長期限界費用は，各市場参加者や送電線運用者にとって設備投資への経済シグナルとなる．さらに，長期限界費用はスポットプライスでの

＊2　需要家の便益関数は，価格弾力性と現在の料金水準から設定できる．

運用のみに適用されるのではなく，電力市場の価格リスクを回避するための長期契約（たとえば，送電線混雑を考慮した送電利用権など）にも適用可能である．このような場合，短期限界費用の長期にわたる期待値が算定される．完全競争のもとでは，短期限界費用の期待値は長期限界費用と一致する．ただし，長期限界費用アプローチは，将来の投資計画によって算定される費用に大きな違いが生じる．

たとえば，いま，地域Aと地域Bの電力系統の間に送電線はなく，おのおのが単独で運用しているとする．各地域の発電限界費用（または発電増分費用）を $MC_a(G_a)$，$MC_b(G_b)$ とすると，全システムの発電総コストは，次式のように表すことができる．

$$TC_{ab} = \int_0^{Ga} MC_a(G_a)\,dg + \int_0^{Gb} MC_b(G_b)\,dg \tag{3.23}$$

G_a：地域Aの発電量〔MW〕，G_b：地域Bの発電量〔MW〕

両系統間に送電線を新しく建設し電力の相互融通を行う場合，まず，送電コストをゼロとすれば，両系統の総発電量は一定する．つまり，両系統の需要家の価格弾力性＝0と仮定し，仮に系統内の限界費用が変化しても需要量の変化はないものとする．

$$G_a + G_b = \text{const} \tag{3.24}$$

全系統で発電コスト最小化の条件は，両地域の発電限界費用が等しくなることである．図3.7に示すように，両系統の限界費用曲線の交点で，両地域の発電量が決まる．

しかし，現実には送電線の建設コストが存在するので，両地域の発電量は，図3.7の発電量と乖離する（図3.8）．ここで，両系統間で送電線を建設するインセンティブは，送電線の固定費（＋送電損失）が両系統の発電費用の節約分を上回ることはない．送電混雑が発生すると，系統A，B間の限界発電費用の差に等しい混雑料金が課せら

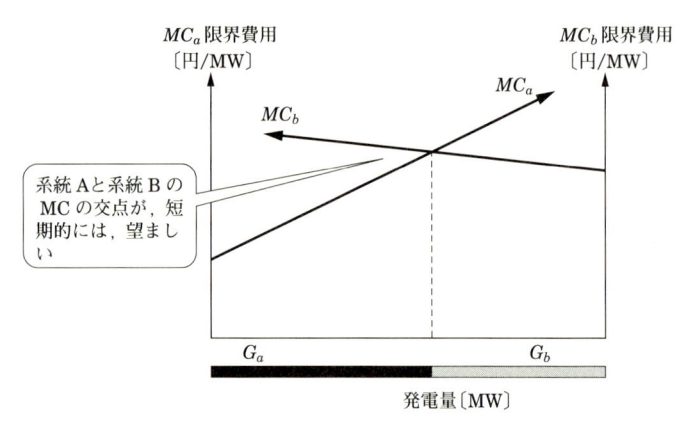

図3.7　連系系統での最適出力配分（送電コスト＝0の場合）

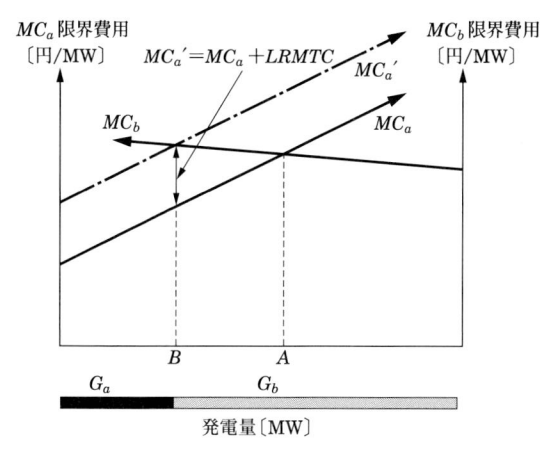

図 3.8　送電線建設のインセンティブ

れる(3.2.3(1)および3.3.2参照)．この混雑料金単価と送電の限界費用が一致する水準に送電容量を拡大する．すなわち，送電線新設の建設費を含む長期限界費用(LRMTC)を系統 A の限界発電費用に上乗せした費用が系統 B の限界発電費用が一致する点で(図の B)送電線容量が決定される．

$$（送電線固定費＋送電損失）<（系統 A, B 間の電力取引による発電費用節約）$$
$$長期限界送電費用(LRMTC) ＝ 短期限界発電費用(SRMC)の差 \quad (3.25)$$

3.3　送電線混雑管理と送電利用権の導入

3.3.1　送電線混雑管理
(1)　NERC の送電線混雑解消手順

表 3.4 に示す送電線混雑解消(TLR：transmission loading relief)手順は，アメリカの東部連系系統におけるループフローに起因する送電線混雑を解消するためにNERC(北アメリカ電力信頼度協議会)によって開発されたもので，1998年夏から運用されている[4]．

アメリカでは，送電線開放により，複数の制御地域を通過する卸電力取引が急増した．その結果，北米系統の電力潮流分布は複雑となり，特に，東部連系系統ではループフロー問題が深刻となった．NERC は，1996 年 12 月に北米系統の 22 箇所に"セキュリティ・コーディネータ"を設置した．現在運用されている ISO の多くが兼ねる

84 第3章 送電サービスと送電料金設定理論

表3.4 NERCのTLR手順[4]

TLRレベル		系統状態	制約違反	セキュリティ・コーディネータの対応
1		健全状態 #系統事故時に送電設備の潮流が緊急時運用目標を超過することが予想される場合	なし	他のすべてのセキュリティ・コーディネータへ制約違反の可能性があることを通告する.
2	2a	健全状態 #送電設備の潮流が平常時運用目標に近づいている場合	なし	制約違反の可能性のある送電線の電力潮流分流係数[*1]（PTDF：power flow transfer distribution factor）が5%以上の新規電力取引及び既存電力取引量の増加を中止する
	2b		なし	確約送電サービスの再割り当てる
	2c		なし	非確約送電サービスの再割り当てる
3		送電設備の潮流が平常時運用目標を超過している、または超過することが予想される場合	あり	PTDFが5%以上の非確約サービスを制約違反が解消するまで制限する(指定地点サービス, 時間, 日間, 週間, 月間サービス, 指定外電源サービス[*2]の順にカット)
4			あり	系統構成の変更および発電ユニットの再給電の実施により混雑解消を図る
5		送電設備の潮流が平常時運用目標を超過している場合	あり	PTDFが5%以上の確約送電サービスを取引電力に比例して制限する.
6			あり	緊急時系統操作する(系統非常事態と判断した場合, 制御地域に対し, 系統構成の変更, 発電ユニットの再給電または負荷遮断を命令)
0		健全状態 #送電設備の過負荷解消状態	なし	他のセキュリティ・コーディネータに系統が平常時状態への回復を宣言

[*1] 電力潮流分流係数とは, ある制御地域から他の制御地域への電力取引が, 他の連系送電線の電力潮流に及ぼす影響(どれだけパラレルフローが流れるか)を定量化したもので, ループフロー発生の可能性を表現したものである. 基本的には, 送電線のインピーダンス値の逆比に基づく値である.

[*2] 指定外地点間サービスとは, 確約地点間サービスの利用者が確保している送電容量の範囲内で利用して, 指定地点以外の送電サービス(非確約送電サービス). また, 指定外電源サービスとは, 送電線所有者がかかえる需要家(自社需要家)へ供給するために外部から輸入する非確約サービス, あるいはネットワーク電源ではない電源からネットワーク需要家に供給するサービス.

注) 本TLR手順は2000年11月に修正され, 新しい手順が2001年3月から運用されている.

3.3 送電線混雑管理と送電利用権の導入

"セキュリティ・コーディネータ"は，翌日の系統運用計画の策定，当日の需給運用，当日の送電系統運用を行う．東部連系系統のみ，この当日の送電系統運用において，セキュリティ・コーディネータは，管轄地域内の送電設備で混雑発生するおそれがある場合，以下に示す NERC の TLR 手順と地域独自の手順のどちらかを使い，送電線混雑解消に努める[3]．ただし，ある送電サービスの電力取引によるループフローが，契約上の送電経路以外の送電線に混雑を引き起こす可能性もある．そこで，TLR 手順では，実潮流に基づきループフローを考慮し，契約上の送電経路上の送電制約発生の有無など発生箇所の違いにより，送電の優先順位が差別化し電力取引の制限が行われる．

この TLR は，複数の制御地域をまたぐ地点間電力取引(point-to-point transmission service)のみに適用され，ネットワーク電力取引(network service)や送電線保有者が抱える需要家(native load)へ適用されない．したがって，このような送電サービスの差別化は，常時地点間送電サービスとネットワーク送電サービスおよび送電線所有者自身が抱える需要家への送電サービスの同等な扱いを定めた FERC の最終規則 Order No. 888 に反するという意見も出ている．さらに，ループフローの割合に基づく電力取引の制限により送電線混雑を解消しようとする TLR 手順は，系統信頼度確保のための技術的な手法であるが，市場性を無視しているため，市場参加者への混雑解消に要する費用の増加をもたらすなど経済効率性を損ねるおそれがあるという指摘もある．

一方，PJM-ISO では，ループフローによる送電線混雑を解消する独自の手順に FERC に申請した．この独自の手順では，送電線利用者は，"TLR 手順の発動による電力取引の制限"と"再給電の実施に伴う送電線混雑料金の支払い"という何れかを選択する．送電線混雑料金は，地点別限界価格(LBMP: locational based marginal price, 3.2.3 項参照)に基づき算定される．なお，FERC は，「PJM の送電線混雑解消法は，系統信頼度問題に対する市場主導による解決策である，市場参加者に適切な価格シグナルを与えることにより，効率的な発電設備の建設を促進する」として，1999 年 1 月に承認している．

---

[3] セキュリティ・コーディネータは，iIDL(internal interchange distribution calculator)と呼ばれる解析ツールを用いて，系統解析を行う．電力取引を希望するすべての市場参加者は，電力取引情報(取引の始点と終点，契約経路上の制御地域とその契約名，取引の開始と終了時刻，取引量(MW と MWh)，負荷形状，送電ロス(予想))をインターネットを通じて，セキュリティ・コーディネータに告知する．

3.3.2 送電線混雑料金

　地点別限界価格(LBMP : locational based marginal price)とは，先に述べたノーダル・プライスと同じ考えで，短期限界費用に基づき「需給がバランスした電力系統内のある地点(母線，ノード)で，電力需要の増加があったときに，この増分負荷に対して電力を供給するのに要する限界費用」と定義され，すでに，ニューヨークパワープール(NYPP)とPJMで混雑料金として採用されている[5]．

　系統内の各母線の価格は，式(3.26)に示すように基準母線における供給限界費用(＝需給均衡価格)，送電ロスの限界費用，送電線混雑費用の3項目から構成される．このLBMP算定にあたって基準母線を設定することで，地点別限界価格を上記の3要素に分けることができる．なお，基準母線の選択場所が，LBMPの値には影響を及ぼさない．たとえば，ニューヨークパワープールでは，ニューヨーク制御地域内であれば基準母線は任意に設定できるが，現在，地方公営電気事業者であるニューヨーク州電力庁の管轄地域にあるMarcy変電所の345 kV母線を基準母線としている．LBMPの考え方の特徴は，送電線の制約が発生した場合(混雑が発生した場合)，電源の経済的な給電(merit order dispatch)が妨げられることによって生じる混雑費用を機会費用として各母線の価格に織り込んでいる点である[*4]．したがって，系統内に混雑がなく送電ロスを無視すれば各母線のLBMPは等しくなり，混雑が発生すれば母線ごとにLBMPは異なる．

$$P_i = \lambda_R + \mu L_i + \mu C_i \tag{3.26}$$

　P_i：母線 i における地点別限界価格(LBMP)　〔$/MWh〕

　λ_R：基準母線における供給限界費用　〔$/MWh〕

　μL_i：母線 i における送電ロスの限界費用　〔$/MWh〕

　μC_i：母線 i における送電混雑費用　〔$/MWh〕

　なお，μL_i と μC_i は，基準母線と母線 i の間の送電ロス費用もしくは送電混雑費用の差として解釈することができる[*5]．

[*4] なお，LBMPは，カリフォルニア州で採用しているゾーン別限界費用方式とは異なる．LBMPは系統内の2地点(ノード)間の限界費用の差を送電線混雑費用とし，ノードごとに1時間単位で清算される．送電線利用者に対して最も正確な価格シグナルを送る方式である．一方，ゾーン別限界費用方式は，限界費用の差が比較的少ない(混雑度が少ない)ノードを集約してゾーンを定義している．このゾーン間の限界費用の差を送電線混雑費用としている．

[*5] このLBMPの考え方は，前述の短期限界費用に基づく送電料金方式のスポット・プライスと同じである．スポット・プライスの送電制約に関するラグランジュ未定乗数に潮流変微分を掛けた値が，LBMPにおける混雑費用に相当する．この式から判るように，もし系統内に混雑が発生しなけれ

3.3 送電線混雑管理と送電利用権の導入

ニューヨークパワープールでは，この混雑費用を織り込んだ価格は，スポット市場での電力取引の清算および相対取引を選択した送電線利用者に課せられる"送電線利用料金"に適用される．

スポット市場からの買電価格は，当該供給事業者が電力を供給する地点(負荷地点)が属するゾーンの LBMP となる[*6]．もし，電力供給が同じゾーン内であれば，市場買電価格は同じ値段となる．ゾーン内の LBMP は，当該ゾーン内のすべての負荷母線の LBMP を各負荷の大きさで加重平均した値を用いている．このゾーンの LBMP は次式のように表される．

$$P_i^Z = \lambda_R + \mu L_i^Z + \mu C_i^Z \tag{3.27}$$

P_i^Z：母線 i が属するゾーン Z の地点別限界価格(LBMP) 〔\$/MWh〕
μL_i^Z：母線 i が属するゾーン Z の送電ロスの限界費用 〔\$/MWh〕
μC_i^Z：母線 i が属するゾーン Z の送電混雑費用 〔\$/MWh〕

一方，相対取引を選択した送電利用者には，"送電線利用料金(TUC: transmission usage charge)"が課される．この場合には，次式のように，"送電ロスの限界費用"と"送電混雑費用"からなり，電力供給地点(負荷母線)が属するゾーンの LBMP P_i^Z と受電地点(契約先の電源母線)の LBMP P_i の価格差で表される．

$$\begin{aligned} TUC &= P_i^Z - P_i \\ &= (\lambda_R + \mu L_i^Z + \mu C_i^Z) - (\lambda_R + \mu L_i + \mu C_i) \\ &= (\mu L_i^Z - \mu L_i) + (\mu C_i^Z - \mu C_i) \end{aligned} \tag{3.28}$$

相対取引を選択した送電線利用者の負担総額は，送電線利用料金に，相対契約をとり交わした発電事業者に買電費用(P_e)を加えたものとなる．もし，この買電費用が取引相手の発電ユニットが接続する電源母線の LBMP に等しければ，その買電価格は，上記のスポット市場からの買電と同じ水準となる．つまり，送電線利用者がスポット市場からの電力購入を選択しても，送電線利用者が負担する送電ロス費用と混雑費用は同一水準となる．

ただし，NYPP では，ニューヨーク制御地域内で送電サービスを受けるすべての送電線利用者に対して，送電線提供者の年間の総括原価とアンシラリーサービスの提供費用を回収するように郵便切手方式で設定された卸売送電サービス料金(wholesale transmission service charge)が課される．

ば，各地点の LBMP の送電線混雑費用はゼロとなり，送電ロスを無視すれば，系統内のすべてのノードは等しい値となる．

[*6] 母線ごとの使用電力量を清算するメータが十分に設置されていないので，ゾーンの LBMP を採用している．こうした負荷ゾーンは，NYPP 内で 11 箇所存在する．

電力市場が完全競争であれば，混雑費用を考慮したノーダルプライス(または LBMP)を用いて効率的に混雑管理を行うことができる．しかし，系統運用者が故意に送電制約をきびしく設定したり，送電線利用の拡大による混雑発生の増加により，市場内の経済性が損なわれるおそれがある．このような送電料金の価格変動によるリスクヘッジ対策として"送電利用権"が考えられ，PJM や NYPP で導入されている．

3.3.3 送電利用権の導入

プールシステムなど垂直統合が分離された状況では，伝統的な発送配電一貫電気事業者の特徴である発電プラントと送電系統の投資決定は調整されない．発電プラントへの投資は市場において十分な需要が見込める場合に競争的に意思決定される．一方，送電網は規制下にあり，競争的な発電事業者との間に何らかの調整メカニズムを設ける必要があるが，それは複雑なものになる[6]．送電網拡張のためのインセンティブを送電網所有者にいかに付与するかが重要な課題として残されている．送電利用権は混雑費用による託送料金高騰のリスクに対処する手段として有効である．

送電利用権(送電権)とは，系統内の2地点間(またはゾーン)の送電容量を所有する権利で，経済学の所有権(property right)[*7] の概念を応用したものである[7]．つまり，送電権は送電容量を所有する権利を表し，効率的なオープンアクセス市場の形成を目的として，市場参加者に送電容量を効率的に使用するインセンティブを与える．

送電権の所有形態には，
① 物理的所有：送電容量を優先的に利用する権利
② 金融取引上の所有：送電制約が発生したとき(系統内に混雑が発生したとき)に徴収される送電線混雑料金の一部を受け取る権利

前述の混雑費用は，送電線の熱容量，系統安定度または電圧安定性により定まる送電容量制約発生時に，最経済な需給運用が妨げられたことによって生じる機会費用である．この機会費用を徴収する目的で課されるのが送電線混雑料金である．この送電線混雑費用発生による費用負担の変動や増加のリスクを回避することができる．また，送電権は，他者に売却することが可能で，送電権の価値を高く評価している者に売却できれば双方の利益となり，効率的な送電線利用が促進される．

また，送電権は，契約上の送電経路(contract pass)上を通らない潮流(ループフロー)が引き起こすフリーライダ(送電料金を支払わず送電線を利用すること)問題や送

[*7] 所有権とは，所有者が好きなように財産を使用し売却する権利を意味する．市場参加者は，所有権をもつことで，利潤の一部を確保する機会が与えられ，自分の管理下にある財産を効率的に使用するインセンティブをもつ．

3.3 送電線混雑管理と送電利用権の導入

電線混雑という"負の外部性"の解決もめざしている．このような外部性を内部化することで，送電権は，特定の送電線ではなく，系統内の2地点間（ゾーン間）の送電容量を有する権利として定義されている．

たとえば，ニューヨークパワープールでは送電権（送電線混雑契約：TCCs：transmission congestion contracts）を，市場取引に基づく料金決済と相対取引に基づく送電線利用料金を通して徴収される費用のうち，送電線混雑費用分を分配する手段として定義している．つまり，送電権とは，「ISO に支払われた送電線混雑費用を受け取る権利」である．NYPP が採用している送電権の特徴として，

① 送電権取得による費用授受は LBMP と確保した送電容量により一意に定まる金融取引であり，実際の電力取引の有無には関係ない．
② 送電権は特定の送電線で発生した混雑費用を受け取る権利ではなく，指定された受電地点と供給地点間で発生した混雑費用を受け取る権利であること．
③ 送電権取得により，思惑とは逆に ISO に対する費用支払いの義務が発生する場合もある．

があげられる．

送電権の所有者は，負荷母線が属するゾーンにおける送電線混雑費用 μC_i^z と電源母線の送電線混雑費用 μC_j の価格差に基づいて，以下のように ISO から混雑費用の配分を受けたり，支払いを行う．

$$CRP = Q \times (\mu C_i^z - \mu C_j) \tag{3.29}$$

ここで，CRP（congestion rents payment）は，送電容量 Q〔MW〕の送電権で所有する市場参加者に配分される送電線混雑費用である．

たとえば，負荷母線の混雑費用が電源母線の混雑費用よりも高ければ，ISO からの

表 3.5 各 ISO の送電権の概要

	カリフォルニア ISO	PJM-ISO	NYPP
送電権の名称	FTR：Firm Transmission Right	FTR：Fixed Transmission Right	TCC：Transmission Congestion Contracts
送電権の形態	物理的権利＋金融的管理	金融的権利	金融的権利
送電混雑料金の基準	ゾーン制料金	LBMP	LBMP
送電権の割当方法	オークション	ネットワーク送電サービス利用者と常時地点別送電サービス利用者	既存の送電契約締結者と送電線提供者
送電権の売買方法	2次市場	OASIS（その他2次市場）	オークション，OASIS，その他2次市場

配分を受け，その逆ならば支払い義務が生じる．したがって，送電権取得に際し，その経済性を十分に検討する必要がある．NYPP のほかにも，PJM やカリフォルニア ISO でも送電権を導入している．各 ISO での送電権の概要を表 3.5 に示す．送電権の売買には，送電線利用者がインターネットを通じて送電線提供者が所有する送電線に関する情報を非差別的にアクセスすることができる送電線同時情報公開システム (OASIS) などを用いる．

3.4 欧米諸国における送電料金設定方式の動向

3.4.1 イギリスの送電料金

NGC 社の送電料金は，送電系統使用料金と接続料金から構成される．NGC 社は，自社の設備を，

① 送電系統内の利用者との接続点で，その接続点で切り離しても送電系統の運用に支障を来さない設備は，その利用者の特定の利益のために提供される"接続設備"とみなされ，接続料金が課される．

② 送電系統の一部として必要であるとされる設備は，送電系統使用料金により，その設備の提供，運転，保守に関わる費用を回収する．

と分類し，どの料金で関連コストを回収するか定めている[8]．

(1) 送電系統使用料金

送電系統の使用(use of system)に対して，利用者の場所(ゾーン)，電力の使用状況，利用者のタイプ(系統から電力を受電しているか，系統に電力を送電しているか)を考慮して設定される．送電系統使用料金は，送電系統を 14 ゾーン(初期は 11 ゾーン)に分割し，利用者の利用状況により発電料金と需要料金に分けられている(図 3.9)．

① **発電料金** 発電所の所内消費電力を差し引いた送電端電力(registered capacity)に課され，送電系統の接続点と送電した電力量によって決まる．ただし，送電端出力は，会計年度内の 4 月から 2 月の間の 1 発電所の一つまたは複数の発電ユニットの送電端出力の最大値の合計値とされ，当該ゾーンの料金単価(ポンド／kW)を掛けた額が NGC に支払われる．ただし，図 3.9 に示すように，負の発電料金となるゾーンが 5 箇所あるが，これらのゾーンは，NGC から料金の支払いを受ける．

② **需要料金** 供給事業者の送電系統の接続点における受電電力に基づき支払われる．ここでの受電電力は，年 3 回の系統全体の最大電力発生時の受電電力の平均値

3.4 欧米諸国における送電料金設定方式の動向　**91**

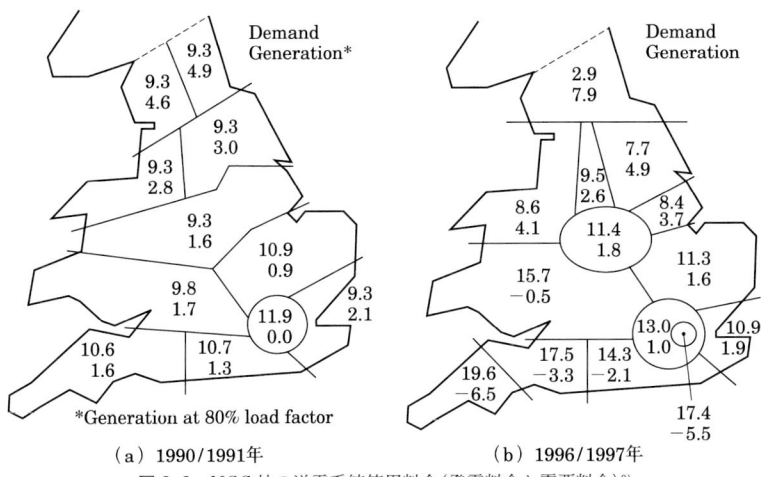

(a) 1990/1991年　　　(b) 1996/1997年

図3.9　NGC社の送電系統使用料金（発電料金と需要料金）[9]

として定義されている．この平均受電量に当該ゾーンの需要料金単価を掛けた額が，NGC社に支払う料金となる．ただし，年3回の系統最大電力発生時に，送電端（系統との接続点）で系統に対して送電していれば，需要料金をゼロとする．たとえば，3回のうち，1回でも系統から電力を受電する状況であれば，送電電力をゼロとしたみかけの受電電力の平均値に需要料金単価がかけられてNGC社に料金が支払われる．

送電系統のゾーン分割は，投資コスト関連価格づけ（ICRP：investment cost related pricing）といわれる手法が適用されている．ICRPは設備の限界費用に基づき，送電系統上のすべてのノードに対して送電料金が振り分けることが可能である．ICRPは，送電系統内のすべてのノードごとに，需要または発電の増加の結果として，必要となる送電系統設備の投資の限界費用を計算する方法である．ICRPにより算定される料金は，1MWの電力を1km送電するのに必要とされる送電設備の建設・維持費用（設備の増分費用）に基づく．算定結果，ほぼ等しい料金をもつノードの集まりで，ゾーンが形成され，ゾーン内のノード別料金の平均値が当該ゾーンの料金として設定される．

図3.9に示すゾーンごとに送電系統使用料金を比較すると以下のような特徴がある．

(a) 発電料金は，北部の地域が高く，南西部のゾーンが安く設定され，特に，一部のゾーンの料金は負の値なので，NGCから支払いを受ける．また，ロンドン市内中心部に位置するゾーンの需要料金が国内で最も高く，逆に北上するにつれ需要料金が低下している．このため，国内北部の電源地帯からロンドンを含む南部への南向き重潮

流が発生しやすく，系統運用の安定運用と重要な係わり合いをもっている．つまり，新規に発電所を建設する場合には，北部よりも南部に建設したほうが，この南向き重潮流を緩和することが可能で，系統安定度の向上，送電損失の軽減など利点が多い．

(b) 南部の5ゾーンでは，電源が不足していることから，供給力の確保や安定度向上のための送電線拡充のコストを考慮すれば，NGC社が五つのゾーンの新規発電事業者に料金を支払っても，経済的，技術的な効果が十分にある．逆に，新規の工場を南部に建設するよりも北部に建設した方が，発電設備と同様の理由で，系統全体にとってプラスの効果をもたらす．

しかしこれまでのところ，このような系統使用料の南北格差は十分な効果をあげていない．

(2) 接続料金

接続料金は，送電線利用者に提供する接続設定に直接的，間接的に必要となったコストに，適切な投資報酬率を加え，NGC社が回収することができるように設定されている．特に，この接続料金については，各設備の総資産価値(GAV: gross asset value)をもとに料金が算定され，その内訳は，

① 定額減価償却費
② 純資産価値(NAV: net asset value)に対する報酬(NAVは，累積償却費を差し引いたGAVで，その設備の平均(中央)の値をさす)
③ 設備の修理・メンテナンスサービス費

の3項目からなる．以上，NGCの送電料金の構造は図3.10に示すようになる．

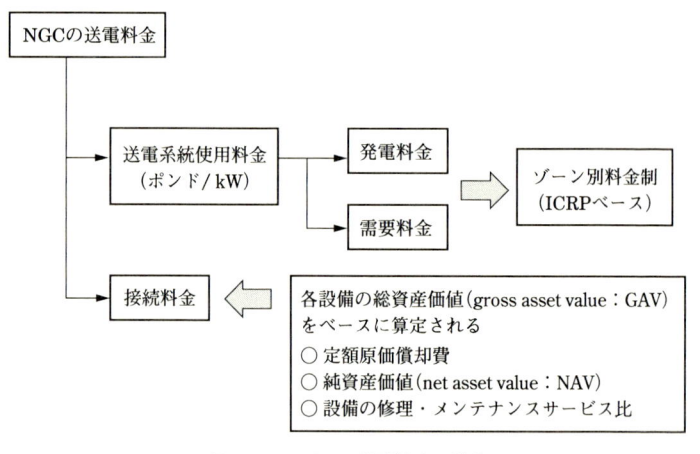

図3.10 NGCの送電料金の構造

3.4.2 ドイツの送電料金

1998年4月に発効したエネルギー法とともにEU電気事業規制緩和指令の国内法化の一環で，1998年5月，ドイツ電気事業連合(VDEW)，自家発連合会(VIK)と産業連盟(BDI)の間で託送料金の基本的な設計方法を示す"託送料金協定"が締結された[10,11]．この託送料金は，各州経済省の料金局が定める"総原価算定要綱"に基づき算定され，①系統利用料金，②変電設備利用料金，③アンシラリーサービス料金の3項目からなる．各料金項目の年間料金が，実際の託送における料金算定の基礎として，系統運用者により算定される．そして，実際の託送料金は，年間費用を年間最大電力で割って求める年間料金を，"同時率"[*8]によって補正し算出される．

(1) 系統利用料金

各電圧区分(超高圧，高圧，中圧，低圧)ごとに，系統利用年間料金を定める．この料金区分は，送電系統利用料金，配電系統利用料金に大別される．

① **送電系統利用料金** 託送距離に関係のない設備利用料金(郵便切手方式)と距離比例料金からなる．設備利用料金は，送電線に関わる年間費用を最大電力で割ることで求めている．特に，距離比例料金は，100 kmを超える託送に関して，0.125 DM／(kW・km・年)の託送料金を設定している．さらに，電力供給点ないし受電地点が直接的に送電系統(380/220 kV)を使用する場合ないしは，配電系統による託送距離が一定の境界値を超えた場合のみに課金される(表3.6，図3.11，図3.12参照)．

② **配電系統利用料金** 電圧区分ごとに求められ，高圧，中圧，低圧の3区分に原価配分された既存系統の年間費用を各々の電圧区分の最大電力で割ることで求めら

表3.6 配電系統における距離の境界値

電圧区分	境界値(都市部)	境界値(農村分)
高圧	11.6 km	33.4 km
中圧 20 kV 10 kV	 4.4 km 2.6 km	 14.4 km 9.4 km
低圧	0.4 km	2.0 km

[*8] 同時率について：設備の年間費用は年間最大電力(同時)で割ることで求められる．託送料金の算定に用いられる託送要求者の託送容量は，当該託送の最大電力(非同時)により計測する．しかし，送電される個々の需要家の非同時最大電力の和は，年間最大電力(同時)を上回るため，調整が必要である．今回の協定では，この最大電力の調整法として，需要家を，年間使用時間ごと(ΔT)にグループ化すし，"ΔTの需要家グループの年同時最大電力"を"ΔT 需要家グループの非同時最大電力"で割って"ΔTのときの「同時率」$g(\Delta T)$"を求めている．

94   第3章 送電サービスと送電料金設定理論

```
〔DM/kW/年〕
                                    距離比例料金
                                    (0.125DM/(kWkm年))

設備利用料金
① 系統利用料金, ② 変電設備利用料金

アンシラリーサービス料金
① 周波数制御サービス料金, ② 電圧制御サービス料金
③ 系統復旧サービス料金, ④ 管理費(料金請求および計量費を含む)

         100 km                    送電距離
```

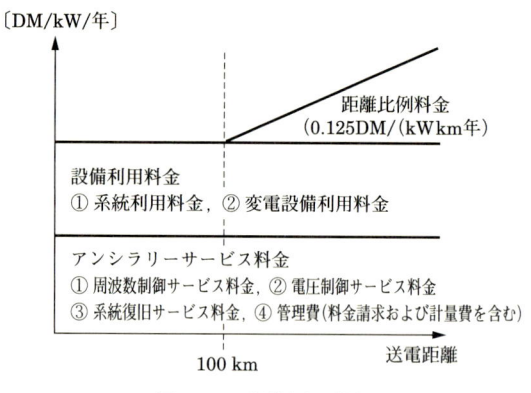

図 3.11 託送料金の構成

```
ドイツの送電料金
   │
   ├─ 系統利用料金 ──┬─ 設備利用料金(配電系統利用料金)
   │                 │    (託送距離に関係なく一律料金, postage stamp)
   │                 │
   │                 └─ 距離比例料金(100km以上)
   │                    負荷距離法(0.125DM / kW・km・年)
   │
   ├─ 変電設備利用料金 ⇐ 変電電圧区分ごとに,
   │                      年間平均費用に基づく
   │                      〔DM / kW〕
   │
   └─ アンシラリーサービス料金 ── ①周波数制御サービス料金
                                   ②電圧制御サービス料金
                                   ③系統復旧サービス料金
                                   ④管理費(料金請求および計量費を含む)
                                    (年間料金, 年間 kW 料金, 年間 kWh
                                     料金のいずれか)
```

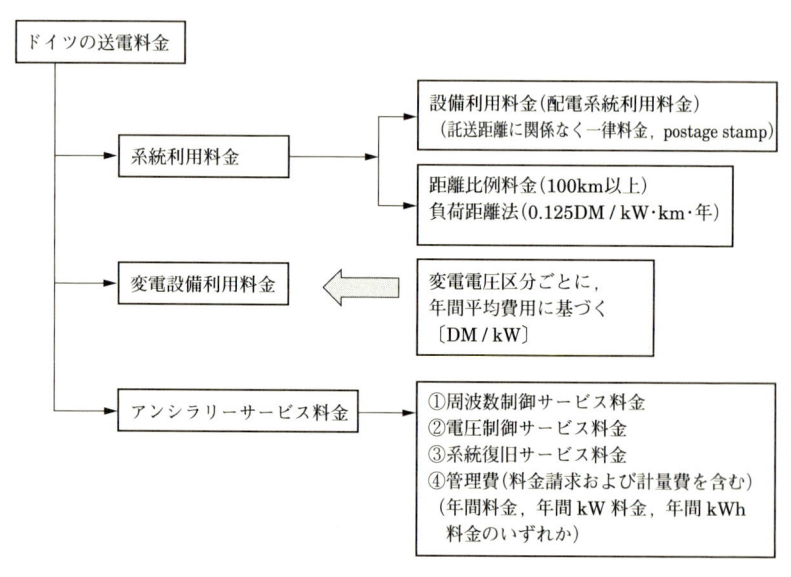

図 3.12 ドイツの送電料金の概要

れる．これらの料金は，各系統運用者が算定する．

(2) 変電設備利用料金

系統使用料金の算定に使用した電圧区分をもとに，変電電圧の区分ごとに年間平均費用をもとに算定され，妥当な方法により公表される．

(3) アンシラリーサービス料金

アンシラリーサービス料金には，周波数制御サービス，電圧制御サービス，系統復旧サービス，管理費が対象となる．この料金は，費用の発生箇所に応じて，発電側ないしは受電側に課される．また，電圧階級別(系統運用者別)に平均送電損失が公表され，この送電損失に対する補償は，系統運用者の平均電力購入費に基づくものとされている．電力供給者は，ロス分の料金を系統運用者に支払う代わりに，ロス分の追加供給で代替することも可能である．

ここで，上記の託送料金は，図3.13のケースでは，以下のように求められる．距離比例料金では100 kmまでの送電距離と高圧系統の境界値(表3.6参照)が控除されるので，実際に料金請求対象距離は，6.6 kmとなる．また，配電系統使用料金は，需要家の受電電圧が送電料金の算定根拠となるので，高圧で受電する場合は，中圧の系統設備利用料金と高圧／中圧の変電設備料金は請求対象外となる．この場合では託送料金は，

$$託送料金 = A + \frac{超高圧系統設備利用料金}{B} \times 同時率 \times 託送容量 \quad (3.30)$$

ここで $A = $ 超高圧系統設備利用料金＋距離比例料金×請求対象距離

$B = $ 高圧の変電料金＋高圧系統設備利用料金
　　＋アンシラリーサービス料金

となる．

このような託送料金の算定方法に対し，超高圧送電において距離比例料金を用いると遠距離送電の託送料金は高くなり，需要家に近い電源の選択が誘導されるなどの市場メカニズムが作用するとの評価がある(日本での需要地近接性の考慮に相当する)．しかし，送電距離の増大に伴い送電コストが増加するという前提が成立しなければ，上記の電源選択の考え方は成立しない．たとえば，メッシュ状の系統では，潮流が必

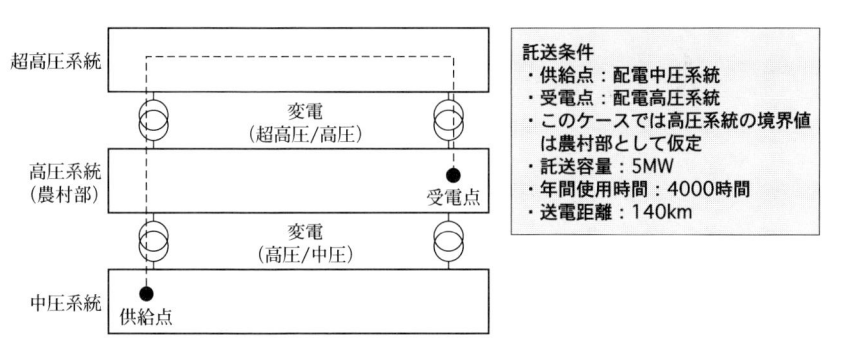

図3.13　託送例(高圧系統(受電点)および中圧系統(供給点)による託送)

託送条件
・供給点：配電中圧系統
・受電点：配電高圧系統
・このケースでは高圧系統の境界値は農村部として仮定
・託送容量：5MW
・年間使用時間：4000時間
・送電距離：140km

ずしも契約どおりの送電方向になるとは限らない。むしろ，潮流，系統内に発電所や需要家の所在地と需給量などの系統構成が，託送による短期的・長期的なコスト変動の要因になる可能性がある。

しかし，送電距離を送電料金に反映させる方法は，広域の電力取引を阻害する可能性があることから，現行制度による複雑な料金設定は新規参入者，国内の一部大口需要家，国内規制当局，経済学者，欧州委員会規制局などの批判を受け，1999年12月に需要家の系統接続への接続地点で料金を決定する"接続地点料金(point of connection tariffs)"制の導入を決めた"系統使用料金協定"が，ドイツ電気事業連合会，ドイツ産業連合および自家発連合会の間で結ばれた。本協定により2000年2月から新しい送電料金制度が導入された。新協定では，現行の送電距離比例方式が廃止される代わりに，ドイツ全国を南北に分けたゾーン制が導入された。この南北をまたがる電力取引については，0.25ペニッヒ(約15銭)/kWhが課される。南北双方に取引がある場合には，南から北への送電量と北から南への送電量を差分に，南北どちらかへの超過電力量(15分ごとに算定)だけが課金対象となる。2点目の主要な変更点は，ドイツ全国の系統を利用できるように接続電圧より上の送電関連コストを導入したことで，送電料金は発電側には課さず需要家側にのみ課したことである。たとえば，7大電力会社のRWE社の系統使用料金は，受電電圧別，年間使用時間別，利用変電設備別に設定されており，10/20 kV RWE社変電設備受電，年間2500時間以下の使用で，容量料金が23.31ユーロ/kW・年，電力量料金が1.99セント/kWhの二部料金である。3点目の変更点は，計画電力量と実際の電力量との偏差の調整法として，新たにバランス・プール制が導入されたことである。従来，系統管理者が系統利用者ごとに需給偏差(インバランス)を管理していた。2000年2月以降，系統利用者が偏差の費用最小化を可能とするため，系統利用者が他の系統利用者とバランス・プールをつくり，偏差の調整を可能とした。

3.4.3 アメリカの送電料金

連邦エネルギー規制委員会(FERC)は，1994年に送電政策ステートメントを制定している。この中で，送電料金設定方式は，従来は平均費用に基づく郵便切手方式や契約経路方式が採用されてきたが，競争市場での送電料金設定方法の多様なメニューを容認するという観点から，費用算定方式，電力潮流の取り扱い方法，料金算定の対象となる送電設備の単位の3項目について，表3.7のような組み合わせの送電料金設定方法を認めた。

さらに，1996年に発令した最終規則 Order No. 888(「送電線の開放及び回収不能費

3.4 欧米諸国における送電料金設定方式の動向

表 3.7 FERC が認めた送電料金設定方法

費用算定方式	電力潮流の取り扱い方法	料金算定の対象となる送電設備の単位
平均費用 増分費用 OR 方式* 長期限界費用 短期限界費用	実潮流 契約上の送電経路	郵便切手 ゾーン 各送電設備

* 平均費用と増分費用のうち安価な方を採用する方法

用に関する最終規則」)と No.889(「送電線の情報公開及びその運用に関する最終規則」)により，すべての市場参加者が同じ条件で公平に送電線を利用できるようになった．Order No.888 の中で，送電線提供者に対して，送電サービスとアンシラリーサービスの供給規定を盛り込んだ"形式上(Pro-format)の送電料金表(オープンアクセス送電料金表)"を提出することを要求している．すべての送電線提供者は，①共通サービスに関する供給規定(アンシラリーサービスを含む)，②地点間送電サービスに関する供給規定(確約と非確約)，③ネットワーク送電サービスに関する供給規定に従って，送電料金表を FERC に申請し，認可を受けなければならない．

送電サービスには，"ネットワークサービス"と"地点間サービス"の 2 種類がある[*9]．送電線利用者は，ある負荷への供給および電力取引を満足するのに必要な送電容量を確保するために，送電線所有者(または系統運用者)に送電線利用を申請する．この申請に基づき，送電線所有者(または系統運用者)は，送電線の空き容量を確認し，系統解析を実施して系統運用上問題がないと判断すれば，送電線の利用を承認する．

現在，アメリカではカリフォルニア ISO など六つの ISO が送電サービスを提供している．表 3.8 に各 ISO の規模等と送電料金設定の地域比較を示す[12]．テキサス(ERCOT)，中西部，ニューイングランドで大幅な修正案が提案されており，矢印で変

---

*9 地点間送電サービスの利用者は，電力の受電地点(電源地点)と供給地点(負荷地点)を指定し，指定した各受電(または供給)地点で必要な送電容量を確保する．受電地点で確保した送電容量の合計と供給地点で確保した送電容量の合計の大きい方が，送電線利用者の予約送電容量(reserved capacity)となる．また，送電サービス利用の優先権の違いから，確約(firm)サービス(長期サービスで 1 年以上，短期サービスで月間・週間・日間の単位)と非確約(non-firm)サービス(月間・週間・日間)の 2 種類がある．
　一方，ネットワーク送電サービスの使用者(ネットワーク需要家)は，送電線所有者自身が自己の抱える需要家に電力を供給するために送電線を利用する場合と同じように，送電線所有者の制御地域内の指定されたネットワーク負荷に電力を供給するために，送電容量に余裕があれば，ネットワーク電源として指定されていない電源を追加料金なしに利用することができる．ネットワーク電源とは，ネットワーク送電サービス利用者が，ネットワーク負荷に電力を供給するために所有・購入・賃貸しているすべての電源をさす．

表3.8 送電料金の地域比較

	カリフォルニア	テキサス	中西部	ニューイングランド	ニューヨーク	PJM
運用開始年	1998	1996	2000	1997	1999	1998
発電容量(万kW)	4500	5600	8500	2500	3500	5600
販売電力量(億kWh)	1640	2700	4060	2140	1650	3080
発電側電力量料金	ゾーン	郵便切手	取引ごと	郵便切手→ノーダル	ノーダル	ノーダル
需要電力量料金	ゾーン	郵便切手	取引ごと	郵便切手→ゾーン	ゾーン→ノーダル	ノーダル
送電損失料金	修正限界費用	負荷距離→郵便切手	修正限界費用	郵便切手→限界費用	限界費用	郵便切手→限界費用
混雑管理方式	価格	優先順位割当	優先順位割当	優先順位割当→価格	価格	価格
アクセス料金地域区分	送電会社→全系	全系	送電会社→全系	送電会社→全系	送電会社	送電会社→全系
アクセス料金決定要因*	電力量	予約容量	予約容量	予約容量	電力量	予約容量

出所:L. D. Kirsch(2000)に基づき作成. *地点間サービスのアクセス料金決定要因

更案を示す.給電指令に関連する電力量料金は,カリフォルニアでは少数のゾーン内では均一料金(ゾーン制),テキサスとニューイングランドではISO全系で均一料金(郵便切手方式),ニューヨークでは発電会社は接続地点別(ノーダル)料金で需要側はゾーン料金,PJMでは全利用者がノーダルプライスで設定されている.送電損失についてはテキサスを除いて,限界費用方式あるいは収支均衡を満足する修正限界費用方式で課金される予定である.ただし,経済負荷配分と整合的なのは純粋な限界費用方式のみである.修正限界費用方式でも伝統的な平均費用方式と同様に発電会社に経済負荷配分へのインセンティブを付与できない.

従来,送電アクセスがきびしく規制されていた時代には混雑管理には需要家ごとに決められた優先順位に従って,負荷制限される方式(優先順位割当)が主流であったが,競争導入に従って,混雑管理にも価格メカニズムが活用されるようになってきた(カリフォルニア,ニューヨーク,PJM).これからは,混雑料金では十分に混雑管理ができないときのみ発動するラストリゾートとして優先順位割当てを行うことが望ましい.

3.4.4 北欧の送電料金

ノルウェーとスウェーデンはノルドプールと呼ばれる北欧電力市場を形成している．両国ともポイント料金と呼ばれる送電距離に関係なく，発電設備もしくは受電設備の系統への接続ポイントで料金が決まる方式を採用している[13]．可変費は短期限界費用に基づいて設定される．なお，同じくノルドプールに参加しているフィンランドにおいてもポイント料金の考え方が採用されている．

（1） ノルウェー

1991年エネルギー法に基づき，ポイント料金が導入された．送電料金には発電側が支払うネットワークへの注入料金と需要家側が支払う引き出し料金がある．ノルウェーの送電系統は，基幹系統，地域系統，地方系統の3階層からなり，上位系統から下位系統へ送電料金が加算される．需要家はどの発電所から電力を購入しても，あるいはプール市場から購入しても，送電料金は需要家の系統接続地点のみで決まる．また，供給不足地域では注入料金は引き出し料金より低く設定され，供給過剰地域ではその逆に設定され，電源地域から需要地域へ潮流を流しやすくインセンティブを与えている．

基幹送電系統の送電料金は，可変費の回収部分と固定費の回収部分に分けられ，可変費の回収はエネルギー料金と容量料金，固定費の回収は接続料金と需要料金に分けられる．エネルギー料金は，送電ロスの回収のために設定される．基幹系統と地域系統の接続ポイントは215箇所あるが，計算を簡単化するため，五つの地域で34箇所の代表的な接続ポイントを決め，冬季昼間，冬季夜間，夏季全日の季時別に限界ロス率を設定している．

また，容量料金は，発電線容量制約(混雑)が発生した場合に送電量に課される料金である．この料金はプール市場を通じて徴収される．ただし，ノルウェーの場合，実際には国内取引における送電線容量制約の発生はほとんどない．固定費の資本費回収のために設定されており，発電側の注入と需要側の引き出しそれぞれについて，基本的に国内一律で設定される．固定費回収料金のうち接続料金は，設備を系統に接続するための料金として，また需要料金は接続料金による回収分を除くすべての費用を回収するために設定されている．

（2） スウェーデン

送電料金の設定方式については，ノルウェーと同様のポイント料金制を1995年から採用している．これは送電距離に関係なく，発電側および需要側の接続点で料金が決定され，可変費，短期限界費用に基づき計算されるものである．

基幹送電線のポイント料金は①需要料金，②接続料金，③エネルギー料金の三つの構成要素からなる．以下，これら三つの構成要素の内容を述べる．

需要料金は固定費の回収を目的として設定される．スウェーデンでは水力発電所の存在する北部から需要地域の南部へ電力の潮流があり，このような潮流を緩和し，系統安定化やロス低減を促進するために，需要料金は緯度により決定される．料金は，高緯度では，発電事業者が系統に注入する電力に対しては高く，また需要家が系統から引き出す電力に対しては安く設定される．逆に，低緯度では，発電事業者には安く，需要家には高く料金が設定される．緯度による価格差は，発電所や需要の立地に対して効率的な需給システムを形成するためのインセンティブを与えることを目的としている．

接続料金は設備を系統に接続するために必要な料金として設定される．需要料金はでは回収できない送電設備等の一部を賄うために，送電線利用者が送電系統に接続するための設備にかかわる費用として支払う．

エネルギー料金は可変費の回収を目的とし，送電ロスを補償するためのための料金として設定される．限界ロス率は負荷に応じて系統のポイントごと，季節ごとに決定され，スポット価格に限界ロス率分が加算される形で支払われる．

スウェーデンにおける送電料金の設定方法はノルウェーとおおむね同じであるが，ノルウェーの混雑料金である容量料金はスウェーデンでは設定されていない．スウェーデンでは，混雑の解消は，バランス・サービスとして扱われる．

3.5 日本の託送料金

3.5.1 託送制度の概要

供給信頼度やエネルギーセキュリティ，環境保全に配慮しながら競争導入する自由化モデルとして日本では託送モデルが採用された．送電網を所有する電力会社は新規参入者と自由化対象需要家を獲得し合う競合関係にあるので，対等で有効な競争関係を確保するとともに，他の規制分野の需要家に不利益を及ぼさないように託送ルールを公平かつ公正に定める必要がある．

託送を行う場合には送電利用者は電力会社の送電サービスセンターに接続検討を申請する必要がある．託送契約に至るまでに，電力会社は送電潮流等についての情報を事前に公表すること，新規参入者は発電の方式，出力，連系電圧など託送検討に必要な技術情報を公表すること，電力会社は申し込みから3か月をめどに連系に関する検

討結果を回答することが求められる．潮流を接続地点別，季時別に把握することは現時点で困難であるため，最大ピーク時の潮流のみ公表している．個別の接続地点における託送容量は，新規参入者が個別に電力会社に問い合わせることになっている．

電力はネットワーク全体の安定性を確保するために，新規参入者に同時同量と電力会社の給電指令に応じることが求められる．一般に同時同量とは電力系統全体で瞬時瞬時の需要と供給が一致していることをさす．新規参入者は30分の範囲内で顧客の需要変動に追従した供給量(変動範囲3%以内)をネットワークに提供することで需要と供給の同時同量を達成しているとみなす．系統全体の需給バランスは従来どおり電力会社が責任をもつ．

託送に関する行政の規制は，事前に託送料金算定ルールを通商産業省(現経済産業省)令として定め，事後的に規制していく．電気事業法上，問題があれば経済産業省が変更命令を発動する．電力会社が届け出る接続供給約款に基づいて電力会社と新規参入者は託送契約を締結し，託送に関して生じた紛争に対しては，行政が事後的に処理することになった．変更命令発動の判断の主な基準は以下の10点である．

① 経営の効率化が適切に反映されているか．
② 活動基準帰属(ABC)手法などを活用して一般管理費を適切に配分しているか．ABC手法とは特定部門に帰属できない費用について，当該費用を複数部門に帰属させるための客観的かつ合理的な基準(活動基準，コストドライバ)を可能な限り設定し，共通経費を帰属させることをいう．
③ 潮流安定調整サービス，受電用変電サービスなどの費用を適切に抽出しているか．
④ 託送コストを固定費および可変費に分類した上で，固定費については2:1:1法(当該需要種別の最大電力2，電力量1，系統ピーク時の最大電力1の比率)によって，可変費については販売電力量の比率によって大口と小口に公平に配分しているか．
⑤ 小売料金メニューと整合的な二部料金を設定しているか．
⑥ ネットワークの利用状況を反映する時間帯別料金などの選択メニューが適切に設定されているか．
⑦ 電力会社の区域を潮流改善に資するエリアを特定し，電源不足地域に発電所を立地する場合について料金を割り引くエリア制料金が適切に設定されているか．
⑧ 複数電力会社の区域を利用する場合にゾーン料金が適切に設定されているか．
⑨ 同時同量が達成できない場合，新規参入者の発電量がその需要家の需要量に不足する場合，契約電力の3%の範囲内で電力会社がその不足分を補給する料金

(しわとりバックアップ料金)が適切に設定されているか.
⑩ 新規参入者の発電機事故時の事故時バックアップ料金が適切に設定されているか.

託送費用を推定する際に，将来の適正な費用(forward looking cost)として推定されるものに適正な報酬を加えたものとする．この費用には，設備の更新時期の見直しや設計の合理化など経営の効率化によるコスト低減が織り込まれる．

3.5.2 託送料金体系

省令により自由化対象となった特定規模需要に係わる送電関連費の総額と原価算定期間における料金収入は一致しなければならない．すなわち，需要種別の収入中立の原価主義が踏襲されている．ネットワーク利用形態を反映した託送料金体系は以下のような特徴をもつ．

(1) 二部料金制による基本的なメニュー

発電設備と同様に送電線の利用においても，負荷率改善は，託送事業の効率化に寄与することから，ネットワーク利用者の負荷率に応じた料金設定が望ましい．このため，託送料金(接続供給料金と呼ばれる)は一般の小売り電気料金と同様，二部料金制としなければならない(省令による)．したがって，利用率が高いほど電力量あたりの料金は割安となる．表3.9に電力10社の託送料金(2000年10月)を示す．負荷率の異

表3.9 電力10社の小売り託送料金(2000年10月)

	標準送電サービス		時間帯別送電(選択制)		近接性評価割引
	基本料金	電力量料金	昼間	夜間	
北海道	440	1.70	2.59	0.55	0.11
東北	480	1.53	1.69	1.21	0.09
東京	495	1.74	1.91	1.52	0.15
中部	430	1.69	1.88	1.43	0.11
北陸	430	1.31	1.43	1.15	0.01
関西	500	1.45	1.58	1.29	0.18
中国	425	1.41	1.64	1.10	0.05
四国	550	1.26	1.61	0.80	0.03
九州	480	1.45	1.58	1.26	0.04
沖縄	480	1.45	1.21	0.99	0.06

単位：基本料金のみ[円/kW]，ほかは[円/kWh]．

なる産業用・業務用などの需要構成の違いにより平均単価にばらつきが生じ，1.35〜3.05円/kWh の範囲である．業務用のウエイトが高いほど平均単価は高くなる．東京電力の場合，基本料金は 495 円/kW，電力量料金は 1.74 円/kWh である．事務所ビルなど業務用需要家などの負荷率が低い月間稼働時間 200 時間で 3.84 円/kWh，素材産業など負荷率の高い月間稼働時間 500 時間で 2.58 円/kWh となる．これらの料金単価には全需要家が均等に負担しなければならない電源開発促進税 0.455 円/kWh を含む．

(2) ネットワーク利用形態を反映した選択メニュー

電力各社はネットワーク利用形態を反映した選択メニューとして，時間帯別送電料金サービスおよび夜間ピークシフト割引を提供している．時間帯別送電料金サービスの基本料金は標準送電サービスと同額である．時間帯の設定は 8 時から 22 時を昼間とし，その他を夜間とする 2 時間帯別の設定である．託送利用者の夜間最大託送電力が昼間を上回る場合，昼間の最大託送電力を上回る部分につき圧縮評価するのが，夜間ピークシフト割引であり，基本料金の 60〜85% を割り引く．

(3) 混雑回避のためのエリア制料金

混雑現象を回避するため，イギリスや北欧のような接続料金に需要地と電源地域で基本料金に大きな格差をつけ，需要地域に電源を誘導するようなインセンティブを与えることが考えられる．現在のところ，託送の基本料金は電力会社域内の需要地と電源地域で均一であり，基本料金に潮流改善のインセンティブは与えていない．地点ごとに潮流に基づいてこのような送電料金を設定する方式は今後の課題となっている．原則として混雑を発生させないことが小売託送の前提となっているため，わが国の送電料金には明示的な混雑料金の要素は含まれていない．火力電源入札制度で立地点による需要地近接性評価に類似した簡単な近接性評価割引を導入している．需要超過のエリアに立地する場合には託送料金が 3〜18 銭/kWh 割り引かれる．

(4) ゾーン料金

負荷距離法のように，電源と受電点の距離を勘案した料金設定もあるが，個別の送電経路を特定することが困難であるため，電力会社の域内では距離に依存しない郵便切手方式が採用された．本来電力ネットワークの潮流状況を分析し，潮流の違いによりゾーンを設定すべきであるが，実態として各電力会社単位に系統管理を行っていることから，各電力会社の供給区域をゾーンとした．新規参入者が区域外の特定規模需要家に供給する場合の送電料金は振替供給料金と呼ばれ，卸託送料金に近い水準に設定されている．

上記の標準的な送電サービスおよび選択制のサービスのほかに，新規参入者の発電不足に対応する負荷変動対応電力，事故時補給電力，定期検査時補給電力などが接続供給約款に含まれる．たとえば，事故時補給電力の料金は，平均的な発電原価と限界的な発電原価との格差率や事故時の発電設備の利用実績，自家発補給電力の料金との整合性などを考慮して設定される．

原則として混雑を発生させないことが小売託送の前提となっているが，必要な託送容量が不足している場合の設備増強の費用負担については，以下のように設備別に定められている．

① **電源線の場合** 新規参入者の電源線も系統安定という公益的課題に寄与すると考え，その一定基準額までは電力会社の電源線と同様に託送コストに含める一般負担とする．ただし，すべての電源線費用を一般負担とすると，建設コスト低減のインセンティブが働かないため，一定基準額以上のコストは新規参入者の特定負担とする．一定基準額は電力会社の託送約款に記載される．

② **送電線・変電所の場合** 電力会社の送変電設備を増強する場合，電力会社のネットワークがプール的性格を有している中で，当該設備の増強原因を新規接続電源にどの程度負わせるべきかを厳密に特定することは困難であるため，一般負担とする．

③ **負荷線の場合** 負荷線は新規参入者から電力供給を受けようと，電力会社から受けようといずれにせよ必要なものである．したがって，一般供給約款における需要線の費用負担ルールどおり，一定基準額までは一般負担とし，一定基準額を越える分は特定負担とする．

2000年3月に特別高圧需要家を対象とした電力小売り自由化が導入された．同年8月にダイヤモンド・パワーが鹿島北共同発電(茨城県)およびNKK京浜製鉄所自家発から調達した電力を東京電力のネットワークを利用して東京丸の内の三菱地所など事務所ビルに31850kWの電力を供給したのが最初の小売り託送となった．2001年4月現在，経済産業省に届け出た特定規模電気事業者(PPS)は9社で，供給力として使用する発電機出力の合計は約102万kWである．託送料金の設定は，地元電力会社以外からの供給の規模に少なからぬ影響を与えるため，今後も慎重に検討すべきである．

3.6 今後の課題

ドイツのように，いったん，導入した託送料金制度を短期で見直す例もある．すなわち，自由化導入の1998年から2000年までは送電電圧と距離比例方式の併用であっ

たが，2001年1月から適用予定の新託送ガイドラインでは，距離比例方式を廃止し，電圧別のみにし，北欧のような需要家への接続地点で決定するポイント料金制度となる．複数の送電網をまたぐ取引も存在し，大手8社が送電網を所有するため，中継電力会社における託送コストは当事者間の交渉により配分される．

　また，アメリカでは六つのISOが独自の送電料金体系を導入しており，現在も見直しが進んでいる．しかも，見直し後の価格設定方式もニューヨーク州の需要サイド・ノーダルプライシングやニューイングランドのゾーナルプライシングなど必ずしもある一定の方式に収束する訳ではなく，進化の途中とみるべきであろう．これは送電系統の運用が地域ごとの電力事情，歴史的経緯などに依存するところもあり，理論のみからはどの方式が最も優れているとはいいきれないことを如実に表している．

　わが国では部分自由化を導入したばかりのため，まだ大きな問題として顕在化していないが，自由化で先行し，広域取引が増えている地域では送電投資問題，特に連系線の弱さが未解決の問題として残っている．

　理論的課題としては，ゾーン制料金が送電投資を促進するか否かは現時点では明確になっていない．しかし，混雑費用を内部化する送電料金設定が理論的に望ましいことは明らかである．送電料金が電気料金に占める割合は必ずしも大きくないが，送電容量不足が発電容量不足や市場支配力とあいまって短期的な価格高騰を招く可能性もあり，アメリカで送電投資問題が注目されている．現在の送電価格水準のみでは送電会社に対して送電投資への十分なインセンティブを与えることはできず，過小投資の傾向にある．アメリカエジソン電気協会によると，1998年の送電投資額は25億ドルで，過去25年間年間1.15億ドル(実質価格)のペースで減少してきたとされる．アメリカで送電線建設が長期に停滞している主な理由は，建設する際の土地取得が困難であるためである．また，送電線建設により域外供給者に自社需要を奪われるおそれがある．そこで，規制の見通しが不透明な環境下で地域送電機構(RTO)の形成は送電計画と投資を合理化するものと期待されている．送電設備の立地難，不透明な将来の規制政策にもかかわらず，停電の社会的コストや送電制約による市場支配力の行使による機会費用を鑑みれば，十分な送電容量を確保するための費用は正当化されるべきであろう．

参 考 文 献

1) 岡田, 浅野：ノーダルプライスの基づく送電料金のシミュレーション分析, 電力中央研究所報告, Y97019, 1998.

2) 浅野, 岡田：地域別送電線使用料金の算定手法, 電気学会論文誌 B, **117-B**, 1, pp. 61-67, 1997.
3) Fred C. Schweppe, Michael C. Caraminis, Richard D. Tabors, and Roger E. Bohn : Spot Pricing of Electricity, Kluwer Academic Publisher, 1987.
4) NERC : Transmission Loading Relief Procedure http://www.nerc.com/~oc/pds.html
5) 鈴木：ニューヨークパワープールにおけるロケーショナルプライシングの適用(米国), 海外電力, pp. 2-13, 1998.
6) I. Matsukawa, K. Okada and H. Asano : "Transmission Investment in Oligopolistic Electricity Markets" the 23rd Annual International Conference of the IAEE, Sydney, Australia, 7-10, June 2000.
7) 鈴木：米国における送電権の適用, 海外電力, pp. 22-26, 1999-06.
8) 田山：英国 NGC 社の送電料金について, 海外電力, pp. 12-23, 1996-02.
9) R. Green : Transmission pricing in England and Wales, *Utilites Policy*, **6**, 3, pp. 185-194, 1997.
10) C. Wilcok and M. Krun : Wheeling in Germany-the Industry Associations' Agreement, *Power Economics*, **2**, pp. 22-23, June 1998.
11) 伊藤：VDEW, VIK, BDI の3者間託送料金協定の内容と料金算定事例, 海外電力, pp. 16-22, 1998-10.
12) L. D. Kirsch : Pricing the Grid, Comparing Transmission Rates of the U. S. ISOs, Public Utilities Fortnightly, Feb. 15, 2000.
13) 桑原：北欧電力市場統合と英国電力計量システム, 海外電力調査会, 1998.

第4章

短期限界費用と最適潮流計算

電力市場の自由化，特に送電線の開放に伴い，融通や託送などの料金に対する透明性と公正化が求められている．このような背景のもとで，地点別の電力価格を示す指標であるノーダルプライスを利用した送電線混雑管理手法の研究がなされている．このノーダルプライスは短期限界費用に基づく定式化がなされており，その計算には最適潮流計算法[*1]などによる電力システムの"最適運用"の保証が必要となる．

本章では，まずノーダルプライス計算の基礎となる短期限界費用の算出方法について説明し，有効電力のみを考慮したノーダルプライス計算方法について説明する．次に電圧や無効電力も考慮することのできる最適潮流計算法の定式化を説明し，近年注目を集めている内点法による解法を解説する．最後に，電力市場自由化により幅広く適用されることになった，近年の最適潮流計算法の拡張について説明する．

4.1 短期限界費用の算出方法

4.1.1 短期限界費用の定義

前章の送電料金決定理論において，ノーダルプライスとは電力の需給均衡モデルと送電系統のキルヒホッフ則(潮流方程式)の両方を満足する数学的最適化モデルに基づいた，各地点での電力の価格づけとして定義された．このモデルでは，発電機の燃料費や需給平衡条件のような瞬時あるいはある短い期間のみを考慮した定式化が行われるため，その限界費用は短期限界費用(SRMC：short run marginal cost)と呼ばれる．送電系統の各地点(母線，ノード)の短期限界費用が"発電限界費用・需要限界便

---

*1 潮流とは Power Flow の日本語訳であり，送電線を流れる電力を示している．また，"最適潮流計算"が電力潮流の最適化を目的としたものであるが，よく似た名前の"潮流計算"はキルヒホッフの法則に則って，電力潮流の流れを計算により求めるものであり根本的に異なる．

益", "送電損失の増分費用", "送電容量制約のような電力系統の制約により発生する費用(機会費用)"で表されると考えると,各ノードの限界費用であるノーダルプライス p_i は次式のように表すことができる.

$$p_i = MC_i(\boldsymbol{x}) + ML_i(\boldsymbol{x}) + OC_i(\boldsymbol{x}) \tag{4.1}$$

ここで,$\boldsymbol{x}$ は状態変数ベクトル,$MC_i(\boldsymbol{x})$ はノード i での発電限界費用・需要限界便益,$ML_i(\boldsymbol{x})$ はノード i での送電損失の増分費用,$OC_i(\boldsymbol{x})$ は送電容量制約などの制約により生じる機会費用である.

もし,送電損失がなく,すべての制約をまったく違反することなく,電力系統が経済効率的に最適に運用されているとすると,式(4.1)の第2項と3項は0となり,各ノードの限界費用が系統全体の発電限界費用・需要限界便益(一般にシステムラムダと呼ばれる)と等しくなる.つまり,すべての地点での増分費用(単位電力あたりの供給・需要の増加に対する費用)が同じとなる.このことは,電力費用・価値がどの地点でも同じということを表している.

このモデルにおいて,容量 W をノード ij 間で託送を行うとき,ノーダルプライスに基づく託送料金 WR_{ij} は次式で定義することができる.

$$WR_{ij} = p_j - p_i \tag{4.2}$$

一般に,電力系統のふるまいは状態変数の非線形関数として表され,ノーダルプライスは"最適な運用"という条件のもとで計算されるので,p_i を構成する要素である $ML_i(\boldsymbol{x})$ や $OC_i(\boldsymbol{x})$ は非線形最適化問題の解から求める必要がある.次項では,$\boldsymbol{x}$ として発電機出力や需要の有効電力分のみを用いて簡略的に定式化した直流法潮流計算に基づくノーダルプライス計算法について説明する.

4.1.2 直流法潮流計算に基づくノーダルプライスの計算法[1〜4]

ノード i での発電量,需要量,およびその差をそれぞれ PG_i,PL_i,P_i とする.このとき,ノード i での需要便益−発電費用として定義される F_i は,以下の式で表すことができる.

$$\left.\begin{aligned} F_i &= B_i(PL_i) - C_i(PG_i) \\ P_i &= PG_i - PL_i \end{aligned}\right\} \tag{4.3}$$

この F_i の総和である社会厚生を目的関数として最大化することにより,需要家はその便益を最大化し,供給者は供給コストの最小化を達成することができる.しかし,式(4.3)はさまざまな物理制約を無視した消費−供給便益のみを表しており,電力系統において満たすべき物理的電気回路の方程式が考慮されていない.

電力系統において満たさなければならない需給平衡条件は,

4.1 短期限界費用の算出方法

$$\sum_{i \in N} P_i + PLoss(\boldsymbol{P}) = 0 \tag{4.4}$$

ここで，$PLoss(\boldsymbol{P})$ は系統全体の送電損失である．また，電力系統運用上満たすべき条件として，以下の制約を考慮する．

$$PG_i^{\min} \leq PG_i \leq PG_i^{\max} \tag{4.5}$$

$$PL_i^{\min} \leq PL_i \leq PL_i^{\max} \tag{4.6}$$

$$|PF_{ij}(\boldsymbol{P})| \leq PF_{ij}^{\max} \tag{4.7}$$

直流法に基づく定式化においては，線路潮流 $PF_{ij}(\boldsymbol{P})$ は潮流分流係数ベクトル $\boldsymbol{A}_i$ を用いて，

$$PF_{ij}(\boldsymbol{P}) = A_i^T \cdot \boldsymbol{P} \tag{4.8}$$

のように表される．また，総線路損失 $PLoss(\boldsymbol{P})$ は各線路の抵抗 r_{ij} を用いて以下のように近似的に計算することができる．

$$PLoss(\boldsymbol{P}) = \sum_{ij} r_{ij} \cdot PF_{ij}(\boldsymbol{P}) \tag{4.9}$$

したがって，最適化すべき問題は，以下のとおりとなる．

$$\begin{aligned}
\text{maximize} \quad & \sum_i F_i = \sum_i B_i(PL_i) - C_i(PG_i) \\
\text{subject to} \quad & \sum_{i \in N} P_i - PLoss(\boldsymbol{P}) = 0 \\
& PF_{ij}(\boldsymbol{P}) = A_i^T \cdot \boldsymbol{P} \\
& PLoss(\boldsymbol{P}) = \sum_{ij} r_{ij} \cdot PF_{ij} \\
& PG_i^{\min} \leq PG_i \leq PG_i^{\max} \\
& PL_i^{\min} \leq PL_i \leq PL_i^{\max} \\
& PF_{ij}(\boldsymbol{P}) \leq PF_{ij}^{\max}
\end{aligned} \tag{4.10}$$

式(4.10)は有効電力のみを変数として定式化が行われており，線形計画法や2次計画法を用いて容易に解を求めることができる．

式(4.10)に対して，ラグランジュ関数 $L(\boldsymbol{P})$ を定義する．

$$L(\boldsymbol{P}) = \sum_i F_i - \lambda_1 \cdot \left(\sum_{i \in N} P_i + PLoss(\boldsymbol{P}) \right) - \sum_{ij} \lambda_{2ij} \cdot PF_{ij}(\boldsymbol{P}) - PF_{ij}^{\max} \tag{4.11}$$

このラグランジュ関数の勾配ベクトルである1階の偏導関数は，

$$\frac{\partial L(\boldsymbol{P})}{\partial \boldsymbol{P}} = \sum_i \frac{\partial F_i}{\partial \boldsymbol{P}} - \lambda_1 \cdot \left(1 - \frac{\partial PLoss(\boldsymbol{P})}{\partial \boldsymbol{P}} \right) - \sum_{ij} \lambda_{2ij} \cdot \left(\frac{\partial PF_{ij}(\boldsymbol{P})}{\partial \boldsymbol{P}} \right) \tag{4.12}$$

となる．式(4.10)の最適化問題の最適解における有効制約条件下[2]の勾配ベクトルが

---

[2] 有効不等式制約とは最適点において等式制約に加えて，不等式制約のうちで制約境界上にあり，かつ，その不等式制約を取り除いたときには制約違反を引き起こすものをいう．

1次独立ならば，Kuhn-Tucker 条件を満たす解が存在する．ここで，λ_1 と λ_{2ij} はそれぞれ需給バランスと送電線容量制約に関するラグランジュの未定定数である．

送電損失を考慮した需給制約条件と送電線容量制約の両方を満足し，社会厚生を最大化するラグランジュ定数が得られたら，以下のように各ノードごとのノーダルプライス p_i を求めることができる．

$$p_i = \lambda_1 \cdot \left(1 - \frac{\partial PLoss(\boldsymbol{P})}{\partial \boldsymbol{P}}\right) + \sum_{ij} \lambda_{2ij} \cdot \left(\frac{\partial PF_{ij}(\boldsymbol{P})}{\partial \boldsymbol{P}}\right) \tag{4.13}$$

この p_i を用いて，式(4.2)により託送料金を決定することができる．

本項で説明したノーダルプライスの計算手法では，有効電力のみを変数としているため解法が容易である半面，電圧や無効電力などの制約を考慮することができないという欠点がある．

一方，電圧や無効電力も同時に考慮した定式化では，制約条件が非線形関数となり，問題は大規模非線形計画問題となる．この種の問題は最適潮流計算法として 1960 年代より研究が続けられており，現在では大規模問題に対しても十分高速に解を得ることができるようになっている．次節では，その最適潮流計算法の定式化を説明する．

4.2 最適潮流計算法の定式化

セキュリティをある程度確保しながら，経済性を満足する運用計画を策定するための有力な方法として，1962 年 J. Carpentier によって最適潮流計算法(OPF : optimal power flow)の概念が提案された[5]．最適潮流計算法は，電力回路網の平衡条件を規定した等式制約，電力系統を安全に運用するための種々の条件を規定するための不等式制約の条件下で，ある目的関数を最小化する計算アルゴリズムであり，数理計画分野の最適化問題の範疇に属する．

最初の実用的な OPF 解法は，1968 年 W. F. Tinney と H. W. Dommel により提案された縮約勾配法に基づく手法である[6]．その後，縮約勾配法を拡張した手法がいくつか提案されたが，問題規模が大きくなると収束が困難になるという欠点を有していた[6,7]．その後準ニュートン法などのより強力な数理計画手法による解法[8~10]が提案されたが，計算速度の問題から大規模系統への適用は困難であった．このため，現実的な解法として線形計画法に基づく OPF が提案された[11~13]が，電力系統の非線形性を考慮できないため，非線形性の弱い有効電力の問題として取り扱われていた．

1984 年 EPRI 主導のもとで開発されたニュートン形 OPF は，最適条件である Kuhn-Tucker 条件を直接解くものであり，スパース技法を採用しているためきわめ

表 4.1 OPF の解法による分類

制御・状態変数	解法	
有効電力のみ	線形計画法	
	2 次計画法	
電圧の大きさ・位相角 (複素電圧) 変圧器タップ比など	非線形計画法	逐次線形計画法
		縮約勾配法
		準ニュートン法
		ニュートン法
		主双対内点法

て高速であるが多数の不等式制約の取り扱いに難があった[14,15]。1984 年の Kermerker の提案した内点法による線形計画問題の解法は,従来から広く用いられているシンプレックス法による解法に比べ圧倒的に高速であった。この内点法を拡張した主双対内点法は,OPF 問題を高速に,確実に収束させるものであった[16~19]。現在,この主双対内点法に基づく OPF が解法の主流となりつつある。最適潮流計算法の解法についてまとめると表 4.1 となる。

本節では,電圧の大きさ・位相角変圧器タップ比などの変数を考慮することのできる自由度の高い OPF 問題の定式化を行い,主双対内点法による解法を説明する。

4.2.1 OPF 問題の定式化

OPF 問題は,制約付き最適化問題として式 (4.14) のように記述される。ここで,変数ベクトル x は状態変数や制御変数をすべて含んだものとして定義される。(準) ニュートン法や主双対内点法の解法において,状態変数と制御変数の区別は必要ない。しかし,縮約勾配法では制御変数の選択方法により,その解法の性能が大きく左右される。

$$\begin{aligned} &\text{mimimize} && F(\boldsymbol{x}) \\ &\text{subject to} && \boldsymbol{h}(\boldsymbol{x}) = \boldsymbol{0} \\ & && \boldsymbol{g}(\boldsymbol{x}) \leq \boldsymbol{0} \end{aligned} \qquad (4.14)$$

ここで,$\boldsymbol{x}$:変数ベクトル,$F(\boldsymbol{x})$:目的関数,$\boldsymbol{h}(\boldsymbol{x})$:等式制約,$\boldsymbol{g}(\boldsymbol{x})$:不等式制約,である。

一般に,電力系統において目的関数および制約は変数の非線形関数となるため,本問題は非線形最適化問題になる。この問題の最適点は Kuhn-Tucker 最適条件を満たさなければならない。

4.2.2 目的関数

OPF 問題を最小化問題として定義しているため,ノーダルプライスを計算するための目的関数は総発電費用−総需要家便益(つまり社会厚生の負値)として定義する.発電費用は式(4.15)の第1項で示されるように発電機出力の2次関数として近似することができる.一方,需要家便益も同様に需要の2次関数として定義することができる.

$$F(\boldsymbol{x}) = \sum_k [a_{gk} + b_{gk} \cdot PG_k(\boldsymbol{x}) + c_{gk} \cdot PG_k(\boldsymbol{x})^2 \\ - a_{lk} + b_{lk} \cdot PL_k(\boldsymbol{x}) + c_{lk} \cdot PL_k(\boldsymbol{x})^2] \tag{4.15}$$

ここで,$F(\boldsymbol{x})$ は目的関数を表し,k はノード,$PG_k(\boldsymbol{x})$ はノード k での発電機出力,$PL_k(\boldsymbol{x})$ はノード k での電力需要,a_{gk}, b_{gk}, c_{gk} は発電コスト係数,a_{lk}, b_{lk}, c_{lk} は需要便益関数の係数を表す.

4.2.3 等式制約

OPF の解は各ノードにおいて潮流方程式を満足する必要があり,これを等式制約として取り扱う.

$$P_i(\boldsymbol{x}) = \sum_{j=1, j \neq i}^{N} E_i E_j \{G_{ij} \cos \delta_{ij} + B_{ij} \sin \delta_{ij}\} + G_{ii} E_i^2 = P_i^s \tag{4.16}$$

$$Q_i(\boldsymbol{x}) = \sum_{j=1, j \neq i}^{N} E_i E_j \{G_{ij} \cos \delta_{ij} - B_{ij} \sin \delta_{ij}\} - B_{ii} E_i^2 = Q_i^s \tag{4.17}$$

ここで,E_i:ノード i での電圧の大きさ,δ_{ij}:ij 間の電圧位相差,G_{ij}, B_{ij}:ノードアドミタンス行列の ij 要素の実部と虚部を表す.また P_i^s, Q_i^s:有効,無効電力の指定値を表す.

4.2.4 不等式制約

系統の物理的限界および運用上の限界を守るために不等式制約を課すことが必要である.OPF において,以下の不等式制約が取り扱われる.

母線電圧に対する制限

$$E_i^{\min} \leq E_i \leq E_i^{\max} \tag{4.18}$$

変圧器タップ比に関する制限

$$T_{ij}^{\min} \leq T_{ij} \leq T_{ij}^{\max} \tag{4.19}$$

発電機出力に対する制限

$$PG_i^{\min} \leq PG_i(\boldsymbol{x}) \leq PG_i^{\max} \tag{4.20}$$

無効電力発生源に対する制限
$$QG_i^{\min} \leq QG_i(\boldsymbol{x}) \leq QG_i^{\max} \tag{4.21}$$
需要に対する制限
$$PL_i^{\min} \leq PL_i(\boldsymbol{x}) \leq PL_i^{\max} \tag{4.22}$$
線路潮流に対する制限
$$|PF_{ij}(\boldsymbol{x})| \leq PF_{ij}^{\max} \tag{4.23}$$
ここで，$PF_{ij}(\boldsymbol{x})$ はノード ij 間を流れる有効電力潮流を表す．

4.3 内点法による最適潮流計算の解法

4.3.1 主双対内点法による OPF の定式化[17]

本項では OPF 問題に対する主双対内点法を用いた解法を説明する．まず，式 (4.14) で表される OPF 問題に対して，非負のスラック変数ベクトル $\boldsymbol{l}, \boldsymbol{u}$ をそれぞれ下限および上限の不等式制約に代入すると，問題はスラック変数を除くすべての不等式制約が等式制約に変換される．

$$\left.\begin{aligned} &\text{minimize} && f(\boldsymbol{x}) \\ &\text{subject to} && \boldsymbol{h}(\boldsymbol{x}) = 0 \\ &&& \boldsymbol{g}(\boldsymbol{x}) - \boldsymbol{l} - \underline{\boldsymbol{g}} = 0 \\ &&& \boldsymbol{g}(\boldsymbol{x}) + \boldsymbol{u} - \bar{\boldsymbol{g}} = 0 \\ &&& (\boldsymbol{l}, \boldsymbol{u}) \geq 0 \end{aligned}\right\} \tag{4.24}$$

次に，この問題にラグランジュの未定乗数法を適用すると，以下のラグランジュ関数 $L(\boldsymbol{p})$ が得られる．

$$\begin{aligned} L(\boldsymbol{p}) =\ & f(\boldsymbol{x}) - \boldsymbol{\lambda}^t \boldsymbol{h}(\boldsymbol{x}) - \boldsymbol{z}^t(\boldsymbol{g}(\boldsymbol{x}) - \boldsymbol{l} - \underline{\boldsymbol{h}}) - \boldsymbol{w}^t(\boldsymbol{g}(\boldsymbol{x}) + \boldsymbol{u} - \bar{\boldsymbol{h}}) \\ & - \tilde{\boldsymbol{z}}^t \boldsymbol{l} - \tilde{\boldsymbol{w}}^t \boldsymbol{u} \end{aligned} \tag{4.25}$$

$$\boldsymbol{l} \in R^{(n)}, (\boldsymbol{z}, \boldsymbol{w}, \tilde{\boldsymbol{z}}, \tilde{\boldsymbol{w}}) \in R^{(r)}$$

ここで，$\boldsymbol{p} = (\boldsymbol{x}, \boldsymbol{\lambda}, \boldsymbol{u}; \boldsymbol{l}, \boldsymbol{z}, \boldsymbol{w}, \tilde{\boldsymbol{z}}, \tilde{\boldsymbol{w}})$ となる合成ベクトル，$\boldsymbol{\lambda}$：等式制約のラグランジュ乗数ベクトル，$\boldsymbol{z}, \boldsymbol{w}$：不等式制約のラグランジュ乗数ベクトル，$\tilde{\boldsymbol{z}}, \tilde{\boldsymbol{w}}$：スラック変数のラグランジュ乗数ベクトルを表す．

ラグランジュ関数 $L(\boldsymbol{p})$ をスラック変数に関して偏微分をとると，次式のようになる．

$$\frac{\partial L(\boldsymbol{p})}{\partial \boldsymbol{l}} = \boldsymbol{z} - \tilde{\boldsymbol{z}}_0 = 0, \qquad \frac{\partial L(\boldsymbol{p})}{\partial \boldsymbol{u}} = \boldsymbol{w} - \tilde{\boldsymbol{w}}_0 = 0 \tag{4.26}$$

これで，問題は式(4.25)で表されるラグランジュ関数 $L(\boldsymbol{p})$ を最小化する問題となる．$\boldsymbol{p}^*$ を最適点であると仮定すると，Kuhn-Tucker の最適条件から以下の式が成り立つような $\boldsymbol{p}^*$ を求める問題に置き換えることができる．

$$\frac{\partial L(\boldsymbol{p})}{\partial \boldsymbol{p}} = \boldsymbol{0} \tag{4.27}$$

合成ベクトル $\boldsymbol{p}$ のそれぞれの変数で偏微分したものは次式で表される．

$$\left.\begin{aligned}
L_x &= \nabla f(\boldsymbol{x}) - \nabla h(\boldsymbol{x})\boldsymbol{\lambda} - \boldsymbol{g}(\boldsymbol{x})(\boldsymbol{z}+\boldsymbol{w}) = \boldsymbol{0} \\
L_l &= \boldsymbol{h}(\boldsymbol{x}) = \boldsymbol{0} \\
L_z &= \boldsymbol{g}(\boldsymbol{x}) - \boldsymbol{l} - \underline{\boldsymbol{g}} = \boldsymbol{0} \\
L_w &= \boldsymbol{g}(\boldsymbol{x}) + \boldsymbol{u} - \bar{\boldsymbol{g}} = \boldsymbol{0} \\
L_l &= \boldsymbol{LZe} = \boldsymbol{0} \\
L_u &= \boldsymbol{UWe} = \boldsymbol{0} \\
(\boldsymbol{l}, \boldsymbol{u}, \boldsymbol{z}) &\geq \boldsymbol{0}, \quad \boldsymbol{w} \leq \boldsymbol{0}, \quad \boldsymbol{\lambda} \neq \boldsymbol{0}
\end{aligned}\right\} \tag{4.28}$$

ここで，$\boldsymbol{L}, \boldsymbol{U}, \boldsymbol{Z}, \boldsymbol{W} \in R^{(r \times r)}$ は $\boldsymbol{l}, \boldsymbol{u}, \boldsymbol{z}, \boldsymbol{w}$ の対角行列，$\boldsymbol{e}$ は単位列ベクトルを表す．左辺の L の添字は，L をその添字が示す変数で偏微分したことを表す．

次に上式にニュートン法を適用する．反復 k 回目の $\boldsymbol{p}^k$ が最適解 $\boldsymbol{p}^*$ の近傍にあると仮定し，式(4.27)のテイラー展開の1次までの近似を行い，線形化すると以下のようになる．

$$\frac{\partial L(\boldsymbol{p}^k)}{\partial \boldsymbol{p}} + \frac{\partial^2 L(\boldsymbol{p}^k)}{\partial^2 \boldsymbol{p}} \Delta \boldsymbol{p}^k = \boldsymbol{0} \tag{4.29}$$

この式を用いて反復ごとの変数のニュートン修正量 $\Delta \boldsymbol{p}^k$ を求める．ここで，式(4.26)の $\boldsymbol{l}, \boldsymbol{u}$ で偏微分した相補条件式をそのまま線形化すると以下のようになる．

$$\left.\begin{aligned}
\boldsymbol{L}\Delta \boldsymbol{l} + \boldsymbol{Z}\Delta \boldsymbol{z} &= -\boldsymbol{LZe} \\
\boldsymbol{U}\Delta \boldsymbol{w} + \boldsymbol{W}\Delta \boldsymbol{u} &= -\boldsymbol{UWe}
\end{aligned}\right\} \tag{4.30}$$

ここで，たとえばある Δl_i^k が k 回目の反復で偶然 0 になると $k+1$ 回目に $l_i^{k+1}=l_i^k$ $+\Delta l_i^k=0$ となり，一度 Δl_i^k が 0，つまり実行可能領域の境界に落ち込むと，その境界から出れなくなってしまい，収束を妨げることになる．また同じようなことが $\boldsymbol{u}, \boldsymbol{z}$, $\boldsymbol{w}$ にも起こる可能性がある．そこで，式(4.26)の $\boldsymbol{l}, \boldsymbol{u}$ で偏微分した式に摂動係数として $\mu \geq 0$ を以下のように導入することにする．

$$\left.\begin{aligned}
L_l^\mu &= \boldsymbol{LZe} - \mu \boldsymbol{e} = \boldsymbol{0} \\
L_u^\mu &= \boldsymbol{UWe} + \mu \boldsymbol{e} = \boldsymbol{0}
\end{aligned}\right\} \tag{4.31}$$

この摂動係数により，$\boldsymbol{l}, \boldsymbol{u}, \boldsymbol{z}, \boldsymbol{w}$ が実行可能領域の境界に向かわないようにすることができる．よってすべての Kuhn-Tucker 条件式を問題なく線形化することができ，

4.3 内点法による最適潮流計算の解法

修正方程式は以下のようになる．

$$(\nabla^2 h(x)\lambda + \nabla^2 g(x)(z+w) - \nabla^2 f(x))\Delta x \\ + \nabla h(x)\Delta\lambda + \nabla^2 g(x)(z+w) = L_{x0} \quad (4.32)$$

$$\nabla h(x)^t \Delta x = -L_{10} \quad (4.33)$$

$$\nabla g(x)^t \Delta x - \Delta l = -L_{z0} \quad (4.34)$$

$$\nabla g(x)^t \Delta x + \Delta u = -L_{w0} \quad (4.35)$$

$$Z\Delta l + L\Delta z = -L_{l0}^\mu \quad (4.36)$$

$$W\Delta u + U\Delta w = -L_{u0}^\mu \quad (4.37)$$

ここで，∇ は微分演算子であり ∇ は 1 階の，∇^2 は 2 階の微分を表す．$L_{x0}, L_{10}, L_{z0}, L_{w0}, L_{l0}^\mu, L_{u0}^\mu$ は摂動 Kuhn-Tucker 方程式の残差ベクトルである．

この式 (4.32)〜(4.37) で表される修正方程式を連立して解くと，不等式制約の個数が増えるにしたがって係数行列の次元が増加し，計算時間の点で大きな問題となりうる．そこで，関数不等式制約に対応する変数の縮約を行うことで不等式制約の増加に伴う係数行列の次元の増加を回避する．式 (4.34) と式 (4.35) を $\Delta l, \Delta u$ について解き，それを式 (4.36) と式 (4.37) に代入して $\Delta z, \Delta w$ を得る．得た修正量を式 (4.32) に代入すると，以下の修正量が x, λ のみに縮約された以下の修正方程式を得ることができる．

$$\begin{bmatrix} H & J \\ J^t & 0 \end{bmatrix} \begin{bmatrix} \Delta x \\ \Delta \lambda \end{bmatrix} = - \begin{bmatrix} \psi \\ h(x) \end{bmatrix} \quad (4.38)$$

ここで，

$$H = \nabla^2 h(x) + \nabla^2 g(x)(z+w) - \nabla^2 f(x) + \nabla g(x) S \nabla g(x)^t$$
$$J = \nabla g(x)^t$$
$$\psi = \nabla h(x) - \nabla f(x) + \nabla g(x) U^{-1} W L_{w0} - L^{-1} Z L_{z0} - \mu(U^{-1} - L^{-1})$$
$$S = U^{-1} W - L^{-1} Z$$

式 (4.38) で示される修正方程式を解くために，行列の LU 分解を行う必要がある．この係数行列の次元はノード数の 4 倍になるため，大規模問題において高速に解を得るためにはスパース処理技法を導入する必要がある．図 4.1 に係数行列の形を理解するための例題系統を示す．発電機が 2 台接続された 4 母線系統である．

図 4.2 に修正方程式の係数行列が示されている．図中の h はヘシアン行列の要素，j はヤコビ行列の要素，k は制御変数に対応する非零要素を示している．なお，$*$ はもともと 0 であった要素が LU 分解途中で非零となったもので，Fill-in に相当する．

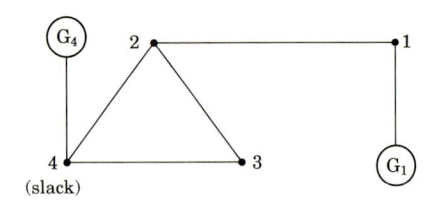

116 第4章 短期限界費用と最適潮流計算

```
         (G₄)  2              1
            \ /|              |
             X |              |
            / \|              |
           4---3             (G₁)
        (slack)
```

図 4.1　4 母線例題系統

$$\begin{bmatrix}
h & k & & & & & & & & & & \\
& h & k & & & & & & & & & \\
k & 0 & j & j & & j & j & & & & & \\
k & 0 & j & j & & j & j & & & & & \\
j & j & h & h & j & j & h & h & & & & \\
j & j & h & h & j & j & h & h & & & & \\
& & j & j & 0 & j & j & & j & j & & \\
& & j & j & * & 0 & j & j & & j & j & \\
& & j & j & h & h & j & j & h & h & j & j \\
& & j & j & h & h & j & j & h & h & j & j \\
& & & & j & j & 0 & j & j & & & \\
& & & & j & j & * & 0 & j & j & & \\
& & & & j & j & h & h & j & j & h & h & j & j \\
& & & & j & j & h & h & j & j & h & h & j & j \\
& & & & & & j & j & * & * & j & j & 0 & k \\
& & & & & & j & j & * & * & j & j & * & 0 & k \\
& & & & & & & & & & & & k & * & h \\
& & & & & & & & & & & & k & * & h
\end{bmatrix}$$

図 4.2　修正方程式の係数行列

4.3.2　主双対内点法のアルゴリズム

主双対内点法のアルゴリズムを説明する．

Step 1: 制約の内点から始まるよう $(l, u, z) > 0$ と $w < 0, \lambda$ そして σ (中心パラメータ) を選ぶ．また，有効，無効電力出力は制約値の中間値を初期値として選ぶ．

Step 2: 相補ギャップを計算する．
$$C_{gap} = l^t z - u^t w$$

Step 3: 相補ギャップと潮流方程式の残差が許容値以内なら最適解を出力し終了．そうでなければ Step 4 へ

Step 4: 以下の式を用いて摂動係数を計算する．

$$\mu = \sigma \frac{C_{gap}}{2r}$$

Step 5: 修正方程式(4.38)を解き $\Delta x, \Delta l, \Delta u, \Delta z, \Delta w$ を計算する．

Step 6: 最大ステップ長を以下の条件で決定する．

$$step_1 = 0.9555 \min \left\{ \min \left(\frac{-l}{\Delta l}, \frac{-u}{\Delta u}, 1 \right) \right\}$$

$$step_2 = 0.9555 \min \left\{ \min \left(\frac{-z}{\Delta z}, \frac{-w}{\Delta w}, 1 \right) \right\}$$

$(\Delta l, \Delta u, \Delta z) < 0 \quad \Delta w > 0$

Step 7: 主双対変数を以下の式を用いて更新し，Step 2 へもどる．

$(x, l, u)^{k+1} = (x, l, u)^k + step_1(\Delta x, \Delta l, \Delta u)$

$(\lambda, z, w)^{k+1} = (\lambda, z, w)^k + step_1(\Delta \lambda, \Delta z, \Delta w)$

図 4.3 に主双対内点法プログラム全体のフローチャートを示す．この図において，①……⑦は，それぞれ文中の STEP 1 から STEP 7 に相当する．

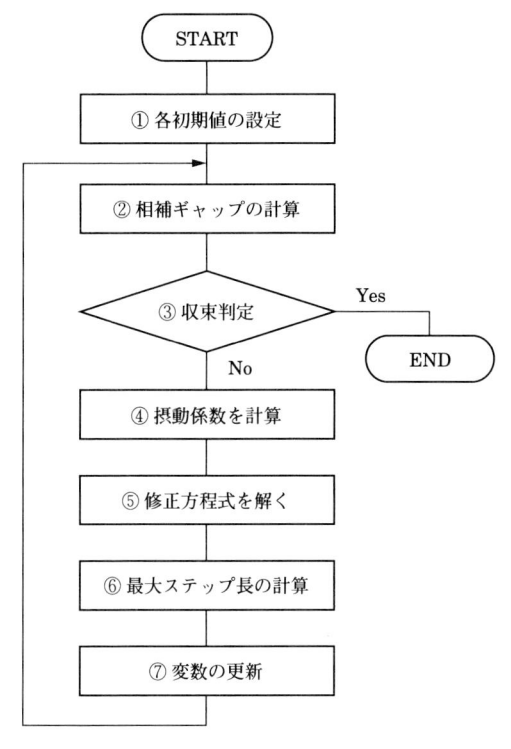

図 4.3 主双対内点法フローチャート

4.3.3 主双対内点法によるOPF解法の実行例

主双対内点法によるOPF解法プログラムを14ノードから118ノードまでのIEEEテスト系統に適用した．表4.2はテスト系統の規模を示しており，制御変数の数と不等式制約の数も載せている．ただし，表中の不等式制約は変数そのものの上下限で表されるものは含まれておらず，関数不等式制約の数を表している．適用計算機はSun SPARC Station 10 (約100 MIPS) であり，現在ではかなり遅いマシンであることに注意する必要がある．

表4.3に示されているように，IEEE 118母線系統において約1秒程度と高速に解を得ていることがわかる．ニュートンOPF解法に比べて反復回数が多いが，多数の不等式制約が同時に有効になるような場合には主双対内点法の方が，計算の安定性という観点からみてもすぐれている．

表4.2 テスト系統の規模，制御変数，不等式制約の数

系統	母線／線路	制御変数	不等式制約
IEEE 14	14/20	8(3, 5)	14(13, 1)
IEEE 30	30/41	12(6, 6)	31(29, 2)
IEEE 57	57/78	11(4, 7)	59(56, 3)
IEEE 118	118/179	71(16, 55)	122(117, 5)

表4.3 主双対内点法OPFの計算時間／反復回数

系統	燃料費最小化	送電損失最小化
IEEE 14	0.10/8	0.12/9
IEEE 30	0.18/9	0.22/11
IEEE 57	0.47/12	0.35/9
IEEE 118	1.26/22	0.95/15

4.4 最適潮流計算法の拡張

最適潮流計算アルゴリズムの改良や計算機性能の向上によって，最適潮流計算法が電力系統の系統運用・計画において，広く一般的に使用されるようになってきた．また電力市場自由化による不確定性の増大により，よりロバストな最適潮流計算法の開発が望まれている．本節では，これまで最適潮流計算が取り扱うことが困難であった分野に拡張されつつある，最新の最適潮流計算法について説明する．今回取り上げる

のは，"実行不可能な運転状態に対する最適潮流計算法"，"電圧安定度を考慮した最適潮流計算法"そして，"安定度制約を考慮した最適潮流計算法"の三つである．

4.4.1 実行不可能な運用条件に対する最適潮流計算法[23]

電力市場自由化の進展や制御できない硬直電源の増加に伴い，電力系統の運用・計画は多角化，不透明性が顕著になってきている．特に，計画立案段階では実行不可能な運用状態が生じる場合も増加し，系統解析にも支障が生じてくる．そのため，実行不可能な運用条件が与えられたときでさえ，何らかの解を得て，その解から実行可能な運用条件への速やかな回復を可能にする手法が望まれている．このような問題は実行可能性の回復(restore feasibility)問題と呼ばれている．本項では負荷ノードにおいて負荷遮断を行うことで，実行不可能な運用状態に復帰することを可能にする OPF 手法の定式化について説明する．なお，解法は 4.3 節で説明した主双対内点法を用いることで高速に解を得ることができる．

(1) 問題の定式化

$$\left.\begin{array}{ll} minimize & f(\boldsymbol{x}) + \boldsymbol{C}_{LS}^T \cdot \boldsymbol{P}_{LS} \\ subject\ to & \boldsymbol{g}(\boldsymbol{x}) = 0 \\ & \boldsymbol{h}(\boldsymbol{x}) \leq 0 \end{array}\right\} \quad (4.39)$$

ここで，$f(\boldsymbol{x})$：発電機コスト関数，$\boldsymbol{C}_{LS}$：負荷遮断コスト係数，$\boldsymbol{P}_{LS}$：負荷遮断量を表す．等式制約は以下の潮流方程式である．

$$\begin{array}{l} \boldsymbol{P}(\boldsymbol{x}) + \boldsymbol{P}_G - \boldsymbol{P}_L = 0 \\ \boldsymbol{Q}(\boldsymbol{x}) + \boldsymbol{Q}_G - \boldsymbol{Q}_L = 0 \end{array} \quad (4.40)$$

ここで，$\boldsymbol{P}(\boldsymbol{x}), \boldsymbol{Q}(\boldsymbol{x})$：正味の有効無効電力，$\boldsymbol{P}_G, \boldsymbol{Q}_G$：有効，無効電力発生量，$\boldsymbol{P}_L, \boldsymbol{Q}_L$：有効・無効負荷を表す．不等式制約は電圧，有効，無効電力発生量，線路潮流，変圧器タップ比，位相制御角を考慮する．負荷遮断変数 $\boldsymbol{P}_{LS}$ を導入すると有効電力に対する潮流方程式は次式のように修正される．

$$\boldsymbol{P}(\boldsymbol{x}) + \boldsymbol{P}_G - \boldsymbol{P}_L + \boldsymbol{P}_{LS} = 0 \quad (4.41)$$

また，無効電力の遮断量を定義する等式制約が追加される．

$$\boldsymbol{Q}_{LS} = \boldsymbol{Q}_L \cdot \frac{\boldsymbol{P}_{LS}}{\boldsymbol{P}_L} \quad (4.42)$$

負荷遮断量に対する上下限値が設定される

$$0 \leq \boldsymbol{P}_{LS} \leq \boldsymbol{P}_L \quad (4.43)$$

(2) IEEE 30 テスト系統への実行例

上記の問題に対して，4.3 節で記述された主双対内点法を適用したプログラムを用

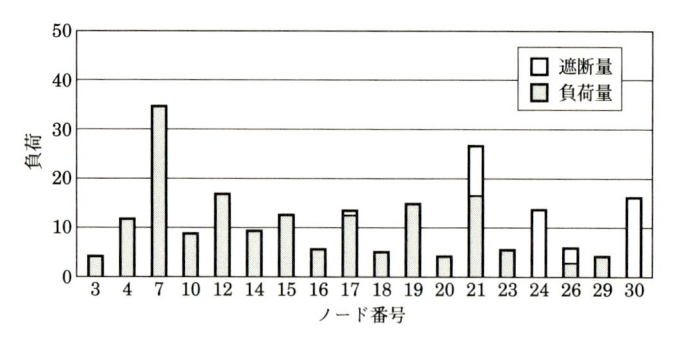

図 4.4　ノード番号-負荷量/遮断量(負荷=1.5倍)

いた実行可能性の回復のシミュレーションを示す．シミュレーション条件として，すべての負荷はそのオリジナルの値の 1.5 倍とした．このことにより，通常の OPF プログラムでは解を得ることができない．

図 4.4 にノードの負荷量と負荷遮断量を示す．今回のシミュレーションでは負荷遮断コストはすべてのノードで同一としたが，負荷の重要度によって変えることは可能である．図からわかるように 30，26，24，21，17 番ノードの負荷が遮断されており，これらのノードが系統運用上の弱点ノードであることがわかる．

このように，本来は実行可能解が存在しないような運用条件においても，適切な負荷遮断を行うことで実行可能解に復帰することができることがわかる．このシミュレーションでは負荷の量を 1.5 倍に増やすという条件設定を行ったが，たとえば負荷はそのままで，電圧制約をきびしくしてシミュレーションをした場合も同様な結果をえることができる．

4.4.2　電圧安定度を考慮した最適潮流計算法

電力系統の運用を決定する際には，需給不均衡や重潮流の発生，各種の系統故障などの障害が生じる可能性を考慮した，安定かつ経済的な運用を求められているが，近年では社会全体の電力依存度が増し，停電などによる経済的影響は計り知れず，電力系統内の安定性の監視と故障が生じた場合の迅速な対応が必要となる．その中でも電圧安定性の問題は重要な課題である．

電圧安定度の判別に対して，現在の運用点からノーズカーブの先端(潮流限界点)までの負荷余裕を指標とし，電圧安定性を評価するといった方法が提案されている．この指標は現在の運用状態を評価でき，故障に対する安定性を評価する際にも，解の存在判定を含めた評価を行うことができる．潮流限界点を求める手法として，基準運用

点から潮流限界点までを，負荷増加シナリオをもとに連続的に求める手法と，直接潮流限界点の条件式を直接解く手法が提案されている．直接法は連続法に比べ，高速に解を導くことができるが，収束難がまれに発生することがあるという欠点がある．

(1) 最適潮流計算法による潮流限界点の解法[24,25]

電圧安定度指標の一つである潮流限界点までの距離指標である負荷余裕に対して，主双対内点法 OPF による解法が提案されている．潮流限界点に基づく負荷余裕を計算するためには，各母線で指定された負荷の増加シナリオを決定する必要がある．今回は，そのシナリオとして系統全体の指定負荷を一律に，力率一定で上昇する負荷増加パターンを考えた．定常状態の潮流限界点を求める問題は以下のようになる．

$$\left.\begin{array}{ll} minimize & f = -\alpha_0 \\ subject\ to & P + PL - PG + \alpha_0(PL - PG) = 0 \\ & Q + QL - QG + \alpha_0(QL - QG) = 0 \end{array}\right\} \quad (4.44)$$

一般的な P-V 曲線を図 4.5 に示す．系統故障により系統の有効電力-電圧 (P-V) 曲線は変化し，系統の負荷余裕は減少する．故障 1 では，故障後に系統は安定であり，運用可能な点が存在するが，故障 2 のケースでは故障後に潮流解が存在せず，系統崩壊へと至るため通常の潮流計算は収束しない．しかし，ここで α を負の方へ変化させれば実行可能解を得ることができる．α を負の方向へ変化させるということは，系統の安定を保つためには何らかの負荷遮断を実施する必要があることを表している．したがって，予防制御の観点からも，線路故障時に故障 2 のような P-V 曲線に移ってしまうような運用を行ってはいけない．ここで，示されている最適潮流計算法による潮流限界点の解法は容易に P-V カーブの先端までの距離を知ることができるため，想定事故に対する電圧安定度の事前検討などに役立つであろう．

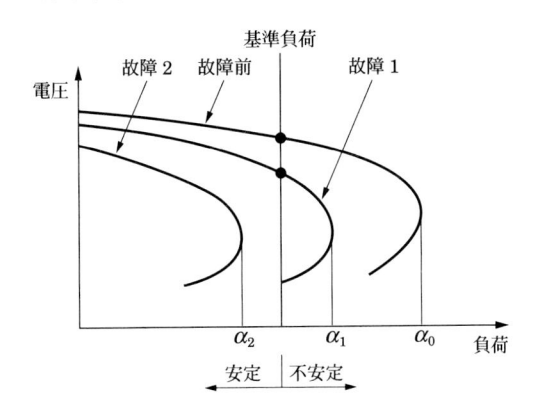

図 4.5 ノーズカーブと負荷増分パラメータ

(2) 線路故障時の電圧安定性を考慮したOPF[26]

潮流限界点（負荷余裕）をOPFで計算する場合，故障前の余裕を最大化する（または総負荷の最低何%までの余裕をとる）問題として計算していた．つまり，前項の手法は現時点での負荷余裕計算を行うものであり，故障に対して電圧安定度的にみて安全かどうかの保証はない．このため，線路故障を考慮したOPFと負荷余裕を組み合わせることで，故障後の電圧安定性を維持するような定常状態の運用点を計算する手法が提案されている．

想定される電圧安定度的に過酷な故障に対し，故障後の負荷余裕を十分に確保し，かつ故障前（健全時）の発電コストを最小化する問題として定義することができるため，以下のように記述することができる．

$$\left.\begin{array}{ll} \text{minimize} & f = f_{cost,0} - \alpha_k \\ \text{subject to} & h_0(x_0) = 0 \quad \underline{g_0} \leq g_0(x_0) \leq \bar{g}_0 \\ & h_k(x_k) = 0 \quad \underline{g_k} \leq g_k(x_k) \leq \bar{g}_k \end{array}\right\} \quad (4.45)$$

ここで，添字 0 は故障前の状態，添字 k は k 番目の故障状態を表す．α_k は故障後の負荷増分パラメータを示す（図4.5参照）．

(3) IEEE 118母線テスト系統に対する適用例

電圧安定度を考慮した最適潮流計算プログラムをIEEE 118母線テスト系統に適用した結果を図4.6に示す．図中に示されたように，電圧安定度を考慮していない従来のOPFで得られた運用解では，故障が発生した場合には負荷余裕が $\alpha=-0.4604$ となり解が存在せず，かなりの量の負荷遮断を行わないと電圧崩壊を起こしてしまう危険性が高い．一方，線路故障時の電圧安定度を考慮したOPFで得られた運用解は，故障後でも $\alpha=0.1818$ と十分な負荷余裕を確保しており，安定な運用ができることが期待される．

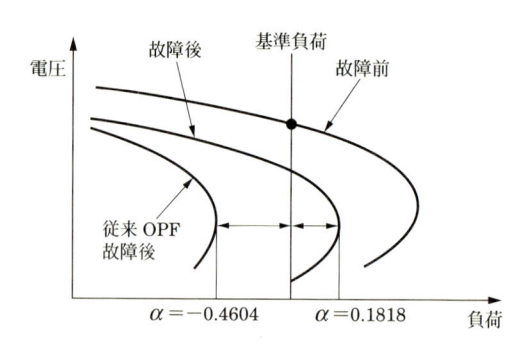

図4.6 IEEE 118母線テスト系統におけるノーズカーブ

4.4.3 安定度制約を考慮した最適潮流計算法[29,30]

電力の売買が自由に行うことのできる開かれた電力市場においては，系統の安定度を監視する電力売買とは独立した系統運用者が利用可能送電能力(ATC: available transfer capability)を提示する必要がある．しかし，送電系統におけるATCのネックは送電線の熱容量ではなく，安定度限界から引き起こされる場合が多く，時々刻々と変化する運用状態に対して正確にその値を求めることは困難である．

現在，アメリカで提示されているATCも過渡安定度のような動的な制約を考慮したものとなっていない．そのため，簡略化したモデルを使って事前検討した安定度余裕と託送電力量をもとにして，ATCを決定しているのが実情である．そのため，最適潮流計算法に過渡安定度制約を取り込むべく，多くの研究者がしのぎを削っている．

本項では，微分方程式で表現される過渡安定度問題を有限時間の代数方程式に変換して，OPFに取り込むアプローチを紹介する．

(1) 過渡安定度を考慮したOPFの定式化

数学的に安定度問題は代数微分方程式で表すことができる．電力系統の安定度計算モデルは以下の一階微分方程式と代数方程式で表すことができる．

$$\dot{X}_1 = F_1(X_1, X_2) \tag{4.46}$$
$$0 = F_2(X_1, X_2) \tag{4.47}$$

ここで，X_1 は微分方程式に関する状態変数，X_2 は代数方程式に関する状態変数，F_1 は微分方程式，F_2 は代数方程式を表す．

安定度問題の定式化を行うために，発電機を直軸過渡リアクタンス x'_d とその背後電圧で模擬する x'_d モデルを用いた．

式(4.46)の微分方程式は x'_d モデルを用いて以下のように書き表すことができる．

$$\dot{\delta}_i = (\omega_i - 1)\omega_0 \tag{4.48}$$
$$\dot{\omega}_i = \frac{1}{2H_i}\left[P_{gt} - \frac{E'_i}{x'_{di}}(V_{xgi}\sin\delta_i - V_{ygi}\cos\delta_i)\right] \tag{4.49}$$
$$(i = 1, 2, ..., ng)$$

ここで，δ_i, ω_i：発電機の位相角と角速度，P_{gi}：発電機 i の出力，H_i：発電機 i の慣性定数，ω_0：回転子の定格角速度，ng：発電機数，$V_{xgi}+jV_{ygi}$：発電機母線の複素電圧を表す．

式(4.47)の代数方程式は以下のように表される．

$$I = YV \tag{4.50}$$

ここで，Y：アドミタンス行列，I：母線の電流注入ベクトル，V：母線電圧を表す．

安定度制約つき OPF において等式制約の数を減らすために，回路方程式から発電機のつながっていないノードを消去し，負荷は定インピーダンスとしてモデル化すると，式(4.50)は

$$\begin{bmatrix} I_{xG} \\ I_{yG} \end{bmatrix} = \begin{bmatrix} \boldsymbol{G} & -\boldsymbol{B} \\ \boldsymbol{B} & \boldsymbol{G} \end{bmatrix} \begin{bmatrix} V_{xG} \\ V_{yG} \end{bmatrix} \tag{4.51}$$

ここで，$\boldsymbol{G}$ と $\boldsymbol{B}$ は縮約アドミタンス行列の実部と虚部である．発電機母線の注入電流 I_{xG} と I_{yG} は下式で与えられる．

$$I_{xgi} = \frac{E'_i \sin\delta_i}{x'_{di}}, \quad I_{ygi} = -\frac{E'_i \cos\delta_i}{x'_{di}}$$

安定度制約を考慮した OPF 問題は以下のように定式化することができる．

・目的関数 $f(\boldsymbol{x})$：目的関数として火力発電機の総発電コストを用いる．

$$minimize \quad f(x) = \sum_{i=1}^{ng}\left(a_i + b_i P_{gi} + \frac{1}{2}c_i P_{gi}^2\right) \tag{4.52}$$

ここで，a_i, b_i, c_i：発電機のコスト係数

・等式制約 $\boldsymbol{h}(\boldsymbol{x})$：

◎電力潮流方程式：

$$\left. \begin{array}{l} V_i \sum_{j \in i} V_j (G_{ij}\cos\theta_{ij} + B_{ij}\sin\theta_{ij}) + P_{li} - P_{gi} = 0 \\ V_i \sum_{j \in i} V_j (G_{ij}\sin\theta_{ij} - B_{ij}\cos\theta_{ij}) + Q_{li} - Q_{ri} = 0 \end{array} \right\} \quad (i=1,2,...,nb) \tag{4.53}$$

nb：母線数

◎動揺方程式：発電機の動揺方程式は式(4.48)，(4.49)の微分方程式で表されるが，OPF は本来静的(つまり時間微分を取り扱えない)ため，これらの微分方程式を直接取り扱うことができない．そのため，台形法を用いて微分方程式を連立線形方程式に変換する．

$$\left. \begin{array}{l} \delta_i^t - \delta_i^{t-1} - \frac{\Delta t}{2}(A_i^t + A_i^{t-1}) = 0 \\ \omega_i^t - \omega_i^{t-1} - \frac{\Delta t}{2}(B_i^t + B_i^{t-1}) = 0 \end{array} \right\} \quad (i=1,2,...,ng\,;\,t=1,2,...,T) \tag{4.54}$$

ここで，A_i, B_i：式(4.48)，(4.49)の右辺，$\varDelta t$：積分時間刻み，T：積分期間

◎回路方程式：式(4.51)を展開すると以下のようになる．

$$\left. \begin{array}{l} I_{xG}^t - GV_{xG}^t + BV_{yG}^t = 0 \\ I_{yG}^t - BV_{xG}^t - GV_{yG}^t = 0 \end{array} \right\} (t=1,2,...,T) \tag{4.55}$$

◎初期値方程式：回転子角の初期値 δ_i^0 と E'_i を求めるため，以下の方程式を満足す

る必要がある．

$$\left.\begin{array}{l} E_i' V_{gi}\sin(\delta_i^0-\theta_{gi})-x_{di}'P_{gi}=0 \\ (E_i')^2-E_i'V_{gi}\cos(\delta_i^0-\theta_{gi})-x_{di}'Q_{gi}=0 \end{array}\right\}(i=1,2,...,ng) \quad (4.56)$$

・不等式制約 $g(x)$：
◎発電機出力，無効電力発生源に対する制約：

$$\left.\begin{array}{l} \underline{P}_{gi} \leq P_{gi} \leq \bar{P}_{gi} \\ \underline{Q}_{gi} \leq Q_{gi} \leq \bar{Q}_{gi} \end{array}\right\} \quad (4.57)$$

◎状態変数に対する制約：状態変数に対する制約は，母線電圧の大きさと安定度制約である．発電機の安定度制約を定義するために慣性中心(COI: center of inertial)を用いた．慣性中心に対する回転子角の大きさを制約条件として与える．

$$\left.\begin{array}{l} \underline{V}_i \leq V_i \leq \bar{V}_i \quad (i=1,2,...,nb) \\ \underline{\delta} \leq \delta_i^t - \dfrac{\sum_{n=1}^{ng} H_n \delta_n'}{\sum_{n=1}^{ng} H_n} \leq \bar{\delta} \quad (i=1,2,...,ng;\ t=0,1,2,...,T) \end{array}\right\} (4.58)$$

◎送電線容量制約：

$$\left.\begin{array}{l} PF_{ij}^{\min} \leq PF_{ij} \leq PF_{ij}^{\max} \\ PF_{ij}=V_iV_j(G_{ij}\cos\theta_{ij}+B_{ij}\sin\theta_{ij})-G_{ij}V_i^2 \end{array}\right\} \quad (4.59)$$

この定式化に 4.3 節で説明した主双対内点法アルゴリズムを適用する．図 4.7 は安定度制約を考慮した OPF の修正方程式の係数行列を示している．この図で SE＋NE

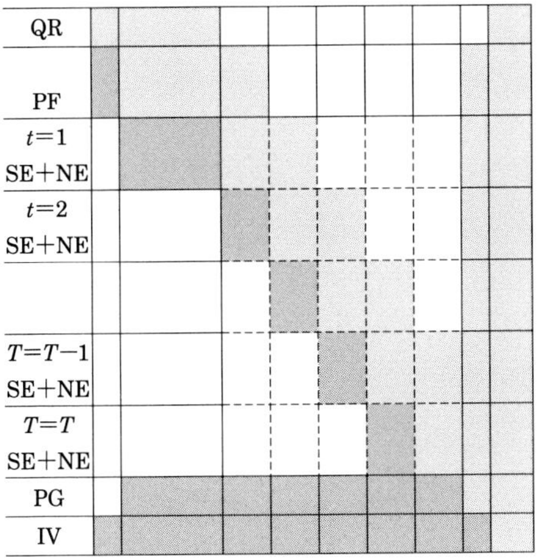

図 4.7　修正方程式の構成

となっている行が微分方程式を台形公式で展開した部分の代数方程式を示している．時間刻みを小さくとり，考察期間を長くとると行列が大きくなり，計算時間がかかるようになる．そのため，適切な時間刻みと考察時間を設定する必要がある．また，この係数行列はスパース性が強いため，高度なスパース処理技法を導入することにより，高速に解を得ることができる．

(2) 3機9母線系統に対する実行例

安定度制約を考慮したOPFを図4.8で示される3機9母線系統に対して実行した結果を示す．ここで，線路5～7が故障したと仮定している．

従来の安定度を考慮していないOPFでは線路5～7を流れる事故前潮流が大きいため，事故後線路5～7が開放されたときに発電機2が加速される．図4.9は例題系統に対する事故後の最大回転子角の大きさを示している．図からわかるように安定度

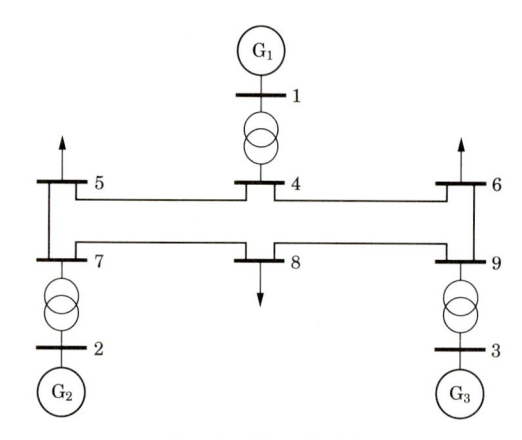

図4.8 3機9母線系統

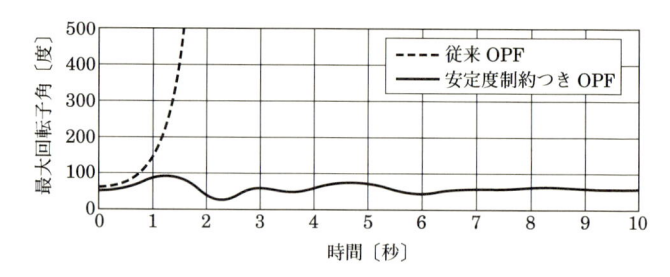

図4.9 3機9母線系統での事故後の最大回転子角

を考慮していない従来の OPF は事故後1秒程度で脱調していることがわかる．このように，安定度制約を組み込んだ OPF を実行することで，事故後でも安定な運用点を求めることができる．

4.5 まとめ

本章では短期限界費用と最適潮流計算について概説した．4.1 節では短期限界費用の算出方法について述べ，直流法潮流計算に基づくノーダルプライスの計算法を説明した．4.2 節では短期限界費用を計算する際に用いられる最適潮流計算法の定式化について述べ，その目的関数，等式制約，不等式制約の詳細について述べた．4.3 節では主双対内点法による最適潮流計算法の解法について述べた．主双対内点法による最適潮流計算法は大規模系統でも高速に解が得られることを示した．4.4 節では最適潮流計算の拡張について三つの例をあげて説明した．はじめに，実行不可能な運用状態が与えられた場合でも運用解を求めることができる手法を説明した．次に，電圧安定度制約を考慮した最適潮流計算法について述べた．故障時でも電圧安定度が維持できるような手法について説明をした．最後に，過渡安定度制約を考慮した最適潮流計算法について説明した．現在，ATC の正確な計算方法として，過渡安定度制約を考慮した最適潮流計算法の研究が盛んに行われているが，微分方程式を台形法で代数方程式に変換して解く手法の説明を行った．

参 考 文 献

1) F. C. Schweppe, M. C. Caramanis, R. D. Tabors and R. E. Bohn : Spot Pricing of Electricity, Kluwer Academic Publishers, 1988.
2) W. W. Hogan : Contract Networks for Electric Power Transmission, *Journal of Regulatory Economics*, **4**, pp. 21-242, 1992.
3) 岡田，浅野，松川：Nodal Pricing による送電料金設定方法の基礎的検討，電気学会電力技術・電力系統技術合同研究会，No. PE-96-52, pp. 41-50, 1996．
4) 浅野，岡田：地域別送電線使用料金の算定手法，電気学会論文誌 B, 119, pp. 2-5, 1999．
5) J. Carpentier : Contribution to the Economic Dispatch Problem, *Bull. Soc. France Elct*., **8**, pp. 431-437, August 1962.
6) H. W. Dommel and W. F. Tinney : Optimal Power Flow Solutions, *IEEE Trans. on PAS*, **87**, 10, pp. 1866-1876, October, 1968.
7) J. Carpentier : Defferential Injection Method, a general method for Secure and Optimal Load Flows, Proc. PICA Conference, p. 255, 1973.

8) R. C. Burchett, H. H. Happ and K. A. Wirgau : Large Scale Optimal Power Flow, *IEEE Trans. on Power Apparatus Syst.*, **PAS-101**, pp. 3722-3732, 1982.
9) R. C. Burchett, H. H. Happ and D. R. Vierath : A Quadratically Convergent Optimal Power Flow, *IEEE Trans. on Power Apparatus and Syst.*, **PAS-103**, pp. 3267-3276, 1984.
10) H. H. Happ and D. R. Vierath : The OPF, a New On-line Tool, Proc. of 1986 IFAC Conference on Power Systems and Power Plant Control, pp. 76-81, 1986.
11) J. S. Hobson, D. L. Fletcher and W. O. Stadlin : Network Flow Linear Programming Techniques and Their Applications to Fuel Scheduling and Contingency Analysis, *IEEE Trans. on Power Apparatus and Syst.*, **PAS-103**, pp. 1684-1691, 1984.
12) O. Alsac, J. Bright, M. Prais and B. Stott : Further Development in LP-Based Optimal Power Flow, *IEEE Trans. on Power Systems*, **PWRS-3**, pp. 697-711, 1990.
13) B. Stott and E. Hobson : Power system security control calculations using linear programming, part I & II, *IEEE Trans. on Power Apparatus and Systems*, **PAS-97**, 5, pp. 1713-1731, 1978.
14) D. I. Sun, B. Ashley, B. Brewer, A. Hughes and W. F. Tinney : Optimal Power Flow by Newton Approach, *IEEE Trans. on Power Apparatus Syst.*, **PAS-103**, 10, pp. 2864-2880, October, 1984.
15) G. A. Maria and J. A. Findlay : A Newton optimal power flow program for Ontario Hydro EMS, *IEEE Trans. on Power Systems*, **PWRS-2**, 3, pp. 576-584, Aug., 1987.
16) A. S. El-Bakry, R. A. Tapia, T. Tsuchiya and Y. Zhang : On the Formulation and Theory of the Newton Interior-Point Method for Nonlinear Programming, *Journal of Opt. Theory and Applications*, **89**, 3, pp. 507-541, June, 1996.
17) Hua Wei, H. Sasaki, J. Kubokawa and R. Yokoyama : An Interior Point Nonlinear Programming for Optimal Power Flow Problems with a Novel Data Structure, *IEEE Trans. on Power Systems*, **PWRS-13**, 3, pp. 870-877, August, 1998.
18) Hua Wei, H. Sasaki, J. Kubokawa and R. Yokoyama : Large Scale Hydrothermal Optimal Power Flow Problems Based on Interior Point Nonlinear Programming, *IEEE Trans. on Power Systems*, **PWRS-15**, 1, pp. 396-403, February, 2000.
19) V. H. Quintana and G. L. Torres : Introduction to Interior-Point Methods, IEEE-PES PICA'99, Santa Clara, CA.
20) J. Carpentier : Towards a Secure and Optimal Automatic Operation of Power Systems, IEEE PICA Conference Proceedings, Montreal, Canada, pp. 2-37, 1987.
21) M. Huneault and F. D. Galiana : A Survey of the Optimal Power Flow Literature, *IEEE Trans. on Power Systems*, **PWRS-6**, 2, pp. 762-770, May, 1991.
22) J. A. Momoh, R. J. Koessler, M. S. Bond, B. Stott, D. Sun, A. Papalexopoulos and P. Ristanovic : Challenges to Optimal Power Flow, *IEEE Trans. on Power Systems*, **PWRS-12**, 1, pp. 444-455, February, 1997.
23) 久保川, 井上, 佐々木 : 実行不可能な運用条件に対する内点法 OPF の提案, 平成11年電気学会全国大会, No. 1434, 1999.

24) T. Van Cutsem and C. Vournas: Voltage Stability of Electric Power Systems, Kluwer Academic Press, 1998.
25) G. D. Irisarri, X. Wang, J. Tong and S. Mokhtari: Maximum Loadability of Power Systems using Interior Point Non-Linear Optimization Method, *IEEE Trans. on Power Systems*, **PWRS-12**, pp. 162-172, 1997.
26) J. Kubokawa, R. Inoue and H. Sasaki: A Solution of Optimal Power Flow with Voltage Stability Constraints, PowerCon 2000, Perth Australia, December, 2000.
27) B. Stott: Power System Dynamic Response Calculations, *Proceedings of the IEEE*, **67**, 2, pp. 219-241, February, 1979.
28) H. D. Chiang, C. C. Chu and G. Cauley: Direct Stability Analysis of Electric Power Systems Using Energy Functions; Theory, Applications and Perspective, *Proceedings of the IEEE*, **83**, 11, pp. 1497-1529, November, 1995.
29) D. Gan, R. J. Thomas and R. D. Zimmerman: Stability-Constrained Optimal Power Flow, Symposium Proceedings of Bulk Power System Dynamics and Control IV Restructuring, Santorini, Greece, pp. 83-89, 1998.
30) Y. Yuan, J. Kubokawa, H. Sasaki and T. Sakai: A Solution of Optimal Power Flows with Transient Stability Constraints, 平成12年電気学会電力技術・電力系統技術研究会, 2000.
31) P. Kundur: Power System Stability and Control, McGraw-Hill, Inc., 1994.

第5章

系統維持運用・制御とアンシラリーサービス

5.1 電力市場におけるアンシラリーサービスの必要性

　世界的な潮流として進行している電気事業の規制緩和の基本的な理念は，「従来，地域独占の形態で行われてきた電力供給事業に競争を導入し，事業の効率化を達成し，国家と国民の利益に供する」ことと謳われている．第1章で述べたように，1990年にイギリスで実施された電気事業の民営化・再編，アメリカでの送電系統の完全なオープン・アクセスの実現や各州での小売の自由化など，各国で競争的電力市場の導入が検討・実施されている．

　電力市場の自由化が進展したとしても，電力系統の運用上の基準を満足することによって，電力供給の安定性と信頼性が確保されなければ，電力市場での公平な競争は実現できず，市場が適切に機能せず，電力自由化の本来の目的を達成することが困難となる．競争的電力市場において電力系統の安定性および信頼性をどのように維持していくかという問題は，送電線のオープン・アクセスと同様に，電力自由化が抱える大きな課題の一つである．アメリカでは，1996年7月と8月，二度にわたって西部地域で発生した大規模停電が，電力市場の自由化が進む中での系統の信頼性確保のあり方を喚起する形となった．その後，1996年12月にDOE(Department of Energy)に"電力系統信頼性に関するタスクフォース"が組織され，競争環境下で電力系統の信頼度確保に関する体制論や技術的な課題などについて検討が行われた．このタスクフォースから，1998年10月に政府に対し検討結果が勧告された．その中では，これまで技術的な問題への対応に取り組んできた北アメリカ電力信頼度協議会(NERC：North American Electric Reliability Council)の再編などが議論されている[*1]．一方，イギ

　[*1] この勧告は，信頼度維持に関し，関与する組織の役割分担についても提言している．NERCに，主に技術的な問題への対応を期待すると同時に，新たな機能(SRRO: self regulating reliability organization 信頼度自主規制機能)をもった組織(NAERO: North America Electricity Reliability

5.1 電力市場におけるアンシラリーサービスの必要性　**131**

リスでは，自由化直後に，電気事業規制局(OFFER：Office of Electricity Regulation)から NGC(National Grid Company)に対して"送電セキュリティ基準"の見直しに関しての要請があった[*2]．NGC は定量的解析を含む大規模な検討作業を行い，1998 年 4 月，検討結果を OFFER に提出した．この NGC の報告を受けて，OFFERは，今後のセキュリティ基準のあり方について審議を開始し，1996 年 3 月，従来のセキュリティ基準を維持していくという最終的な判断がなされた．

　近年，アメリカでは，電力取引ニーズが急増する一方で，送電設備の増強が進まず，送電線容量不足が顕在化してきている．近年，アメリカでは，地域送電機構(RTO：regional transmission organization)と呼ばれる送電線を所有し運用・制御する独立組織の創設が検討されている．この独立組織の導入により，発電部門と送電部門の完全分離が促進され，市場構造の欠陥や市場支配力行使の抑制とともに，市場活性化のための送電系統拡充計画が実行されることが期待されている．

　このように，競争的市場での適切な信頼度レベルの維持のために信頼度管理のあり方について制度的および技術的・経済的な側面からの見直しが行われている．電力自由市場下での信頼度評価に関わる重要な検討課題としては，競争環境下での適正信頼度レベルの具体的評価手法，社会厚生最大化の観点からの信頼度別供給の評価と実現方策，信頼度確保に関する短期・長期両視点の融合，新しい系統対策と信頼度維持のためのメカニズムの確立などがあげられる．

　電力自由化を実施する諸国では，電力系統の安定性・信頼性確保のための系統運用を，明示的なサービスとしてとらえ，一般にアンシラリーサービス(ancillary services)[*3]と呼んでいる．アンシラリーサービスは，電力取引市場の創設と同時に，導入されている．図 5.1 に示すように，小売供給間の電力取引(小売託送またはダイレクトアクセス)の需給アンバランスや卸電力市場の想定需要と需要実績間の差分などを解消し，系統内の安定性や信頼性を維持するために，電力会社および IPP(independent power producer)などの発電事業者から，有効電力や無効電力供給などの形で各

Organization)に移行することを求めている．2001 年 1 月現在，NERC 後継組織はまだ設立されていない．

*2　OFFER は，補修作業や事故時(2 回線故障が生じる可能性は小さい)に生じる制約コスト(＝送電線の制約によって電源の運用が制約されることによるコスト)の高騰に関心を示し，NGC に対し送電セキュリティ基準(Transmission Security Standard)の見直しの要請を行った．ここでの送電セキュリティ基準は，計画基準，運用基準の両方をさしているものである．なお，OFFER は，従来のガス供給事業局(Office of Gas Supply：Ofgas)と統合され，1996 年 6 月から OFGEM(Office of Gas and Electricity Market)と呼ばれる規制組織に編成された．

*3　ancillary services を補助サービスと訳す場合もあるが，本章では，本サービスが電力系統の安定性・信頼性確保に不可欠であるとし，アンシラリーサービスと表現する．

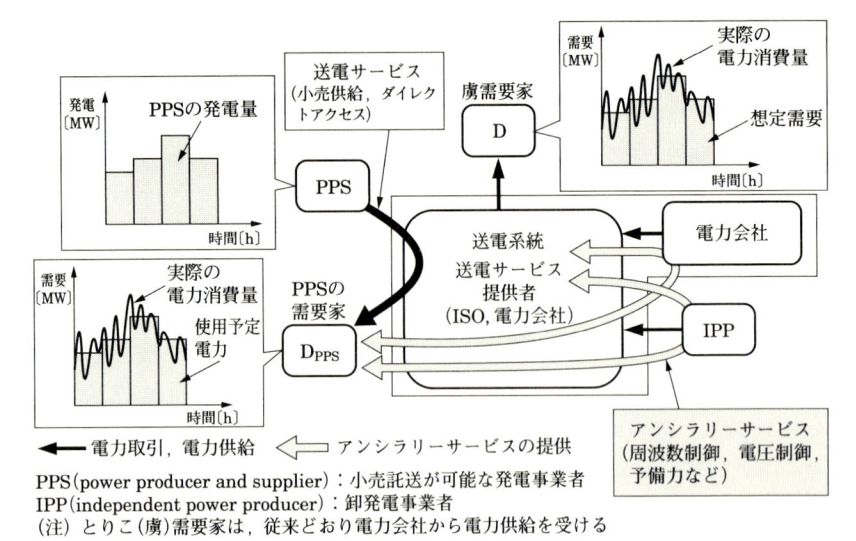

図5.1 アンシラリーサービスのイメージ

種サービスが提供される．なお，各種アンシラリーサービスの必要量は，そのときの系統状態に応じて，系統運用者(ISO (independent system operator)や電力会社など)が算定する．

5.2 電力系統における系統維持運用・制御の現状

従来，電力系統の信頼度を維持し，品質の高い電力をできるだけ経済的に供給するための電力系統の運用・制御は，電力会社が一括して行ってきた．本節では，その具体的な内容について概説する．電力系統の運用・制御は，さまざまな局面からの分類が可能であるが，ここではアンシラリーサービスとの関わりを念頭に，周波数の維持，電圧の維持の観点から整理する．

5.2.1 系統維持運用・制御の種類

電力系統全体に良質な電気を供給するために必要な運用・制御は，周波数制御(有効電力制御)，電圧制御(無効電力制御)とその他に，大きく三つに分けられる[*4]。

[*4] 一般に，周波数は有効電力により制御されるため，ここでは周波数制御は有効電力制御にて行われているものとして述べる．

(1) 周波数制御(有効電力制御)

周波数制御には，需要と供給のバランスを図るための需給調整，日常の運転において周波数を一定に維持するための周波数維持，および，電源や電源線などの事故により不足した供給力を補う供給予備力がある．

① **需給調整**　電力は消費と生産が同時に行われるという特性をもっているので，つねに需要に対応できる供給力を保有していなければならない．しかも，需要はその種類により，変動特性が異なり，かつ，時々刻々絶えず変動している．これに対応する供給力も発電の種別，形態によって異なる機能を有しているので，需要の変動に対応して，いかに経済的で安定した供給力を組み合わせるかが重要となる．負荷の変動のうち，一般に十数分以上の変動周期をもつような成分については，最も経済的な発電機の出力分担が可能なように経済負荷配分制御(EDC: economic dispatching control)がなされている(図5.2参照)．

この EDC は，電力供給の本質であり，電力市場におけるアンシラリーサービスには含まれない．ただし，状況によっては運用上の制約により経済負荷配分どおりの発電分担が可能でない場合もあり，経済性に関わらず特定の電源の運転が必要となることもある．

② **周波数維持**　電力需要が時々刻々と変動するため需要と供給の間に差が生じ，この差は周波数変化として現れる．現在，わが国では，電気の使用者利益保護の観点から，電気事業法第26条および電気事業法施行規則第44条により，一般電気事業者はその供給する電気の周波数を基準周波数(50 Hz または 60 Hz)に維持するよう

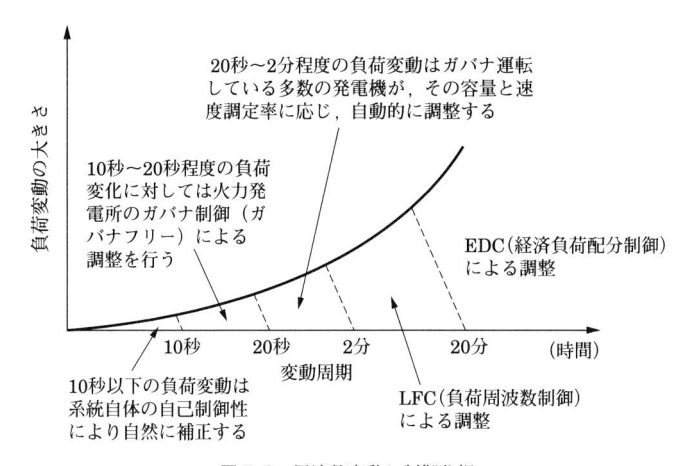

図 5.2　周波数変動と制御分担

努めることが義務づけられている。しかし，時々刻々変動する電力需要に対応して供給力を完全に追従させることは，技術的にも不可能であるので，つねに標準値からの偏差値がある幅以内(変動管理目標ともいい，±0.1〜±0.3 Hz 以内)にあるように努め，確率的に変動量が標準値を維持するように努力しているのが実態である[*5]。瞬時瞬時の系統周波数が基準周波数に一致するように，各電力会社は，発電機の出力を増減させる。このような周波数変動を許容範囲内に収めるための制御を周波数制御という。

需要の変動である負荷変動については，その周期により，主に三つの成分に分けられる。周期数分までの微小変動分，数分から十数分程度までの短周期変動分，および十数分以上の長周期の変動分である。これらのうち主に経済負荷配分が問題となる長周期の変動を除く，前二者が周波数制御の領域になる。つまり，経済負荷配分によって調整できない残りの負荷変動分の調整に相当する。これらのうち，周期が数分までの負荷変動(系統自体の自己制御性，つまり系統の負荷特性により吸収できるものを除く)は，発電機のガバナフリー運転[*6] により，数分から十数分までの負荷変動については，負荷周波数制御(LFC : load frequency control)[*7] により対応することとなる。

LFC は，周波数制御用発電所の発電機出力により調整量が確保される。周波数調整用発電所としては，
・負荷変動に即応した出力制御が可能であること。
・出力制御幅が大きく調整電力量も十分にあること。
・出力変動による機械系および水理系振動幅や運用上の影響が少ないこと。
・送電系統上の支障が少ないこと。
・自動制御を行う場合の制御系の構成が容易であること。

などの特性を備えていることが望ましい。実際には，電力会社の中央給電指令所の自

[*5] 周波数および電圧については，事故などにより電力系統に擾乱が発生した場合に一時的に変動することは技術的にやむを得ないことから，一定値維持を義務つけるのではなく，努力規定としている。多くの電力会社で周波数誤差の積算値が一定になるように制御している。変動管理目標に幅があるのは，電力会社の系統規模に応じて周波数変動の程度が異なるためである。一般に，系統容量が大きいほど，大きな変動が発生しにくい。

[*6] 火力発電所や水力発電所では，調速機がタービン加減弁またはガイドベーンを作動させて蒸気流量または水量を調節し，発電出力制御を行う。通常，この調速機の一部に負荷制御装置が設けてあり，任意の感度以上に加減弁が開かないよう制限することができる。この制限を解除する運転をガバナフリー運転という。

[*7] 連系系統における負荷周波数制御方式には，定周波数制御(FFC : flat frequency control)，定連系線電力制御(FTC : flat tie line control)，周波数偏倚連系線電力制御(TBC : tie line bias control)，選択周波数制御(SFC : selective frequency control)の4種類がある。

動化システムにより周波数偏差を検出し，制御信号を上記の要件を満たす制御用発電所(火力発電所や水力発電所など)に伝送し，発電所側制御装置により発電出力を自動制御する．LFCの発電機調整容量の総和は，一般に系統容量の5%程度とすることが望ましいといわれている．

　③　**供給予備力**　　電力系統においては，需要想定の誤差や発電設備などの事故などによる供給力不足に対しても停電が生じないように，あるいは停電の影響をできるだけ緩和できるように想定需要よりも大きな供給力をあらかじめ保有している．需給調整ならびに周波数調整は常時必要とされる調整(制御)であるのに対して，予備力が実際に必要とされるのは事故等の発生した場合のみである．予備力は，不測の事態を想定して常時において保有する一種の保険である．

　予備力は電源の計画段階では，一般に需要の8～10%以上確保することが目標とされており，供給予備力といわれる．日常運用において，この計画段階で確保された供給予備力は一般に次のように分類される．起動して発電するまで数時間以上を要し，起動後は長時間継続して発電可能な供給予備力については待機予備力，数分間で供給力増加が可能な供給予備力については運転予備力，また運転予備力のうち，電源脱落時の周波数低下に対して即座に出力増加が図れる供給余力は瞬動予備力と呼ばれる．なお，大容量電源脱落時には，図5.3に示すように，各種予備力が発動する．

　瞬動予備力は，ガバナフリー運転中の発電機のガバナフリー余力分に相当し，一般に，その量は総需要の3%以上である．運転予備力は，上記ガバナフリー余力に加え，部分負荷運転中(並列中)の火力発電機余力および停止待機中の水力発電機が分担し，その量は，一般に需要の3～5%とされる．待機予備力は，主として停止待機中の火力発電所が分担する．供給予備力の必要量が，前述のとおり，計画上8～10%とされる

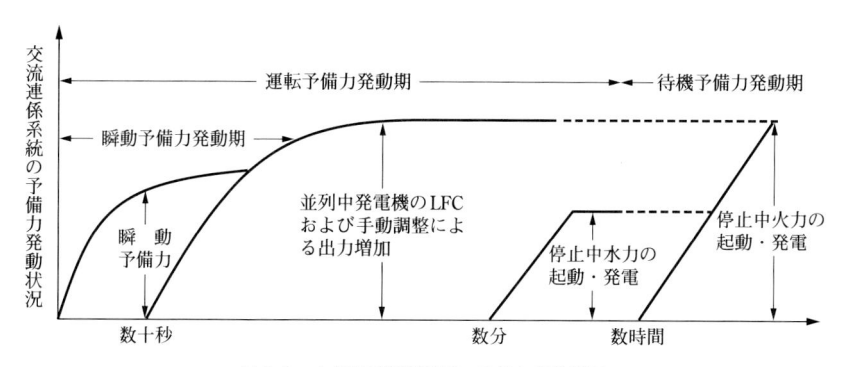

図5.3　大容量電源脱落時の予備力発動状況

ため,待機予備力は5%程度となる.
　上記の説明からも明らかなように,周波数維持のための調整容量と,瞬動予備力,運転予備力とは明確に区分できないところがある.現実にはかなりの部分が共通とも考えられる.

(2) 電圧制御(無効電力制御)

　電圧制御は,常時において電圧を運用目標値以内に収めることが主要な目的である.わが国では,低電圧における許容電圧範囲は,電気事業法第26条および電気事業法施行規則第44条により,101±6Vあるいは202±20Vと定められている.高電圧以上に関しては特に規定されていなが,前記規則に準じて電圧変動目標を定めてその維持に努めている.しかし,系統によっては,事故などによる電圧異常が停電に結びつくことのないようにする特別な制御がなされる場合もある[*8].

　① 系統電圧の適正維持　　一般に,需要家の電気機器は定格電圧で使用される場合に最もよい性能を発揮するよう設計されており,電圧が定格から著しくはずれると,効率,寿命などに悪影響が現れる.このため,電力各社は,系統電圧の運用目標値を定め,系統電圧を運用基準以内に収めるための制御を行っている.これらは負荷に直接電気を供給する点における問題であるが,電気を供給するさまざまな電圧階級の主要な通過点(変電所など)においても規定の範囲に維持されている必要がある.電圧を規定の範囲に維持するための制御は一般に電圧・無効電力制御と呼ばれる.電圧・無効電力制御は送電損失の低減の観点からなされることもある.

　電圧維持に必要な無効電力の供給量については,一般化して定量化することは困難である.必要な容量は基本的には,電圧の運用目標値を設定し,系統解析をすることによって初めて明らかになる.系統電圧の運用目標値は,電力会社間で異なってはいるものの,たとえば,500 kV系においては,500 kVを中心として+10〜-3%の範囲となっている.系統電圧は,発電機側の自動電圧調整器(AVR: automatic voltage regulator),変圧器のタップ切替え器(LRA: load ratio adjuster またはLTC: on load tap changer),または調相設備の投入・開放などにより調整が行われる.系統の電圧調整効果は交流系統の特性から,一般に調整箇所の近辺に限定される.

　② 電圧安定性の確保　　需要の急激な増加,あるいは電源の脱落や送電線の開放によって電圧が著しく低下し,場合によっては系統の安定性が維持できなくなるような事態が生じることがある.こうした現象は一般には電圧不安定性現象と呼ばれ,系統構成,重負荷の度合い,負荷特性などさまざまな要因が関与している.こうした条

　＊8　系統の電圧と無効電力との間には密接な関係があるため,ここでは,電圧制御は無効電力制御にて行われているものとする.

件が生じやすい系統においては，電圧安定性を確保するために，通常の電圧制御機器よりも応答特性の早い制御装置を設置するなどしている場合もある．たとえば，高速制御可能な静止型無効電力補償装置(SVC: static var compensator)や同期調相機(RC: rotary condenser)などがそれに該当する．しかし電圧安定性が問題になるかどうかは系統構成や電源の配置状態，負荷状態など系統の状況によって変化するため，一般論として電圧安定性確保のための必要容量を示すことは困難である．この場合にも，詳細な系統解析に基づいた必要量の計算が不可欠となる．

(3) その他系統維持運用・制御

電力系統の安定性を維持するため，上記の周波数制御，電圧制御のほかに，主として事故発生時の緊急時を対象としたいくつかの制御システムが導入されている．雷事故などによって，電力系統に擾乱が加わると発電機にとって一時的なエネルギー入出力バランスが崩れ，状況によっては系統全体での発電機の同期運転が困難となることがある．こうした現象は数秒で問題となることもあり，いわゆる安定度問題と呼ばれている．このため，電力系統には安定度を維持するためのいくつかの制御システムが設置されている．また，系統全体が停電した場合には系統を復旧するために全停復旧用電源が確保されている．

① **安定度維持** 安定度は発電機の同期運転に関わる現象であり，一般に，定態安定度と過渡安定度に分けられる．定態安定度は，送電系統と制御系も含む発電機群との相互作用による準静的な安定性に関わる問題であり，過渡安定度は発電機にとっての突発的なエネルギーのアンバランスによって発電機の回転子が加減速する問題である．ただし，発電機からのエネルギーの送り出しは，他の電源も含む送電系統の状況によって影響を受けるため，発電機単独ではなく系統全体の問題である．

これらの問題は，基本的に系統の負荷が重い状態において，何らかの擾乱が生じた場合により発生しやすくなる．このため一般には，系統にある程度の外乱(通常，送電線の単一事故(3相地絡)を想定)が生じてもこれらの安定度問題が発生しないように余裕をもって設備が計画され，運用もなされている．

送電距離が長くなると，安定度問題による制約は相対的にきびしくなり，熱容量から決まる送電線の固有の送電容量が十分活用できないことになる．安定度確保・維持に関しては，以下のような対策がなされる．

- 送電線の輸送力を向上させるための安定度向上対策(設備対策)の実施：設備対策としては，直列コンデンサ，制動抵抗，SVC などのほか，発電機励磁系に系統安定化装置(PSS: power system stabilizer)が設置される．特に PSS は，制御系のみによる対策で便益/コスト効果が高く，系統の特性に応じて出力偏差のほかに角速度偏

差などの複数の入力信号を用いることで性能向上を図った装置も導入されている．
・安定度問題が生じない範囲への送電電力の調整：安定度に限定した問題ではないが，運用範囲に収めるために予防的な潮流調整などの系統操作が行われている．
・万一問題が生じた場合にも影響が波及しないような防衛的なシステムの構築：緊急時対応として，電源制限や負荷制限を行うシステムが設置されている．

このほか，重要な負荷地域などについては，事故系統から切り離し，単独で運転が可能となるようなシステムも部分的には導入されている．

これらの対策がどの程度必要となるかは，系統の特性などに影響するため一概に論じることはできない．コスト面や系統への影響面などからの総合的判断が必要となる．

② **全停復旧** 系統内の部分的な停電時の復旧は，健全箇所より電力を送ればよいのであるが，系統の全停時には電源がまったくない状態となるため，補機電源を必要とする一般の発電機は起動ができない状態となる．そのような万一の事態を想定して，単独で起動可能な発電機(ブラックスタート電源)が系統内に準備されている．系統の全停時にはその復旧のための発電設備として，起動までの時間が早い水力発電機が用いられるが，その水力発電機は電力を使用せずに起動する必要がある．これをブラックスタートというが，ブラックスタートが可能となるための設備が別途必要となる．また，発生した電力は，他の発電機を起動するための動力として用いられるため，系統にもよるが，ある程度の出力が必要となる．

5.2.2 個別発電事業者／需要家を対象とした系統運用・制御

現在のわが国での系統維持運用業務については，これまで述べてきたような系統全体の運用に係わる共通的なものと，特定の発電事業者および需要家を対象とした個別的なものとがある．以下，2000年3月から開始された部分自由化での扱いも含めて，電力会社が実施している主な対応について述べる．

（1） 電力品質の適正維持

電力品質を損なう特定の需要(電圧フリッカや高調波の発生)による電力系統や一般需要家への影響を軽減するには，その原因を有する需要家側で対策を行うのが基本である．電力品質を維持するためには，電圧フリッカや高調波などの発生源近傍に対策設備を設置する必要がある．たとえば，電圧フリッカの発生源としては大型アーク炉や溶接機などがあり，照明のちらつき，テレビの色調変化や画面の動揺などに影響を及ぼす．電圧フリッカ防止対策には，供給側では短絡容量の大きい上位系統からの供給，需要家側では直列リアクトルや静止型無効電力補償装置の設置などがある．高調

5.2 電力系統における系統維持運用・制御の現状

波増加による障害防止対策としては，系統構成の変更による共振条件の回避や高調波フィルタなどによる吸収があげられる．また，上記のような負荷をもつ需要家を，系統に影響を与えにくい方法で接続するなども状況によっては実施されることがある．

(2) 部分自由化に伴う個別サービス

部分自由化に伴い，新規の参入者(発電事業者，PPS: power producer and supplier)に対する個別的なサービスが準備された．個別サービスは基本的には，以下に示す同時同量をはずれた場合の対応からなる．なお，2000年3月からの部分自由化のもとでは，送電サービスに，系統全体の維持運用の観点から，発電機による周波数調整分のみがアンシラリーサービスとして組み込まれることになった．以下それぞれについて述べる．

① **同時同量をはずれた場合のサービス** 今回の部分自由化に伴い，新規発電事業者が特定の需要家に電力を供給することが認められたが，PPS 側が供給する電力と特定の需要家が受電する電力は 30 分で同量としなければならないことが決められた．しかし，需要の変動など状況によってはこれが満足できない場合もあるため，同時同量をはずれた場合のサービスが準備された．

同時同量のはずれ方に応じたサービスの種類は電力会社によって若干異なるが，図5.4 はその一例を描いたものである．

1) 負荷変動対応電力(図中の①，②，③)：発電事業者は，その顧客の瞬時瞬時の需要に合わせて発電する必要があるが，瞬時瞬時の需要に合わせて電力を供給することは困難である．負荷変動対応電力とは，発電事業者からの託送電力とその供給電力に生じた差分の電力を補うサービスである．現状においては，30 分ごとの託送電力量

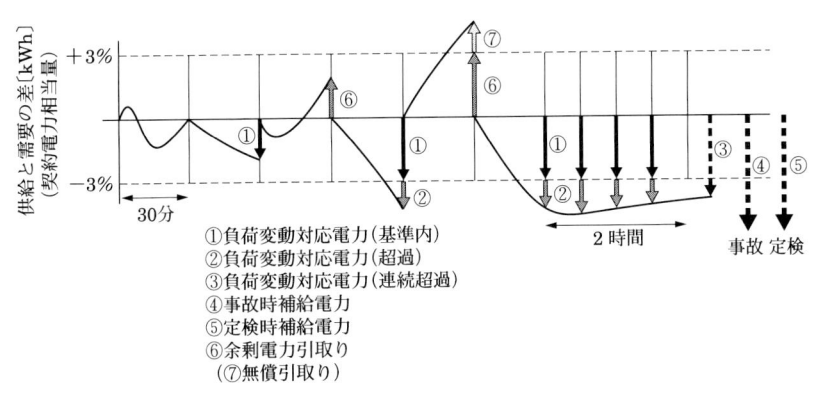

①負荷変動対応電力(基準内)
②負荷変動対応電力(超過)
③負荷変動対応電力(連続超過)
④事故時補給電力
⑤定検時補給電力
⑥余剰電力引取り
　(⑦無償引取り)

図 5.4　同時同量をはずれた場合の取り扱いの一例

が，その30分の供給電力量を下回る場合に生じた不足電力のうち，変動範囲以内(送電サービス契約電力の3%相当)のものに対しては，その不足電力の補給を行うこととしている(3%相当を超えた分(②)は超過分として扱う). ただし，2時間を超える連続超過の場合は別途のサービスメニューとなる(事故時扱い).

2) 補給電力(図中の④，⑤)：発電事業者の供給設備事故や定期検査時にも，その顧客への電力供給が継続できるように，不足電力を補給するサービスが設定されている. この不足電力分の電力の供給を必要とする顧客は，事前に電力会社との契約が必要となる. 電力会社は，その必要量として，不足する電力と同量の電力を発電機の出力増加などによって確保しておく必要がある. 補給電力には，事故時補給電力と定期検査時補給電力がある. 事故時補給電力は，発電事業者の発電設備の事故，受電に必要な供給設備の事故などにより生じた不足電力を補給する電力である. 一方，定期検査時補給電力は，発電事業者の発電設備の定期検査または定期補修により生じた不足電力を補給する電力である.

② **送電サービスとしての周波数調整分**　現時点での送電サービスの料金の一部には，電源設備による周波数調整分が含まれている. この部分は，いわゆる系統全体の安定維持のためのアンシラリーサービスに相当する分である. 個別電力取引(託送)では，参入者の発電機は瞬時的な負荷変動による周波数調整までは行っていない. この周波数調整分は，系統内の周波数調整発電機が肩代わりしている.

5.3　アメリカにおけるアンシラリーサービスの考え方と問題点

ここでは，送電系統のオープン・アクセスや送電料金設定への限界費用原理の導入など，画期的な自由化方策を行っているアメリカにおけるアンシラリーサービスの基本的な考え方について紹介したい.

アメリカにおける電気事業への規制は，州と連邦の二つのレベルで実施されている. 各州の公益事業委員会は，電源立地や投資から小売料金に至るまで広範囲な規制権限を有している. 一方，連邦エネルギー規制委員会(FERC：Federal Energy Regulatory Commission)は，主に州際卸電力取引に関する規制権限を有している. 本節では，連邦エネルギー規制委員会と北アメリカ電力信頼度協議会(NERC：North American Electric Reliability Council)におけるアンシラリーサービスの定義について紹介したい. さらに，アンシラリーサービスの実際の導入例としてカリフォルニア州におけるアンシラリーサービスの内容とその価格高騰について述べる.

5.3.1 アメリカにおけるアンシラリーサービスの考え方
(1) FERC の考え方

1996 年に FERC が発布した送電線の開放に関する最終規則「送電線開放と回収不能投資の回収に関する規則」(Order No. 888)では,

① 州際取引に利用される送電設備を所有・運用・制御するすべての電気事業者が第三者に対し自己の電力売買活動と非差別的に送電サービスを提供すること.

② 卸契約需要家が契約供給者を変更することにより発生する回収不能投資 (stranded investment)の完全回収を許可.

③ 州際取引・配電系統での送電に対する連邦／州の規制権限を明確化.

表 5.1 FERC によるアンシラリーサービスの定義と分類[6]

サービスの分類	サービスの特徴
送電サービス提供者がすべての送電利用者に提供しなければならないサービス (送電線提供者による調達のみ)	
スケジューリング・系統制御および給電 (scheduling, system control and dispatch)	ISO が制御する系統全体の信頼性を考慮した経済性の評価とその運用のための計算・通信・監視
発電ユニットからの無効電力補償および電圧制御 (reactive supply and voltage control from generation source)	電圧を地域別(地点別)に適正水準に維持するために必要な発電ユニットからの無効電力供給ならびに電圧制御
送電サービス提供者以外から調達可能なサービス (送電線提供者,または第三者からの調達と自主供給を選択することが可能)	
負荷追従および周波数制御 (regulation and frequency control)	系統周波数,制御地域エリア内の需給バランスを維持するための,ガバナ(調速機)フリー運転発電機や AGC(automatic generation control)機能を有する発電機を用いた出力調整による短周期負荷変動の吸収
電力量偏差調整 (energy imbalance)	託送電力取引での,受電側と送電側のいずれかで計画どおりの送電もしくは受電できなかった場合に生じる需給アンバランスの補償
瞬動予備力 (operation reserve-spinning)	供給側の予測不能な事象(たとえば事故)により生じた需給ギャップの解消のための,10 分以内に対応可能な発電ユニットの出力調整
運転予備力 (operation reserve-supplemental)	負荷追従や瞬動予備力サービスよりも長期的変動周期を有する需要変動の想定値からの逸脱に対応するための供給予備力の確保

表 5.2 NERC が定義するアンシラリーサービス

サービス名 【時間スケール】	サービスの特徴	サービスの性質		
		系統運用者が提供できるサービス	市場から調達可能	他の地域から調達可能
系統制御 (system control) 【数秒から数時間】	需給バランスや系統信頼度の確保および緊急時の処置に必要な機能全般．電力給電計画の作成，系統運用計画の作成，リアル・タイムの発電機制御，送電系統の監視・制御，料金決済，申請書の作成	○	×	○
発電ユニットからの無効電力供給および電圧制御 (reactive power and voltage control from generation source) 【数秒】	発電設備からの系統電圧を許容範囲内に収めるために必要な無効電力の供給(吸収)	×	△	×
周波数制御 (regulation) 【～1 分程度】	負荷変動に対し，系統周波数の調整，制御地域間の連系線潮流を一定に保持	×	○	
負荷追従 (load flowing) 【数時間】	周波数制御ではカバーされない時間ごとおよび日間の負荷変動に追従できる系統並列中の発電ユニットによって提供されるサービス	×	○	△
瞬動予備力 (operating reserve-spinning) 【数秒から 10 分以下】	発電ユニットや送電線の事故により系統周波数が低下した場合などに周波数を回復するために，10 分以内に最大出力に到達可能な系統並列中の発電ユニットによって提供されるサービス	×	○	△
運転予備力 (operating reserve-supplement) 【10 分以下】	発電ユニットや送電線事故による系統周波数が低下した場合など，周波数を回復するために，10 分以内に最大出力に到達可能な発電ユニット，または 10 分以内に遮断可能な負荷によって提供されるサービス(運転予備力は瞬時の応答は要求されない)	×	○	△
バックアップ供給 (backup supply) 【30～60 分程度】	相対取引を選択した需要家が，契約先の発電ユニットの事故，利用している送電線の事故により，他の事業者から供給を受けるサービス	×	○	△

5.3 アメリカにおけるアンシラリーサービスの考え方と問題点

電力量偏差調整 (energy imbalance) 【時間単位】	ある一定期間に発生する発電事業者(需要家)の発電電力量(需要量)の計画値と実績値との偏差分を清算するサービス	×	○	△
電力損失補償 (real power transmission loss) 【時間単位】	送電損失を補償するために発電ユニットから提供されるサービス	×	○	△
動的スケジューリング (dynamic scheduling) 【数秒】	発電電力量や需要電力のデータを他の制御地域に転送することにより，他の制御地域から発電(負荷)制御を可能とするサービス	△ (一部)	×	○
ブラックスタート (system blackstart capability) 【事故発生時】	広範囲停電時の系統復旧のために，系統からの電力供給を受けずに起動できる発電ユニットが提供するサービス	△ (一部)	△	×
系統安定度 (network stability services from generation source) 【サイクルごと】	系統安定度を維持するための系統安定化装置(PSS)や制動抵抗などを装備した発電ユニットが提供するサービス	×	△	×

注) ○：この分類に適合するサービス，△：この分類にあまり適合しないサービス，×：この分類に適合しないサービス

が織り込まれた．特に，上記の項目①では，非差別的なオープン・アクセス料金表の提出と送電線同時情報公開システム(OASIS：open access same-time information system)の開発・運用を基本として，発送電の機能分離に加えて，自身の卸電力・受電電力に対する非差別的なオープン・アクセス料金表に沿った送電サービス(アンシラリーサービス含む)の実施を求める内容が記載された．つまり，送電線提供者(電力会社など)に対して，日々の系統運用で安定供給および信頼度の維持に必要な個々の機能を送電サービスと分離した上で，各アンシラリーサービスに関わる料金をオープン・アクセス送電料金表に掲載することを求めた．

FERC の最終規則におけるアンシラリーサービスは，「連系送電系統の信頼度を確保するために，発電事業者から需要家までの電力の輸送を支援するサービスで，制御地域内の送電事業者が提供の義務を負う」と定義され，2種類に大別されている．
① 送電サービス提供者がすべての送電利用者に提供しなければならないサービス：送電線提供者が唯一のサービス提供者で，送電線利用者は送電線提供者からそのサービスを調達しなければならない．
② 送電サービス提供者以外から調達可能なサービス：送電線提供者が，その制御

地域内の需要家に電力を供給する送電線利用者に提供する義務はあるが，送電利用者は送電線提供者からの調達，第三者からの調達および自主供給を選択することができる．

さらに，送電サービスと分離して送電料金に掲載すべきサービスとして，表5.1に示すように，上記のサービス分類に対し，合計6種類のアンシラリーサービスをあげている．

(2) NERCの考え方

NERCは，FERCが定義した6種類のアンシラリーサービスでは，電力系統の信頼性維持，市場内の公平性確保には不十分とし，表5.2に示すような12種類のサービスを提案した．なお，NERCでは，各サービスの性質から，これらのサービスを系統連系運用サービス(IOS：interconnected operation services)と称している．

NERCが提唱するアンシラリーサービスは，"系統運用者が提供できるか"，"競争市場から調達可能か"，"他の制御地域から調達可能か"などの項目で特徴づけることができる．ISOなどの系統運用者がサービスを調達するケースが多いが，系統内の特定の地点で提供する発電ユニットからの無効電力供給および電圧制御や，ブラックスタート，系統安定度などのサービスは，サービスを受ける需要家(送電線利用者)を特定することがむずかしいため，競争市場や他の制御地域からの調達は困難である．

さらに，各サービスは，図5.5に示すように，共同サービスと個別サービスに分類

```
┌─────────────────────────────────────────────┐         ┌─────────────────────────────┐
│ 共同サービス(community services)             │         │ 個別サービス(individual services)│
│ ・電力市場構成員全員の利益となるサービス       │         │ ・電力取引上の個々のサービスをサポートする│
│ ・ISO等の運用権限者レベルにおいてのみ管理，調達が可能で│         │   サービス                   │
│   あるサービス                              │         │ (共同サービスに含まれないサービス)│
│ ・特定利用者に分割が不可能で，系統全体に影響を及ぼすサービス│         │                             │
└─────────────────────────────────────────────┘         └─────────────────────────────┘
     ↓              ↓              ↓                              ↓
┌──────────┐ ┌──────────────┐ ┌──────────┐              ┌──────────────┐
│需給バランス│ │送電系統セキュリティ│ │エネルギー準備│              │需給バランス    │
│・周波数制御│ │・無効電力補償・電圧制御│ │・ブラックスタート│          │・電力損失補償  │
│・瞬動予備力│ │・系統安定化  │ │          │              │・電力量偏差調整│
│・予備力運転│ │              │ │          │              │・バックアップ供給│
└──────────┘ └──────────────┘ └──────────┘              │・負荷追従      │
                                                         │・ダイナミック  │
                                                         │  スケジューリング│
                                                         └──────────────┘
◄────────────────── 系統制御(system control) ──────────────────►
```

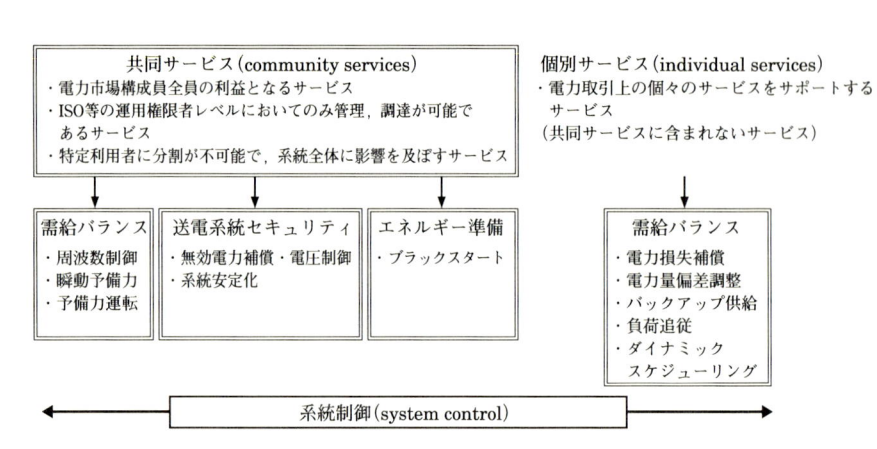

図5.5　NERCが定義したアンシラリーサービスの分類
(出典：Interconnected Operations Services Working Group (ISO WG), "Defining Interconnected Operations Services Under Open Access-Final Report", March 7, 1997.)

5.3 アメリカにおけるアンシラリーサービスの考え方と問題点

```
・周波数制御
・瞬動予備力          ・負荷追従
・運転予備力          ・電力量偏差調整
・系統制御   系統信頼度の維持  ・バックアップ供給
・無効電力供給および電圧制御  ・電力損失補償
                    ・系統安定度
                    ・ブラックスタート

     競争市場形成    公平なコスト
     の促進         配分

        ・動的スケジューリング
```

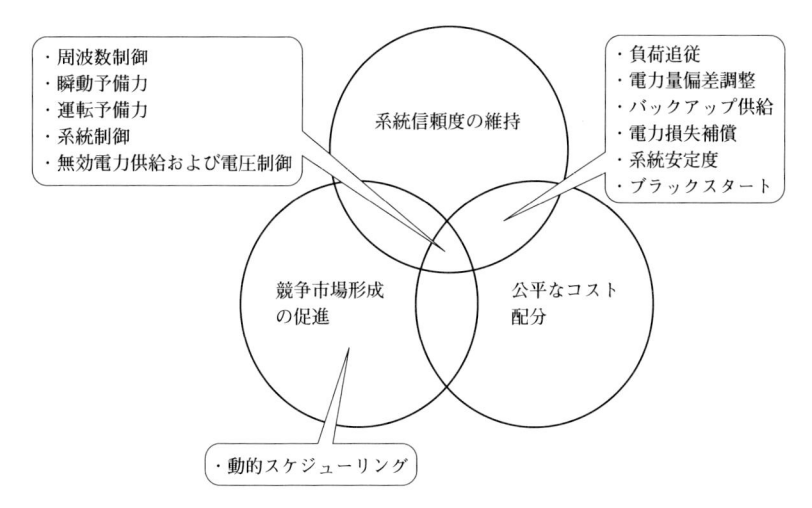

図5.6 各サービス選択基準との関係

(出典：Interconnected Operations Services Working Group (IOS WG), "Defining Interconnected Operations Services Under Open Access-Final Report", March 7, 1997.)

することができる．ここで共同サービス(community services)とは，信頼性の観点から，運用権限者(たとえば ISO などの系統運用者)によって運用・制御されなければならないもので，すべての送電線利用者の利益となるように調達・調整されるサービスのことである．一方，共同サービスにあてはまらないサービスは，個別サービス(individual services)に分類され，個別の電力取引へのサポートとなる．さらに各サービスの特徴から，"需給バランス"，"送電系統セキュリティ"，"エネルギー準備"のようにサービスを分類することもできる．

　NERC の定義によるアンシラリーサービスは，送電サービスから分離することが合理的であるかどうかに加えて，①系統信頼度の維持(provide reliability)，②オープンアクセスおよび競争市場形成の促進(facilitate access & enable market)，③公平なコスト配分(provide equity)の三つの観点がサービスの選択基準として考慮されている．選ばれた12のサービスは，図5.6に示すように，各選択基準に位置づけられる．主に，系統信頼度維持と公平性に関わるサービスが多いが，各選択基準が密接な関係にあることから，すべての選択基準に関わるサービスが，全体の約半数に占める．

(3) イギリスでのアンシラリーサービスとの比較

　電気事業の規制緩和を推進しているイギリスも，表5.3に示すようなアンシラリーサービスを導入した．イギリスでのアンシラリーサービスは，強制サービス(manda-

表5.3 イギリス(イングランドとウェールズ)におけるアンシラリーサービスの種類と特徴

サービスの種類	特徴	サービスカテゴリ		
		強制	必要	商用
無効電力 (reactive power)	系統内の電圧バランス維持のための無効電力の供給(消費). 年2回の入札が行われる"Reactive Power Market"が1998年4月創設された.	○		○
周波数制御 (frequency control)	系統周波数の維持(49.5 Hzから50.5 Hz)のため, 自動的に発電機出力を調整するサービス. 周波数変動の大きさにより, 発電プラントが主に提供するcontinuous services(常時サービス)と発電プラントと需要家から提供されるoccasional services(随時サービス)に分けられる.	○		○
ブラックスタート (black start)	広範囲な停電時(全系停電も含む)の系統復旧のために, 系統からの電力供給を受けずに起動できる補助電源を装備した発電ユニットが行うサービス. 200 MW以上の発電設備容量.		○	
予備力 (reserve)	発電設備の事故や需要想定の誤差などから生じる需給アンバランスを解消するためのサービス. 発電事業者と同様に, 大口産業需要家(需要量の削減)からも供給されるサービス. 待機予備力は, 年1回の入札により, NGCが確保する. このサービスは, 20分以内に供給可能で少なくとも2時間は継続して供給可能である発電ユニットが提供する.		○	
系統制約調整 (constraints)	系統内の特定の送電線に発生する送電制約違反(過負荷潮流)を解消するために行われるサービス.			○

強制:強制サービス(mandatory services)電力系統の安定運用において基本的なもので, すべての発電機に対しその提供が強いられるサービス. 必要:必要サービス(necessary services)要求される機能を有する発電機が提供するサービス. 商用:商用サービス(commercial services)発電事業者や需要家からも提供できるサービス

tory services), 必要サービス(necessary services)と商用サービス(commercial services)に区分されている. 強制サービスは, 周波数調整や無効電力供給など電力系統の安定運用の基本的なサービスで, すべての発電事業者に対してサービスの提供が強いられる. このサービスの供給義務は, 系統運用基準(Grid Code)のもとで発電ライセンスに含まれる規制義務と, NGCと発電事業者の間で結ばれる基本接続と系統使

用契約(MCUSA : master connection and use of system agreement)の契約義務からなる．必要サービスは，系統のセキュリティ維持に欠くことのできないサービスで，ブラックスタートなど特定の条件や要求機能を有する発電ユニットによって行うサービスである．商用サービスは発電事業者もしくは大規模需要家からも提供できるサービスである．

イギリスでは，複雑な価格形成プロセスによる参入障壁など，これまでのプール制度の問題点を解決するために，OFFER(現 OFGEM)が，1998 年 7 月に新電力取引制度(NETA : New Electricity Trading Arrangement)最終報告書を政府に提出し，プール制度に代わる新しい電力供給体制に向けた全面改革案を公表した．2001 年 3 月 27 日より運用を開始した新しい電力取引制度は，先物市場，短期契約市場，需給調整市場の 3 市場から成り立つ．この新電力取引システムでは，アンシラリーサービスは，NGC が運営する"需給調整市場"に組み込まれている．この市場でのアンシラリーサービスは，2 種類のシステム・アンシラリーサービス(周波数応答や無効電力などのパート 1，ブラックスタートなどのパート 2)とコマーシャル・アンシラリーサービスに分けられている．表現の違いはあるものの，その内容は，これまでのアンシラリーサービス分類(強制，必要，商用サービス)のサービス区分に対応したものである．

電力自由市場を導入している国では，アンシラリーサービスは，電力系統の安定性および信頼性維持のために欠くことのできないサービスであるという立場に違いはない．前述の FERC があげたアンシラリーサービスは，"スケジューリング・系統制御および給電"サービスを除き，イギリスでのアンシラリーサービスと名称の違いはあるものの，その内容は酷似している．しかし，イギリスの場合は，発電事業者(大口需要家含む)から提供されるサービスについてのみアンシラリーサービスとしているのに対し，アメリカでは FERC の定義での"スケジューリング・系統制御および給電"や NERC の定義における"系統制御"のように，送電サービス提供者(送電線を有する電力会社)のサービスもアンシラリーサービスに含めている．また，イギリスに比べて，FERC や NERC によるアンシラリーサービスの分類は，より市場調達を意識して定義されていると考えられる．

(4) アンシラリーサービスのコスト配分方式

現在，利用されているアンシラリーサービスの価格設定方式は，規制料金方式と市場価格設定方式に分類される．市場からの調達が困難なサービスについては，規制料金方式が適用され，総括原価方式がその主流である．一方，市場から調達可能なサービスについては，競争市場に価格決定を委ねている．ただし，価格高騰を避けるために，アンシラリーサービスの市場価格に上限価格を設けることもある．このほかに，

表5.4 アンシラリーサービスのコスト配分手法とその特徴

コスト配分方式		特徴	共通サービス	個別サービス
規制料金方式	総括費用方式*	新規参入者がすべての共通費を負担するため、負担が過大になる傾向がある。インセンティブを与えにくく、また効率性を確保しにくい。	△	○
	増分費用方式	新規参入者は共通費の負担が免除されることや、参入順位により費用負担が異なるなど公平性が保障されない。		
	単独費用方式	新規参入者がすべての共通費を負担するため、負担が過大になる傾向がある。		
	限界費用方式	限界費用による価格設定は経済学的には効率的な資源配分をもたらすが、固定費(共通費)が回収される保証はない。		
	シャープレイ値方式	参加者ごとにすべての参入順位を考慮した平均増分費用を求めて費用負担とする。参入者が増加すれば組み合わせが増大し、計算が煩雑となることや、取引量に対し中立でなく、同質の参入者間においても不公平が生じる。		
	オーマンシャープレイ値方式	理論的には、費用負担ゲームの解として、内部相互補助がなく、公平で収支均衡条件を満たす料金が実現可能。		
市場価格設定方式	費用最小化*	ISOのサービス購入費用(=契約量×入札価格)が最小となるよう落札する。	○	△
	効用最大化	発電事業者の効用(=収入—発電コスト)が最大となるよう決定する。		

＊印は、実際に電力市場で利用されている方法。○：この配分方式の適用が容易なサービス、△：適さないサービス

費用の回収性および参加者の公平性を重視した共通費としての配分手法、効率性を重視した増分費用配分方式や限界費用配分方式、理論面からのシャープレイ値配分方式などが提案されている(表5.4参照)。

5.3.2 カリフォルニア州におけるアンシラリーサービスの実例

アメリカの中でも急速な自由化方策を採用していたカリフォルニア州では、電力会社の倒産や大規模な停電など、電力危機が現実のものとなってしまった。カリフォルニア州での電力危機の原因に関してはさまざまな角度から検討が進められているが、同州でのアンシラリーサービスは電力市場下での系統維持運用を理解する典型例としてはふさわしいものである。このため、以下、カリフォルニア州を対象にアンシラリーサービスの実例を述べる。

(1) カリフォルニアISOにおけるアンシラリーサービス市場の特徴

カリフォルニア州は、1998年3月31日に、電力取引所(PX : power exchange)と

5.3 アメリカにおけるアンシラリーサービスの考え方と問題点

独立系統運用機関(ISO: independent system operator)の運営を開始した．PX は，スポット市場(卸電力用プール市場)であり，需給両サイドから入札を受け付け，売買が成立する市場決済価格(MCP: market clearing price)を決定する．PX が運営するスポット市場には，取引の前日までに給電計画やアンシラリーサービス供給計画を策定する取引前日市場(day-ahead market)と，取引前日のスポット市場で確定した最終給電計画からの変更を調整する取引 1 時間前市場(hour-ahead market)の 2 種類の先物市場がある．一方，ISO の役割は，給電，送電系統(グリッド)の信頼度管理，アンシラリーサービスの売買，取引前日市場と 1 時間前市場で決定された給電計画の調整，電力量偏差調整市場(real-time imbalance market)によるリアルタイムでの需給調整，送電線の混雑管理などである．発電事業者は，直接アクセス(相対取引)，PX 市場(卸電力用プール市場)，ISO 市場(アンシラリーサービス市場，リアルタイム市場)への参加を選択することができる．また，需要家は，直接アクセス(direct access)または PX 市場を通じて電力を購入することができる．また，スケジューリング・コーディネータ(SC: scheduling coordinators)は，直接アクセスを選択した多数の市場参加者(需要家と供給事業者)の代理者として，需給をバランスさせた給電計画を ISO に提出する責務を有している．SC は，図 5.7 に示すように，給電計画とともに，アンシラリーサービスの入札および自主供給分のアンシラリーサービスの計画も ISO に

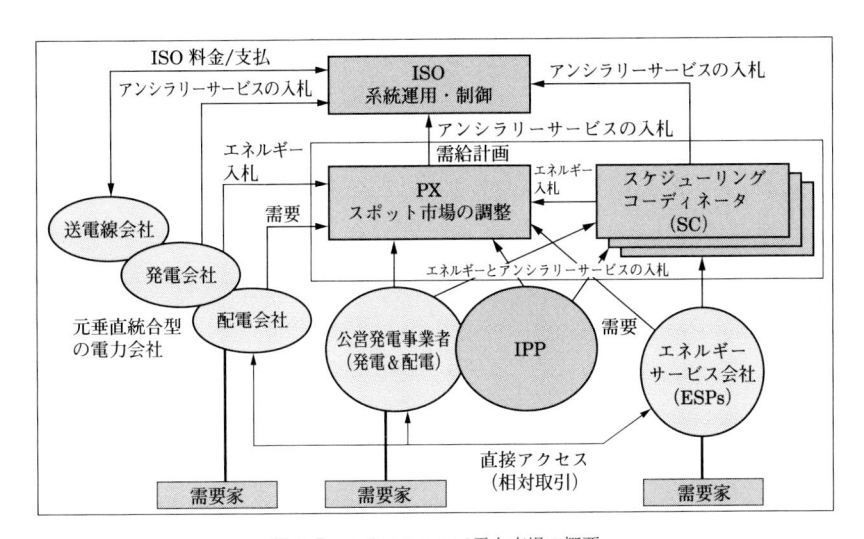

図 5.7 カリフォルニア電力市場の概要
(出典：F. L. Alvarado (Convenor) ほか：Methods and Tools for Costing Ancillary Services, CIGRE SC 38, Advisory Group 5, Task Force 38-05-07, CIGRE, August, 2000.)

提出する．このように，カリフォルニアでは，ISO 運営の独立性と公平性を確保するために，PX による卸電力用プール市場の運営と，ISO による送電設備の運用制御を分離させている．

カリフォルニアでは，表 5.5 に示すように ISO により 6 種類のアンシラリーサービスが行われている．FERC の定義と異なる点は，予備力サービスの名称の違い，"電力量偏差調整サービス" と "スケジューリング，系統制御および給電サービス" の除外と "ブラックスタートサービス" の追加の 3 点である．このうち，"電圧制御サービス"

表 5.5 カリフォルニア ISO でのアンシラリーサービスの種類と特徴

サービスの種類	特　徴	サービス調達方法と調達者	費用算定方式
周波数制御 (regulation)	リアルタイムの需給バランスを確保し，系統周波数を規定値内に維持する．ISO が運用・制御する系統に同期接続し，AGC(automatic generation control)機能を有する発電ユニットが提供する(発電機出力変化)．必要な周波数調整容量 [MW] は，総需要の 1〜5% の範囲内で ISO の判断で設定される	ISO による競争入札 (SC による自主供給)	市場価格
瞬動予備力 (spinning reserve)	運転中で，10 分以内にある特定水準の電力が供給可能で，少なくとも 2 時間は運転が可能な電源(AGC 機能あり)から供給されるサービス．部分負荷運転中の火力発電機や揚水発電機がサービス提供者	ISO による競争入札 (SC による自主供給)	市場価格
非瞬動予備力 (non-spinning reserve)	運転中でなくても，10 分以内にある特定水準の電力が供給可能で，少なくとも 2 時間の運転が可能な電源から供給されるサービス．水力発電機，小容量ガスタービン発電機などがサービス提供者．	ISO による競争入札 (SC による自主供給)	市場価格
待機予備力 (replacement reserve)	60 分以内に起動し同期をとり，ある特定水準の電力が供給可能で，少なくとも 20 時間の運転が可能な電源から供給されるサービス	ISO による競争入札 (SC による自主供給)	市場価格
電圧制御 (voltage support)	サービス提供者は，信頼度マストラン電源	ISO による信頼度マストラン電源との契約	総括原価 (＋機会費用)
ブラックスタート (black start)	サービス提供者は，信頼度マストラン電源	ISO による信頼度マストラン電源との契約	総括費用

注）電圧制御とブラックスター・サービスの特徴は，表 5.1 の FERC によるサービスの定義および表 5.2 の NERC によるサービスの定義を参照．

5.3 アメリカにおけるアンシラリーサービスの考え方と問題点　　151

と"ブラックスタートサービス"は信頼度マストラン電源との年間ベースの長期契約[*9]により，残りの4種類のアンシラリーサービスは，競争市場(競争入札)またはSCの自主供給により調達される．

4種類のアンシラリーサービス(周波数制御，瞬動予備力，非瞬動予備力，待機予備力)は，表5.6に示すような手順で，取引前日市場と取引1時間前市場からサービス必要量を調達する．まず，ISOは，取引2日前の午後6時に，予想需要，送電線混雑，送電線の空き容量やアンシラリーサービス必要量などの電力取引日の系統状態を公開する．取引前日市場で，電力取引の希望給電計画と調整入札(ゾーン間の混雑管理用)に加え，アンシラリーサービスの競争入札への参加を希望するPXとSCから，各発電ユニット(負荷)ごとに，アンシラリーサービスの供給容量[MW]，供給希望価格[$/MW]や出力調整価格[$/MWh][*10]からなる入札をISOに提出する．このときに，SCは，アンシラリーサービスの自主供給計画も同時に提出する．ISOは，ゾーン間の混雑管理とアンシラリーサービスの競争入札を実施し，アンシラリーサービスの種類毎に調達費用(＝供給容量[MW]×供給希望価格[$/MW])が最小になるように落札を決定する．PXや各SCには，同時に複数種類のアンシラリーサービス(4種類のみ)への入札が認められているが，ISOは，周波数制御，瞬動予備力，非瞬動予備力，待機予備力の順で落札評価を行う．また，ISOは，ゾーン間の混雑管理とアンシラリーサービスの競争入札を実施し，最終需給計画(final day-ahead schedule)とアンシラリーサービスの供給計画を作成し，送電線混雑料金とアンシラリーサービス価格を算定し，PXとSCに告知する．落札されたPXやSCに支払うアンシラリーサービス価格

[*9] 電圧制御サービスとブラックスタートサービスは，ISOとの間で長期契約を締結した信頼度マストラン電源(reliability must-run generation)から調達される．カリフォルニア電力市場では，電力自由取引対象外として，規制マストテイク電源(regulated must-take generation，原子力，QF(認定施設)やその他既存買電契約に基づく電源)，規制マストラン電源(regulatory must-run generation，自流式水力など連邦法や州法などの規制機関の要件に基づく運用義務が課された電源)，信頼度マストラン電源(reliability must-run generation，系統信頼度の確保のため完全競争市場下に属さず独自の運用が必要であると判断した電源)の3種類がある．信頼度マストラン電源とISOとの間の契約には，以下のような特徴をもつ契約A，契約Bと契約Cの3種類がある．契約A：すべての信頼度マストラン電源が結ぶ契約で，PXが運営する卸電力プール市場に参加することができる．運転実績に契約価格を掛けた額が支払われる．また，契約BやCへの変更が可能．契約B：PXが運営する卸電力プール市場に参加することができ，ISOとの契約価格と市場取引価格の組み合わせで報酬を得ることができる．ここでの契約価格は，availability payment(AP)と呼ばれ，運転の有無に関係のない固定価格である．また，市場決済価格に運転実績を乗じた額の10％を報酬として得ることができる．契約C：運転の有無に関係なくISOとの固定契約価格が支払われ，PXが運営する卸電力プール市場に参加することができない．
[*10] リアルタイム市場で，需給調整のために発電出力(負荷)を増減する場合の価格．

表 5.6 取引前日市場および取引 1 時間前市場での給電計画策定の流れ

	カリフォルニア ISO		カリフォルニア PX
取引前日市場	ISO：電力取引日の系統状態(ゾーン別予想需要，送電線混雑，送電線空き容量，アンシラリーサービス必要量等)の公開	取引 2 日前午後 6 時	
	SC → ISO：各 SC はダイレクト・アクセス分の予想需要の告知．ISO → UDC：直接アクセス分予想需要の告知	取引前日午前 6 時〜6 時 30 分	
		午前 7 時	PX 参加者 → PX：各時間の供給・需要別の入札を提出
		午前 7 時 15 分	PX → PX 参加者：入札評価を実施．各時間帯の市場決済価格と取引量決定量を告知
		午前 9 時 10 分	PX 参加者 → PX：希望給電計画(各発電ユニットおよび需要ごと)，調整入札(ゾーン間混雑管理用)の提出
		午前 9 時 30 分	PX 参加者 → PX：アンシラリーサービス入札の提出
	PX+SC → ISO：希望給電計画と調整入札およびアンシラリーサービス入札の提出	午前 10 時	PX → ISO：希望給電計画と調整入札およびアンシラリーサービス入札の提出
	ISO：ゾーン間混雑管理とアンシラリーサービスの競争入札実施 ISO → PX+SC：希望給電計画の修正案の通知 ◆混雑がなければ最終給電計画として採用	〜午前 11 時	
	PX+SC → ISO：修正給電計画・調整入札とアンシラリーサービス入札の提出	昼 12 時	PX → ISO：修正給電計画・調整入札とアンシラリーサービス入札の提出
	ISO：ゾーン間混雑管理とアンシラリーサービスの競争入札の実施 ISO → PX+SC：最終給電計画，アンシラリーサービス供給計画，送電線混雑料金の通知	午後 1 時	
		午後 1 時 15 分	PX → 参加者：最終給電計画，アンシラリーサービス供給計画，送電線混雑料金の通知

5.3 アメリカにおけるアンシラリーサービスの考え方と問題点

	ISO：アンシラリーサービス市場の不足分がある場合には，信頼度マストラン電源からの調達をアンシラリーサービス給電計画に組み込む	午後1時30分頃	
	ISO→PX＋SC：アンシラリーサービスの不足分や信頼度マストラン電源の調達を含む最終給電計画の変更の通知	午後5時頃	
取引1時間前市場		取引当日3時間前	PX参加者→PX：供給・発電別の入札の提出
		2時間50分前	PX：入札評価を実施し，市場決済価格の算定．希望給電計画を作成
	PX＋SC→ISO：希望給電計画，調整入札，アンシラリーサービス入札の提出	2時間前	PX参加者→PX：調整入札とアンシラリーサービス入札の提出 PX→ISO：希望給電計画，調整入札，アンシラリーサービス入札の提出
	ISO：混雑管理とアンシラリーサービスの競争入札の実施． ISO→PX＋SC：最終給電計画，アンシラリーサービス供給計画，送電線混雑料金の通知	1時間前	PX→PX参加者：，アンシラリーサービス供給計画の通知

は，ゾーン別市場決済価格(zonal market clearing price：ZMCP〔$/MW〕)[11]として決定される．

ISOは，さらに取引1時間前市場で，取引前日市場で確定した最終需給計画からの変更点を調整し，最終需給計画とアンシラリーサービスの供給計画を作成し，送電線混雑料金とアンシラリーサービス価格を算定し，PXとSCに告知する．信頼度確保のために信頼度マストラン電源の運転が必要な場合には，ISOが策定するアンシラリーサービスの供給計画に信頼度マストラン電源の供給計画が組み込まれる．

リアルタイム市場では，10分ごとに予想される需給アンバランスを解消するために，自動発電制御(AGC)機能を有する発電ユニットによって出力調整が行われる．このリアルタイム市場では，発電出力を増加(需要を抑制)した場合には最も高い入札価

---

* 11　ゾーン別市場決済価格は，そのゾーンで落札された入札の中で最も高い供給希望価格となる．カリフォルニア電力市場でのゾーンは，送電線混雑の発生頻度が少なく，混雑を解消するのに要する費用が比較的安価なISOグリット(カリフォルニア州全域ではない)の一部として定義される．つまり，混雑の発生頻度の高い送電経路(ISOグリット外との連系送電線を含む)を境界としてISOグリット内外をゾーンに分割している．ISOグリット外のゾーンには，スケジューリングポイントと呼ばれる代表地点を設定し，ISOグリット外の市場参加者が電力を取引する地点となる．ISOグリット内は，北部ゾーンと南部ゾーンに分割されている．

格，発電出力を抑制(需要を増加)させた場合には最も安い入札価格が，市場決済価格となる．FERC のアンシラリーサービスの定義に含まれている"負荷追従サービス"は，このリアルタイム市場によって行われているので，カリフォルニア電力市場では，アンシラリーサービスとしては設定されていない．

(2) カリフォルニア ISO におけるアンシラリーサービス価格の高騰

カリフォルニア電力市場では，ISO により，周波数制御や予備力などの信頼度の維持に必要な 4 種類のアンシラリーサービスを競争入札による市場を介して調達している．カリフォルニアでは，PX と ISO の運用開始と同時に，ISO によるアンシラリーサービス市場の運営が開始されている．開始後から 6 月上旬までは，サービス価格は，5～10 \$/MW を推移していたが，6 月中旬以降は 250 \$/MW に近い値まで上昇した．北ゾーンと比べて高需要である南ゾーンは，潜在的にアンシラリーサービスの供給量が不足していることから，アンシラリーサービス価格は高い．多くの発電ユニットは，電力供給(卸電力)とアンシラリーサービス(特に待機予備力)の両方を供給することができるため，卸電力市場への入札量が増加すれば，必然的にアンシラリーサービスへの入札量は減少する．両市場間でトレードオフ関係が存在する．その結果，電力需要の増加により，卸電力価格とともにアンシラリーサービス，特に待機予備力の価格が急騰した．熱波の襲来による電力需要の急増により，図 5.8 に示すように，1998 年 7 月 9 日の 15 時から 17 時の時間帯で，南ゾーンの待機予備力価格が 5000 \$/MW に，さらに，1998 年 7 月 13 日の 14 時から 18 時の時間帯では短期予備力価格が最高値で 9999 \$/MW と通常の約 1000 倍以上まで高騰した．このような価格急騰を受けて，ISO は，非常処置として，1998 年 7 月 14 日にすべてのアンシラリーサービスに対し 500 \$/MW の上限価格規制(プライスキャップ規制)の適用について FERC に承認を求め，FERC もそれを受け入れている．このプライスキャップは，7 月 25 日には 250 \$/MW に引き下げられたが，図 5.8 でもわかるように，卸電力価格と比較して，アンシラリーサービス価格はつねに高く，またプライスキャップ規制の適用以降も頻繁に上限価格に達している．

FERC はプライスキャップ規制の適用を認めるとともに，ISO と PX のそれぞれの市場監視委員会に対し，市場動向に関する調査報告書の提出を要求した．PX 市場監視委員会は，取引前日の卸電力市場が機能しているものの，高需要時には卸電力価格が異常に高値となったことから，少数事業者による市場価格操作に市場支配力の行使が存在することの懸念を指摘した[37,38]．一方，ISO 市場監視委員会は，競争入札者不足と市場支配力の行使により，アンシラリーサービス市場で競争が適切に機能しなかった要因として，アンシラリーサービス市場の構造的な欠陥を指摘した[38]．同調査報告

5.3 アメリカにおけるアンシラリーサービスの考え方と問題点

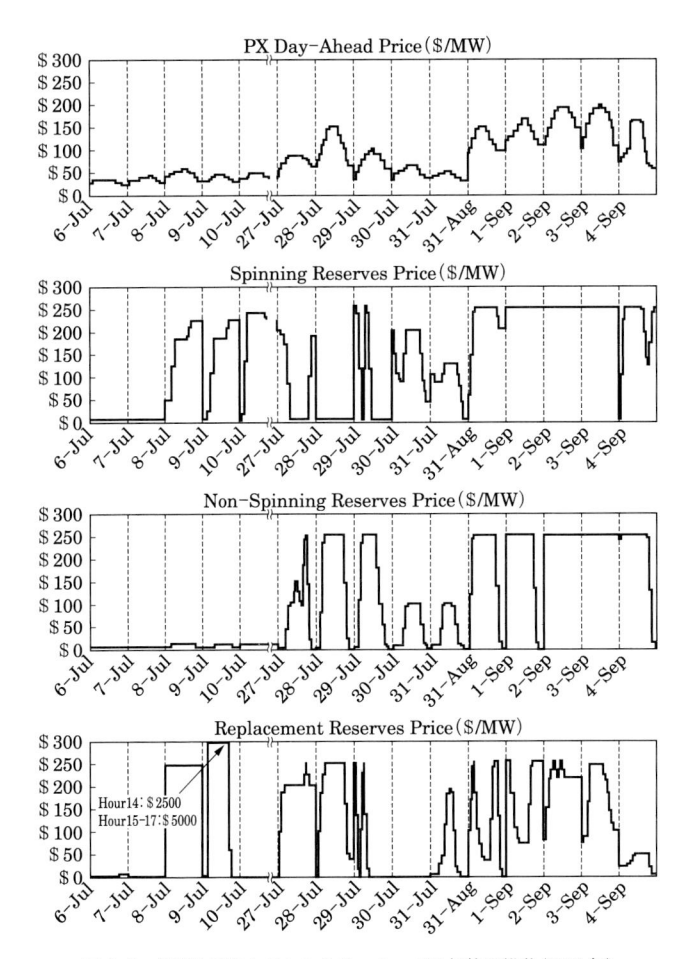

図5.8 卸電力価格とアンシラリーサービス価格の推移(1998年)
(出典:The Market Monitoring Committee of the California Power Exchange: Second Report on Market Issues in the California Power Exchange Energy Markets, March 9, 1999.)
注) ここでの卸電力価格は,取引前日の卸電力市場における送電線混雑を考慮しない市場決済価格である.また,アンシラリーサービス価格は,周波数制御を除くゾーン別市場決済価格である.

書では,アンシラリーサービス調達の合理性・透明性の確保などアンシラリーサービス市場の改善策を提案している.

その後,1998年の待機予備力価格の高騰の経験から,カリフォルニアISOでは,周波数制御以外のアンシラリーサービスについてISOグリッド以外の事業者の競争入札を認めるなどの対策を講じている.しかし,2000年の夏も,PXの卸電力市場価格

が 1099 $/MWh に達し,待機予備力価格も上限価格に達した[39~41]．

カリフォルニア州では,ここ数年,電力市場への新規発電事業者の参入が停滞し,経済発展と熱波などによる需要増加に供給力が追いついていない状況にあった．さらに,1998 年から継続的に発生した卸電力およびアンシラリーサービス価格の高騰は,カリフォルニア電力市場の構造的な欠陥の可能性をも示唆していた．需給逼迫と価格高騰を回避し,需要家保護と市場安定化を図るために,カリフォルニア ISO は,市場改革を実施することを発表した[42]．しかし,慢性的な供給不足は解消されず,2001 年には広域な停電や電力会社の倒産など,危機的な状況に陥るに至った．このカリフォルニア州の電力危機問題は,電力の市場取引のむずかしさを端的に示した事例である．伝統的な規制体制下におかれていた電気事業に競争原理を導入する場合には,適切な施策が講じられなければ,重大な事態を招く可能性があることが示された．

電力供給の安定性は電力価格と並ぶ重要な要素である．アンシラリーサービスは電力の安定供給に直接関係するとともに,その費用負担のあり方から,供給の安定性と価格の両面をもつ技術・経済の新たな境界課題といってもよい．さまざまな市場参加者による分散意思決定形態のもとで,経済効率と安定供給を両立させる取り組みはまだ始まったばかりである．

参 考 文 献

1) OECD 編(山本,山田監訳):世界の規制改革(上),日本経済評論社,2000．
2) Electric Reliability Panel: RELIABLE POWER; Renewing the North American Electric Reliability Oversight System, December, 1997.
3) NGC: A Review of Transmission Security Standards, August 1994.
4) U. S. Federal Energy Regulatory Commission(FERC): Order 2000 Final Rule, Regional Transmission Organization(RTO), Docket No. RM99-2-000, 20 December 1999.
5) 岡田,栗原,渡邉:競争的電力市場における供給信頼度評価の基礎的検討,電力経済研究,No. 43, pp. 33-42, 2000-03．
6) 栗原,岡田,渡邉:競争的電力市場のもとでの供給信頼度評価に関する一考察,平成 12 年電気学会全国大会,No. 6-096, 2000-03．
7) 田村編:電力システムの計画と運用,オーム社,1991．
8) 電気事業講座編集委員会編:電気事業講座(第 7 巻)電力系統,電力新報社,1997．
9) 保護リレーシステム基本技術調査専門委員会:電気学会技術報告 第 641 号,保護リレーシステム基本技術体系,1997-07．
10) 電力の電圧・無効電力制御委員会:電力系統の電圧・無効電力制御,電気学会技術報告 第 743 号,1999-09．

11) 野田編：電力系統の制御，電気書院，1976.
12) 電気学会：電気工学ハンドブック(第6版)，2001.
13) 日本電力調査委員会：日本電力調査報告書における電力需要想定および電力供給計画算定方式の解説，1997.
14) 九州電力(株)，関西電力(株)，ほか：接続供給約款(平成12年)，2000.
15) 電力新報社編：電力構造改革 供給システム編，電力新報社，1999.
16) 矢島編：世界の電力ビックバン(21世紀の電力産業を展望する)，東洋経済新報社，1999.
17) FERC: Order No. 888, April, 1996.
18) Interconnected Operations Services Working Group(IOS WG): Defining Interconnected Operations Services Under open Access Final Report, March 7, 1997.
19) E. Hirst and B. Kibby: CREATING COMPETITIVE MARKETS FOR ANCLLARY SERVICES, OKA RIDGE NATIONAL LABORATORY, ORNL/CON-448, October, 1997.
20) E. Hirst and B. Kibby: UNBUNDLING GENERATION AND TRANSMISSION SERVICES FOR COMPETITIVE ELECTRICITY MARKETS: EXAMINING ANCILLARY SERVICES, OKA RIDGE NATIONAL LABORATORY, NRRI 98-05, January, 1998.
21) http/www.nationalgrid.com/uk/activites/参照(NGCホームページのAncillary Services関連)
22) I. A. Erinmer, D. O. Bickers, G. F. Wood, W. W. Hung: NGC EXPERIENCE WITH FREQUENCY CONTROL ON ENGLANDANS WELESPROVISION ON FREQENCY RESPONSE BY GENERATORS, IEEE/PES 1999 Summer Meeting, 1999.
23) OFFER: Review of Electricity Trading Arrangements: Proposals, July, 1998.
24) B. Turgoose: Recent development worldwide in power exchanges, Power Economics, **2**, 6, 1998.
25) OFGEN: The New Electricity Trading Arrangements and Related Transmission Issues An Ofgem Policy Statement, July, 2000.
26) OFGEM: NGC Incentive Scheme from April 2000 Transmission Services Uplift and Reactive Power Uplift Schemes. A Decision Document, 2000-02.
27) OFFER: Review of Electricity Trading Arrangements; Proposals, July, 1998.
28) B. Turgoose: Recent development worldwide in power exchanges, Power Economics, **2**, 6, 1998.
29) OFGEN: The New Electricity Trading Arrangements, July, 1999.
30) F. L. Alvarado(Convenor) et al.: Methods and Tools for Costing Ancillary Services, CIGRE SC 38, Advisory Group 5, Task Force 38-05-07, CIGRE, August, 2000.
31) Ancillary Services Requirements Protocol, California ISO, June 1, 1998.
32) California ISO: Scheduling Protocol, June, 1998.
33) California ISO: Dispatch Protocol, June, 1998.

34) California ISO: Settlement and Bill Protocol, June, 1998.
35) California ISO: Annual Report on Market Issues and Performance, June, 1999.
36) The Market Monitoring Committee of the California Power Exchange: Report on Market Issues in the California Power Exchange Energy Markets, August 17, 1998.
37) The Market Surveillance Committee of the California ISO: Preliminary Report On the Operation of the Ancillary Services Markets of the California Independent System Operator(ISO), August 19, 1998.
38) The Market Monitoring Committee of the California Power Exchange: Second Report on Market Issues in the California Power Exchange Energy Markets, March 9, 1999.
39) The Market Surveillance Unit of the California ISO: Annual Report on Market Issues and Performance, June, 1999.
40) The Market Monitoring Committee of the California Power Exchange: Report on Redesign of California Real-time Energy and Ancillary Services Market, October 18, 1999.
41) The Department of Market Analysis California ISO: Report on California Energy Market Issues and Performance May-June, 2000(Special Report), August 10, 2000.
42) News Release California ISO: California ISO Offers Market Stabilization Proposal Call for Forum for Reaching Consensus on Market Power Mitigation, October 20, 2000.

第6章

安定度評価と固有値解析

6.1 電力系統安定度解析手法と電力自由化におけるその役割

6.1.1 電力系統の安定度

　本項では電力系統の安定度の概念について述べる．電気は基本的に貯蔵することができないという性質をもっており，発電所でつくられる電力と負荷で消費される電力は，つねに等しくバランスがとれた状態でなければならない．このバランスがとれた状態を平衡点と呼ぶ．電力系統に地落事故，負荷遮断，電源脱落などが起こるとこれらのバランス状態がくずれる．

　電力系統の安定度とは，バランスがくずれた状態から新しい平衡点へ収束する力のことを示す．電力系統が安定であるとは，事故などの要因によりバランスがくずれ古い平衡点から運転点がずれた場合，新しい平衡点に収束し落ち着くことをいう．

　一方，不安定であるとは，新しい平衡点をみつけることができず，安定な運転ができないことをいう．電力系統が不安定な場合は大規模な停電事故などが起こる可能性もあり，電力系統の運用者にとって電力系統の安定度はきわめて重要な課題となる．電力系統の安定度は，大きく分けて次の位相角安定度と電圧安定度の二つに分類することができる．

（1） 位相角安定度

　発電機は同期速度で運転しなければならず，電力系統に外乱が発生した場合，各発電機の速度のバランスが崩れる．するとこれをもとの速度へもどそうとする力，同期化力が働く．ここで同期化力が不足すると，各発電機が同期速度を維持することが困難になり，発電機間の位相角が開いていき不安定現象が起こる．これを脱調といい，ある特定の発電機対残りの発電機群，あるいは発電機群対発電機群で起こる．もう一つの位相角安定度を保てない原因として，制動力いわゆるダンピング不足により系が

振動発散していく場合がある．放射状の日本の系統では2秒〜3秒の弱制動の長周期動揺が発生し，その対策が重要な問題になっている．その一つの対策として，従来の有効電力を入力とした系統安定化装置(PSS)から，長周期動揺の抑制に効果のある，発電機の速度偏差も入力に加えたいわゆる並列型のPSSが現在では主流になっている．

(2) 電圧安定度

電圧安定度は外乱発生後，電圧を許容範囲内に維持できるかどうかを論じるものであり，一般的に無効電力−電圧感度によって定義される．すなわち無効電力−電圧感度が正であれば安定，逆に負であれば不安定となる．これは $Q-V$ 曲線の上半平面が電圧安定領域，下半平面が不安定領域であることを示している．電圧不安定現象は，一般的に必要な無効電力の供給が不足し，それに伴い電圧を一定に維持できなくなる局所的な現象であるが(無効電力が局所的な性質をもつため)，これが全体に波及し電圧崩壊現象を引き起こすこともある．1987年7月に東京系統で起こった電圧崩壊現象は，昼の負荷の急増に無効電力の供給が追従できなかったために引き起こされたものである．

これを契機にして，電圧安定性に関する関心が高まり，数多くの研究がなされ無効電力対策が見直された．

6.1.2　近年の安定度と規制緩和

近年の電力系統の特徴として，大容量電源の偏在化による長距離送電，需要の大都市集中化，空調などの定電力負荷の増加などがあげられる．これらはいずれも安定度を悪化させる要因となり，その維持は一層きびしいものとなってきている．さらに，世界的に電力事業の供給体制が見直されている中で，わが国でも電力の小売部分自由化に伴う独立発電事業者の電力市場参入は，電力系統の様相を一変させ，利益追従を優先することより，安定度を悪化させる方向に作用するものと考えられている．

このように，ますます複雑化する電力系統の状況のもとで，高品質な電力を供給維持する社会的要請が高まり，とりわけ安定度問題はきわめて重要な課題となる．さらに，電力自由化においては，ある時点において，託送を行う上で，熱容量，安定度などの制約を考慮した上で，上乗せすることができる電力量，すなわち利用可能送電能力(ATC: available transfer capacity)を求める必要がある．ATCは，電力の安定供給，信頼度の確保のみならず，送電料金を決定する上でも重要な役割を果たす．ATCの制約でも安定度制約は最も重要な制約の一つであり，近年では安定度制約も考慮した最適潮流計算が望まれるようになってきている．

6.1.3 安定度解析における固有値法の位置づけ

いままで述べてきたように，電力系統の安定度の維持はきわめて重要な課題であり電力系統の安定度を把握するために，シミュレーション解析技術が重要な役割を果たしている．電力系統安定度の解析技術は，近年のコンピュータのめざましい発展とともに年々進歩しており，より詳細で精度の高いものが望まれてきている．コンピュータが高価で，低速であった1970代では，安定度計算は膨大な時間を要するものであったが，PC（personal computer）が従来の汎用コンピュータなみの能力を有する現在では，安定度計算も一段と身近なものになってきた．今後は，モデルの詳細化，解析規模の拡大，オンライン化などが課題となろう．

安定度計算は一般に実効値をベースとした計算で行われ，そのモデルもほぼ確立されている．詳細な三相ベースの計算と実効値の計算は，計算の目的やニーズによって使い分けられているのが現状であるが，近い将来これらが統合されていくことも考えられる．現在，安定度計算に用いられているモデルを表6.1にまとめる．これらのモデルは，一般に微分方程式や非線形方程式で表され，実現象をよく近似するものであるが，しかし負荷特性など安定度に大きな影響を与えるが，そのモデリングとして大きな課題が残っているものもある．

安定度解析では安定度に大きな影響を与える要素，最新の制御機器や安定化装置などを忠実に模擬することは，近年の系統安定度がこれらの機器の性能に大きく依存することより，必要不可欠である．安定度計算は表6.1に表される要素を模擬する大規模な微分方程式系を数値的に解くことに帰着される．

次に，安定度を解析する手法であるが，一般的に二つの手法に分類できる．一つは時間領域手法であり，もう一つは微小変動解析といわれる手法である．これらの二つの手法のほかに，Lyapunov関数法，BCU法などが提案されているが，これらの手法は，エネルギー関数の構成法や解析精度に問題が残されており，本格的な安定度解析

表6.1 大規模電力系統安定度解析モデル

解析規模	発電機300，ノード2500，ブランチ3000程度
発電機モデル	パークの詳細モデル，変圧器効果無視
発電機制御系	AVR，PSS，ガバナ
負荷特性	電圧のべき乗モデル，定電力，定電流，定インピーダンスなど，インダクションモータ，動的モデル
ネットワーク	線路の動特性を無視した非線形代数方程式
その他のモデル	パワーエレクトロニクス機器，SVC，SVG，TCSC，UPFC，HVDC

への適用には，まだ時間を要するものといわねばならない．

時間領域手法は，直接法とも呼ばれ，電力系統動特性方程式を数値積分手法を用い，時間軸に沿って積分するものである．一方，微小変動解析は一つの平衡点のまわりで非線形微分方程式を線形化することによって得られたモデルを使用し，その固有値や周波数応答を調べ系の基本的な性質を把握するものである．時間領域手法の一つの利点として，数値積分を通して得られた出力波形を調べることにより，非線形性をも含めた詳細な解析ができることがあげられる．しかし，この手法は個々の発電機のふるまいを計算するために各ステップごとに積分計算を必要とし，多くの計算時間がかかる．これに対し，微小変動解析は非線形性を考慮していないので，詳細な解析はできないが，安定度に影響を与える主要因をみつけるのに適している．さらに，その計算

表 6.2　時間領域手法と固有値法の特徴

	時間領域手法	固有値法
計算時間	低速	高速
モデル	非線形モデル	線形モデル
不安定要因の同定	困難	容易
数値解析手法	修正オイラー法 ホイン法 ルンゲクッタ法 陰的台形法 BDF など	QR 法 Lanczos 法 Arnoldi 法 べき乗法 逆反復法 同時反復法など
特徴	非線形モデルを数値積分手法を用い時間領域で積分することにより，各諸量を詳細に求めることが可能	固有値と固有ベクトルより，不安定要因など，系統の基本的な性質を知ることができる

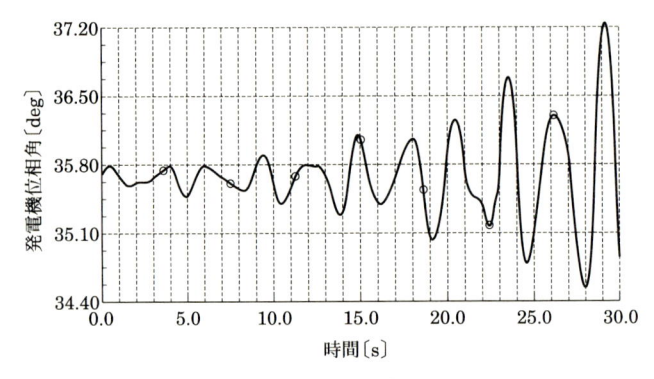

図 6.1　時間領域解析

時間は時間領域手法よりも数段短い．このように両者はそれぞれ利害得失があり，それゆえそれらを相補的に使用することが理想的な使用法といえる．

微小変動解析の中で固有値法はその高速性，精度の高さより，電力系統の安定度問題を解析するための最も有効な手法の一つと考えられている．本書では固有値法に焦点をあてて説明する．

表 6.2 に時間領域手法と固有値法についてまとめたものを示す．また，図 6.1，図 6.2 にそれらの計算について示す．

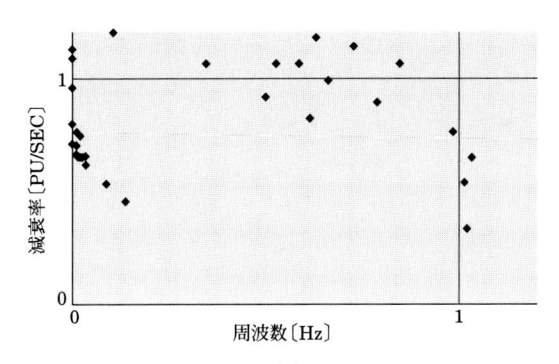

図 6.2 固有値の分布図

6.2 線形微分方程式の安定性と固有値解析

6.2.1 線形微分方程式の解の固有値による表現

本項では，線形微分方程式の解法としての固有値解析の適用について述べる．またその線形微分方程式の安定判別への応用について説明する．式(6.1)で表される非線形微分方程式系を考えてみよう．

$$\frac{dX}{dt} = f(X) \tag{6.1}$$

ここで，X は n 次元のベクトル，f は非線形関数とする．微分方程式(6.1)の平衡点とは，式(6.2)を満たす点 X_0 のことをいう．

$$f(X_0) = 0 \tag{6.2}$$

平衡点は，微分方程式の状態変数が動かない状態にある点のことを示す．非線形微分方程式の平衡点は，一般的には複数個存在する．固有値解析はこの平衡点のまわりで，微少変化が起きた場合の系のふるまいを解析するものである．したがって，大き

な外乱や非線形領域のものを解析することはできないが，微分方程式系の基本的な性質，たとえば系の振動周期や安定性などを知ることができる．

式(6.2)を平衡点 X_0 のまわりで線形化すると以下の線形微分方程式を得る．

$$\frac{d\Delta X}{dt} = A\Delta X \tag{6.3}$$

ここで

$$A = \frac{\partial f(X)}{\partial X}\bigg|_{X=X_0} \tag{6.4}$$

である．Δ は微少変動分を示し A は，f のヤコビアンである．

一般的に A の要素は対角成分のみでなく，非対角成分いわゆる相互成分を含み，これらが，式(6.3)の解析を困難にさせると考えられる．固有値解析はこれらの相互成分を消去して対角成分のみからなる対角行列に変換し，解析を容易にするものである．

ここで固有値と固有ベクトルを定義する．

スカラー λ とゼロでないベクトル $\boldsymbol{x}$ に対して式(6.5)が成立するとき，λ を A の固有値，$\boldsymbol{x}$ を固有ベクトルという．

$$A\boldsymbol{x} = \lambda\boldsymbol{x} \tag{6.5}$$

ここで，式(6.5)が非自明な解をもつためには，次式を満たさなければならない．

$$\det(A\boldsymbol{x} - \lambda I) = 0 \tag{6.6}$$

行列 A の次数が n であれば式(6.6)は λ に関する n 次多項式になり，重根の重複度を含めると A の固有値は n 個存在する．固有値を求めることは n 次の代数方程式を解くことと等価になるが，実際には数値解析手法を用いて解くことになる．固有値の代表的な数値解析手法については次節で説明するのでそれらを参照されたい．

次に固有値解析を微分方程式の計算に適用する．われわれの目的は相互性分を消去し問題を簡単な形にすることである．いま式(6.7)で与えられる変換を定義する．

$$\boldsymbol{x} = P\boldsymbol{y} \tag{6.7}$$

ここで，$P : \boldsymbol{p}_i$ を並べた行列，$P = (\boldsymbol{p}_1, \boldsymbol{p}_2, \cdots, \boldsymbol{p}_n)$，$\boldsymbol{p}_i : A$ の固有ベクトル．式(6.7)を式(6.3)に代入すると，式(6.8)を得る(ここで表記を簡潔にするため以降 Δ は省略する)．

$$\frac{d}{dt}P\boldsymbol{y} = AP\boldsymbol{y} \tag{6.8}$$

P^{-1} を式(6.8)の両辺にかけると

$$\frac{d}{dt}\boldsymbol{y} = P^{-1}AP\boldsymbol{y} = \Lambda\boldsymbol{y} \tag{6.9}$$

ここで

$$\Lambda = \begin{bmatrix} \lambda_1 & & & \\ & \lambda_2 & & 0 \\ & & \ddots & \\ & 0 & & \lambda_n \end{bmatrix} \tag{6.10}$$

$\lambda_1, \lambda_2, \cdots, \lambda_n$：$A$ の固有値

このように，A の固有値と固有ベクトルを利用することにより，相互性分をもつもとの微分方程式系が，対角成分のみの微分方程式に変換されるこがわかる．式(6.9)の解は，容易に次のように表すことができる．

$$\boldsymbol{y}(t) = \boldsymbol{e}^{\Lambda t}\boldsymbol{y}(0) \tag{6.11}$$

ここで，

$$\boldsymbol{e}^{\Lambda t} = \begin{bmatrix} e^{\lambda_1 t} & & & \\ & e^{\lambda_2 t} & & 0 \\ & & \ddots & \\ & 0 & & e^{\lambda_n t} \end{bmatrix} \tag{6.12}$$

$$\boldsymbol{y}(0) = \begin{bmatrix} y_1(0) \\ y_2(0) \\ \vdots \\ y_n(0) \end{bmatrix} \tag{6.13}$$

また，$y_i(0)$ は状態変数 y_i の初期値を表す．

式(6.11)よりもとの微分方程式の基本的性質を知ることができる．次にもとの微分方程式系にもどり，式(6.11)を式(6.7)に代入すると，

$$P^{-1}\boldsymbol{x}(t) = \boldsymbol{e}^{\Lambda t} P^{-1} \boldsymbol{x}(0) \tag{6.14}$$

を得る．P を式(6.14)の両辺にかけると

$$\begin{aligned} \boldsymbol{x}(t) &= P\boldsymbol{e}^{\Lambda t} P^{-1} \boldsymbol{x}(0) \\ &= P\boldsymbol{e}^{\Lambda t} C \\ &= \sum_{i=1}^{n} c_i e^{\lambda_i t} \boldsymbol{p}_i \end{aligned} \tag{6.15}$$

ここで，

$$C = P^{-1}\boldsymbol{x}(0) \tag{6.16}$$

$$C = \begin{bmatrix} c_1 & & & \\ & c_2 & & 0 \\ & & \ddots & \\ & 0 & & c_n \end{bmatrix} \tag{6.17}$$

式(6.15)より，線形微分方程式の解は，固有値と固有ベクトルを用いた重ね合わせで表現できることがわかる．これが固有値解析のきわめて重要な性質であるといえる．すなわち，固有値解析では複雑な現象を固有値と固有ベクトルという基本的な要

素に分解できることであり，これらが計算できれば系の基本的な性質がわかることになる．

A の固有値 λ は n 次代数方程式から得られるので，式(6.19)で表されるように，一般に複素数になる．

$$\lambda = \alpha + j\beta \tag{6.18}$$

$$e^{\lambda t} = e^{\alpha t}(\cos \beta t + j \sin \beta t) \tag{6.19}$$

式(6.15)からわかるように，線形微分方程式の安定性は固有値の実部で決定される．すなわち，もし一つでも正の実部をもつ固有値があれば系は不安定であり，系が安定であるためにはすべての固有値の実部が負であることが必要である．

一方，固有値の虚部は周波数を表す．これは特定の周波数，電力系統では電力動揺モードや系統間モードを同定するのに適している．

6.2.2 デジタル制御系に対応する固有値解析
（1） 混合形の解の固有値による表現

近年の電力系統には，デジタル励磁制御系などのデジタル制御機器が積極的に導入されてきている．デジタル制御系はサンプル時間 T での零次ホールド要素や零次ホールドディレイ要素を含み，これらの要素はサンプリング時間で一定値をとる．連続系が微分方程式で表されるのに対しこれらの要素は離散系で表すことができ，一般に差分方程式で表される．

したがって，デジタル制御系は連続系と離散系をもつ混合系となる．デジタル制御系を解析する場合，これらのサンプル時間が系の安定性に影響を与える場合があるので，固有値解析を行うにはこれらを正確に模擬する必要がある．

デジタル制御系は，一般に以下のように表現することができる．

$$\frac{d\boldsymbol{x}[t]}{dt} = \boldsymbol{f}[\boldsymbol{x}[t], \boldsymbol{y}(n), \boldsymbol{u}[t]] \tag{6.20}$$

$$\boldsymbol{y}(n+1) = \boldsymbol{g}[\boldsymbol{x}(n), \boldsymbol{y}(n), \boldsymbol{u}(n)] \tag{6.21}$$

$$\boldsymbol{h}[\boldsymbol{x}[t], \boldsymbol{y}(n), \boldsymbol{u}[t]] = 0 \tag{6.22}$$

ここで，

$\boldsymbol{f}, \boldsymbol{g}, \boldsymbol{h}$：それぞれ微分方程式，差分方程式，代数式の特性を表す非線形関数

$\boldsymbol{x}$：微分方程式で記述される連続系状態変数

$\boldsymbol{y}$：差分方程式で記述される離散系状態変数

$\boldsymbol{u}$：代数変数

T：サンプリング間隔

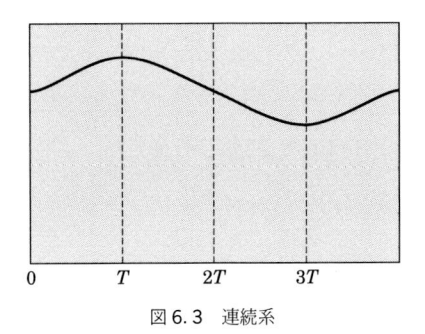

6.2 線形微分方程式の安定性と固有値解析　**167**

図 6.3　連続系

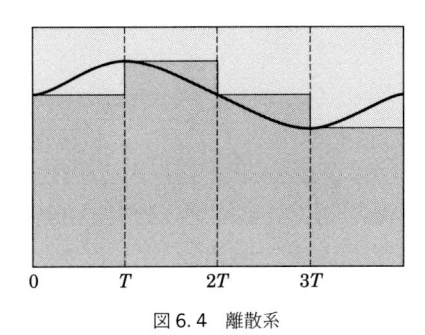

図 6.4　離散系

n：サンプリング回数（離散時間変数）
t：時間，t_0：初期時刻，$t = t_0 + nT$
[　]：連続系の関数
(　)：離散系の関数，$\boldsymbol{y}(n) = \boldsymbol{y}[t_0 + nT]$

次にこれらの混合系を，離散時間系のみの方程式に変換する．式(6.20)，(6.22)を線形化すると，

$$\varDelta \boldsymbol{x} = \frac{\partial \boldsymbol{f}}{\partial \boldsymbol{x}}\varDelta \boldsymbol{x} + \frac{\partial \boldsymbol{f}}{\partial \boldsymbol{y}}\varDelta \boldsymbol{y} + \frac{\partial \boldsymbol{f}}{\partial \boldsymbol{u}}\varDelta \boldsymbol{u} = A_x \varDelta \boldsymbol{x} + A_y \varDelta \boldsymbol{y} + A_u \varDelta \boldsymbol{u} \tag{6.23}$$

$$\frac{\partial \boldsymbol{h}}{\partial \boldsymbol{x}}\varDelta \boldsymbol{x} + \frac{\partial \boldsymbol{h}}{\partial \boldsymbol{y}}\varDelta \boldsymbol{y} + \frac{\partial \boldsymbol{h}}{\partial \boldsymbol{u}}\varDelta \boldsymbol{u} = B_x \varDelta \boldsymbol{x} + B_y \varDelta \boldsymbol{y} + B_u \varDelta \boldsymbol{u} = 0 \tag{6.24}$$

式(6.24)より

$$\varDelta \boldsymbol{u} = -B_u^{-1}(B_x \varDelta \boldsymbol{x} + B_y \varDelta \boldsymbol{y}) \tag{6.25}$$

式(6.25)を(6.26)を代入することにより，

$$\begin{aligned}\varDelta \boldsymbol{x} &= A_x \varDelta \boldsymbol{x} + A_y \varDelta \boldsymbol{y} - A_u B_u^{-1}(B_x \varDelta \boldsymbol{x} + A_y \varDelta \boldsymbol{y}) \\ &= (A_x - A_u B_u^{-1} B_x)\varDelta \boldsymbol{x} + (A_y - A_u B_u^{-1} B_y)\varDelta \boldsymbol{y} \\ &= A_c \varDelta \boldsymbol{x} + B_c \varDelta \boldsymbol{y} \end{aligned} \tag{6.26}$$

式(6.26)の解は

$$\varDelta \boldsymbol{x}[t] = e^{A_c t}\varDelta \boldsymbol{x}[0] + \int_0^t e^{A_c(t-\tau)}B_c \varDelta \boldsymbol{y}[\tau]d\tau \tag{6.27}$$

で与えられる．ここで，

$$e^{A_c t} = \sum_{i=0}^{\infty}\frac{(A_c t)^i}{i!} \tag{6.28}$$

と定義する．

あるサンプリング時刻 t_0 と，次のサンプリング時刻 $t_0 + T$ のときの $\varDelta \boldsymbol{x}$ の値を求

めると，

$$\varDelta x[t_0] = e^{A_c t_0}\varDelta x[0] + \int_0^{t_0} e^{A_c(t_0-\tau)} B_c \varDelta y[\tau] d\tau \qquad (6.29)$$

$$\begin{aligned}
\varDelta x[t_0+T] &= e^{A_c(t_0+T)}\varDelta x[0] + \int_0^{t_0+T} e^{A_c(t_0+T-\tau)} B_c \varDelta y[\tau] d\tau \\
&= e^{A_c T}\Big\{ e^{A_c t_0}\varDelta x[0] + \int_0^{t_0} e^{A_c(t_0-\tau)} B_c \varDelta y[\tau] d\tau \Big\} \\
&\quad + \int_{t_0}^{t_0+T} e^{A_c(t_0+T-\tau)} B_c \varDelta y[\tau] d\tau \\
&= e^{A_c T}\varDelta x[t_0] + \int_{t_0}^{t_0+T} e^{A_c(t_0+T-\tau)} B_c \varDelta y[\tau] d\tau \qquad (6.30)
\end{aligned}$$

$\varDelta y[\tau]$ は，サンプリング時間 T で一定値 $\varDelta y[t_0]$ となるので

$$\begin{aligned}
\varDelta x[t_0+T] &= e^{A_c T}\varDelta x[t_0] + \Big\{\int_{t_0}^{t_0+T} e^{A_c(t_0+T-\tau)} d\tau\Big\} B_c \varDelta y[t_0] \\
&= e^{A_c T}\varDelta x[t_0] + \Big\{\int_0^{T} e^{A_c(T-\tau)} d\tau\Big\} B_c \varDelta y[t_0] \\
&= e^{A_c T}\varDelta x[t_0] + (e^{A_c T} - I) A_c^{-1} B_c \varDelta y[t_0] \qquad (6.31)
\end{aligned}$$

となる．ここで

$$\varDelta x = \varDelta x(n_0) = \varDelta x[t_0] \qquad (6.32)$$

$$\varDelta y = \varDelta y(n_0) = \varDelta y[t_0] \qquad (6.33)$$

$$\varDelta x' = \varDelta x(n_0+1) = x[t_0+T] \qquad (6.34)$$

と定義すると，

$$\varDelta x' = e^{A_c T}\varDelta x + (e^{A_c T} - I) A_c^{-1} B_c \varDelta y \qquad (6.35)$$

となる．これより，連続時間系は離散時間系において差分方程式となることがわかる．

次にデジタル制御系は，式(6.21)を線形化すると，

$$\varDelta y' = \frac{\partial g}{\partial x}\varDelta x + \frac{\partial g}{\partial y}\varDelta y + \frac{\partial g}{\partial u}\varDelta u = C_x \varDelta x + C_y \varDelta y + C_u \varDelta u \qquad (6.36)$$

式(6.35)に(6.25)を代入して $\varDelta u$ を消去すると，

$$\varDelta y' = C_c \varDelta x + D_c \varDelta y \qquad (6.37)$$

ここで

$$C_c = C_x - C_u B_u^{-1} B_x \qquad (6.38)$$

$$D_c = C_y - C_u B_u^{-1} B_y \qquad (6.39)$$

式(6.35)，(6.37)を行列の形にまとめると混合系の方程式は，

$$\begin{pmatrix} \varDelta x' \\ \varDelta y' \end{pmatrix} = \begin{pmatrix} e^{A_c T} & (e^{A_c T}-I) A_c^{-1} B_c \\ C_c & D_c \end{pmatrix} \begin{pmatrix} \varDelta x \\ \varDelta y \end{pmatrix} \qquad (6.40)$$

となる．

(2) 離散時間系での固有値

前項では，連続時間系の微分方程式を離散化して，差分方程式で表現することができることを示したが，本項では離散時間系での固有値の減衰率と周波数の関係について述べる．

まず，次の離散系の差分方程式を考える．

$$\Delta z' = J\Delta z \tag{6.41}$$

$t_0=0$ とすると式(6.41)の解は次式で与えられる．

$$\Delta z[nT] = J^n \Delta z[0] \tag{6.42}$$

ここで，J をモード分解すると

$$J = Q\Gamma Q^{-1} \tag{6.43}$$

ここで，Γ は J の固有値を対角項に並べた対角行列であり，Q は固有ベクトルを並べた行列である．したがって

$$J^n = Q\Gamma^n Q^{-1} \tag{6.44}$$

となり，これを式(6.42)に代入し整理すると，

$$Q^{-1}\Delta z[nT] = J^n Q^{-1} \Delta z[0] \tag{6.45}$$

$\Delta \boldsymbol{\nu} = Q^{-1}\Delta z$ とおくと

$$\Delta \boldsymbol{\nu}[nT] = \Gamma^n \Delta \boldsymbol{\nu}[t_0] \tag{6.46}$$

となる．Γ の固有値を $\gamma_1, \gamma_2\cdots, \gamma_n$ としそれら極座標表示すると，

$$\gamma_i = r_i e^{j\theta_i} \tag{6.47}$$

と書ける．したがって，式(6.46)の要素は次式のようになる．

$$\Delta \nu_i[nT] = r_i^n \{\cos(n\theta_i) + j\sin(n\theta_i)\}\Delta \nu_i[t_0] \tag{6.48}$$

1秒あたりの減衰率を求めるために，$nT=1$ を代入すると，

$$\Delta \nu_i[t_0+1] = r_i^{1/T}\left(\cos\frac{\theta_i}{T} + j\sin\frac{\theta_i}{T}\right)\Delta \nu_i[t_0] \tag{6.49}$$

を得る．これより，減衰率は $r_i^{1/T}$，周波数は $\dfrac{\theta_i}{2\pi T}$ で表されることがわかる．また，連続系の微分方程式

$$\Delta z = A\Delta z \tag{6.50}$$

を離散化すると，

$$\Delta z' = e^{AT}\Delta z \tag{6.51}$$

となる．式(6.50)の固有値は A の固有値を λ_i とおくと

$$e^{\lambda_i T} = e^{\alpha_i T}\{\cos(\beta_i T) + j\sin(\beta_i T)\} \tag{6.52}$$

よって，$r_i = e^{\alpha_i T}$，$\theta_i = \beta_i T$ となり，これより $e^{\alpha_i} = r_i^{1/T}$，$\dfrac{\beta_i}{2\pi} = \dfrac{\theta_i}{2\pi T}$ となり連続系の減衰率，周波数は離散系のそれらとサンプリング間隔において一致することがわかる．

6.3 電力系統解析における固有値解析の定式化

6.3.1 電力系統動特性方程式

本項では電力系統動特性方程式を線形化することにより，固有値解析の定式化を行う．発電機，発電機制御系，パワーエレクトロニクス機器，直流送電系統などを含む電力系統の動特性方程式は，基本的に以下の二つの式で表すことができる．

$$\frac{d\boldsymbol{X}}{dt} = \boldsymbol{f}(\boldsymbol{X}, \boldsymbol{V}) \tag{6.53}$$

$$\boldsymbol{Y}\boldsymbol{V} = \boldsymbol{I}(\boldsymbol{X}, \boldsymbol{V}) \tag{6.54}$$

ここで，$\boldsymbol{X}$：発電機，制御系などの状態変数，$\boldsymbol{V}$：母線電圧，$\boldsymbol{I}$：母線注入電流，$\boldsymbol{Y}$：アドミタンス行列，$\boldsymbol{f}$：微分方程式の特性を表す非線形関数

式(6.53)は，電力系統のふるまいを表す微分方程式であり，一方，式(6.54)は電流と電圧の関係を表す系統方程式である．式(6.53)に比べ系統方程式は，減衰が非常に早いので通常代数方程式で表現するが，詳細な解析ではこれも微分方程式で表現することがある．これらの二つの方程式を平衡点のまわりで線形化すると，

$$\frac{d\Delta\boldsymbol{X}}{dt} = A_D\Delta\boldsymbol{X} + B_D\Delta\boldsymbol{V} \tag{6.55}$$

$$\boldsymbol{Y}\Delta\boldsymbol{V} = C_D\Delta\boldsymbol{X} + D_D\Delta\boldsymbol{V} \tag{6.56}$$

ここで，

$$A_D = \frac{\partial \boldsymbol{f}(\boldsymbol{X}_0, \boldsymbol{V}_0)}{\partial \boldsymbol{X}}, B_D = \frac{\partial \boldsymbol{f}(\boldsymbol{X}_0, \boldsymbol{V}_0)}{\partial \boldsymbol{V}}, C_D = \frac{\partial \boldsymbol{I}(\boldsymbol{X}_0, \boldsymbol{V}_0)}{\partial \boldsymbol{X}}, D_D = \frac{\partial \boldsymbol{I}(\boldsymbol{X}_0, \boldsymbol{V}_0)}{\partial \boldsymbol{V}}$$

$\boldsymbol{X}_0, \boldsymbol{V}_0$：平衡点

であり Δ は微小変動分を表す．これらの行列はブロック対角形をしており，それぞれ，

$$A_D = \begin{bmatrix} [A_1] & & & \\ & [A_2] & & 0 \\ & & \ddots & \\ & 0 & & [A_n] \end{bmatrix}, B_D = \begin{bmatrix} [B_1] & & & \\ & [B_2] & & 0 \\ & & \ddots & \\ & 0 & & [B_n] \end{bmatrix}$$

$$C_D = \begin{bmatrix} [C_1] & & & \\ & [C_2] & & 0 \\ & & \ddots & \\ & 0 & & [C_n] \end{bmatrix}, D_D = \begin{bmatrix} [D_1] & & & \\ & [D_2] & & 0 \\ & & \ddots & \\ & 0 & & [D_n] \end{bmatrix}$$

6.3 電力系統解析における固有値解析の定式化

図6.5 電力系統動特性モデル概念図

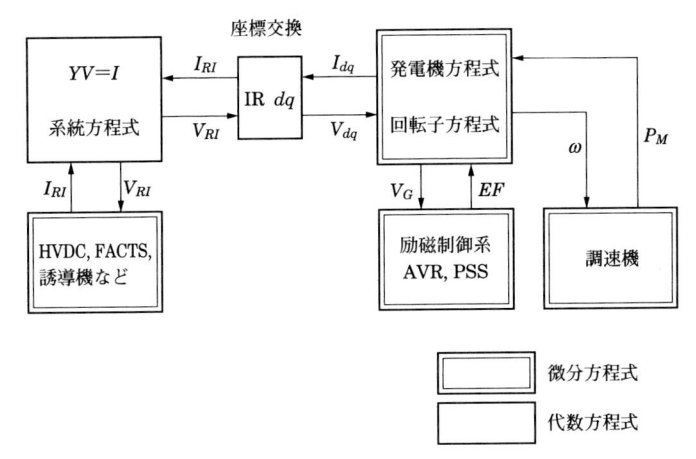

I_{RI}：ノード注入電流　固定子座標系
V_{RI}：ノード電圧　固定子座標形
P_M：機械出力
EF：界磁電圧　V_G：発電機ノード電圧
I_{dq}：ノード注入電流　回転子座標系
V_{dq}：ノード電圧　回転子座標形
ω：速度偏差

という形をしている．ここで，n：発電機などの動的要素の個数，nd：ノード数，$nd_2 : 2 \times nd$，N_i：各A_iの次元，$nx : \sum_{i=1}^{n} N_i$，とすると各ブロック対角行列の次元は

$$A_D : nx \times nx, \quad B_D : nx \times nd_2, \quad C_D : nd_2 \times nx, \quad D_D : nd_2 \times nd_2$$

となる．またこれらの行列の成分の次元はそれぞれ，

$$[A_i] : N_i \times N_i, \quad [B_i] : N_i \times 2, \quad [C_i] : 2 \times N_i, \quad [D_i] : 2 \times 2$$

となる．

式(6.55)と(6.56)を行列の形にまとめると，以下のようになる．

$$\begin{bmatrix} \Delta \dot{X} \\ 0 \end{bmatrix} = \begin{bmatrix} [A_D] & [B_D] \\ [-C_D] & [Y_D] \end{bmatrix} \begin{bmatrix} \Delta X \\ \Delta V \end{bmatrix} \tag{6.57}$$

ここで，

$$Y_D = Y - D_D : nd_2 \times nd_2$$

D_D は 2×2 行列を要素にもち非線形負荷に対応したノードに対し非ゼロ要素をもつ．したがって，Y_D の構造はアドミタンス行列 Y と同一で対角成分のみ異なったものとなる．

式(6.57)から，ΔV は

$$\Delta V = Y_D^{-1} C_D \Delta X \tag{6.58}$$

となる．式(6.55)に(6.58)を代入して ΔV を消去すると，

$$\frac{d}{dt}\Delta X = A\Delta X \tag{6.59}$$

ここで，

$$A = A_D + B_D Y_D^{-1} C_D \tag{6.60}$$

このようにして A の固有値を求めることにより，前節で検討したように系の特性を把握することができる．

6.3.2　固有値の数値解析手法

ここで，電力系統解析で用いられている固有値の数値解析手法について述べる．固有値解析手法は，大きく分けて①逐次反復法，②部分空間法の二つに分けることができる．

逐次反復法は一つの固有値を求めるものであり，べき乗法，逆反復法，レイリー商反復法などがある．これらの手法は，系の安定判別，固有値の精度改善や臨界固有値の計算に用いられる．

一方，部分空間法は同時に複数個の固有値を計算する手法であり，後述するように固有値の部分空間を作成し，その部分空間の固有値を QR 法などの精度の高いプログラムで求めるものである．

部分空間法の代表的なものに同時反復法，RBI 法 (refactored bi iteration)，Lanczos 法，Arnoldi 法がある．本書では，べき乗法と Arnoldi 法について説明する．

(1)　べき乗法

A の固有値を式 (6.61) のようにすべて異なると仮定すると，それらに対応する固有ベクトルは独立となる．

$$|\lambda_1| > |\lambda_2| > \cdots > |\lambda_n| \tag{6.61}$$

そこで，式 (6.62) で与えられる反復計算を考えると，$\boldsymbol{x}^{(k+1)}$ は A の最大固有値 λ_1 に収束する．

$$\boldsymbol{x}^{(k+1)} = A\boldsymbol{x}^{(k)} \tag{6.62}$$

ここで，$\boldsymbol{x}^{(1)}$ は初期値であり，ゼロでない任意のベクトルである．また，最大固有値 λ_1 は以下のように与えられる．

$$\lambda_1 = \frac{\|\boldsymbol{x}^{(k+1)}\|^2}{(\boldsymbol{x}^{(k+1)}, \boldsymbol{x}^{(k)})} \tag{6.63}$$

ここで $(,)$ はベクトルの内積，$\|\ \|$ はノルムを表す．

$$(\boldsymbol{x}, \boldsymbol{y}) = \sum_{i}^{n} x_i y_i \tag{6.64}$$

$$\|\boldsymbol{x}\| \equiv \sqrt{(\boldsymbol{x},\boldsymbol{x})} = \sqrt{\sum_i^n x_i^2} \qquad (6.65)$$

べき乗法の収束性を加速させるために，式(6.62)の代わりに次のような反復を行うことがある．

$$(A-hI)\boldsymbol{x}^{(k+1)} = \boldsymbol{x}^{(k)} \qquad (6.66)$$

ここで，h は定数であり I は単位行列である．A の固有値を λ とすると $(A-hI)^{-1}$ の固有値は $1/(\lambda-h)$ となるので，h が λ に近ければ近いほどその絶対値を拡大する．$(A-hI)^{-1}$ はスペクトル変換とも呼ばれ，求めたい固有値が前もってわかっているような場合，特定の固有値を求めるのに適している．式(6.66)のアルゴリズムは逆反復法といわれ，これはべき乗法の変形版とみなすことができる．

また，反復の過程で h の値を変更し収束を加速させるという手法もあるが，この計算では式(6.66)の左辺を毎回，計算し直す必要がある．

べき乗法は重根や近接固有値が存在する場合，著しく収束が遅くなったり，収束しない場合がある．そこで，同時反復法や RBI 法はベクトルを複数個束ねて反復させ重根があっても対処でき，数値的に安定に計算されるように工夫されている．しかし，これらの手法も基本的には，固有値の絶対値の大きさの比が収束速度を決定するので，収束回数が多くかかる場合が多い．

(2) 部分空間法

大規模電力系統のように次元の大きい行列の固有値を求める場合は，全部の固有値を求めるのではなくその一部を計算する場合が多い．固有値の部分空間問題は次式のように定義される．

$$AV = VH \qquad (6.67)$$

ここで，

$A：n\times n$ 次の行列，$H：m\times m$ 次の行列，$V：n\times m$ 次の行列 $(n>m)$

m は n に比べて十分に小さいと仮定する．

一方，全体の固有値問題は以下のように書くことができる．

$$AP = P\Lambda \qquad (6.68)$$

ここで，

$P：A$ の固有ベクトル $\boldsymbol{p}_i$ を並べた行列 $P = (\boldsymbol{p}_1, \boldsymbol{p}_2, \cdots, \boldsymbol{p}_n)$

$\Lambda：A$ の固有値を並べた $n\times n$ 対角行列

174 第6章 安定度評価と固有値解析

$$\Lambda = \begin{bmatrix} \lambda_1 & & & \\ & \lambda_2 & & 0 \\ & & \ddots & \\ & 0 & & \lambda_n \end{bmatrix} \quad (6.69)$$

もし，式(6.67)が構築できれば，A の固有値の一部は H の固有値を求めることにより得ることができる．いい換えるなら H の固有値は A の固有値の一部となる．この事実は以下のようにして確かめることができる．

Λ_H を H の固有値($\lambda_{H_1}, \cdots, \lambda_{H_m}$)からなる対角行列とし，$P_H$ を固有ベクトルを並べた行列とすると次の関係式を満足する．

$$P_H^{-1} H P_H = \Lambda_H \quad (6.70)$$

ここで，P_H：H の固有ベクトル $\boldsymbol{p}_i$ を並べた行列 $P_H = (\boldsymbol{p}_{H_1}, \boldsymbol{p}_{H_2}, \cdots, \boldsymbol{p}_{H_m})$

$$\Lambda_H = \begin{bmatrix} \lambda_{H_1} & & & \\ & \lambda_{H_2} & & 0 \\ & & \ddots & \\ & 0 & & \lambda_{H_m} \end{bmatrix} \quad (6.71)$$

式(6.70)より，次式を得る．

$$H = P_H \Lambda_H P_H^{-1} \quad (6.72)$$

式(6.72)を(6.67)に代入することにより，

$$AV = V P_H \Lambda_H P_H^{-1} \quad (6.73)$$

となる．したがって，

$$AVP_H = V P_H \Lambda_H \quad (6.74)$$

式(6.75)は，VP_H が A の固有値ベクトルであり Λ_H は A の固有値の一部であることを示している．H の固有値は m が小さいものであると仮定すると精度の高い QR 法などによってその固有値を求めることができる．

Lanczos 法，Arnoldi 法，同時反復法，RBI 法などの手法はすべて H, V を構築するものと考えられる．

(3) Arnoldi 法

Arnoldi 法は，現在の大規模電力系統の固有値解析に適用して最もすぐれた成果をあげているものの一つである．Arnoldi 法以前には行列のスパース性が利用できる Lanczos 法が適用されていたが，この手法は数値的安定性に問題があり，丸めの誤差の拡大の影響により，場合によっては固有値が一つも求まらないということがあった．Arnoldi 法の特徴は数値的安定性がすぐれていることがあげられる．これらの手法は Kryrov 列をに基づいた部分空間を作成しその固有値を求めるものである．A を $n \times n$ 行列，$\boldsymbol{\nu}_1$ をゼロでない n 次ベクトルとすると，Kryrov 列は，$\boldsymbol{K}_m = (\boldsymbol{\nu}_1, A\boldsymbol{\nu}_1,$

$A^2\boldsymbol{\nu}_1, \cdots, A^{m-1}\boldsymbol{\nu}_1$)で与えられる．これらのベクトルは1次独立になるのでm次元空間の基底を構成する．

ここで，Arnoldi法のアルゴリズムは以下のようになる．$i=1, \cdots, m$に対して
$$h_{i+1}\boldsymbol{\nu}_{i+1} = (I - V_i V_i^H)A\boldsymbol{\nu}_i \tag{6.75}$$
ここで，Hは共役転置を表す．$V_i=[\boldsymbol{\nu}_i, \boldsymbol{\nu}_2, \cdots, \boldsymbol{\nu}_i]$，$\|\boldsymbol{\nu}_1\|=1$，となるようにし，さらに$h_{i+1,i}$は$\|\boldsymbol{\nu}_{i+1}\|=1$となるように決定する．すなわち$h_{i+1}=\|I-V_i V_i^H\|$とすると式(6.75)より
$$A\boldsymbol{\nu}_i = V_i h_i' + h_{i+1,i}\boldsymbol{\nu}_{i+1} \tag{6.76}$$
を得る．ここで，
$$h_i' = V_i^H A\boldsymbol{\nu}_i \tag{6.77}$$
よって，
$$AV_m = V_m H_m + h_{m+1,m}\boldsymbol{\nu}_{m+1}\boldsymbol{e}_m^T \tag{6.78}$$
となる．ここで，$\boldsymbol{e}_m^T=(0, \cdots, 1)$

$$H_m = \begin{bmatrix} h_{1,1} & h_{1,2} & \cdots & & h_{1,m} \\ h_{2,1} & h_{2,2} & & & h_{2,m} \\ 0 & h_{3,2} & \ddots & & \vdots \\ \vdots & 0 & \ddots & h_{m-1,m-1} & h_{m-1,m} \\ 0 & 0 & & h_{m,m-1} & h_{m,m} \end{bmatrix} \tag{6.79}$$

H_mは式(6.79)で与えられるような上Hessenberg行列になる．この手法の特徴としてmがふえるにつき式(6.78)の第2項が急激に減少し，無視できる程度になる．したがって，Aの部分空間をよく近似できることになり，H_mの固有値を求めることによりAの部分固有値を求めることができる．

6.4 大規模電力系統における固有値解析手法

6.4.1 大規模電力系統の固有値法の特徴

大規模電力系統（ノード数1000，発電機100台以上）においては，その状態方程式の次数は1000～3000程度にもなる．しかも，その状態行列は密行列になるのでこの行列を直接扱うのは計算時間，記憶容量の面で不利になる．そこで，大規模系統の固有値解析では，以下の条件を満たすことが必要である．
  ① 行列のスパース性を利用した高速な手法であること．
  ② 特定の固有値（ダンピングの最も悪い臨界固有値，電力動揺モード，長周期モー

ド など)を検出できること．
③ 数値的な安定性があること．
この中で，まず，特定のモードを求めるため固有値の変換について述べる．

(1) スペクトル変換

一般的に固有値の数値解析では，その絶対値の大きいものから求まるという性質がある．したがって，求めるべく固有値の絶対値を大きくする必要がある．

まず，求めたい固有値の絶対値を拡大する変換の代表的なものとして，スペクトル変換がある．スペクトル変換は以下のように与えられる．

$$S_p = (A - hI)^{-1} \tag{6.80}$$

前項，逆反復法のところで説明したとおり S_p の固有値は $1/(\lambda - h)$ となる．電力系統解析では，ある特定の動揺モードを求めたい場合など，h をその動揺モードの近辺に設定すれば，その動揺モードの固有値の絶対値を拡大し，これらのモードが求めやすくなる．

電力系統では，発電機の固有のモードとして 1 Hz 近辺の周波数が存在する．また近年の，長距離串形系統などでは，2〜3秒の周期をもつ弱制動のモードが存在する．これらのモードを求めたい場合は，h を求めたい周波数に合わせた複素数(虚部が周波数に相当)を設定してやればよい．

(2) Cayley 変換

もう一つの重要な変換として Cayley 変換がある．Cayley 変換は以下のように与えられる．

$$S = (A - hI)^{-1}(A + hI) = (A + hI)(A - hI)^{-1} = I + 2h(A - hI)^{-1} \tag{6.81}$$

ここで，I を単位行列，h を正の数とすると，Cayley 変換は左半平面(安定領域)を

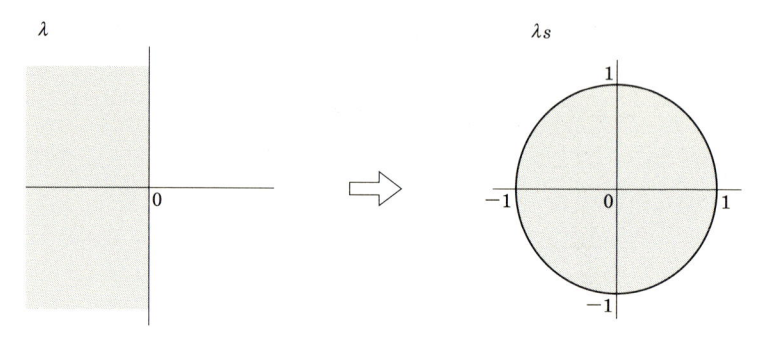

図 6.6 Cayley 変換

単位円の内部に，右半平面を(不安定領域)を単位円の外に写像する(図6.6)．したがって，不安定固有値の絶対値は安定固有値の絶対値よりも必ず大きくなり，不安定固有値から先に求まることになる．Cayley変換は，系統の安定判別を行う場合や臨界固有値を求めるのに適している．

6.4.2　行列のスパース性を考慮した固有値計算法

次に，スパース性を考慮した固有値解析について説明する．

式(6.80)，(6.81)から明らかなようにスペクトル変換とCayley変換は，ほぼ同じ形をしており計算量もほぼ同じになる．これ以降，本書では，スペクトル変換で大規模電力系統の固有値計算手法を説明するが，これがCayley変換であったとしても，本質的に変わるところはない．

固有値の数値解析手法は，前節までに述べたように数多くの手法が提案されているが，これらの手法において計算の中核となるのは，次式で表されるような行列とベクトルの掛け算となる．

$$X_{n+1} = AX_n \tag{6.82}$$

この事実は，多くの部分空間法がKryrov列を構成することにより計算されることによる．

このような掛け算を続けていくと，X_{n+1}はAの絶対値最大の固有値ベクトルに収束し，固有値も固有ベクトルから計算することができる．これはべき乗法の原理であるが，式(6.82)の計算は同時反復法やArnoldi法，Lanczos法などの計算においても中核となる部分である．まず，対象となる固有値を求めやすくするために式(6.83)を考える．

$$X_{n+1} = (A-hI)^{-1}X_n \tag{6.83}$$

ここで，式(6.83)の行列Aは(6.60)で与えられるものである．これは次式と同値である．

$$(A-hI)X_{n+1} = X_n \tag{6.84}$$

ここで，Aは密行列であり，前述のとおり記憶容量，計算時間の面で大規模系統の計算には適さない．そこで式(6.84)を縮約前の形の行列で表すと，

$$\begin{bmatrix} A_D-hI & B_D \\ C_D & Y_D \end{bmatrix} \begin{bmatrix} X_{n+1} \\ V \end{bmatrix} = \begin{bmatrix} X_n \\ 0 \end{bmatrix} \tag{6.85}$$

のようになる．式(6.85)は，拡張された系(augmented system)などとも呼ばれる．すなわち，通常の状態方程式では代数式を消去するが，ここでは計算の都合上これを消去せずに残しておく．ここで式(6.85)の反復計算を効率的に行うことができれば，固

有値計算の計算速度は飛躍的に改善する．

さてここで，発想をかえてみる．いままでは系統方程式(代数式)の変数 V を消去し状態変数 X のみからなる状態方程式を作成した．ここでは式(6.85)を解くことのみに焦点をあてる．まず C_D を消去すると，

$$\begin{bmatrix} A_D - hI & B_D \\ 0 & Y_D - C_D(A_D - hI)^{-1}B_D \end{bmatrix} \begin{bmatrix} X_{n+1} \\ V \end{bmatrix} = \begin{bmatrix} X_n \\ -C_D(A_D - hI)^{-1}X_n \end{bmatrix} \tag{6.86}$$

となる．ここで

$$C_D(A_D - hI)^{-1}B_D = \begin{bmatrix} C_1[A_1 - hI_1]^{-1}B_1 & & & \\ & C_2[A_2 - hI_2]^{-1}B_2 & & 0 \\ & & \ddots & \\ & 0 & & C_n[A_n - hI_n]^{-1}B_n \end{bmatrix} \tag{6.87}$$

である．この行列は2×2要素をもつブロック対角行列であり，発電機接続ノードに対応する部分のみが非ゼロ要素となる．この事実を考慮すれば，式(6.85)の計算は次の二つに分けて計算することができる．

$$(Y_D - C_D(A_D - hI)^{-1}B_D)V = -C_D(A_D - hI)^{-1}X_n \tag{6.88}$$

$$(A_D - hI)X_{n+1} = X_n - B_D V \tag{6.89}$$

式(6.88)の右辺の行列はアドミタンス行列 Y と同じ非ゼロ構造をもち対角成分の値のみが異なる．アドミタンス行列は非常にスパース性が強い行列であるので，その利用により高速な計算が可能である．式(6.88)は通常の系統方程式の計算と同一とみなすことができる．一方，式(6.89)の計算は母線電圧 V が求まったあと，行列のブロック対角性を利用した効率的な計算ができる．このように大規模電力系の固有値解析が高速に計算できるのは，アドミタンス行列のスパース性と状態方程式のブロック対角性によるものである．

現在の大規模な固有値解析手法は，すべてこのような手法に基づくものとなっている．ここで，従来の縮約した状態方程式を用いる手法と大規模固有値用の縮約しない手法を図6.7〜6.9を用いて概念的に説明する．

図6.7は式(6.55)の微分方程式と式(6.56)の系統方程式の結合状態をグラフを用いて表したものである．四つの発電機が系統に結合しており X は発電機の状態変数，V は母線電圧を示している．通常の電力系統においては発電機は端点(ブランチの接続数が1)であることが多く，またここでは，発電機以外のノードを一つのノードにまとめて表現したが，このような表現でも一般性を失うことはない．

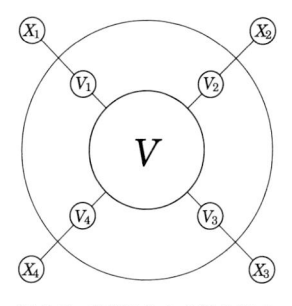

図 6.7　拡張された状態方程式 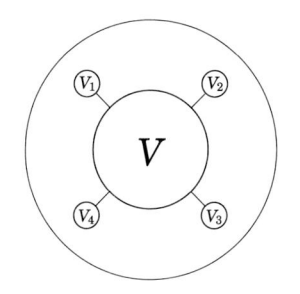　　　図 6.8　状態変数を消去したグラフ

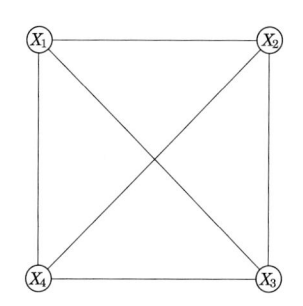

図 6.9　母線電圧を消去した状態方程式のグラフ

　まず，従来の縮約行列を用いる手法では母線電圧 V を消去する．グラフにおいてあるノードを消去するということは，そのノードを隣接ノードの結合で表すということであり，これは隣接間ノードですべて結合をもつことを意味する．グラフ理論の表現をつかえば隣接間ノードで完全グラフになる．図 6.9 は母線電圧 V が消去されているため，状態変数 X 間の完全グラフになるのがわかる．したがって状態変数が 1000以上にもなる大規模系統においては，このような縮約行列を用いることは計算上好ましくないことが理解できる．
　一方，図 6.8 においては，状態変数 X を消去しても残りのグラフ，すなわち系統方程式の構造は保存されることを示している．これは，前述のとおりアドミタンス行列の構造は変化せず，発電機接続ノードの対角成分，すなわち駆動点アドミタンスが変化することを意味する．これはブランチの接続数が一つのノードを消去すると，その接続ノードの駆動点アドミタンスに組み込まれることと同一であると解釈できる．したがって，この中継点の行列を用いることにより，アドミタンス行列のスパース性を利用した計算が可能であるということが明らかとなる．

このように，状態方程式と系統方程式を関連づけるグラフを用いるとこれらの関係が明確になり，解析手法の特徴を把握するのに有効である．

6.4.3　固有値計算の効率化
（1）　線形連立方程式の計算手法

大規模系統における固有値解析は，状態方程式のブロック対角性とアドミタンス行列のスパース性を利用して高速な計算ができることを述べた．本項ではさらに効率のよい計算を行う工夫について述べる．

前述のように固有値計算の中核部は式(6.88)と(6.89)の反復計算になる．式(6.89)のブロック対角成分の計算についてはあらかじめこれらのブロック対角行列の要素ごとの対角化を行い，掛け算の演算量を減らすような手法が提案されている．ここでは，系統方程式の効率的な計算手法について説明する．

多くの電力系統解析では，系統方程式を効率的に解くことがその解析プログラムの鍵なるといっても過言ではない．系統方程式はアドミタンス行列を係数とする連立方程式となるので，アドミタンス行列のスパース性の利用が計算の高速化のため必要不可欠である．連立方程式の計算手法は，消去法と反復法に分けることができる．表6.3に代表的な連立方程式の解析手法を示す．

一般的に電力系統解析では，信頼性のある消去法が好んで用いられる．しかし近年では，並列計算などの高速計算で前処理つきのCG法，CR法などが適していることが確かめられ，これらの手法にも注目が集まっている．

表6.3　線形連立方程式の数値解析手法

	消去法	反復法
代表的な手法	Gaussの消去法 Crout法 Wスキーム 縁どりブロック対角行列法 スパースベクトル法	Gauss-Seidel法 SOR法 CG法(conjugate gradient) CR法(conjugate resiual) ブロックニュートン法 不完全LU分解法
特徴	有限回の演算で解が求まる． 消去の過程でフィルインが発生するためノードのオーダリングが必要(MD, MF, MD-ML, ML-MD*)	収束計算の必要がある． 悪条件の場合収束しないことがある． 行列のフィルインの考慮の必要なし． 並列計算に適している．

* MD：minimum degree T2(Tinney's second scheme)ともいう．
　MF：minimum fill-in T3(Tinney's third scheme)ともいう．
　MD-ML：minimum degree minimum length
　ML-MD：minimum length minimum degree

消去法では，行列の消去の過程で，ゼロ要素であった部分が破壊され新たな非ゼロ要素が発生する．この新たに発生した要素はフィルイン要素と呼ばれ，消去法の計算速度は，このフィルイン要素を含めた非ゼロ要素の数に比例すると考えられる．したがって，フィルイン要素の発生を最小限に押さえることが計算の高速化につながる．この操作はノードの順序づけ，オーダリングにより行う．1960年代にTinneyにより提案されたT2（Tinney's second scheme）はMD（minimum degree scheme）とも呼ばれ，電力潮流計算に適用され成功をおさめた．この手法は準最適なノードのオーダリング手法として，現在の系統解析で最も広く用いられている手法の一つである．T2の考え方はきわめて簡単であり，ノードの消去過程を模擬する縮約グラフを用い，ブランチの接続数が最も少ないノードから番号をつける（消去を行う）というものである．

(2) ベクトルのスパース性の利用

固有値解析の系統方程式の右辺は，発電機接続ノードに対応する部分のみが非ゼロであり，また計算に必要な諸量も発電機接続ノードの母線電圧のみである．このような計算を効率的にするには二つのアプローチがある．一つはスパースベクトル法であり，もう一つはノード縮約法である．

スパースベクトル法は1980年代にTinneyらによって提案された手法であり，行列のスパース性のみでなくベクトルのスパース性も考慮すればより効率的な計算ができるというものである．スパースベクトル法は並列計算やW行列法にその概念を適用されており，現在，最も注目されているスパース行列計算手法の一つである．またスパースベクトル法に適したオーダリング手法も種々のものが提案されている．

本書では，もう一つの手法，ノード縮約法について説明する．

ノード縮約法：前述したように固有値計算では発電機接続ノードのみの母線電圧が必要である．また，発電機母線以外は浮遊ノードとして扱うので，発電機ノードのみからなる発電機間縮約行列を考えることができる．しかし，この行列は完全な密行列になり大規模な計算には適さない．これを例をあげて説明しよう．たとえば，ノード数NDが1000，ブランチ数NBが1200，発電機台数NGが150の系統について考える．まず，ノード縮約を行わないスパース性を用いた手法では，アドミタンス行列のLU分解後のフィルイン要素数NFLを，ノード数と同数と仮定するとその非ゼロ要素数は

$$NZ_1 = ND + 2 \times NB + NFL = 4400$$

となる．一方発電機間縮約アドミタンス行列の非ゼロ要素数は

$$NZ_2 = NG \times NG = 22500$$

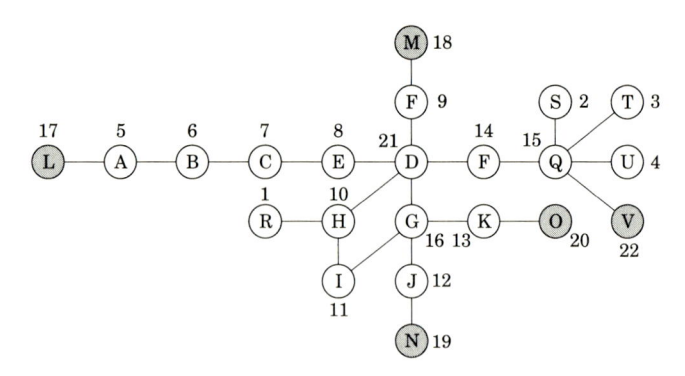

図 6.10 テストモデル

となる．これは縮約しない行列の非ゼロ要素数に比べて約 5 倍にもなり発電機間縮約アドミタンス行列の使用は適切でないのがわかる．

ここでは，スパース性を保存した縮約行列の作成法について説明する．

例として図 6.10 に示す 22 母線，22 ブランチのテスト系統を考える．ここでノード L, M, N, O, V は発電機接続ノードであり，これらのノードを含む最適な縮約について考える．図 6.12 は，従来の発電機間縮約アドミタンス行列であり，発電機間で完全グラフになっているのがわかる．一方，図 6.11 に示す縮約行列では，ノード D が消去されずに残されている．このノードを残すことにより，縮約行列のスパース性を保つことが可能となる．またこの例では，縮約行列を LU 分解してもフィルイン要素は発生しないのがわかる．このようにスパース性を保存する縮約行列を作成するためには，縮約対象ノード以外のノードを含めることが必要である．したがって，どのノードを残したらよいかということが問題になるが，これはノードのオーダリングにより容易に決定することができる．

スパース性を保存する縮約行列作成のためのオーダリングアルゴリズムは，以下の

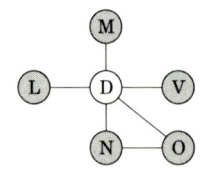

図 6.11 スパース性を保存する縮約行列

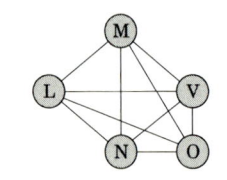

図 6.12 発電機間縮約アドミタンス行列

ようになる．
　　Step 1：Ω より A をはずす．よって残りのノードがオーダリングの対象となる．
　　Step 2：対象となるノードの集合で，ブランチの接続数が一番少ないノードを消去する．
　　Step 3：そのとき縮約行列の要素数がふえていたら，Step 4 へ，そうでなければ，Step 2 へもどる．
　　Step 4：A をオーダリングするノードの対象に加え残りのノードのオーダリングを行う．

ここで，Ω：ノード全体の集合，A：発電機接続ノードの集合，である．Step 4 でのノードのオーダリングは，フィルインの発生を少なくするものであれば何を用いてもよい．このような縮約行列を利用することにより，固有値解析の計算速度を改善することが可能となる．

6.4.4　大規模固有値解析の今後の課題

　大規模電力系統の固有値の解析手法は，今まで述べてきたように，安定判別や特定のモードを求めるための手法としては，ほぼ確立されていると考えられる．現在の電力系統では系統の安定化を図るため，各種制御系や，FACTS 機器の導入が積極的になされており，これらの機器の効果を定量的に測るためにも固有値解析は重要な役割を果している．6.2 節で述べたデジタル制御系は，今後ますます電力系統に取り入れられてくると予想されるが，デジタル制御系を含んだ大規模電力系統の固有値解析手法は，まだ確立されておらず，今後の課題となろう．また，並列計算機の利用によるさらなる高速化や，固有値のオンライン監視システムなどが期待される．

参 考 文 献

1) N. Uchida and T. Nagao : A New Eigen Analysis Method of Steady State Stability for Large Power Systems ; S Matrix Method, *IEEE Trans. PAS*, **3**, 2, 1988.
2) A. Semlyen and L. Wang : Sequential Computing of Complete Eigen System for the Study Zone in Small Signal Stability Analysis of Large Power Systems, *IEEE Trans., PWRS*, **3**, 2, 1988.
3) P. Kunder, *et al*.: A Comprehensive Computer Program Package for Small Signal Stability Analysis of Large Power Systems, *IEEE, Trans., PWRS*, **5**, 1990.
4) W. F. Tinney and J. W. Walker : Direct Solution of Sparse Network Equation by Optimally Ordered Triangular Factorization, IEEE Proc. 55, 1967.
5) W. F. Tinney, *et al*.: Sparse Vector Methods, *IEEE Trans. PAS*, **104**, 2, 1985.

6) S. M. Chan and V. Brandwajn : Partial Matrix Refactorization, *IEEE Trans. PWRS*, **11**, 1, 1986.
7) P. Kundur : Power System Stability and Control, McGraw-Hill, Inc., 1993.
8) 高橋：電力システム工学, コロナ社, 1977.

第7章

供給信頼度評価と電力設備形成

　信頼性指標(reliability)と生産コスト(production cost)は電力設備計画あるいは電力供給計画の策定において重要な指標であり，特に自由化が進んだ電力市場においては，それらの指標の策定と評価は供給電力の市場価値と品質の判断基準にも関係しているために，一層重視されるようになってきている．供給信頼度は特定の期間において需要家に電力を供給する系統の能力であり，確定指標と確率指標の二つに分けられる．確定信頼性指標は一般的に系統の余裕度合い，たとえば，発電と送電容量により供給予備率と負荷への着水率など[20]で表現されるが，確率信頼性指標は系統の供給支障あるいは停電の可能性とその規模，たとえば電力設備の故障率あるいはN-1事故により停電の頻度，大きさと持続時間などで評価される．また，供給者の側と需要者の側の両面からそれぞれの尺度により信頼度も定義されている．

　本章では特に確率指標とその評価法について紹介し，さらにそれらの指標による電力設備計画法を述べる．7章は五つの節から構成され，7.1節では供給側の視点から信頼性の定義について説明し，それらの指標における代表的な4種類の解析的な計算法を紹介する．7.2節では規制緩和された電力系統において需要家からみた信頼性とその評価に影響する諸要因を述べて，モンテカルロ(Monte Carlo)法による高速な評価法を説明する．7.4節は送電能力を考慮した多地域電力設備計画における計算法である．7.5節は電力設備の故障率以外に各種の不確実性，たとえば負荷予測，燃料費，出水と市場競合などを考慮した電源拡張計画法の一例を紹介する．

7.1　供給信頼性と生産コストの評価法

　供給側の視点から従来では，供給不足確率(LOLP：loss of load probability)，供給不足エネルギー(EUE：expected unserved energy)と頻度 - 持続時間曲線(FDC：frequency-duration curve)などは確率信頼性指標としてよく使われている[1,3,19,21,24]．

その計算法について，解析的な計算法とモンテカルロ法の二別がある．ネットワーク故障を無視する場合については，高速な解析的な計算法が一般的に使われているが，ネットワークを考慮する場合においては，ほとんど詳細なシミュレーションができるモンテカルロ法が適用される．

　本節では供給側の視点から，電力設備計画によく使われている信頼性指標について概要説明とサーベイを行い，論文[25]の結果を用いそれらの指標における代表的な4種類の解析的な計算法について説明する．モンテカルロ法については，7.2節で詳細に紹介する．

　ネットワークの影響を考慮しない場合において，数学的にLOLPとEUEはすべての発電機故障量の確率密度分布と負荷の確率密度分布のたたみ込み積分に基づいた等価負荷持続曲線(ELD：equivalent load duration curve)により表現でき，各発電機の生産コストもその等価負荷持続曲線から計算できる．しかし，たたみ込み積分が各確率密度分布の組合せの計算を要するため，発電機の数の増加に伴い，計算量は急激に増えることになる．この問題を解決するため，1960年代からすでにいくつかの計算法，たとえば，直接たたみ込み法，フーリエ級数近似法，グラムシャリエ級数近似法と高速フーリエ変換法などが提案され，実際の電力系統の信頼性評価にも使われている[25]．

　直接たたみ込み法(RCT：recursive convolution technique)[3]は名前のとおり，たたみ込みの数値積分により等価負荷持続曲線を計算する厳密計算法である．この手法はLOLPの概念とともに1960年代に確立され，特に1966年Garverにより電源補修計画の策定に用いられた[2]．RCTは厳密な計算法であるが，かなりの計算時間を要するためにほとんどの電力設備計画，特に長期電源開発計画には使われていない．

　等価負荷持続曲線における他の代表的な厳密計算法は，1981年にAllanらにより開発された高速フーリエ変換法(FFT：fast Fourier transform)である[4]．高速フーリエ変換法では，まず容量[MW]領域のたたみ込み計算を周波数領域で乗算の計算に変換する．そして，周波数領域から容量領域に再度逆変換することにより等価負荷持続曲線を得ようとするものである．RCTに比較してFFT法の計算量はかなり軽減される[7]．さらにもし容量の離散幅が発電機容量と負荷の公約数であれば，誤差なしでLOLPあるいはEUEを計算できるというメリットもある[25]．FFT法はすでに連系系統電源開発計画パッケージESPRITに導入され，計画案の最終評価に使われている．

　一方，離散計算を行う厳密法に対して，ほとんどの近似計算法はたたみ込みを解析的に表現し，連続量として計算を行う．高速な近似法の一つであるフーリエ級数近似法(FEA：Fourier expansions approximation)は，1977年にJenkinsらによって提

案された[8]．この手法は，フーリエ級数の四分の一基本周波の周期をまず負荷持続曲線（あるいは逆負荷持続曲線）に合せる．そして，解析的なたたみ込みと逆たたみ込み表現により等価負荷持続曲線を近似する．たとえば，100次のフーリエ級数を使う場合は，100のcos項の係数，100のsin項の係数と一つの定数項を毎回のたたみ込みあるいは逆たたみ込み計算で求めることにより，等価負荷持続曲線が得られる．FEAの特徴は，計算量が系統の規模にあまり依存せず，ほぼ一定なことである[9]．現在,FEAはすでにIAEAの電源開発計画パッケージWASP-II, WASP-III[15]とESPRIT[24]に用いられている．

現在までの最も高速な近似法は1979年にStremel, Rauらが提案したグラムシャリエ級数法（GCE：Gram-Charlier expansions）あるいはキュミュラント法（cumulant method）[10,11]である．この手法では，負荷と発電機の故障量分布のモーメントの組合せであるキュミュラントで，等価負荷持続曲線を解析的に表現するもので，二つの大きな利点をもつ．一つは発電機の部分故障も簡単に考慮でき，故障量の離散化の必要がないということで，他の一つはたたみ込み計算と逆たたみ込みは単にその分布のキュミュラントの足し算と引算となり，非常に高速であるという点である[25]．他方，GCEは任意の確率分布に近似できる（無限展開の場合）が，収束的な級数ではないという欠点をもっている．すなわち，8次展開と7次展開の精度を比較できないという問題である．したがって，対象の確率分布によりかなり大きな誤差もあり得る[12~14]．しかしながら，その高速性を生かして，GCEは多数の実用電源計画パッケージ，たとえば，ESPRIT[24], EPRIのEGEAS[16]とWestinghouse社のWIGPLANに導入されている．

7.1.1　等価負荷持続曲線と信頼性指標

確率信頼性指標LOLP, EUEと各発電機の生産コストはすべて等価負荷持続曲線（ELD）に基づいて計算できるため，電力供給計画の策定と評価において等価負荷持続曲線は重要な役割を果している．発電機の故障を負荷の発生とみなした等価負荷の確率分布 $P_n(x)$ は次のようなたたみ込み計算によって表現できる．

$$P_n(x) = P_D(x) \otimes P_{G1}(x) \otimes \cdots \otimes P_{Gn}(x) \tag{7.1}$$

ただし，xは負荷〔MW〕で，$P_n(x)$はn番目発電機の投入に対する等価負荷の確率密度である．$P_D(x)$は負荷の確率密度で，P_{Gn}はn番目発電機の故障量確率密度である．$\otimes$はたたみ込み計算を表す．

そこで，n番目発電機に対する等価負荷持続曲線 $\mathrm{ELD}_n(x)$ は次のような累積関数となる．

$$\mathrm{ELD}_n(x) = \int_x^\infty P_n(x)\,dx = \int_x^{DU+\Sigma_{i=1}^n C_i} P_n(x)\,dx \tag{7.2}$$

ここで，DU は最大負荷〔MW〕で，C_i は i 番目発電機の容量〔MW〕である．

よって，LOLP と EUE は次のように表現される．

$$\mathrm{LOLP} = \mathrm{ELD}_n\!\left(\sum_{i=1}^n C_i\right) \tag{7.3}$$

$$\mathrm{EUE} = T\int_{\Sigma_{i=1}^n C_i}^{DU+\Sigma_{i=1}^n C_i} \mathrm{ELD}_n(x)\,dx \tag{7.4}$$

ここで，T は考察期間(hour or day)である．

信頼性指標 LOLP，EUE と等価負荷持続曲線 ELD の関係は図 7.1 に示している．同様に各発電機の生産コストも ELD で表現できる[10]．

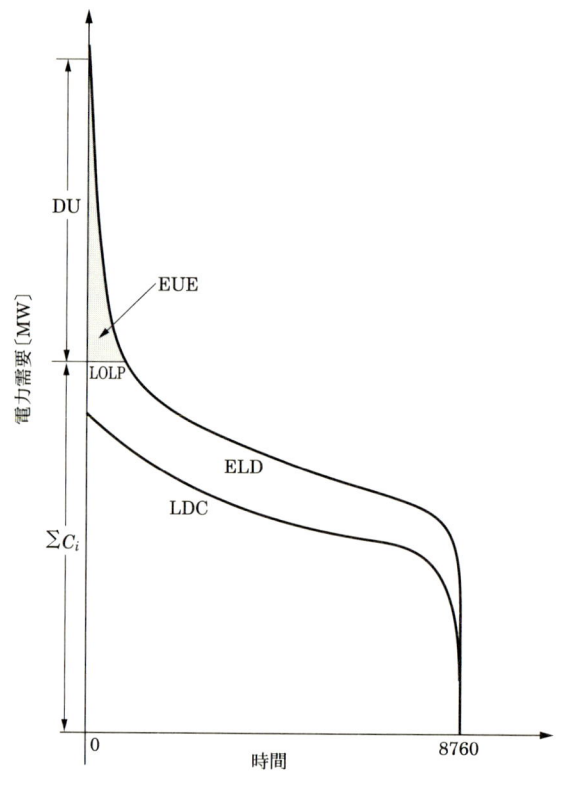

図 7.1 信頼性指標 LOLP, EUE と等価負荷持続曲線 ELD

7.1.2 直接たたみ込み法(RCT)による評価

　明らかに LOLP と EUE の計算量と精度はほとんど式(7.1)のたたみ込み積分をいかに効率的に計算するかに依存する.

　直接たたみ込み法(RCT)[2,3]はすべての発電機と負荷を離散幅の整数点に平準化(sharing process)[4]し, 式(7.1)に対して離散積分の計算を直接行う手法である. 計算精度は離散幅によるため, 離散幅が小さければ, 平準化の誤差も小さいが, 式(7.1)の計算量が増えることになる. ただし, 平準化後のたたみ込み計算が誤差なしの厳密計算である. いうまでもなく, 発電機数の増加とともに計算量が急激に増えるという欠点がある. この問題に対して, 次のいくつかの厳密法と近似法が開発された.

7.1.3 高速フーリエ変換法(FFT)による評価

　式(7.1)のたたみ込みを直接計算せずに, FFT により周波数領域の掛け算に変換し, さらに容量領域の逆 FFT 変換により ELD を求める手法が高速フーリエ変換法である[4,7]. FFT を使うため, RCT と同様に離散幅を決める必要がある. 各発電機と負荷の公約数を離散幅とした理想的な場合は, 誤差なしの厳密手法となる[4,7]. 離散幅があまり小さくなると, 計算量がかなり増えるために一般的に RCT と同様に離散幅を適切な大きさに設定し, 発電機故障量確率密度と負荷確率密度の平準化を行う[4]. FFT の分割数は 2 のべき乗でなければならず, その値は次式から得られる.

$$\min\left\{N|2^N \geq \frac{DU+\sum_{i=1}^{n}C_i}{\Delta x}+1\right\} \tag{7.5}$$

ここで, Δx は等価負荷 x の離散幅で, 2^N は FFT の分割数である.

　フーリエ変換により, 式(7.1)のたたみ込み計算は式(7.6)に示す周波数領域の掛け算となる.

$$F(P_n(x)) = F(P_D(x))F(P_{G1}(x))\cdots F(P_{Gn}(x)) \tag{7.6}$$

ここで, F はフーリエ変換であり, $P_D(x), P_{G1}(x)\cdots P_{Gn}(x)$ は平準化された 2^N 点の等間隔の離散確率(たとえば $P_D(x)$ に対して, $P_D(0), P_D(\Delta x), \cdots, P_D((2^N-1)\Delta x))$ は $\sum_{i=0}^{2^N-1} P_D(i\Delta x) = 1$ を満たす)である.

　式(7.6)の離散的な表現は式(7.7)である.

$$F(k) = F_0(k)F_1(k)\cdots F_n(k) \quad (k=0,\cdots,2^N-1) \tag{7.7}$$

ここで, $F_0(k)$ は負荷分布の k 番目のフーリエ係数であり, $F_n(k)$ は n 番目発電機故障量の k 番目フーリエ係数である.

式(7.7)の等価負荷のフーリエ係数 $F(k)$; $(k=0,\cdots,2^N-1)$ を計算したあとに，さらにもう1回逆FFT変換すれば，式(7.1)の 2^N 点の等価負荷確率密度 $P_n(x)$，すなわち，$P_n(0), P_n(\Delta x),\cdots, P_n((2^N-1)\Delta x)$ が得られる．一般的にFFTの計算量は $2^N\log 2^N$ に比例するため，計算量と精度の両方からみても，離散幅の選定が重要であることがわかる．

7.1.4 フーリエ級数近似法(FEA)による評価

RCTとFFTと違って，FEAはたたみ込み計算の近似法である．FEAではまず負荷持続曲線(LD: load duration curve)を近似し，そしてELDの近似を行う[8~10,15]．

合計 m 点の離散負荷持続曲線 $LD(x)$ (すなわち $0 \leq x = D_1,\cdots, D_m \leq DU$; ここで，$DU$ と DL は最大と最小負荷である)はフーリエ級数により次のように近似することができる．

$$LD(x) \simeq a_0/2 + \sum_{k=1}^{M} a_k \cos(k\omega x) \qquad (7.8)$$

ただし，

$$a_0 = \frac{4E}{2(DU+DL)} \qquad (7.9)$$

$$a_k = \frac{4}{2(DU+DL)k\omega} \sum_{i=1}^{m} P_D(D_i)\sin(k\omega D_i) \qquad (k=1,\cdots,M) \quad (7.10)$$

ここで，M はフーリエ級数の近似次数であり，E は考察期間の負荷エネルギー〔MWh〕である．$\omega = 2\pi/(2(DU+DL))$ で，基本周波の周期は $2(DU+DL)$ である．もちろん，負荷 D_i の確率 $P_D(D_i)$ は $\sum_{i=1}^{m} P_D(D_i) = 1$ を満たす必要がある．

明らかに最初の発電機に対する等価負荷持続曲線 ELD_0 は負荷持続曲線そのものである．

$$ELD_0(x) = LD(x) \qquad (7.11)$$

それ以降の n 番目発電機に対する等価負荷持続曲線は式(7.12)のように解析的に表現でき，各次のフーリエ係数を式(7.13)~(7.15)に従って逐次計算する．

$$ELD_n(x) \simeq a_0^n/2 + \sum_{k=1}^{M}(a_k^n \cos(k\omega x) + b_k^n \sin(k\omega x)) \qquad (7.12)$$

ただし，

$$a_0^n = a_0 \qquad (7.13)$$

$$a_k^n = (p_{Gn} + q_{Gn}\cos(k\omega C_n))a_k^{n-1} - q_{Gn}b_k^{n-1}\sin(k\omega C_n) \qquad (7.14)$$

$$b_k^n = (p_{Gn} + q_{Gn}\cos(k\omega C_n))b_k^{n-1} + q_{Gn}a_k^{n-1}\sin(k\omega C_n) \qquad (7.15)$$

$$(k=1,\cdots,M)$$

ここで，C_n, q_{Gn} はそれぞれ n 番目発電機の容量と故障率で，$p_{Gn}=1-q_{Gn}$；$a_0^0=a_0$；$a_k^0=a_k$；$b_k^0=0 (k=1, \cdots, M)$；$0 \leq x \leq DU+\sum_{i=1}^{n} C_i$ とする．

したがって，式(7.3)，(7.4)により，LOLP と EUE が計算できる．しかし，フーリエ級数近似次数 M が小さい場合，ELD の先端部分の誤差が生じ，特に LOLP の値に影響する．そこで，式(7.3)を使わずに，$\sum_{i=1}^{n} C_i$ の近傍の第 M 調波における平均値で LOLP を評価する[15]．

$$\text{LOLP} = \frac{1}{\beta-\alpha}\int_\alpha^\beta \text{ELD}_n(x)\, dx \tag{7.16}$$

ここで，$\alpha=\sum_{i=1}^{n} C_i - 2(DU+DL)/2M$；$\beta=\sum_{i=1}^{n} C_i + 2(DU+DL)/2M$ であり，$\beta-\alpha=2(DU+DL)/M$ は第 M 調波の周期である．

7.1.5 グラムシャリエ級数近似法（GCE）による評価

現在まで最も高速な近似法である GCE[10〜13] は，等価負荷持続曲線を一般的に式(7.17)のようにグラムシャリエ級数（8次）に近似するため，式(7.3)，(7.4)により LOLP と EUE が解析的に求められる．

$$\begin{aligned}
\text{ELD}_n(x) = {} & 1 - \int_{-\infty}^z N(z)\,dz + \Big\{ \frac{G_3}{6}(z^2-1) + \frac{G_4}{24}(z^3-3z) \\
& + \frac{G_6+10G_3^2}{720}(z^5-10z^3+15z) + \frac{G_5}{120}(z^4-6z^2+3) \\
& + \frac{G_7+35G_3G_4}{5040}(z^6-15z^4+45z^2-15) \\
& + \frac{G_8+56G_3G_5+35G_4^2}{40320}(z^7-21z^5+105z^3-105z)\Big\}N(z)
\end{aligned}$$
(7.17)

ここで，$z=(x-K_{E1})/\sqrt{K_{E2}}$；$N(z)=e^{-z^2/2}/\sqrt{2\pi}$；$G_i=K_{Ei}/(K_{E2})^{i/2}$ $(i=3, \cdots, 8)$．K_{Ei} は i 次等価負荷のキュミュラントであり，その具体的な計算式については文献[25]の付録を参照されたい．

GCE はあらゆる確率分布を近似できる一方，収束級数ではないため，系統によりかなりの誤差もありえる．また，収束をよくするために展開を $0, 3, 4, 5, \ldots$ の順に加えずに $(0, 3)$，$(4, 6)$，$(5, 7, 9)$ の順にたばねて加えた Edgeworth 級数もよく電力系統の信頼性評価に使われている[14]．なお，GCE は ELD の先端部分の近似がよくないため，LOLP の計算は FEA と同様に一般的に式(7.16)のような平均値を使う[16]．

7.1.6 比　較

4種類の解析的な計算法は主に電力設備計画の信頼性と経済性の評価に使われて，それぞれ長所と短所がある．文献[25]では発電機故障率，負荷の点数，フーリエ級数の次数とFFTの離散幅（あるいは分割数）をパラメータとして，テスト用系統と実規模系統により，各手法の計算量と精度を定性的と定量的に評価を行った．各手法における信頼性指標の計算量は図7.2に示されている．

① 小中規模系統の信頼性計算に対して，FFTは合理的な計算量で高精度の信頼性指標を計算できるほか，FEAも十分な精度の信頼度指標を計算できる．中大規模系統に対しては，計算時間の問題からFFTの適用が困難になり，FEAとGCEを使用した方がよい．ただし，GCEは非常に高速であるが，精度の問題からは比較的に大規模で，故障率の大きい系統に適している[25]．

② FEAは高速で，高い精度の計算ができるが，LOLPが0.001以下の系統に対して，波状の振動を生じるため，そのままではLOLPとEUEに誤差を生ずる場合がある．そこで，ELD先端部分の近似に工夫することにより，この欠点を解消でき，FEAは柔軟性の高い手法となる．

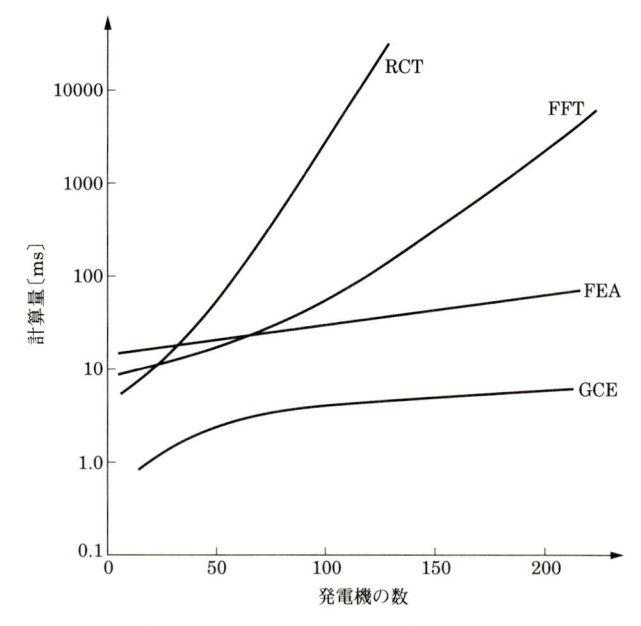

図7.2　各解析な手法による信頼性指標の計算量比較（文献[25]の図7）

③ GCEは非常に高速であるが，大規模で故障率の大きい系統にしか使えないという欠点がある．GCEにおけるこの欠点に対して，すでにいくつかの改善策，たとえば，大偏差法(large deviation)，展開中心法(expansion centering)[13]と直交展開(laguerre polynomials)などが提案され，計算量は多少増えるが，小規模系統に対してもGCEの精度がかなり改善されたことが報告されている[25]．この分野の研究は今後さらに進む必要があると考えられる．

④ FFTは精度が高いが，大規模系統の評価に対してかなり時間がかかる．そこで，精度を損わずに高速に計算を行うためにいかに最適な離散幅を選択するかが重要である．

⑤ 対象問題により適切な評価手法を選ぶことも重要である．たとえば，信頼性指標を多数回計算する最適電源計画については，最適計算にFEAあるいはGCEを使用し，最終結果をFFTで精密評価するという使い分けをとれば，より効果的に計算できる．

7.2 電力市場における需要家向け信頼度指標とその評価法

7.2.1 需要家向け信頼度指標

電力市場の自由化とともに，信頼性評価と電力設備計画は従来の供給側寄りから需要家寄りの要望と情報がより重視される傾向に急速に変化しつつある．各需要家はそれぞれ信頼性に対する要求水準が異なり，供給電力の品質を異なる経済的尺度で測る．需要家の視点から一般的に供給電力の信頼性が悪化する可能性として，技術的な要因と経済的な要因の二つはある[33]．技術的な要因とは発電機または系統の事故により需要家が必要とする電力が供給できないことであり，経済的な要因とは技術的に可能であっても，たとえば電力を供給するコストが供給しないことに関するペナルティを上回った場合など，契約により電力を送らないことである．従来では，供給電力の評価をほとんど技術的な要因により行ったが，電力市場の環境においては混雑解消と供給コスト削減などの理由で経済的な要因も考慮しなければならない．

また，個々の需要家からみた信頼性は従来の系統構成要素(たとえば系統の構成と容量，発電機と送電線の故障率など)以外に，系統運用(たとえば運用点設定，運用手順など)からも影響される．信頼性に影響を及ぼす運用要素として，運用点の決定，運用形態(ループあるいは放射状系統)，運用の自動化，運用スタッフの能力，安定度余裕，最大負荷容量，保護方式と設定，補修計画，モデルの精度と復旧手順などが考え

られる．各要因を反映する需要家向け信頼性指標はすでに多数提案され，ほとんどの指標の評価はネットワークを考慮した運用の詳細なシミュレーションが必要となる．従来の LOLP と EUE 以外に，次はその他の主な信頼性指標を紹介する[33]．

① 系統の平均供給不能頻度(SAIFI : system average interruption frequency index)

$$\text{SAIFI} = \frac{\text{年間における全系統の供給不能発生回数}}{\text{全需要家数}}$$

② 需要家の平均供給不能頻度(CAIFI : customer average interruption frequency index)

$$\text{CAIFI} = \frac{\text{年間における全系統の供給不能発生回数}}{\text{供給不能があった需要家数}}$$

③ 系統の平均供給不能持続時間(SAIDI : system average interruption duration index)

$$\text{SAIDI} = \frac{\text{年間における全需要家の供給不能時間の合計}}{\text{全需要家数}}$$

④ 需要家の全平均供給不能持続時間(CTAIDI : customer total average interruption duration index)

$$\text{CTAIDI} = \frac{\text{年間における全需要家の供給不能時間の合計}}{\text{供給不能があった需要家数}}$$

⑤ 需要家の平均供給不能持続時間(CAIDI : customer average interruption duration index)

$$\text{CAIDI} = \frac{\text{年間における全需要家の供給不能時間の合計}}{\text{年間における全系統の供給不能発生回数}}$$

⑥ 平均供給不能持続時間(CIT : average interruption time) ＝CTAIDI

⑦ 需要家の最大供給不能頻度(MICIF : maximum individual customer interruption frequency)

$$\text{MICIF} = \text{全需要家で年間の発生回数が最も多い需要家の供給不能発生回数}$$

⑧ 需要家の最大供給不能時間(MICID : maximum individual customer interruption duration)

$$\text{MICID} = \text{全需要家で年間の供給不能時間が最も多い需要家の供給不能時間}$$

⑨ 平均供給不能エネルギー(AENS : average energy not supplied)

$$\text{AENS} = \frac{\text{年間における全系統の EUE}}{\text{全需要家数}}$$

⑩ 各需要家の供給不足確率(LOLPIC : loss of load probability for individual customer)

　　　　LOLPIC ＝ 特定な需要家における年間の LOLP
⑪　各需要家の供給不足エネルギー(EUEIC : expected unserved energy for individual customer)
　　　　EUEIC ＝ 特定な需要家における年間の EUE

　場合によって，上述した指標以外に電力品質に関わっている周波数変動，電圧低下と過電圧の頻度，相不平衡の期待値なども信頼性指標として使われている．個々の需要家の LOLP と EUE と，さらに上述の指標の評価は各種不確定要因に対して，ほとんどネットワークを考慮した運用計算が必要となるため，解析的な手法は対応できないので，一般的にモンテカルロ法が使われている．モンテカルロ法は最適潮流計算[22,23,32]あるいは運用手順を組み込むことにより運用の詳細なシミュレーションができるが，計算時間がかなり膨大なため，実際の評価においては，系統の特徴によりモデルの簡略化とモンテカルロ法の高速化[18,28]などの各種の工夫が行われている．たとえば，送配電系統について AC モデルの代わりに DC モデルあるいは線形モデルでネットワークを近似し，大規模系統について母線あるいは送配電系統を縮約することなどにより，運用シミュレーションを行う．

7.2.2　モンテカルロ法による評価

　モンテカルロ法は各種不確定要因に対して，乱数を用いて電源と送電設備の事故を確率的に多数発生させ，各事故において最適潮流計算などの運用シミュレーション手法[29,32]を用いた運用計算を行い，その結果を統計処理することにより各信頼性指標を求めることができる．次にまず従来のモンテカルロ法を説明する．そして，系統の特徴を利用した高速モンテカルロ法[18]を紹介する．

　電力系統の各不確定要因(たとえば発電機と送電線の故障率など)に対して，各確率信頼性指標はほとんど期待値で表現される．x を系統の状態変数ベクトル(たとえば発電機と送電線の構成など)とし，$P(x)$ を系統状態 x の発生確率とする．X はすべての状態 x の集合であり，$R(x)$ は状態 x のときに信頼性指標の評価値(たとえば，供給不能エネルギー，供給不能時間など)である．そこで，R の期待値 E と分散 V は次のように表現できる．

$$E(R) = \sum_{x \in X} R(x) P(x) \quad (7.18)$$

$$V(R) = \sum_{x \in X} [R(x) - E(R)]^2 P(x) \quad (7.19)$$

　モンテカルロ法では，状態 x のサンプリングにより期待値と分散を推定する．すなわち，

$$\hat{E}(R) = \frac{1}{N}\sum_{i=1}^{N}R(x^i) \tag{7.20}$$

ただし，$\hat{E}(R)$ は N 回のサンプリングによる期待値の推定値で，N は全サンプリング回数で，x^i は i 番目のサンプリング状態である．

よって，推定値の不確信度 β は次のように定義される．

$$\beta = \frac{\sqrt{V(\hat{E}(R))}}{\hat{E}(R)} \tag{7.21}$$

$$= \frac{\sqrt{V(R)/N}}{\hat{E}(R)} \tag{7.22}$$

ただし，$\hat{E}(R)$ も確率変数のため，$E(\hat{E}(R))=E(R)$，さらに $V(\hat{E}(R))=V(R)/N$ となる．

推定値の不確信度とは解が不確かな確率あるいは精度であり，不確信度が小さいほど解はより信頼できる値といえる．そこで，与えられた不確信度に対して，モンテカルロ法における必要なサンプリング回数は次のように決定できる．

$$N = \frac{V(R)}{[\beta\hat{E}(R)]^2} \tag{7.23}$$

明らかに計算回数 N は分散と比例する．次にこの特徴を利用した高速モンテカルロ法を述べる．

7.2.3 高速モンテカルロ法による評価

電力系統において，不確定要因(たとえば発電機と送電線の故障率，負荷予測，出水，市場競合など)が数多くあるため，モデルの簡略と近似をしてもモンテカルロ法をそのまま適用すると，要求精度を満たすためにまだ膨大な計算をする必要がある．一方，式(7.23)によると，計算回数 N は分散，不確信度と期待値に依存する．期待値と不確信度がそれぞれ信頼性指標の値と決められた精度であるために変更できないが，計算回数に比例する分散が減らせば高速モンテカルロ法を実現できる．

R と相関のある確率変数を Z とする．R と Z を用いて，新しい確率変数 Y を次のように定義する．

$$Y = R - Z + E(Z) \tag{7.24}$$

明らかに Y と R の期待値は同じである．すなわち

$$E(Y) = E(R) - E(Z) + E(Z) = E(R)$$

一方，Y の分散は一般的に R と違って次式となる．

$$V(Y) = V(R) + V(Z) - 2C(R, Z) \tag{7.25}$$

ここで，$C(R,Z)$ は R と Z の共分散を示す．

R と Z の相関が強ければ，$2C(R,Z)$ はより大きい値となる．式(7.25)によると，もし $2C(R,Z)$ は $V(Z)$ より大きければ，$V(Y)$ は $V(R)$ より小さい値となる．そこで，直接に R の期待値を推定する代わりに，Y の期待値を推定すれば，より少ない回数 M で同じ精度 β の信頼性指標 $E(Y)-E(R)$ が得られる．すなわち，

$$\widehat{E}(Y) = \frac{1}{M}\sum_{i=1}^{M} Y^i \tag{7.26}$$

ただし，

$$M = N\frac{V(Y)}{V(R)} \tag{7.27}$$

実際の発電機と送電線の故障を考慮する電力系統の信頼性評価において，たとえば発電機と送電線の故障を同時に考慮した場合の信頼度を R とし，発電機故障のみを考慮した場合の信頼度を Z とすれば，式(7.26)によりかなり高速なモンテカルロシミュレーションができることが確認された[28]．

モンテカルロ法による信頼度計算は評価の指標と精度によって各種最適運用シミュレーション手法とヒューリスティックスが適用された．特に最適潮流計算に関する手法，たとえば，供給不足量と時間に対して線形ネットワークモデルあるいは直流最適潮流計算法，瞬時電圧低下の頻度，電力託送価値とノーダルプライスの変動に対して交流最適潮流計算法[22,23,29,35]，電力品質と過渡安定度に対して過渡安定度を考慮した最適潮流計算法[32,34] はよく使われている．

7.3 多地域電源拡張計画法

電力設備計画は一般的に電源計画と流通設備計画に分けられ，各種不確定要因以外に系統の信頼性，経済性と環境性を同時に考慮しなければならない．電力市場の環境において，市場競合[30,31] のため，より競争力がある設備計画は要求される．本節では文献[24] の結果を用いて，Benders 分解による多地域長期電源計画法を紹介する．Tabu サーチによる流通設備計画法について文献[28] を参照されたい．

電源開発計画の策定にあたっては，各電気事業者にとって最適とされる信頼度を確保しつつ，開発される電源設備の建設費と，その運転維持費および燃料費の合計額が最小となるような手法を用い検討されている．この種の代表的な手法としては，WASP[8], EGEAS[16], WIGPLAN などがある．しかし，これらの既存手法は各系統の負荷相関性を無視し，すべて電源と負荷が送電容量の制限なしに，理想的に結ばれているモデル（シングルバスモデル）を前提条件としており，この方法では連系系統と島

間連系など複数なネットワークをもつ電力系統の電源開発計画には十分適用することができない．もし電源開発計画にネットワーク制約と負荷の不等時性を考慮すれば，この問題はさらに複雑になる．また，自由化の進んだ電力市場において，送電混雑などにより送電系統を安定限界まで運用する場合もあるため，ネットワークの制約は電源計画の策定に従来以上に考慮されなければならない．本節ではESPRIT[24]に導入され，連系系統を処理できる電源開発計画問題の最適化手法を紹介する．本手法はBenders分解法により連系系統の電源開発計画を処理しやすい2レベル問題に分割し，各系統の負荷相関性と送電容量制約をともに考慮した実用的な最適電源開発計画手法である[24]．

　Benders分解法とは対象問題を切除平面により，上位問題と下位問題に分解し，上位問題と下位問題の最適計算により最適解を求める手法である．上位問題が原問題の外側線形化問題で，下位問題は原問題より簡単な部分問題から構成される．ESPRITではBenders分解法を用いて，従来手法で処理できないネットワーク制約と負荷の不等時性を考慮した連系系統電源開発計画法である．図7.3に示したようにBenders分解法は連系系統の電源開発計画を2レベル問題に分割する．下位レベルが各系統の単独電源開発計画(非線形)から構成され，上位レベルが各系統間の融通計画から構成さ

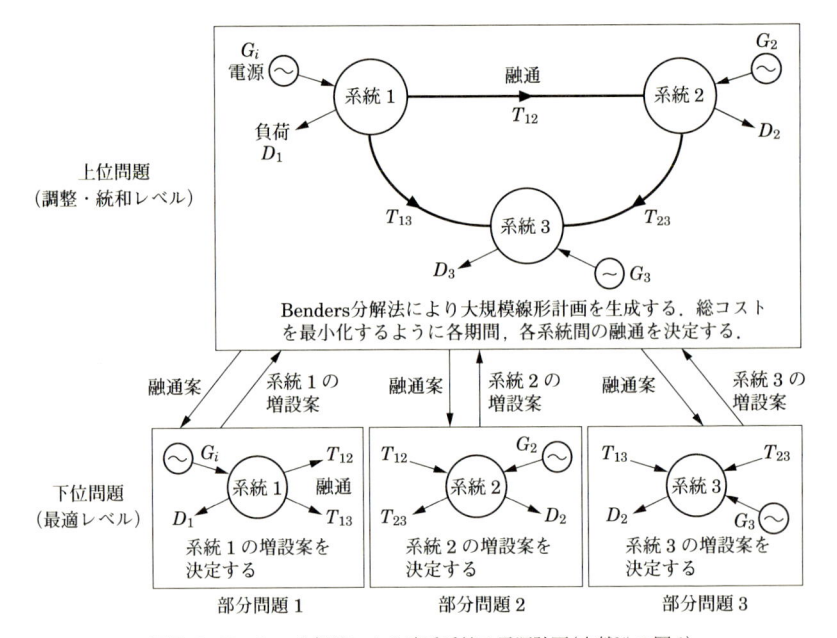

図7.3　Benders分解法による連系系統の電源計画(文献[24]の図1)

れる.

そして，開発計画と融通計画との反復計算により最適な連系系統電源開発計画を求めることができる．この手法の特徴としては，各系統間の負荷相関性を考慮するため時系列負荷曲線を用いた系統間の融通計画と等価負荷持続曲線を用いた各系統の単地域電源開発計画とを対応づけて，各地域の時系列負荷の再配分により負荷相関性を処理し（あるいは時系列負荷を電力融通により平坦し）最適計算を行うことである．

7.3.1 多地域電源計画の定式化

全考察期間の総コスト T_{cost} を最小にするため，一般的に連系系統の電源開発計画は以下のように非線形混合整数計画問題として定式化できる．

$$\mathrm{Min}\ T_{\mathrm{cost}} = \sum_{i=1}^{N}\sum_{h=1}^{H}[F_{i.h}(\boldsymbol{G}_{i.h}) + V_{i.h}(\boldsymbol{P}_{i.h}, \boldsymbol{T}_{i.h}) + U_{i.h}(\boldsymbol{P}_{i.h}, \boldsymbol{T}_{i.h}, \pi_{i.h})] \tag{7.28}$$

$$\mathrm{s.t.}\ T_{i.h\mathrm{min}} \leq \boldsymbol{T}_{i.h} \leq T_{i.h\mathrm{max}} \tag{7.29}$$

$$EUE_{i.h}(\boldsymbol{P}_{i.h}, \boldsymbol{T}_{i.h}) \leq EEUE_{i.h} \tag{7.30}$$

$$LOLP_{i.h}(\boldsymbol{P}_{i.h}, \boldsymbol{T}_{i.h}) \leq ELOLP_{i.h} \tag{7.31}$$

$$\boldsymbol{G}_{i.h\mathrm{min}} \leq \boldsymbol{G}_{i.h} \leq \boldsymbol{G}_{i.h\mathrm{max}} \tag{7.32}$$

$$0 \leq \boldsymbol{P}_{i.h} \leq \boldsymbol{G}_{i.h} \tag{7.33}$$

$$(i = 1, \cdots, N\,;\, h = 1, \cdots, H)$$

各地域，各期間の供給予備力制約 (7.34)

各地域，各期間の運転予備力制約 (7.35)

各地域，各期間の開発可能ユニット数制約 (7.36)

各地域，各期間の確定した開発・廃止あるいは運用するユニット制約 (7.37)

各地域，各期間の発電機エネルギー制約（たとえば，水力） (7.38)

各地域，各期間の補修計画制約 (7.39)

ただし，

T_{cost}：全考察期間の総コスト

i：地域の番号；N：地域の数

h：期間の番号；H：考察期間の数（たとえば，1年を12期間とし，計画年が30年の場合，$H=30\times12$期間）

$F_{i.h}$：固定費で，設備投資コストとO&M費（運転と補修）の固定部分の現在価値合計〔$］

$V_{i,h}$：可変費で，燃料費とO&M費の可変部分の現在価値合計〔$〕
$G_{i,h}$：発電機容量〔MW〕で，ベクトル
$P_{i,h}$：発電機出力〔MW〕で，ベクトル
$T_{i,h}$：i地域と他の地域間の融通電力〔MW〕で，ベクトル
$U_{i,h}$：$(=\pi_{i,h} \cdot UE_{i,h})$供給不能エネルギーコスト
$\pi_{i,h}$：ペナルティコストの現在価値〔$/MWh〕
$EUE_{i,h}$：供給不能エネルギー(EUE)〔MWh〕
$EEUE_{i,h}$：供給不能エネルギー許容上限値〔MWh〕
$ELOLP_{i,h}$：LOLPの許容上限値〔Day/Year〕
$G_{i,hmin}, G_{i,hmax}, T_{i,hmin}, T_{i,hmax}$：建設可能な発電機容量と送電容量の下上限〔MW〕

　ここで，各地域間の負荷相関を考慮するため，可変費(燃料費とO&M費可変部の現在価値合計で，以後では単に燃料費と呼ぶ)と融通電力を計算するときに，時間単位〔h〕で計算を行っている．信頼度指標としてLOLP(供給不能時間：loss of load probability)とEUE(供給不能エネルギー：expected unserved energy)の両方を使っている．

　したがって，連系系統の最適電源開発計画とは，式(7.29)〜(7.30)のすべての制約条件を満足し，総コストが最小となるように，電源の開発計画案，運用計画案と系統間の融通案を決定する大規模非線形問題である．

7.3.2　下位問題と解法

　Benders分解法は複雑な大規模問題を切除平面により処理しやすい2レベル問題に変更し，反復計算を行い最適解に収束させる手法である．すなわち，1回の反復計算で一つの切除平面が生成され，生成された切除平面が非線形問題の目標関数と制約式の近似となり，反復計算により多数の切除平面が生成される．この多数の切除平面が原非線形問題において十分な近似値となるときに最適解が得られて，計算が終了する．次に，Benders分解法を用いて，大規模で複雑な連系系統の電源開発計画問題を規模が小さな各系統の電源開発計画(下位問題)と簡単な融通問題(上位問題)に分解し，実用的な手法を説明する．

　連系系統の電源開発計画において，下位問題は式(7.40)〜(7.41)に示すように系統間の融通を固定したときの各系統での単独の電源開発計画問題となり非線形混合整数計画の部分問題として構成される．

　〔下位問題〕　(部分問題i; $i=1, \cdots, N$; $T_{i,h}$：固定)

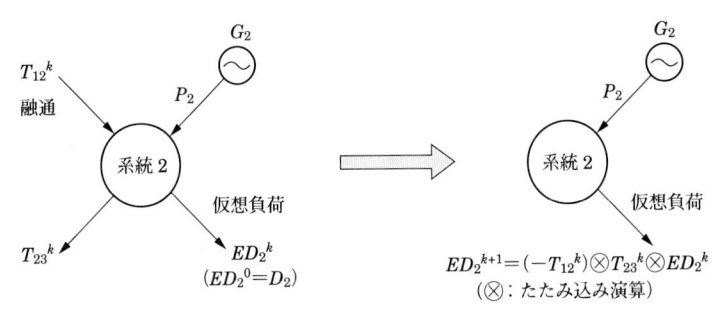

図 7.4 下位問題の等価変換(文献[24] の図 2)

$$\text{Min} \sum_{h=1}^{H}[F_{i.h}(G_{i.h}) + V_{i.h}(\boldsymbol{P}_{i.h}, \boldsymbol{T}_{i.h}^{k}) + U_{i.h}(\boldsymbol{P}_{i.h}, \boldsymbol{T}_{i.h}^{k}, \pi_{i.h})] \quad (7.40)$$

$$\text{s.t.} \quad 式(7.30) \sim 式(7.39) \quad (7.41)$$

ここで, $\boldsymbol{T}_{i.h}^{k}$ は k 回目の上位問題の計算により得られ, 下位問題で固定する融通電力〔MWh〕である.

明らかに下位問題は規模が小さく, 各系統の電源開発計画($G_{i.h}$)と運用計画案($\boldsymbol{P}_{i.h}$)を決定するシングルバスモデルとなり, 既存の手法が適用できる. たとえば, 図7.3 に示す下位問題の部分問題 2 に対して, 系統間の融通が固定されるため, 第 k 回目, h 期間で計算された融通電力(T_{12}^{k}, T_{23}^{k})と仮想負荷 ED_{2}^{k} を $k+1$ 回目の仮想負荷(ED_{2}^{k+1})に合成することにより, 図 7.4 に示したように系統 2 のシングルバス電源開発計画となる.

ここで, 仮想負荷とはその地域の実負荷と融通の合成によってつくられた等価的な負荷である. そこで, 下位問題では地域間の負荷相関と融通を考慮する必要がなく, 等価負荷持続曲線を使った従来手法が使える. Esprit では動的計画法(DP)を用いて, 下位問題を解いている.

7.3.3 上位問題と解法

一方, 上位問題は式(7.42)~(7.44)のように系統の電源開発計画, 運用計画を固定したときの連系系統の融通計画である. すなわち, Benders 分解法による原問題の外側線形化問題(切除平面)である.

[上位問題] ($G_{i.h}, \boldsymbol{P}_{i.h}, \pi_{i.h}$: 固定)

$$\text{Min} \quad z \quad (7.42)$$

$$\text{s.t.} \quad z \geq \sum_{i=1}^{N}\sum_{h=1}^{H}[F_{i.h}(G_{i.h}^{K}) + V_{i.h}(P_{i.h}^{K}, T_{i.h}) \\ + U_{i.h}(P_{i.h}^{K}, T_{i.h}, \pi_{i.h}^{K})] \quad (K = 1, 2, ..., k) \tag{7.43}$$

$$T_{i.h\min} \leq T_{i.h} \leq T_{i.h\max} \tag{7.44}$$

ただし，

K：K 回目の反復計算；k：反復回数

$G_{i.h}^{K}, P_{i.h}^{K}, \pi_{i.h}^{K}$ ：K 回目の下位問題で計算した結果（上位問題ではこの結果を固定する）

z：補助変数，上位問題の総コスト

ここで，式(7.43)は k 個の不等式から構成されている．すなわち，式(7.43)は原問

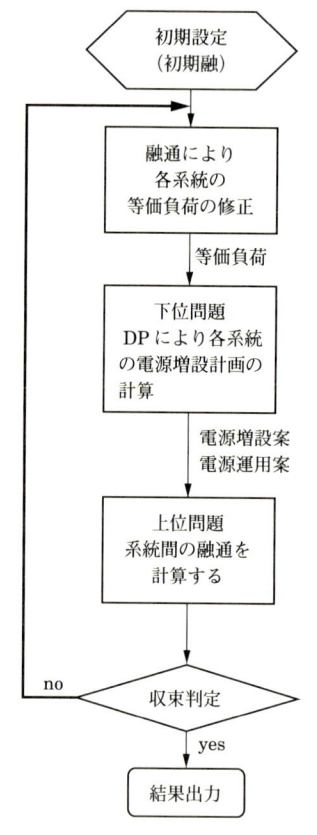

図 7.5 Benders 分解による連系系統の最適電源増設計画アルゴリズム（文献[24]の図 4）

題の目標関数(総コスト)の外側線形化で,1回の反復計算で1個の不等式が追加される.

したがって,式(7.42)～(7.44)により,連系系統の融通電力($T_{i,h}$)を計算することができる.負荷相関性の考慮,式(7.43)の線形化と上位問題の基本的な解法については文献[24]を参照されたい.連系系統の電源開発のアルゴリズムを図7.5に示している.

このような計算により,電力融通により連系系統の信頼性と経済性を向上させることができる.すなわち,融通電力により負荷が平坦化され,燃料コストと開発設備が節約される.信頼性の面でも互いの信頼性融通により,供給予備力とLOLPなどの信頼性指標が改善される.

7.3.4 評 価

小規模と大規模系統に対して5年間と30年間の電源開発計画の試算により,Benders分解法の有効性が確認された[24].Benders分解による電源計画法は上位と下位問題との反復計算により,大規模問題を処理しているため,かなりの計算時間が必要となるが,下位問題の並列性を考えると,今後並列処理の導入により計算時間の大幅な短縮効果が期待できる.主な特徴が次のようになる.

① 複雑な大規模連系系統の電源増設計画を2レベル問題に分割し扱うことにより処理が単純化されているため,計算が大幅に簡略化された.
② 各系統における負荷の相関性と送電線容量制約,さらに送電線の故障率を考慮することができる.
③ 下位問題の解決方法として既存の電源開発計画手法などをそのまま活用できる.
④ 各部分問題の計算は並列計算処理に適合している.

系統運用に対して,線形モデルが使われているが,安定性と品質などを考慮する場合ではAC(交流)モデルを導入し,最適潮流計算などの計算法を使う必要がある[22～24,32].特に,ACモデルを採用すると,系統にある各設備あるいは制約の価値を詳細に評価することができる[29,35].

7.4 不確実性を考慮した電源拡張計画法

従来では不確定要因は主に発電機と送電設備の故障率,負荷予測,燃料費と出水などであるが,電力市場の環境においてさらに入札,託送と電気料金などの市場競合と

市場形態[30,31]に関する要因は不確実となる．これらの要因が電源計画の経済性と信頼性に多大な影響を与えている．発電機の故障率の影響に対して，等価負荷持続曲線という手法によりその評価がすでにある程度確立されている[24,25]．たとえば，既存の主な電源開発計画パッケージ，IAEA の WASP-II と WASP-III，EPRI の EGEAS，Westinghouse 社の WIGPLANS，と ESPRIT などは，すべて等価負荷持続曲線を用いて発電機の故障率による生産コストと信頼性の不確実さの評価が行われている．

一方，発電機と送電線の故障率以外の不確定要因の評価における理論の検討はあまり進んでいないのは現状である．Dapkus らは電源計画の簡略モデルに対して統計動的計画法が適用した．また，線形化の電源計画モデルに対して統計線形計画法もいくつか提案されている[26]．しかし，これらの手法は一般性がなく，まだ実用的な手法とはいえない．実際ではほとんどの電源開発計画パッケージはまだ予測負荷，燃料費，出水と市場競合[30,31]などの不確定要因を考慮していない．本節では文献[26]を主に参照しながら，まず設備計画と運用計画の階層構造をもつ特徴を利用し，統計電源開発計画を 2-ステッジ非線形統計計画問題に表現する一般的な定式化を説明する．そして，不確定環境に対して柔軟でかつロバストな電源計画を作成するため，各種の不確定要因を考慮した統計電源計画手法を述べる[26]．

7.4.1　2-ステッジ統計計画問題の定式化

電源計画とは，いつどこに，どのような電源を，どのぐらいの容量の電源設備を導入するかを決める問題である．すなわち，この問題の決定変数は各時期の導入設備の量であり，発電機の運用はその付属変数となる．この特徴から一般的に，不確定要因を考慮した電源計画は次のような 2 ステッジ依存型統計計画問題(two-stage stochastic program with recourse)に定式化できる．

$$f = \text{Min}_G[F(\boldsymbol{G}) + E(h(\boldsymbol{G}, \boldsymbol{w}))] = \text{Min}_G[\boldsymbol{CG} + E(h(\boldsymbol{G}, \boldsymbol{w}))] \quad (7.45)$$

s.t. $\quad \boldsymbol{G}_{\min} \leq \boldsymbol{G} \leq \boldsymbol{G}_{\max} \quad (7.46)$

$$h(\boldsymbol{G}, \boldsymbol{w}) = \text{Min}_{P_t} \sum_{t=1}^{T} V_t(\boldsymbol{P}_t, \boldsymbol{w}) \quad (7.47)$$

s.t. $\quad eue_t(\boldsymbol{P}_t, \boldsymbol{w}) \leq \varepsilon_t \quad (7.48)$

$\quad 0 \leq \boldsymbol{P}_t \leq \boldsymbol{\delta}_t \boldsymbol{G} \quad (t = 1, ..., T) \quad (7.49)$

ただし，

　f：全考察期間の総期待コストの最小値

　t：期間の番号；T：考察期間の数(たとえば，1 年を 12 期間とし，計画年が 30 年の場合，$T = 30 \times 12$ 期間)

F：固定費で，設備投資コストとO&M費(運転と補修)の固定部分の現在価値合計〔$〕

V_t：期間 $-t$ の可変費で，燃料費とO&M費の可変部分の現在価値合計〔$〕

C：余剰寿命を考慮した固定費の単価〔$/MW〕で，ベクトル

G：導入された発電機容量〔MW〕で，ベクトル

P_t：期間 $-t$ の発電機出力〔MW〕で，ベクトル

w：燃料費，負荷などのランダム変数，ベクトル

$E(h(G, w))$：ランダム変数における可変費の期待値

$h(G, w)$：導入された発電機容量とランダム変数の事象に対する最小可変費

eue_t：t 期間の供給不能エネルギー〔MWh〕

ε_t：供給不能エネルギーの許容上限値〔MWh〕

$G_{\mathrm{nin}}, G_{\max}$：建設可能な発電機容量の上下限値〔MW〕

δ_t：選択操作子，ベクトル

w はある特定の燃料費，負荷あるいは出水における確率である．C は発電機の余剰寿命を考慮した固定費の単価である．たとえば，期間 $-t$ に導入されるある発電機において，その固定費の単価，寿命がそれぞれ C_G，T_G とすると，余剰寿命を考慮した固定費の単価は $C = C_G \dfrac{T-t}{T_G}$ となる．

電源計画の決定変数は導入設備の量 G であるが，可変費の期待値は発電機運用出力 P_t に依存するため，上述の問題は典型的な2-ステッジ依存型統計計画問題(two-stage stochastic program with recourse)となる．明らかに下位問題(7.47)～(7.49)は各発電機の出力 P_t に対して可変費の合計を最小にする運用問題であり，もしランダム変数の事象が与えればこの運用問題は確定問題となる．一方，上位問題(7.45)～(7.47)は各発電機の増設容量 G に対して総期待コストを最小にする設備計画問題であるが，可変費の期待値を計算する必要があるためにこの設備計画問題は統計最適化問題となる．

7.4.2 統計電源計画問題の解法

本項で定式化した統計電源計画問題は運用問題と設備計画問題という階層構造をもっている．次に，まず運用問題と設備計画問題をそれぞれ単独の問題としてその解法を述べる．そして，その全体の問題とする解法とアルゴリズムは説明する．

(1) 運用問題の解法と目標関数の勾配

運用問題とは各発電機の増設案 G が固定された場合，ある確定の事象 ω に対しては可変費の合計を最小にするように各発電機の出力 P_t を決める確定問題である．こ

れは従来の生産コストシミュレーシュン(production cost simulation)と同じのため，モンテカルロ法とか等価負荷持続曲線法などが使える[25]．本項ではBloomらが開発された高速な等価負荷持続曲線による解法[5,6]を適用する．Bloom法はグラムシャリェ級数に基づいた手法[25]であり，生産コストと信頼性を評価できるだけでなく，ラグランジュ乗数(あるいは限界コスト：marginal cost)を等価負荷持続曲線により解析的に表現できるという利点もある．この特徴を利用すれば，完全な生産コストシミュレーションをしなくても，最適化に必要な勾配が得られる．そこで，高速な計算が期待できる．

運用問題(7.47)〜(7.49)をつねに実行可能にするため，k番目の事象における運用問題は次のように変換される．

$$h(\boldsymbol{G}^k, \boldsymbol{\omega}^k) = \mathrm{Min}_{P_t, p_{0t}} \sum_{t=1}^{T} [V_t(\boldsymbol{P}_t, \boldsymbol{\omega}^k) + rp_{0t}] \quad (7.50)$$

$$\text{t.t.} \quad eue_t(\boldsymbol{P}_t, \boldsymbol{\omega}^k) - p_{0t} \leq \varepsilon_t \quad (7.51)$$

$$0 \leq \boldsymbol{P}_t \leq \boldsymbol{\delta}_t \boldsymbol{G}^k \quad (t = 1, ..., T) \quad (7.52)$$

ここで，p_{0t}は期間-tの信頼性条件の緩和変数であり，rはペナルティ(>0)である．rを大きくすれば，p_{0t}がより小さくなる．そこで，$p_{0t} \leq 0$となるようにrを設定する必要がある．明らかに$\boldsymbol{G}^k, \boldsymbol{\omega}^k$が固定された場合，$\boldsymbol{P}_t$；$(t=1, ..., T)$はそれぞれ独立であるため，運用問題(7.50)〜(7.52)はT個の子問題に分割できる．

$$\mathrm{Min}_{P_t, p_{0t}} \quad V_t(\boldsymbol{P}_t, \boldsymbol{\omega}^k) + rp_{0t} \quad (7.53)$$

$$\text{s.t.} \quad eue_t(\boldsymbol{P}_t, \boldsymbol{\omega}^k) - p_{0t} \leq \varepsilon_t \quad (7.54)$$

$$0 \leq \boldsymbol{P}_t \leq \boldsymbol{\delta}_t \boldsymbol{G}^k \quad (t = 1, ..., T) \quad (7.55)$$

それらの子問題(7.53)〜(7.55)に対する双対問題(S_t^k)は次のようになる．

$$H_t(\boldsymbol{G}^k, \boldsymbol{\omega}^k) = \mathrm{Max}_{\lambda_t, \pi_t} \mathrm{Min}_{P_t, p_{0t}} [V_t(\boldsymbol{P}_t, \boldsymbol{\omega}^k) + \lambda_t^k(\boldsymbol{P}_t - \boldsymbol{\delta}_t \boldsymbol{G}^k) + rp_{0t}$$
$$+ \pi_t^k(eue_t(\boldsymbol{P}_t, \boldsymbol{\omega}^k) - p_{0t} - \varepsilon_t)] \quad (t = 1, ..., T)$$
$$(7.56)$$

ただし，λ_t^kとπ_t^kはそれぞれ制約条件(7.53)と(7.55)に対応するラグランジュ乗数である．

もし，hが$\boldsymbol{P}_t, p_{0t}$に対して凸であれば，$h = \sum_{t=1}^{T} H_t$となる．しかし，一般的に双対ギャップが存在するため，$h > \sum_{t=1}^{T} H_t$である．もし，運用問題においてつねに

$$eue_t(\boldsymbol{P}_t, \boldsymbol{\omega}^k) - p_{0t} = \varepsilon_t$$

とするように発電機を運用すれば，式(7.56)の双対問題(S_t^k)は次のように簡略化できる．

7.4 不確実性を考慮した電源拡張計画法

$$H_t(\boldsymbol{G}^k, \boldsymbol{\omega}^k) = \underset{\lambda_t}{\text{Max}} \underset{P,p_{ot}}{\text{Min}} [\,V_t(\boldsymbol{P}_t, \boldsymbol{\omega}^k) + rp_{0t} + \boldsymbol{\lambda}_t^k(\boldsymbol{P}_t - \boldsymbol{\delta}_t \boldsymbol{G}^k)\,]$$
$$(t = 1, ..., T) \tag{7.57}$$

したがって，$\boldsymbol{G}$ を関数とした可変費 h の下限は次のように表現できる．

$$H(\boldsymbol{G}, \boldsymbol{\omega}^k) = \sum_{t=1}^{T} H_t(\boldsymbol{G}, \boldsymbol{\omega}^k) = \sum_{t=1}^{T} [\,V_t(\boldsymbol{P}_t^k, \boldsymbol{\omega}^k) + rp_{0t}^k + \boldsymbol{\lambda}_t^k(\boldsymbol{G}^k - \boldsymbol{G})\,] \tag{7.58}$$

そこで，式(7.54)と(7.58)により，目標関数において $\boldsymbol{G}$ に対する準勾配 $\boldsymbol{\xi}^k$（ベクトル）は次のように近似的に計算できる．

$$\boldsymbol{\xi}^k = \frac{\partial [F(\boldsymbol{G}^k) + E(h(\boldsymbol{G}^k, \boldsymbol{\omega}^k))]}{\partial \boldsymbol{G}} \approx \boldsymbol{C} - \sum_{t=1}^{T} \boldsymbol{\lambda}_t^k \tag{7.59}$$

もし，h が $\boldsymbol{P}_t, p_{0t}$ に対して凸であれば，式(7.59)が厳密に成り立つ．

発電機の運用の優先順位は燃料費の順番とする．$\boldsymbol{G}^k, \boldsymbol{\omega}^k$ が固定された場合，Bloom法[5,6]を使えば，運用問題(7.53)～(7.55)を解くことができる．Bloom法にから $\boldsymbol{\lambda}_t$ は等価負荷持続曲線により解析的に表現できるため，双対変数（ラグランジュ乗数）$\boldsymbol{\lambda}_t^k$ が得られ，目標関数の勾配は式(7.59)により求められる．ここで，双対変数 $\boldsymbol{\lambda}_t^k$ の解析式が文献[5,6]を参照されたい．

(2) 設備計画問題の解法と統計準勾配の計算

確率（統計）最適計画の解法において，一般的に確率計画を確定計画に変形した非線形計画法，統計動的計画法及び統計計画法の3種類に分けることができる．非線形計画法と統計動的計画法は次元ののろいという問題があり，不確定要因とその事象の数が増加するとともに，問題の規模と計算量が爆発的に増えるため，小規模問題にしか適用できない．一方，統計計画(特に統計準勾配法)は不確定要因の事象を対象問題の環境として扱うため，不確定要因とその事象の数が増加しても，問題の規模がほとんど増えないという利点がある（ただし，反復計算の数が増える）．つまり，統計準勾配法(SQG: stochastic quasi-gradient methods)は不確定要因の事象（環境）を学習しながら，統計準勾配を構成し，最適探索を行う．したがって，統計計画は一種の適応最適化とも考えられ，大規模問題にも適用できる．本節では，統計計画の一種，統計準勾配法を利用し，統計電源開発計画問題を処理する．最適探索に必要な統計勾配は次の2種類の統計により近似的に作成する．

・統計準勾配の計算

① 統計準勾配1：$\boldsymbol{\xi}_1^k = \boldsymbol{C} - \sum_{i=k-m}^{k} \sum_{j=1}^{T} \boldsymbol{\lambda}_t^i / m$

② 統計準勾配2：$\boldsymbol{\xi}_2^k = (1-\beta)\boldsymbol{\xi}^{k-1} + \beta(\boldsymbol{C} - \sum_{t=1}^{T} \boldsymbol{\lambda}_t^k)$

ここで，$m<k$ である．実際の計算では，二つの勾配の中で一つだけを使う．理論的に m が無限大になるとき，統計準勾配1は厳密な統計準勾配となるが，実際の計算において，m が適切な大きい値をとれば，十分精度な統計準勾配が得られる．また，統計準勾配2に対しても，十分小さい $\beta>0$ をとれば，数値計算において統計準勾配の精度が満足できる．

統計準勾配法では，不確定要因の確率分布を直接に処理する代わりに，各反復計算において確率分布に従ってランダムに事象を生成し，探索を行う．すなわち，計算中に，各不確定要因の確率分布を学習しながら，厳密な統計準勾配に近づくことにより，最終的に最適解が得られる．

7.4.3 アルゴリズム

次に，統計電源開発計画に対する統計準勾配法のアルゴリズムと適応統計準勾配法のアルゴリズムを述べる．

(1) 統計準勾配法のアルゴリズム

電源計画の統計準勾配法のアルゴリズムは次のようになる．

① STEP-0：初期条件設定：$\boldsymbol{G}^0, \boldsymbol{\xi}^0=\boldsymbol{0}, Q^0=0, \rho^0(>0), m, \varepsilon_Q, n_k, 0<\beta\leq 1$
② STEP-1：運用問題（$\boldsymbol{P}_t, \boldsymbol{\lambda}_t^k, p_{0t}$ の計算）
  ・STEP1-1：各不確定要因の確率分布に従ってランダムで確率変数 $\boldsymbol{\omega}$ を発生する．
  ・STEP1-2：$\boldsymbol{G}^{k-1}$ を固定し，式(7.53)-(7.55)の運用問題 S_t^{k-1}；($t=1, ..., t$) を解く．$\boldsymbol{P}_t, \boldsymbol{\lambda}_t^k, p_{0t}$ が得られる．
  ・STEP1-3：準勾配の計算

  $$\text{準勾配：} \boldsymbol{\xi}^k = \boldsymbol{C} - \sum_{t=1}^{T} \boldsymbol{\lambda}_t^k$$

③ STEP-2：収束判定
  ・STEP2-1：統計準勾配のノルム平均

  $$Q^k = (1-\beta Q)^{k-1} + \beta \|\boldsymbol{\xi}^k\|$$

  ・STEP2-2：IF $Q^k < \varepsilon_Q$ or $k > n_k$, THEN stop.
④ STEP-3：設備計画問題（$\boldsymbol{G}^k$ の更新）
  ・STEP3-1：統計準勾配の計算

  $$\text{統計準勾配1：} \boldsymbol{\xi}^k = \boldsymbol{C} - \sum_{i=k-m}^{k}\sum_{t=1}^{T}\boldsymbol{\lambda}_t^i/m$$

  $$\text{統計準勾配2：} \boldsymbol{\xi}^k = (1-\beta)\xi^{k-1} + \beta(\boldsymbol{C} - \sum_{j=1}^{T}\boldsymbol{\lambda}_j^k)$$

ここで，$m<k$ である．実際の計算では，二つの勾配の中で一つだけを使う．

- STEP3-2：$\rho^k = \rho^0/k$
- STEP3-3：$\boldsymbol{G}^k = \boldsymbol{G}^{k-1} - \rho^k \boldsymbol{\xi}^k$
- STEP3-4：$k = k+1$；GOTO STEP-1

ここで，n_k は最大反復計算回数であり，$\varepsilon_Q > 0$ は収束判断基準である．統計準勾配1あるいは2の計算と同様に目標関数 f の統計値（期待値の近似）も計算できる．

(2) 適応統計準勾配法のアルゴリズム

統計準勾配法のアルゴリズムにおいて，理論上では $k \to \infty$ のときに $\boldsymbol{G}^k \to \boldsymbol{G}^*$（最適解）に確率1収束することが保証される．ただし，収束を保証するため，$\sum_k \rho^k \to \infty$ となるときに $\sum_k (\rho^k)^2$ を満足しなければならない．そこで，その収束特性は $\|\boldsymbol{G}^k - \boldsymbol{G}^*\| \sim a/\sqrt{k}$ なる．すなわち，その精度が反復回数のルートの逆数に比例するため，収束がかなり遅い．この問題を解消するため，次に適応統計準勾配法を採用する．その場合，収束条件が緩和されるため，計算の高速化が期待できる．

適用統計準勾配法（ASQG：adaptive stochastic quasi gradient methods）のアルゴリズムは，STEP-3 以外では，すべて統計準勾配法（SQG）のアルゴリズムと同じである．

① STEP-3'：設備計画問題（$\boldsymbol{G}^k$ の更新）：$z^0 = 0$；$R(>1)$ を指定
  - STEP3-1：統計準勾配の計算

    統計準勾配1：$\boldsymbol{\xi}^k = \boldsymbol{C} - \sum_{i=k-m}^{k} \sum_{t=1}^{T} \boldsymbol{\lambda}_t^i / m$

    統計準勾配2：$\boldsymbol{\xi}^k = (1-\beta)\boldsymbol{\xi}^{k-1} + \beta(\boldsymbol{C} - \sum_{t=1}^{T} \boldsymbol{\lambda}_t^k)$

  ここで，$m<k$ である．実際の計算では，二つの勾配の中で一つだけを使う．

  - STEP3-2：$T^k = (\boldsymbol{\xi}^k, \boldsymbol{G}^{k-1} - \boldsymbol{G}^k)$：内積
  - STEP3-3：T^k の絶対値平均：$z^k = (1-\beta) z^{k-1} + \beta |T^k|$
  - STEP3-4：$\rho^k = \rho^{k-1} R^{T^k/z^k}$
  - STEP3-5：IF $\rho^k/\rho^{k-1} > 3$, THEN $\rho^k = 3\rho^{k-1}$.
    IF $\rho^k/\rho^{k-21} < 1/3$, THEN $\rho^k = \rho^{k-1}/3$.
  - STEP3-6：$\boldsymbol{G}^k = \boldsymbol{G}^{k-1} - q^k \boldsymbol{\xi}^k$
  - STEP3-7：$k = k+1$；GOTO STEP-1

STEP3-4 は一種の適用線形探索であり，STEP3-5 は探索の振動を防ぐために ρ^k の大きい変化を抑える．経験的に $1/6 \leq \beta \leq 1/4$；$1 < R \leq 3$ となるように設定すると，アルゴリズムがよく動作する．

7.4.4 小規模系統の計算と比較

既存発電所が五つで，開発候補が二つという小規模系統の 10 年間の電源開発計画について試算を行った．表 7.1 と表 7.2 と表 7.3 にはそれぞれ既設データ，候補電源とその制約のデータを示している．初年度のピーク負荷が 1000 MW であり，負荷の伸び率が 6% とする．eue のペナルテイ r は最も高い燃料費(発電所1) の 100 倍とし，現在価値を計算するために割引率を 10% と設定する．また，総コストの期待値にはペナルティコストを入れて評価する．

(1) 予測燃料費の不確実性による検討

不確定要因は発電機の故障率以外に，各年間の予測燃料費の変動率とし，その分布は平均 1.0 分散 0.15 の正規分布(年間約 ±20% の燃料費変動に相当する)にしたがう

表7.1 小規模系統の既設電源データ

発電所番号	種別	発電機の数	事故率(%)	定格出力(MW)	期待発生電力量(GWh)	ヒートレート(kGAL/kWh)	燃料費(¥/MCAL)
1	石油	1	3	250		2500	2.5
2	石油	1	3	200		2500	2.5
3	石炭	1	3	250		2500	1.0
4	石炭	1	3	200		2500	1.0
5	水力	1	0	200	700		

表7.2 小規模系統の増設候補の電源データ

発電所番号	種別	燃料費(¥/MCAL)	事故率(%)	定格出力(MW)	資本費(¥/kW)	ヒートレート(kGAL/kWh)	発電所の寿命(年)
6	LNG	2.0	3	200	250000	1900	20
7	石炭	1.0	3	200	300000	2500	20

表7.3 小規模系統の増設候補電源の制約データ

年	LNGP-VO1 (MW)	COAL-VO2 (MW)	累積 (MW)
1 2年目	200	200	400
3 4年目	200	200	800
5 6年目	200	200	1200
7 8年目	200	200	1600
9 10年目	200	200	2000

7.4 不確実性を考慮した電源拡張計画法

ことと仮定する(勿論,他の分布でもよい).

アルゴリズムに従って1000回の反復計算により増設計画が得られた.表7.4に本手法と従来手法の比較を示している.

① 本手法により計算 すなわち,本手法により電源の増設案を決め,その増設案に対して不確定環境(燃料費コストにおいて平均1.0分散0.15の乱数)でテストを行った結果

② 予測燃料費に固定することにより計算 すなわち,従来手法(確定環境における計算法)により電源の増設案を決め,その増設案に対して不確定環境(燃料費コス

表7.4 小規模系統の結果と比較

計算手法	予測燃料費の不確実性による検討									
	総コスト〔百万円〕			総コストの標準偏差		最終年までの増設設備容量〔MW〕			信頼度(年平均)	
	期待値	最大値	最小値	期待値以上	期待値以下	LNG	石炭	合計	LOLP 〔h〕	EUE 〔GWh〕
(a) 本手法	255702 F I P (171584,66177,17942)	349284	147812	19135	21450	160	210	370	33.49	3.92
(b) 従来法	255840 F I P (173812,63575,18453)	350774	146392	19441	21760	200	170	370	34.33	4.02
計算手法	予測負荷の不確実性による検討									
	総コスト〔百万円〕			総コストの標準偏差		最終年までの増設設備容量〔MW〕			信頼度(年平均)	
	期待値	最大値	最小値	期待値以上	期待値以下	LNG	石炭	合計	LOLP 〔h〕	EUE 〔GWh〕
(a) 本手法	241694 F I P (146468,73891,21335)	268460	224022	4408	3792	215	185	400	41.03	4.28
(b) 従来法	242506 F I P (148005,69053,25448)	277274	222134	5650	4516	200	170	370	56.22	5.22
(c) 本手法	251205 F I P (78024,27742,15088)	373471	212106	16502	9094	215	185	400	72.93	6.15
(d) 従来法	255240 F I P (150585,67385,37271)	410864	209676	42999	22500	200	170	370	101.24	8.14

F:燃料費;I:資本費;P:ペナルティコスト

トにおいて平均 1.0 分散 0.15 の乱数)でテストを行った結果

　従来手法によるケース②の場合には最終年までの増設設備容量の合計が 370 MW となり，LNG と石炭の内訳は 200 MW，170 MW である．これに対して本手法のケース①の場合には最終年までの増設設備容量の合計が 370 MW であるが，LNG が 40 MW 減り，石炭が 40 MW 増えた．表 7.2 により，LNG は燃料費が高く，石炭は逆に燃料費が安い電源である．そこで，本手法では"燃料費の高い LNG は燃料費の変動の影響を大きく受けるために設備容量が減少し，逆に燃料費の安い石炭は燃料費の変動の影響をあまり受けないために増加する"メカニズム働きにより，不確実な燃料費の変動を回避する結果が得られた．

(2) 予測負荷の不確実性による検討

　不確定要因を，各年の予測負荷の伸び率とし，その分布は簡単のために平均 1.0 分散 0.01 の正規分布(年間約 ±1％ の負荷伸び率変動に相当する)と平均 1.0 分散 0.02 の正規分布(年間約 ±1.5％ の負荷伸び率変動に相当する)に従うことと仮定する．

　アルゴリズムに従って平均 1.0 分散 0.01 の正規分布の負荷伸び率を用いて 1000 回の反復計算により増設計画が得られた．本手法と従来手法の比較は表 7.4 にまとめている．

　① 本手法により計算(平均 1.0 分散 0.01 の正規分布)　 すなわち，本手法により電源の増設案を決め，その増設案に対して不確定環境(負荷伸び率において平均 1.0 分散 0.01 の乱数)でテストを行った計算

　② 予測負荷の伸び率に固定することにより計算(平均 1.0 分散 0.01 の正規分布) すなわち，従来手法(確定環境における計算法)により電源の増設案を決め，その増設案に対して不確定環境(負荷伸び率において平均 1.0 分散 0.01 の乱数)でテストを行った計算

　③ 本手法により計算(平均 1.0 分散 0.02 の正規分布)　 すなわち，本手法により電源の増設案を決め，その増設案に対して不確定環境(負荷伸び率において平均 1.0 分散 0.02 の乱数)でテストを行った計算

　④ 予測負荷の伸び率に固定することにより計算(平均 1.0 分散 0.02 の正規分布) すなわち，従来手法(確定環境における計算法)により電源の増設案を決め，その増設案に対して不確定環境(負荷伸び率において平均 1.0 分散 0.02 の乱数)でテストを行った計算

　表 7.4 は，①，②による増設案に対して，各年間の予測負荷の変動(平均 1.0 分散 0.01 の正規分布)があった場合と各年間の予測負荷の変動(平均 1.0 分散 0.02 の正規分

布)があった場合にそれぞれのパフォーマンスを示している．

ケース②の場合には最終年までの増設設備容量の合計が 350 MW となり，LNG と石炭の内訳は 150 MW，200 MW である．これに対して本手法のケース①の場合には最終年までの増設設備容量の合計が 365 MW であるが，LNG が 5 MW，石炭が 10 MW 増えた．これは，負荷の不確実性がある場合に信頼性を確保するために増加したものである．

表 7.4 によると，ケース①では信頼性を確保するため，ケース②より多めに投資を行ったが，供給不能エネルギーが少ないことからペナルティが小さくて総コストの期待値もケース②より 0.34% 減少した．

さらにケース③，④において平均 1.0 分散 0.02 の正規分布乱数を用いて，テストを行ったが，これは年間約 ±1.5% の負荷伸び率変動に相当する不確実性である．表 7.4 によりこのような不確実環境においても本手法のケース③の総コスト期待値がケース④より 1.6% を減少し，LOLP も 28.3 時間改善された．

小規模系統のテストにより，各年間の予測燃料費と予測負荷の変動があった場合について本手法による増設案は不確定要因を考慮しながら最適化したために総コストの期待値が小さく，ロバスト性をもっていることがわかる．

7.4.5 大規模系統の計算と比較

既存発電所が 50 で，開発候補が 17 という実規模系統の 10 年間の電源開発計画について試算を行った．初年度のピーク負荷が 15000 MW であり，負荷の伸び率が 3% とする．その他の設定は前節の小規模系統の計算と同じである．アルゴリズムに従って 1000 回の反復計算により増設計画が得られた．

(1) 予測燃料費の不確実性による検討

表 7.5 は，本手法と従来手法による増設案に対して，各年間の予測燃料費の変動(平均 1.0 分散 0.15 の正規分布)があった場合にそれぞれのパフォーマンスを示している．ケース②の場合には最終年までの増設設備容量の合計が 15000 MW となる．本手法のケース①の場合には最終年までの増設設備容量の合計が 15150 MW であり，小規模系統の場合と同様に燃料費が高い電源の設備容量が減り，燃料費の安い電源の設備容量が増える結果となっている．

①，②による増設案に対して，各年間の予測燃料費の変動(平均 1.0 分散 0.15 の正規分布)があった場合について，①の案は②より総コストが 0.1%(約 50 億円/10 年)減ることがわかる．また，①，②案が大体同じぐらい規模の発電設備を増設しているため，信頼性はほとんど同じレベルになっている．

(2) 予測負荷の不確実性による検討

表7.5は，本手法と従来手法による増設案に対して，各年間の予測負荷の変動(平均1.0分散0.01の正規分布)があった場合と各年間の予測負荷の変動(平均1.0分散0.02の正規分布)があった場合に，それぞれのパフォーマンスを示している．表7.5によると，本手法のケース①は負荷伸び率の不確実性を考慮しているため，ケース②より1850 MWの発電設備を多く増設した．その結果としてケース①の資本費が13059億円，燃料費が14050億円であり，かなり多くなっているが，信頼性が高いためにペナルティが2659億円であり，小さくなった．一方，ケース②では，確定環境によって決

表7.5 大規模系統の結果と比較

計算手法	予測燃料費の不確実性による検討							
	総コスト〔百万円〕			総コストの標準偏差		最終年までの増設設備容量〔MW〕	信頼度(年平均)	
	期待値	最大値	最小値	期待値以上	期待値以下		LOLP〔h〕	EUE〔GWh〕
(a) 本手法	2987572 F I P (1606526,1218434,162611)	3844034	2000157	311709	426101	15150	37.03	35.06
(b) 従来法	2992262 F I P (1666219,1159197,166846)	3883424	1964841	328839	439213	15000	37.89	35.63

計算手法	予測負荷の不確実性による検討							
	総コスト〔百万円〕			総コストの標準偏差		最終年までの増設設備容量〔MW〕	信頼度(年平均)	
	期待値	最大値	最小値	期待値以上	期待値以下		LOLP〔h〕	EUE〔GWh〕
(a) 本手法	2976791 F I P (1405008,1305911,265872)	4142302	2624848	318176	233359	16850	55.78	58.97
(b) 従来法	3057890 F I P (1396378,1202686,458826)	5026194	2541777	550056	284303	15000	98.54	115.61
(c) 本手法	3579641 F I P (1575745,1354166,812777)	12752208	2470585	2486663	715055	16850	151.38	203.76
(d) 従来法	4005343 F I P (1593196,1268625,1509210)	16397396	2390555	3472544	1128178	15000	259.61	399.25

F：燃料費；I：資本費；P：ペナルティコスト

定された増設案のため，予測負荷の不確実性に対応できなく信頼性がLOLP=115.6時間となり，かなり悪くなっている(ペナルティも4588億円となり，かなり増えた)．そこで，①の総コストの期待値は②より2.65%(約800億円/10年)減少し，LOLPも42.76時間/年減った．そこで，本手法による増設案は，予測負荷の変動を考慮しながら最適化したために総コストの期待値が小さく，最もロバスト性をもっていることがわかる．さらにケース③，④において平均1.0分散0.02の正規分布乱数を用いて，テストを行った．表7.5によりこのような不確実環境においても本手法のケース③の総コスト期待値がケース④より11.9%(約4000億円/10年)を減少し，LOLPも108時間改善された．

また，本手法による大規模系統の計算はFACOM M-770/30を使用し，60分のCPU時間をかかった．大規模系統の計算により，各年間の予測燃料費と予測負荷の変動があった場合について本手法の有効性が検証され，そのロバスト性と計算時間から実用的な手法であることがわかる．

7.4.6 評 価

統計電源計画手法は多種の要因の考慮が可能となるため，電力市場における数多くの不確実要因に対して，より柔軟でロバストな電源計画を作成することが期待できる．小規模と大規模系統の試算により本手法の有効性が確認された．以下は主な特徴である．
① 各種の不確定要因を考慮できる．
② 確率計画でありながら，問題の規模がほとんど増えない．
③ 不確定要因の環境を学習しながら，最適探索を行う．
④ 運用問題とその双対変数が従来手法により高速に計算できる．

参 考 文 献

1) 陳，豊田：増分供給信頼度を用いる新しい電源補修計画法の提案，電学論B, **108**, 5, pp. 205-212, 1988.
2) L. L. Garver: Effective Load Carrying Capacity of Generating Units, *IEEE Transactions on Power Apparatus and Systems*, 85, 8, pp. 910-919, 1966.
3) R. R. Booth: Power System Simulation Model Based on Probability Analysis, *IEEE Trans. PAS*, **91**, 1, pp. 62-69, 1972.
4) R. N. Allan, A. M. Leite da Silva, A. A. Au-Nasser and R. C. Burchett: Discrete Convolution in Power System Reliability, *IEEE Trans. on Reliability*, **30**, 5, pp. 452-

456, 1981.
5) J. A. Bloom: Long-Range Generation Planning Using Decomposition and Probabilistic Simulation, *IEEE Trans. on PAS*, **101**, 4, pp. 797-802, 1982.
6) J. A. Bloom and L. Charny: Long-Range Generation Planning with Limited Enegy and Storage Plants—Part I: Production Costing, *IEEE Trans. on PAS*, **102**, 9, pp. 2861-2870, 1983.
7) A. M. Leite da Silva: Discrete Convolution in Generating Capacity Reliability Evaluation—LOLE Calculations and Uncertainty Aspacts, *IEEE Trans. on Power Systems*, **3**, 4, pp. 1616-1624, 1988.
8) R. T. Jenkins and T. C. Vorce: Use of Fourier Series in the Power System Probabilistic Simulation, Proceedings of Second WASP Conference, Ohio, pp. 35-44, 1977.
9) S. Nakamura and J. Brown: Accuracy of Probabilistic Simulation Using Fourier Expansions, Proceeding of Second WASP Conference, Columbus, Ohio, pp. 45-55, 1977.
10) J. P. Stremel, R. T. Jenkins, R. A. Babb and W. D. Bayless: Production Costing Using the Cumulant Method of Representing the Equivalent Load Curve, *IEEE Trans. on PAS*, **99**, 5, pp. 1947-1956, 1980.
11) N. S. Rau, P. Toy and K. F. Schenk: Expected Energy Production Costs by the Method of Moments, *IEEE Trans. on PAS*, **99**, 5, pp. 1908-1915, 1980.
12) J. P. Stremel: Sensitivity Study of the Cumulant Method of Calculationg Generation System Reliability, *IEEE Trans. on PAS*, **100**, pp. 711-778, 1981.
13) H. Duran: On Improving the Convergence and Accuracy of the Cumulant Method of Calculating Reliability and Production cost, *IEEE Trans. on Power Systems*, **1**, 3, pp. 121-126, 1986.
14) Donald J. Levy: Accuracy of the Edgeworth Approximation for LOLP Calculations in Small Power Systems, *IEEE Trans. on PAS*, **101**, 4, 986-996, 1982.
15) R. J. Jenkins, D. S. Joy: Wien Automatic System Planning Package(WASP), Oakridge National Laboratory, Report ORNL-4945, July, 1974.
16) Stone & Webster Corporation: Electric Generation Expansion Analysis System, EPRI Report EL-2561, 1988.
17) W. D. Tian, D. Sutanto, Y. B. Lee and H. R. Outhred: Cumulant Based Probabilistic Power System Simulation using Laguerre Polynomials, *IEEE Trans. on Energy Conversion*, **4**, 4, pp. 567-574, 1989.
18) G. Oliveira, M. Pereira and S. Cunha: A Technique for Reducing Computational Effort in Monte Carlo Based Composite Reliability Evaluation, *IEEE Trans. on Power Systems*, **4**, 4, pp. 1309-1315, 1989.
19) L. Chen and J. Toyoda: Maintenance Scheduling Based on Two Level Hierarchical Structure to Equalize Incremental Risk, *IEEE Trans. on Power Systems*, **5**, 4, pp. 1510-1516, 1990.

20) L. Chen, H. Suwa and J. Toyoda : Power Arrival Evaluation of Bulk System including Network Constraints Based on Linear Programming Approach, *IEEE Trans. on Power Systems*, **6**, 2, pp. 37-42, 1991.
21) L. Chen and J. Toyoda : Optimal Generating Unit Maintenance Scheduling for Multi-area System with Network Constraints, *IEEE Trans. on Power Systems*, **6**, 3, pp. 1168-1174, 1991.
22) L. Chen, *et al.*: Mean field theory for optimal power flow, *IEEE Trans. on Power systems*, **12**, 4, pp. 1481-1486, 1997.
23) L. Chen, *et al.*: Surrogate constraint method for optimal power flow, *IEEE Trans. on Power Systems*, **13**, 3, pp. 1084-1089, 1998.
24) 陳, 池田, 東, 石関, 境, 中村, 鈴木, 荻本：Benders 分解法による連系系統の最適電源開発計画, 電学論 B, **113**, 6, pp. 643-652, 1993.
25) 鈴木, 荻本, 中村, 陳, 東, 石関：電力供給計画における信頼性指標の計算手法と評価, 電学論 B, **116**, 3, pp. 285-292, 1996.
26) 荻本, 岡部, 陳, 東, 最勝寺：統計電源計画手法とその評価, 電力・エネルギー部門大会, No. 21, 1997.
27) 上原, 荻本, 鈴木, 東, 最勝寺, 福留, 陳：Modern Heuristics による流通設備拡張計画(1), 電気学会電力技術研究会, PE-98-73, 1998.
28) 上原, 荻本, 鈴木, 東, 最勝寺, 福留, 陳：Modern Heuristics による流通設備拡張計画(2), 電気学会電力技術研究会, PE-98-74, 1998.
29) 陳, 鈴木, 和池, 新村：電力系統におけるノーダルプライスの構成要素の色分け, 電学論 B, **120**, 5, pp. 686-693, 2000.
30) 格爾麗, 陳, 木下, 横山：電力市場における電気料金と負荷配分の交渉モデル, 電学論 B, **120**, 2, pp. 219-226, 2000.
31) 格爾麗, 横山, 陳：小売託送部分自由化の下での電気料金及び負荷配分算定モデル, 電学論 B, **120**, 11, 2000.
32) 陳, 小野, 多田, 岡本, 田辺：過渡安定度制約を考慮した電力系統の最適運用の決定法, 電学論 B, **120**, 12, 2000.
33) CIGRE WG-37 : Quality of Supply-Customers Requirement, GIGRE 37-116 Report, 1999.
34) L. Chen, Y. Tada, H. Okamoto, R. Tanabe, A. Ono : Optimal Operation Solutions of Power Systems with Transient Stability Constraints, *IEEE Trans. on Circuits and System-I*, **48**, 3, pp. 327-339, 2001.
35) L. Chen, H. Suzuki, T. Wachi and Y. Shimura : Components of Nodal Prices for Electric Power Systems, *IEEE Trans. on Power Systems*, 2001. (To appear)

第8章

電力系統の運用・解析支援シミュレーション技術

 分散電源の連系あるいは,それに伴う新しい電子制御機器の導入などが進んだときには,系統に発生する諸現象もさらに複雑になるとともに,新たな環境条件下で起きる未経験な現象の発生が懸念され,現実の機器特性を反映した系統解析とシミュレーション技術の開発・適用検証が強く要請される.

 また,電気事業の規制緩和に伴い,発電部門の自由化,卸託送の導入,さらには,小売託送の自由化が進んだ場合には,単に,電力系統分野における諸現象解析のみならず,給電指令の公平性の技術的検証が可能となる各種解析ソフトウェアおよびシミュレータの開発・導入が盛んとなる.

 本章では,まず,電力系統のシミュレーション技術を概説し,次に,電力自由化におけるシミュレーションの主要課題をあげ,さらに,シミュレーションプログラムの紹介および電力自由化に対するシミュレーション技術の開発動向について述べる.

8.1 電力系統のシミュレーション技術

 系統解析ソフトウェアおよびシミュレータは,主として諸現象の解析(事後検証)と予見(事前検討)を目的としたものであり,その諸現象は,雷や開閉サージのようなマイクロ秒のオーダのきわめて早い自然・電気現象から,電圧安定性や潮流変動といった数時間にわたる社会現象を伴う長周期動的現象と幅広く分布しており,電気事業を営む者が所有するさまざまな電力機器が相互に影響しあうことになる.

 電力系統の運用・支援におけるシミュレーションが対象とする各種現象を,発電機の規模と発生する時間領域で表現すると,図8.1[1]のようになる.

 雷や遮断器開閉によるサージ現象は,非常に早い現象で,その現象自体が対象とする系統規模は,発電機台数の観点からは小さい規模となる.しかしながら,早い現象であれば,その時間領域に応じた厳密なモデル回路を採用し,それぞれの時間領域に

8.1 電力系統のシミュレーション技術　**219**

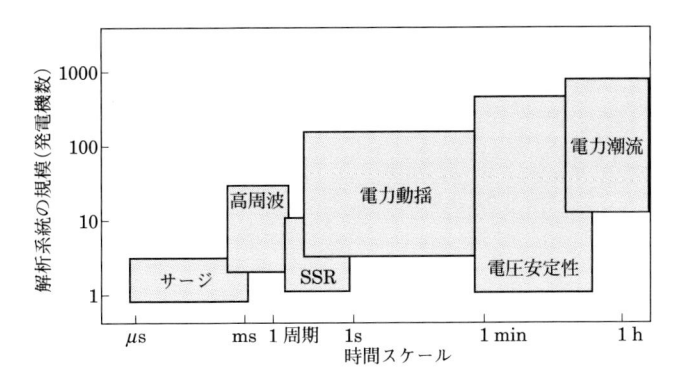

図 8.1　系統現象と解析規模(電気協同研究第 51 巻第 4 号)

応じたモデルが必要となる．一方，電力潮流などは，ゆっくりした現象であり，関連する発電機台数は，大規模なものとなる．

これらの各種現象に対し，系統の運用・解析支援シミュレーションとして，系統解析ソフトウェアならびにシミュレータがあげられる．ここでは，この系統解析ソフトウェアとシミュレータについて，その特徴と種類を概説する．

8.1.1　系統解析ソフトウェア

電力系統における系統解析ソフトウェアは，発電・送配電網を介して発生する事象を対象とするものであり，
- 時間領域における電気・機械的特性の動的シミュレーション
- 電力設備の計画・需給運用などの評価・最適シミュレーション

が主なものである．いずれに対しても，回路計算や潮流計算を基本とし，それに系統の電気現象や，電力需給などの社会現象などの事象が展開される．

時間領域の動的シミュレーションにおける手法上の特徴は，電気的な物理現象を中心とした系統現象の再現性，モデル化が主要なものであり，それに付加された形で分析および評価がなされる．時間領域に対するモデルは，回路計算や潮流計算により得られた初期状態を前提に，微分方程式などで表現され数式モデルを演算処理することになる．この数値演算処理時間は，実時間との関連はなく，長時間の現象を短時間で解法することも可能である．

また，電気現象を瞬時値または実効値として取り扱い，現象ごとに分割した演算プログラムを選択する必要がある．電力系統では，短時間の現象と，それが影響しない長期的な現象とを分割しており，その分割されたプログラムの選択を誤らなければ，

表8.1 系統解析ソフトウェアの例

	年	開発機関	解析範囲
EMTP	1968	アメリカ政府エネルギー省ボンネビル庁(Dr. Dommel)	サージ解析→安定度解析 ［ベルジロン法＋トラペゾイダル法］
NETOMAC	1974	Siemens（ドイツ） (Dr. Kuricke)	発電機動特性解析 ［トラペゾイダル法］
PSS/E	1976	Power Technologies Inc. 社	安定度解析 ［数値積分は選択］
Y法 ('83：改良Y法)	1977	電力中央研究所	安定度解析 ［ルンゲクッタ法］
EUROSTAG	1987	EDF＋TRACTEBEL （フランス，ベルギー）	長時間動特性 ［予測子修正子法］
PROMOD	1975	New Energy Associates 社	供給信頼度解析
ESPRIT	1994	電源開発株式会社	電源開発評価解析

非常に取り扱いが簡便で，送電網を含む電力機器および系統の保護・制御に対し，その設計や運用などの多くの領域で活用されている．

一方，時間領域のシミュレーションを受けて，その評価や最適化をシミュレーションする必要がある．特に，電力設備の計画・需給運用では，系統現象の動的現象を忠実にシミュレーションするよりは，むしろ，いかに計画・需給運用を最適に立案することにある．このため，モデルも，電力需給などの社会的な事象を扱うことになる．

汎用系統解析ソフトウェアの実例を表8.1に示す．最初の二つのソフトウェア(EMTP, NETOMAC)は，瞬時値の動的シミュレーションを主に扱い，次の二つのソフトウェア(PSS/E, Y法)は実効値の動的シミュレーションであり，近年，数値積分手法の改良により長時間動特性を扱うソフト(EUROSTAG)が制作されている．さらに，最後の二つのソフトウェアは，電力設備の計画などのシミュレーションソウトウェアである．最近のソフトウェアでは，単に動的シミュレーションによる系統現象の再現に加え，さまざま最適化や固有値解法などによる分析が可能となっている．

8.1.2 シミュレータ

ここで，シミュレータとは，時間領域で系統現象をシミュレーションし，各種入出力インターフェースを通して外部機器との相互作用や表示を実現する装置とする．元来，系統現象は，電気的あるいは機械的な物理現象の発生によるものであり，その系統現象の発生方法により，アナログシミュレータとデジタルシミュレータに分類される．アナログシミュレータでは，実系統現象と相似な電圧，電流を基本に，電気的な

物理現象を実際に発生させる．

　一方，デジタルシミュレータは，前述の解析ソフトを使用し，シミュレーションする現象をすべてデジタル演算し，数値データとして扱かっており，外部機器へのインターフェースを除いて，電圧や電流を用いた電気現象そのものの発生がない点に，アナログシミュレータとの大きな相違がある．

　次にそれぞれのアナログシミュレータとデジタルシミュレータに分類して，その特徴を示す．

(1) アナログシミュレータの特徴

　多くのアナログシミュレータでは，流通設備である送電線上での電気的な物理現象が注目されるため，あるいは送電線上の現象の伝搬が非常に早いため，これらの送電線をリアクトルなどの受動素子によって組まれる場合が多い．

　一方，電力機器のモデルとしては，2種類のタイプがあり，従来の模擬送電線設備に代表されるように，小型回転機などの縮小モデルを用いるタイプと，電子回路やデジタル演算処理を用いて演算によりその特性をリアルタイムで実現し，送電線などのインターフェイスにパワーアンプを用いて電気的な物理現象を発生させるタイプとがある．表8.2にアナログシミュレータの例をあげる．

(2) デジタルシミュレータの特徴

　上記のアナログシミュレータに対し，すべてをデジタル演算により構築されたリアルタイム・フル・デジタルシミュレータがあげられる．これは，アナログシミュレータと異なり，すべてを数値演算で処理し，電力機器はもとより，送電線なども微分方程式や代数方程式で定式化し，それらを数値積分や収束計算などの決められたアルゴリズムで解法していくものである．近年では，マイクロプロセッサの高速化により，それらの演算処理が，実現象の時間領域で同一になるように計算処理を行えるため，

表8.2　アナログシミュレータの例

開発組織(名称)	電圧	線路	解析範囲
IREQ	AC100V	受動素子	サージ解析，安定度，故障計算
ASEA/BB	AC3-7V	能動素子	アンプによるリレー解析
電力中央研究所 (交直シミュレータ)	AC3000V	受動素子	UHV/直流送電検証
関西電力，日立，富士(APSA)	AC 50V	受動素子	安定度，長時間動特性 直流送電機能検証
富士(TNS)	AC 5V	受動素子	安定度，長時間動特性 機器制御機能検証

表 8.3 デジタルシミュレータの例

名称	開発組織	支援ソフト(モデル生成プログラム)	特徴
RTDS	マニトバHVDCリサーチセンタ	EMTDC	電力機器パーツが豊富
Flex RS	東電ソフトウェア	MATLAB	モデル結合にA/D変換使用
HYPERSIM	TEQSIM	自社開発	EMTP，MATLAB互換
ARENE	EDF	自社開発	CPUとI/Oを光ファイバ接続

リアルタイム化が可能となってきている．このため，上記のアナログシミュレータの機器モデルとして，部分的に組み込まれる場合もある．

表 8.3 にデジタルシミュレータの例をあげる．

8.2 電力自由化におけるシミュレーションの課題例

8.2.1 配電系統における分散型電源のシミュレーションの必要性

将来，配電系統に多数の分散電源が連系された場合に，配電系統や他の分散型電源に与える影響を検討する必要がある．従来からも，配電系統には自家用発電機として需要家構内に接続されていたが，配電系統への逆潮流が許可され，需要家構内の自家用発電設備の余剰電力などを，電力会社に売買するという用途が多くなることが予想され，配電の運用からの立場や需要家からの立場からも，シミュレーションにより，それらの諸課題を検討する必要がある．

現在，扱われているシミュレーションを用いた検討課題例として，下記のようなものがあげられる．

（1） 分散型電源の単独運転検出機能の有効性確認

系統の電源が消失しても，分散型電源から系統の負荷に電力供給が持続している状態を単独運転と呼び，

・電流遮断能力のない系統の自動開閉器の開閉による機器損傷

・保安上の課題：作業員の感電

などの弊害が生じる可能性があり，単独運転を速やかに検出し，分散型電源を系統から解列する必要がある．

このため，単独運転検出には，周波数低下リレーや，逆電力継電器などの系統の擾乱を受動的に検出する方法や，発電装置あるいは配電線路に何らかの変動を能動的に起こさせて検出する方法が開発されている．

8.2 電力自由化におけるシミュレーションの課題例　**223**

しかしながら，これらの検出のためのリレー整定や他の検出機能への影響など，下記のようなシミュレーションによる検討が必要となる．
- 能動方式による系統への影響
- 単独運転検出のリレー感度
- 異方式による単独運転検出機能の混在による影響
- 新方式の単独運転検出機能の効率的な評価

(2) 分散型電源による配電系統の保護リレーへの影響検討

分散型電源系統連系技術指針[2]にも示されているように，図 8.2 のような配電系統への保護リレーへの影響があり，連系時に保護リレー協調に対する協議が必要となる．また，需要家保護リレーとしても，他の配電系統からのもらい事故を防ぎ，適切な保護リレーの整定が必要となる．

(3) 需要家構内の供給安定性

従来より，系統事故時に系統から解列された需要家構内での供給安定性の解析シミュレーションは実施されている．すなわち，系統あるいは需要家構内での事故発生により，系統から単独となったあと，事故による過渡的な影響をひきずりながら，需要家の負荷量と発電量をバランスさせるように，補機などの状況を加味しながら，選択遮断を実施する必要があった．このような解析は，電力会社と比較し，容量・規模の面で小さいが，負荷機器の挙動が直接影響する点が大きく異なる．また，負荷は熱需

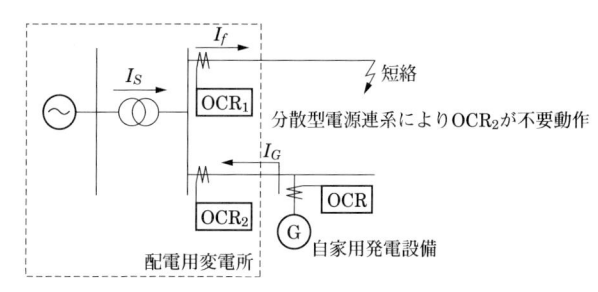

(a) 他配電線短絡における連系配電線および分散型電源 OCR の不要動作

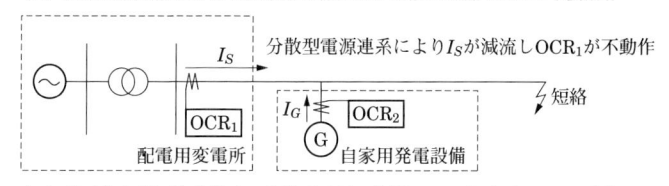

(b) 配電線末端短絡事故時の分散型電源の影響による変電所 OCR 不動作

図 8.2　分散電源の配電系統の保護リレーへの影響

要も含む場合がある．

しかしながら，需要家構内の自家用発電設備の余剰電力などを，電力会社に売買するという場合，需要家の発電設備は，電力系統での事故が発生しても，需要家構内の負荷設備に対し，継続して電力を供給できることに加え，需要家構内の発電機の電力動揺が，電力系統側に影響を及ぼさないことが要求されることになる．

さらに，系統側の事故や構内の事故が，どのように波及したかを記録分析し，公平な運用が可能となるように努める必要がある．

一方，電力会社側での解析にも，系統の擾乱が，需要家構内の発電機に不要な解列を防止することが，系統および需要家への供給両面からも求められるため，従来の解析精度に加え，負荷設備の挙動を詳細に模擬・分析することが望まれる．

(4) その他

従来は，負荷のみの配電系統に分散型電源が接続されるため，短絡容量が増加したり，運用電圧が逸脱したりする．また，負荷用の線路が，電源線としても利用されることになる．このため，遮断容量や配電線容量などの設備検討が必要となり，さらに，その設備費用の公平な分担を検討する必要がある．基本的には，単純な計算でよいが，過渡的な現象までの検討を要する場合には，それらを支援するシミュレーションが必要となる．

8.2.2　送電線の利用に対するシミュレーション

他の章にも述べられているように，送電線が複数の組織で使用されることになると，その送電線利用に対する評価や，送電線の過負荷などに対して，公平な運用管理が必要となる．また，計画段階でも，電力設備費用に対する公平な分担や立案のためにも，適切な系統状態の検討が必要となる．

詳細は，他の章にゆずるものとして，ここでは，その概要を記載し，次項に関連の海外汎用ソフトの紹介を行う．

(1) 送電能力のシミュレーション解析

送電能力のシミュレーションにおいて，潮流断面における送電線熱容量に対する送電能力のみならず，負荷あるいは発電出力変動や系統事故時にも安定して送電が継続できる能力をシミュレーション解析する必要がある．これにより，その送電線の送電能力が算定され，さらに利用可能な送電容量が決定される．これは，計画時および運用時に検討される内容であり，具体的には，潮流計算，系統安定度解析や電圧安定度解析が実施される．

（2） 系統事故時の事後処理解析

事故時には，系統の回線を遮断したり，負荷を遮断することになる．このとき，複数の組織にまたがり影響が波及し，そのため，電力の販売機会を損失したことに対する公平性を，シミュレーションにより検証する必要が発生する．使用するデータベースや，保護リレー動作を含めたシミュレーションや，それに用いられる解法，さらには評価手法などが，公に認知されたものが要求される．

（3） 系統現象から経済現象までのシミュレーション

一般には，系統現象に限られたシミュレーションが望まれるが，その需給バランスなどは，従来以上に，電力の売買に係わる経済現象が大きく関与してくる．このため，シミュレーションの範囲も，系統現象から経済現象までも含めたシミュレーションが必要となる．さらに，電力の運用にインターネットの活用が増加し，情報の伝送が現象に大きく影響する場合も検討することとなる．

8.3 シミュレーションの実例

本節では，電力自由化を対象とした海外の汎用ソフトウェアを紹介する．

8.3.1 供給信頼度評価解析支援ソフトウェア：PROMOD IV[3]
（1） システムの概要

PROMOD IV はアメリカ・ジョージア州アトランタに拠点をおく New Energy Associate（NEA）社により開発・販売されている Microsoft Windows 上で稼動する需給計画ソフトウェアである．NEA 社の前身は 1975 年に創立した Energy Management Associates 社であり，その後 EDS 社に吸収合併されたあと，1997 年に得意分野（電力・エネルギー分野）に特化した活動を行っていくこと，また，市場の変化への迅速な対応を行っていくことを目的にその EDS 社から独立する形で，NEA 社が設立された．

PROMOD は，元来，発電コスト（プロダクションコスト）と供給信頼度を評価する目的で開発されたソフトウェアであるが，電気事業環境に合わせたその後の改良により，現在の PROMOD IV では，

- ロケーショナルプライス（locational marginal prices）の算定
- 市場価格の予測
- プール市場（PX：power exchange）に対する入札戦略の評価
- 発電ユニットの便益評価

・送電線混雑料金・固定送電権利料(FTR：fixed transmission rights)の算定
・需給に関するポートフォリオ作成・リスクマネジメント分析

などにも用いられおり，自由化された電力市場を構成するプレーヤがそれぞれのニーズに合わせて有効に活用することができるようになっている．

(2) システムの構成と機能

PROMOD IV のプログラムは，確率的手法により発電コストや供給信頼度などの評価を行う機能をもつ"基本プログラム(basic systems)"と，その他の機能を補完する"標準モジュール(standard modules)"および"オプションモジュール(optional modules)"で構成される．以下にそれぞれの機能概略を示す．

① **基本プログラム**　基本プログラムには，確率的ディスパッチ(APD：Analytical Probabilistic Dispatch)プログラムと時間別モンテカルロディスパッチ(HMC：Hourly Monte Carlo Dispatch)プログラムの二つで構成されている．

確率的ディスパッチ(APD)プログラムは，発電ユニットの事故率(forced outage rate)データを用いてアベイラビリティを確率的に表現した上で，起こり得るすべての発電ユニット事故の組合せを一度に考慮して，ユニットコミットメント(起動停止，出力)および供給信頼度・緊急時の電力購入量・限界電力コストを出力するプログラムである．供給信頼度は，供給支障時間(LOLH：loss-of-lost hour)と供給支障電力量(LOLE：loss-of-lost energy)で表される．

これに対し，時間別モンテカルロディスパッチ(HMC)プログラムは，発電ユニット事故をモンテカルロ的に取り扱うことにより，発電スケジューリングを時系列的に捉え，APD プログラムと同様の出力を行うプログラムである．この HMC プログラムでは，発電ユニットにつき，最小運転/停止時間や出力変化率，運転予備力といった運用制約と，起動やバランス停止，出力停止に係るコストがわかりやすくモデリングされる．また，発電ユニットのアベイラビリティ(事故発生頻度と復旧時間)は，各発電ユニットの平均健全運転継続時間(MTTF：mean-time-to-failure)や平均事故継続時間(MTTR：mean-time-to-repair)の統計データを用いて算定される．

② **標準モジュール**　PROMOD IV の標準モジュールには，
(a) マルチエリアモデリング(multi-area interface modeling)モジュール
(b) エネルギー貯蔵(energy storage)モジュール
(c) 時間別限界コスト(hourly marginal cost)モジュール
(d) 環境制約付き負荷配分(environmental dispatch)モジュール
(e) 制約付き燃料供給(limited fuel)モジュール
(f) 経済融通(economy energy interchange)モジュール

の六つがある．以下に上記各モジュールの機能概略を示す．

　(a)　マルチエリアモデリングモジュール：相互連系された複数の(需要中心をもつ)エリアについて，発電コストシミュレーションを行うものであり，送電制約ほか運用上の制約を満たしながら，複数エリアの運用コスト最小化を目的関数として，ユニットコミットメントおよび負荷配分を行う．

　(b)　エネルギー貯蔵モジュール：揚水発電，燃料電池などさまざまなエネルギー貯蔵設備を模擬することができ，これにより，エネルギー貯蔵設備が供給信頼度に与える影響とそれらの経済的便益の評価が可能となる．

　(c)　時間別限界コストモジュール：増分単位電力量〔MWh〕あたりの限界発電コストを算定するモジュールで，限界発電コストは毎月の代表週168時間の毎時間に対して算出される．また，毎時間の負荷レベルが供給信頼度(loss-of-load)に及ぼす影響についても評価が行える．

　(d)　環境制約つき負荷配分モジュール：排出量規制が，発電プラントの経済運用および発電コストに及ぼす影響を評価するためのモジュールであり，排出量低減技術，燃料転換，排出量取引，出力振替などの対策が考慮できる．

　(e)　制約つき燃料供給モジュール：燃料供給に関する複数の制約を考慮するためのモジュールであり，制約は，最小/最大供給量(minimum burn)や，take-or-pay条件の形でモデル化される．これにより，使用燃料の利用可能性，輸送可能性，契約条件などに伴う燃料供給についての制約を反映することができる．また，本モジュールは，これらの制約下で，燃料供給量の最適配分を行う機能も有している．

　(f)　経済融通モジュール：1時間ごとの発電容量と電力価格断面に基づいて隣接する外部市場との経済融通をモデル化するためのモジュールであり，電力スポット価格や給電可能な電力取引，隣接エリア電力会社の限界発電コストなどの評価に用いることができる．

　③　**オプションモジュール**　　PROMOD IV のオプションモジュールには，

　(a)　水力発電最適化(hydro optimization)モジュール
　(b)　ガスコンバインドサイクル発電(gasification combined cycle)モジュール
　(c)　送電系統影響評価(transmission analysis)モジュール
　(d)　プール市場(power exchange)モジュール

の四つがある．以下に上記各モジュールの機能概略を示す．

　(a)　水力発電最適化モジュール：水力発電運用を最適化するためのモジュールであり，揚水発電を含めたすべての水力発電につき，毎時間の放流スケジュールと季節ごとの貯水方針が決定される．

(b) ガスコンバインドサイクル発電モジュール：多種存在するガスコンバインドサイクル発電プラントの設計を模擬するためのモジュールである．ユーザは，ガス化システム，ガスタービン，排熱回収ボイラ，蒸気タービンに分けてモデル作成を行える．

(c) 送電系統影響評価モジュール：時間別モンテカルロディスパッチ(HMC)プログラムの結果を受けて，平常時および緊急時における毎時間の系統潮流を求めるプログラムである．ブランチ，系統事故，移相変圧器操作，直流送電線の定格などのモデル作成が行え，これによりユーザはロケーショナルプライスと送電料金を算出できる．潮流計算は，DC法で行われる．

(d) プール市場モジュール：ユーザのシステムがプール市場においてどのように運用されるかを模擬するためのモジュールであり，プール市場の入札ルールはあらかじめ複数のものが用意されており，また，ユーザによるカスタマイズも可能である．
さらに，ユーザは本モジュールを用いて発電ユニットの入札シナリオ検討，その入札シナリオ下での発電ユニットの便益評価を行える．

④ その他：GUI 機能

(a) データ入力機能：PROMOD IV への入力データは，すべてスプレッドシート形式で取り扱われるため，データのソート，コピー/ペースト，削除，更新などが容易に行える．

(b) 取引データ設定機能：電力取引契約についての名称，契約種別，取引量などの情報は，スプレッドシート形式の "transaction builder" で管理され，それを編集することにより，取引契約内容の変更や契約の追加なども容易に行える．

(c) 発電ユニットデータ設定機能：発電プラントの名称やユニット数，発電種別，使用燃料，発電コストなどの情報は，やはりスプレッドシート形式の "unit builder" で管理され，新規ユニットの追加や既存ユニットのデータ変更などもそれを編集することで容易に行える．

(d) 燃料データ管理機能：使用燃料のコスト関連データは，スプレッドシート形式の "fuel cost calculator" で管理され，新規燃料の追加や既存燃料のデータ更新も "fuel cost calculator" ウインドウ上での編集により行える．

(e) レポート出力機能：PROMOD IV によるシミュレーション結果のは，Microsoft Access によりデータベース化され，カスタムレポートとして出力できる．また，スプレッドシートアプリケーションへのデータ出力も可能である．計算結果のレポート出力対象(発電ユニット，燃料，電力取引など)やレポート形式についても専用のウインドウ上で選択できる．

(f) マッピング機能：ユーザは，"Bus Mapping Editor"上で発電ユニットおよび負荷の母線，送電線への接続情報（マッピングデータ）を設定することができ，"Power System Viewer"を用いて送電系統の詳細情報をグラフィック表示させることができる．

8.3.2　送電可能容量評価支援ソフトウェア：PSS/E[4)]
（1）　システムの概要

PSS/E(Power System Simulator for Engineer)はアメリカの Power Technologies, Inc.(PTI)社が開発した，アメリカをはじめ，世界40箇国の400以上のユーザ数をもつ電力系統解析用パッケージであり，潮流計算，安定度解析，最適潮流計算などの実効値ベースの系統解析計算（日本ではY法に相当する）のスタンダードソフトとなっている．そのため，現存のほとんどの電力系統解析用パッケージにはPTI社のデータファイルを変換するプログラムを用意しているのが現状である．PSS/EはUNIXからPCまでのほとんどのプラットフォームで稼働することができ，グラフィックユーザインターフェイス(GUI)も完備されている．

図8.3に示すように，PSS/Eでは，潮流計算を中核とした多数の機能があり，ユーザは自分の目的とあった機能オプションを自由に組合せて使用することができる．

PSS/E の特徴としては，

① 対話型　　データ入力，計算と結果出力はすべてマウスでウインドウ上に行うことができ，単線図でのデータ修正，計算結果の表示（図8.4）やシミュレーション結果のプロット（図8.5）もマウス一つで行うことができる．

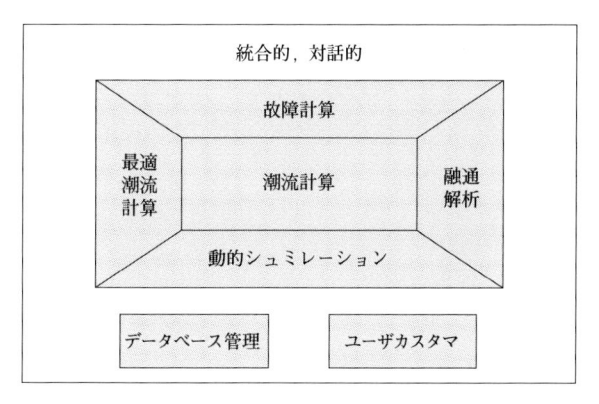

図8.3　潮流計算を中核とした多機能統合型電力系統解析用パッケージ

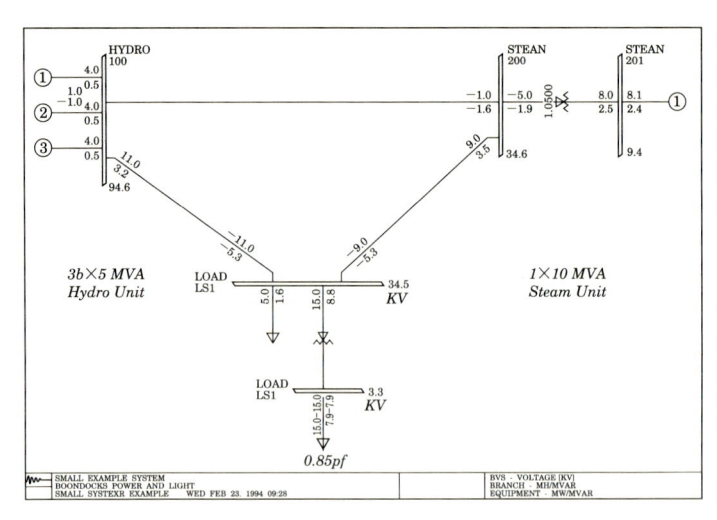

図8.4 単線図での計算結果の表示

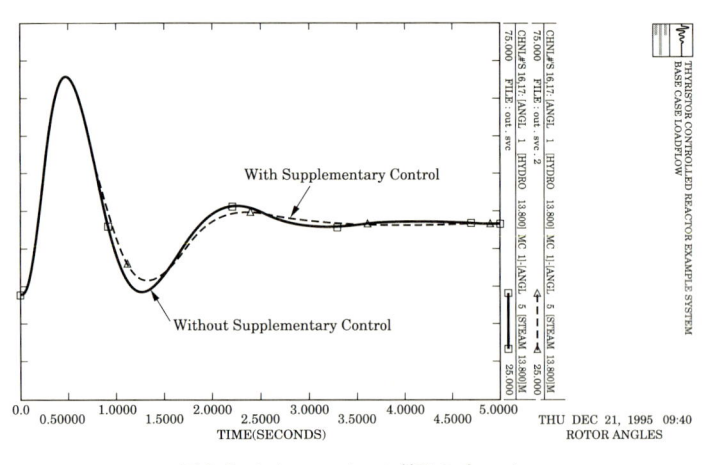

図8.5 シミュレーション結果のプロット

② **バッチ処理型** プログラム実行用のバッチファイルが容易に生成でき，シミュレーションの効率を向上させることができる．

③ **カスタマ型** ユーザが自分流のコマンド実行方式や図形，レポートの様式をカスタマイズすることができる．

処理能力として，現在では，PSS/E において検討可能な最大系統規模は5万母線で

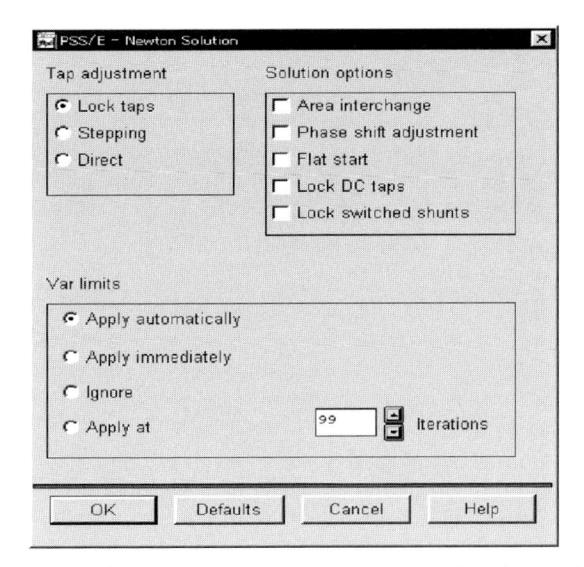

図 8.6 Full Newton-Raphson 法の制御オプションの設定ダイアログ

(3年以内に10万母線(東部系統を全部モデル化できること)に拡張される予定),それに系統をエリアとゾンに分けて,エリア間の融通量の制御などを検討することが可能である.

(2) システムの主な機能

① **潮流計算** PSS/E の基本機能としての潮流計算では,

(a) Full Newton-Raphson 法のほか,Gauss-Seidel 法,De-Coupled Newton-Raphson 法から,Fixed Slope De-Coupled Newton-Raphson 法,慣性・ガバナによる再配分を考慮した Newton-Raphson 法までのさまざまな手法を用意し,各手法では,ダイアログで制御オプションの設定が可能である(図 8.6).

(b) スイッチドシャントや変圧器のローカルまたは遠隔,連続または不連続のステップ制御が可能

(c) 二端子と多端子の HVDC 線路が対応可能

(d) マルチセッション線路が対応可能

(e) ゼロインピーダンス線路が対応可能

とし,エリア間の融通制御,想定事故解析,送電限界計算,慣性・ガバナによる再配分計算,発電機の無効容量曲線などの解析を行う.

また,単線図を用いることにより,データの修正,装置の切替え,母線の分離と結合などの作業が簡単に行い,再計算することができ,作業効率を向上させることがで

きる.

② 最適潮流計算　最適潮流計算(OPF)は，潮流計算の入力データをそのまま用い，コストデータと計画オプションデータを加えて，ロス，発電機コスト，VAR需要などの目的関数を同時に最小化し，システム限界などの制約条件を考慮しながら電圧量，発電量，VAR補償量，タップ位置などの最適組合せを見出す．目的関数としては，

  (a)　MWやMVARロス
  (b)　燃料コスト
  (c)　シャントや直列MVAR
  (d)　負荷遮断
  (e)　制御切り替え

が指定でき，ユーザ指定の目的関数を組込むこともできる．制御パラメータとしては，

  (a)　MWとMVAR発電量
  (b)　不連続なシャントMVARとタップ
  (c)　直列補償量
  (d)　位相変圧器
  (e)　電圧調整

などが指定できる．制約条件としては，

  (a)　線路潮流(MW, MVAR, MVA)限界，電流限界
  (b)　エリア融通電力限界
  (c)　電圧限界
  (d)　制御量限界

などが指定できる．また，最近の電力システムの実際問題に対処するために，以下のようなアプリケーションも適用できる．

  (a)　VAR計画
  (b)　電圧崩壊解析
  (c)　融通電力の最大化
  (d)　電力託送とコジェネのコスト評価

③ 動的シミュレーション　動的シミュレーションは，事故，発電機脱落，モータースタート，励磁損失などのあらゆる擾乱が考慮でき，シミュレーションを随時中断，再開することができる．標準モデルとしては，

  ・多様な発電機，励磁系，ガバナ，安定化装置のモデルライブラリ
  ・負荷，SVC，多端子HVDCの詳細モデル

・方式多様なリレーモデルライブラリ

があり，ユーザも独自のモデルをFORTRANで記述しPSS/Eに簡単に組み込むことができる．また，モデルと系統パラメータの周波数特性も考慮できる．

④ **長時間シミュレーション** 原動機応答による周波数偏移や保護装置による電圧変化などの長周期現象を，可変刻み幅を採用し，動的シミュレーションと同様にシミュレーションする．

⑤ **平衡および不平衡故障計算** 全系統または縮約された系統に対し，多地点や多母線といった複雑な平衡または不平衡故障計算を行う．三相事故と一相地絡事故の結果は系統単線図に表示することができる．

⑥ **線形システム計算** 動的シミュレーションの詳細モデルに基づく固有値解析と周波数応答解析を行う．

⑦ **オープンアクセスとプライシング** テキサス公益事業規制委員会PUCTの規定に準拠した，MW-マイル型の託送料金計算を行う．

⑧ **その他**
・線路定数計算
・系統縮約

8.3.3 長周期系統現象評価解析支援シミュレータ：EUROSTAG[5]
(1) システムの概要

EUROSTAGは，フランス語"EURO STAbilité Généralisée"の略語で，フランス電力庁(Electricite de France，略称EdF)とベルギーTRACTEBEL社で共同開発された電力系統動特性シミュレーションソフトウェアであり，以下の特徴を有する．

① **広範囲な時間領域に適用可能** EUROSTAGは過渡，中期，長期の系統安定度領域をカバーする．すなわち，電磁機械的振動現象から日負荷変動まで対応できる．EUROSTAGは臨界故障除去時間，電力動揺，発電ユニット制御装置の調整，負荷遮断方式などの従来からの問題を解くのに適しているだけでなく，さらに，電圧崩壊，停電シナリオ，保護方式の策定，復旧手順，送電容量，電圧・周波数の集中制御，FACTSやHVDCといったパワーエレクトロニクスなどの先端トピックも取扱える．

② **現代的でロバストな数値積分アルゴリズムを使用** 連続かつ自動的に変化する積分刻み幅を使用した数値積分アルゴリズムにより，あらゆる範囲の応用(過渡から長期動特性まで)を一つのプログラムで行え，また速い現象と遅い現象を同時かつ連続的に表示できる．この一つのプログラムが，さまざまな処理を統一されたモデルで行うので，データ管理が容易になる．

EUROSTAG は自動的に積分刻み幅を変更する方法に基づいているので，ユーザが要求する精度を保証する．速い現象(同期喪失)が起これば，刻み幅は短くなる．遅い現象だけが起こっていれば，刻み幅は長いままで，シミュレーションを長時間走らせる(数時間まで)ことが可能である．

③ **融通性が広く，どんな系統でも対応可能** EUROSTAG には豊富な標準ライブラリが添付されているが，もし，あるプロセス，制御装置がライブラリに含まれていない場合は，どんな種類のプロセス・装置でも個々の電力系統の特徴にあわせた特別な方法で表現できる．

④ **ユーザフレンドリな解析環境** プロセスと制御装置のモデル化に使用されるグラフィックのマクロ言語と，結果の解析のためのモジュールにより，研究の信頼性と効率を向上できる．さらに，すべてのデータは MOTIF インターフェイスにより入力，更新できる．

⑤ **オープンな解析環境** EUROSTAG を導入しても，過去の投資と経験の結果である今までのモデルやデータセットをすべて捨てる必要はない．EUROSTAG では，潮流データの国際フォーマットの使用と，発電所や負荷モデリングのグラフィックマクロ言語の能力により異なるコンピュータ環境間での移行が容易になっている．そのため，ほとんどの既存データとモデルは再使用可能で，エンジニアは以前のツールで得た多大な経験・知識を保存できる．また，線形方程式の後処理用のために標準ソフトウェアに線形化システムを出力できる．

⑥ **世界中のユーザと経験を共有** EUROSTAG は，アメリカ，フランス，ベルギー，日本，イギリス，南アメリカ，スイス，イタリア，オーストラリア，スウェーデン，デンマーク，ブラジル，中国，ギリシャ，ポルトガル，ロシア，ルーマニア，ブルガリア，アルバニアほか，世界中の電力会社，大学，メーカで使用されている．そしてユーザースクラブやニューズレターを通じて経験を共有できる．

(2) システムの機能

① **物理モデルとデータ**

(a) 回路と負荷：電気回路は正相回路表現か，完全不平衡回路表現でモデル化される．母線の電圧は代数方程式 $I=YU$ で決定する．負荷は電圧・周波数を変数とした関数の非線形方程式か，マクロ・ブロックを使った動的モデルで表現できる．低電圧レベルのタップ切換器もモデルに含まれる．また，特性の異なる複数の負荷を同一母線にモデル化できる．無効電力補償機器(SVC)は単一要素として，またはバンクとして表現される．

(b) 誘導機：誘導機は以下の2種類の異なる方法でモデル化できる．

8.3 シミュレーションの実例

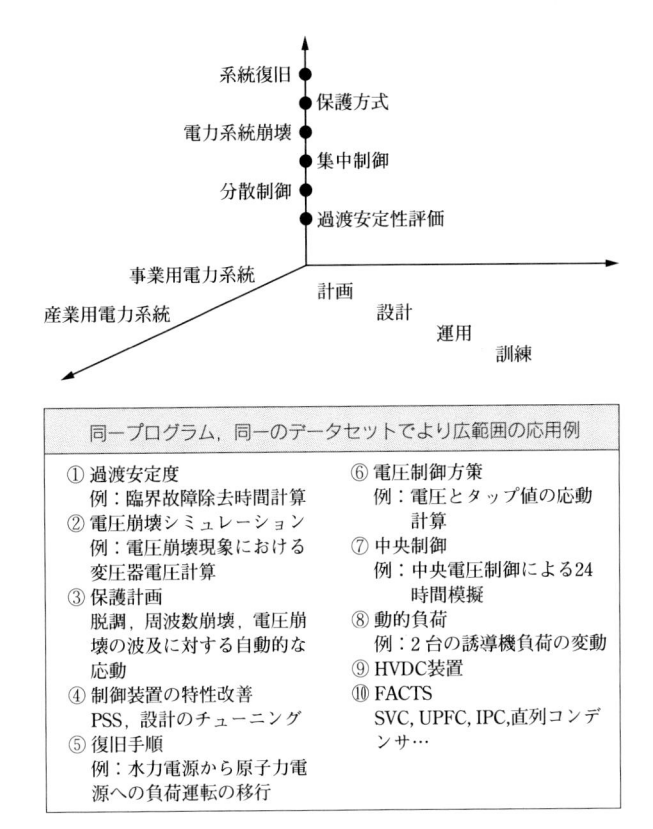

図8.7 同一のプログラム，同一のデータセットでより広範囲の応用例

（軸ラベル）系統復旧／保護方式／電力系統崩壊／集中制御／分散制御／過渡安定性評価／事業用電力系統／産業用電力系統／計画／設計／運用／訓練

同一プログラム，同一のデータセットでより広範囲の応用例

① 過渡安定度
  例：臨界故障除去時間計算
② 電圧崩壊シミュレーション
  例：電圧崩壊現象における変圧器電圧計算
③ 保護計画
  脱調，周波数崩壊，電圧崩壊の波及に対する自動的な応動
④ 制御装置の特性改善
  PSS，設計のチューニング
⑤ 復旧手順
  例：水力電源から原子力電源への負荷運転の移行
⑥ 電圧制御方策
  例：電圧とタップ値の応動計算
⑦ 中央制御
  例：中央電圧制御による24時間模擬
⑧ 動的負荷
  例：2台の誘導機負荷の変動
⑨ HVDC装置
⑩ FACTS
  SVC, UPFC, IPC, 直列コンデンサ…

- 二重かご型を想定した回転子の磁束の動特性が計算できる"完全"モデル
- 回転子の過渡特性を無視した"簡略化"モデル

機械抵抗トルクはマクロ言語の使用により，詳細にモデル化できる．

（c）変圧器：タップ位置は明示的に表現される．漏れリアクタンスと変圧比はタップ切換位置に依存して決まる．磁気飽和もモデル化可能である．

（d）注入電流源：複素電力(P, Q)，可変アドミタンス(G, B)，および電流（直交または極座標系）を各ノードで注入電流源として定義できる．それらの電源の数学的モデルはマクロ言語で定義できる．この方法により動的負荷，SVCなどを表現することが可能である．さらに，FACTSやHVDC線路のような特殊な直列負荷を二つの電源要素を結合してモデル化することができる．また，無限大母線も利用できる．

（e）回転機：同期機はParkの古典理論によりモデル化が行われる．回転子は四

つの等価巻線により表現される．界磁巻線，それと磁気結合のある直軸ダンパ巻線，二つの横軸ダンパ巻線の四つである．同期機の内部磁束は系統周波数に依存するようになっている．磁気回路の飽和も Shackshaft のモデルで表現できる．同期機モデルには始動変圧器も含められる．同期機の機械的動作に関しては，回転子の運動は回転体方程式で表される．これは機械トルクと電気トルクを回転速度の変化にむすびつけるものである．

　ユーザは同期機を"外部"パラメータ(リアクタンスと時定数)によって定義することも，または"内部"パラメータ(相互・自己インダクタンス，抵抗)により定義することもできる．

　(f)　オートマトン：オートマトンにより，状態変数値に応じてイベントを発生させることができる．オートマトンを表現する方程式は，状態変数から得られる値に基づいて各積分ステップごとに評価される．

　次のようなオートマトンが利用可能である．

- 過電流保護リレー
- 同期喪失時に同期機をトリップさせる脱調リレー
- 自動タップ切換変圧器：オートマトンが，指定された電圧設定値を不感帯内に保つようにタップを切換える．電圧崩壊の状況を取扱うために，タップ切換ロックの機構も備わっている．
- 平衡回路における距離リレー保護：送電線の両端を監視し，反スイングと状態加速特性を含めている．
- 不平衡距離保護システム：ユーザの与える Fortesque インピーダンスの比率，反スイング，加速特性，単相開路に基づいている．
- 周波数負荷遮断保護：送電電力計測値に基づいた線路トリップ
- 任意の母線で計測される不足・過電圧の場合の機器トリップ
- 速度低下・過速時の回転機(同期機または誘導機)トリップ
- 任意のブロックの出力があるしきい値を超えた場合の機器トリップ．この方法で界磁電流の保護がモデル化できる．
- 位相角と速度の条件に基づいたシステム不安定性の検出

　(g)　制御装置とプロセスのモデル：ユーザはプロセスや制御の標準モデルライブラリを利用できる．また，グラフィックツール(プリプロセッサ)を用いて対話的に自分だけのモデル，いわゆる"マクロ・ブロック"を作成することもできる．新しいタービン，ボイラ，制御装置，SVC，負荷などをつくるために FORTRAN でコードを書く必要は一切ない．多くの基本ブロックを用いてワークステーションまたは PC の

画面上でブロック図を描くことによりマクロ・ブロックを設計できる．種々の電力系統要素，たとえば同一水頭の水力発電機，コンバインドサイクル，HVDC線路ほか，相互間の反応を表現するために，さまざまな発電ユニットや電流注入源に応じたマクロ・ブロックを結合することができる．これはMATLABのSIMULINKの機能に似ている．

② マクロ・ブロックのライブラリ　マクロ・ブロックのライブラリの内容は以下のとおり．
 ・IEEE 水力システム
 ・IEEE 励磁システム
 ・IEEE 蒸気システム
 ・ボイラ
 ・SVC
 ・HVDC システム
 ・HVDC システムの制御モード

8.4　電力系統のシミュレーション技術の開発動向

8.4.1　モデルのライブラリー化とシミュレーション結果の可視化技術

　最近，欧米では，電力系統の計画・運用支援ソフトウェアには，特別仕様ではなく一般に流通している汎用ソフトウェアが使用される傾向にある．パワーエレクトロニクスなどの新技術による機器の導入や，規制緩和によるIPP(independent power producer)の参入が系統に与える影響を考慮するシミュレーションモデルの作成は，ユーザの要望・依頼に基づき，開発元がシステム内に組み込みの機能（ライブラリ）として追加される方式がとられている．

　プログラムのコア部分に関しては極力変更を加えないでよいようにしており，ユーザがライブラリを利用・作成・追加することでシミュレーション支援システムの管理を行っている．シミュレーションモデルや支援機能の中で，ユーザから依頼の多いものを順次コア部分に取り込み，新バージョンとしてリリースする形式がとられている．したがって，各ユーザが独自のシミュレーションモデルを組み込みたくとも，すぐに反映されるとは限らないといった不便さも指摘されている．

　わが国の電力産業におけるソフトウェア管理方式は，試験的な検討でもプログラムのコア部分に手を入れるソフトウェア構造になっており，シミュレーションモデルを

一部変更するのにもコア部分の手直しが必要となることが多い．そこで，このライブラリ機能を実現できれば，常時必要となる主要モデルのみコア部分に残しておけばよいので，効率的シミュレーションが可能となる．今後の電力系統シミュレーションの新規開発ではぜひともこのようなプログラム構造で製作していくべきであろう．

マンマシンインターフェイスの視覚化については，データ入力に関して普及しつつある GUI(graphical user interface)を駆使して簡易な操作で系統解析用データを作成するツールが開発されており，PSCAD のような世界的なユーザグループが存在するものもある．しかし，計算結果の出力に関しては，エキスパートエンジニアにとっては，グラフが描かれる程度で十分という意見もある．

しかし，CAE(computer aided education)と同様に，シミュレーション結果の可視化は，教育システムの一環あるいは規制緩和に帰因する系統上の問題点の一般への広報(啓蒙活動)という意味で重要であると考える．

また，汎用的なインターフェイスには操作マニュアルが不要となるメリットがあり，数値データ入出力に対し，マイクロソフト社の表計算ツールである Excel が用いられている例がある．〔実例：PTI(Power Technologies, Inc.)で開発している送電網運用支援システム TOPS(transmission oriented production simulation)〕

現在，わが国の電力会社が開発中の電力系統解析支援用統合環境システムも，このように機能が向上した汎用的なソフトウェアを利用することでインターフェイスを作成しており，同じ方向性がみられる．

8.4.2 リアルタイムシミュレーション技術

実際の保護や制御機器を接続してそれらの機能を検証するためのリアルタイムシミュレーションのニーズは高く，開発も実現段階まで進んできている．

DSP(digital signal processor)を使用したハードウェアシミュレータでは，並列プロセッサを増設することで，任意の規模のシミュレーションを行えるようになっている．これにはプロセッサ間の通信を高速に行うため，通信専用のハードウェアを使っている．〔実例：マニトバ HVDC リサーチセンタ RTDS〕

また，並列コンピュータ向きの系統分割手法に工夫を凝らして汎用プロセッサでもリアルタイムを実現しようとしており，30 母線程度の系統には対応できる．〔実例：ブリティッシュ・コロンビア大学で開発中のソフトウェアシミュレータ(RTNS：real time network simulator)〕

このように，大規模シミュレーションをリアルタイムで行うためには，より高速な計算が要求されるため，専用ハードウェアの性能向上のほかに，このような並列化の

技術が不可欠であろう．

8.4.3 統合型シミュレーション技術

　計算時間領域の異なる解析プログラム間でデータ通信により連系を行い，解析対象時間領域を拡張していくという方法が模索されている．これはたとえば，計算刻みマイクロ秒オーダのEMTPとミリ秒オーダの安定度計算プログラムが並列に走るもので，交直変換器やFACTS(flexible AC transmission system)機器の部分をEMTPでモデリングし，交流系統を安定度計算プログラムで解析するといった用途が考えられる．さらには，分オーダの電圧崩壊に至る電圧安定性までも含めた，統合型シミュレーションへの拡張が考えられ，この分野については，今後とも動向を見ていく必要があろう．［実例：マニトバ HVDC リサーチセンタで］

　事故後数サイクル〜数秒における系統の安定性を扱う従来の安定度解析と，長時間動特性(LTD)解析とを統合して解析可能なシステムも開発されている．従来の安定度解析プログラムの解析時間領域を拡張して使用する試みも行われたが，この方法では，電圧の効果や線路潮流などが考慮されるが，発電機の位相角動揺などで表現された微分方程式を解くこととなり，長時間解析を実施する場合の計算量は膨大なものとなる．そこで，最新の統合型シミュレーションソフトウェアにおいては，潮流計算とならんで数値積分に対する解法に工夫を凝らしている．

　最近のIPP導入が遠因ともいわれている長時間動特性(LTD)に関連した系統事故の解析では，30〜120分もの長いシミュレーションを行うため，火力発電所におけるボイラー系・燃料系・補機系などの長時間特性を積極的に取り入れる点に大きな特徴がある．さらに，AFC・ELD・VQCなどの中央給電システムからの制御効果や，周波数リレー・過負荷リレーなどの保護システムおよび電源制限・系統分離などを実施する緊急制御システムの長時間応動特性を組み込む点も顕著な相異点である．長時間動特性解析では，火力ボイラ系・燃料系・補機系などの長時間モデルの作成が重要であると思われるので，この点について積極的に取り込んでいる．

　また，長時間解析に不可欠な要素に，オペレータの動作がある．すなわち，10〜20分の間に人間が何らかのアクションを取り得る余裕が十分にあるからである．可変計算ステップにより計算精度を保証し，オペレータのあらゆる動作を任意の時間のシミュレーションにおいて実行でき得るという機能を備えている．これには，積分計算手法，インターフェイス，モデルライブラリ，大規模システムの取り扱いにおいて検討する必要がある．［実例：EUROSTAG］

8.4.4 独立系(IPP)の導入評価および運用支援技術

アメリカでは，新規電源に対するIPPの占める割合は，発電電力量でアメリカ全体の約10％，発電設備の約7％というように着実に増加しており，これに伴い電力会社による発送配電から小売りまでの一括運営という"垂直統合型の独占市場"から，発電・送電・配電・小売りの"分離型の自由市場"へと確実に変化している。

このような状況の中，送電線を所有する電力会社では，電源開発の長期的な見通しが立たないため，送電線に対する長期的視野に基づいた投資を控え，既存の送電線の能力を限界まで使用する傾向にある。現状では，電力会社の側でIPPに対して無効電力の供給や系統電圧の維持についての技術的要求基準を定め，発電計画を提出させ，一定の基準を満たさないIPPとは接続しないといった対策がとられている。特に，アメリカでは，このような電気事業の規制緩和に伴う諸問題と現象を解明するためのさまざまな研究開発がみられる。

送電線の負荷状況をデュレイション・カーブで表現することにより，ピーク時だけでなく全需要断面での送電線の余裕を計算し，効率的な送電線の運用ができるような支援ソフトウェアが開発されている。［実例：PTI社，TOPS］

今後は，さらに規制緩和が進み，送電線に対して発電事業者や需要家が自由に接続できるオープンアクセスが実現すると考えられ，なかでもカリフォルニア州では2002年までに完全な小売託送(需要家が供給元を自由に選択できる)を実現する予定である。その際に，IPPと電力会社間，または各IPP間の公平を保つため，独立系統運用者(ISO：independent system operator)が，電力会社から独立して系統を運用するようになる。このISOは，最終的にはアメリカ全体で20〜30程度になると考えられている。

このとき，同じ系統に接続する複数の電力会社やIPPに対して，系統に関する情報を公平に収集・発信するためのシステムが必要となる。連邦エネルギー規制委員会では，このような目的のシステムとして，送電線同時情報公開システム(OASIS：open access same-time information system)を提唱しており，実際には系統を構成する電力会社が共同で開発している。

このようなオープンアクセスが実現した系統を運用するためには，新しいソフトウェアが必要である。たとえば，EPRI(Electric Power Research Institute)では，安定度・電圧安定性の両面でセキュリティ・アセスメントのためのプログラムを開発中であり，これは，2000母線3000ブランチの大規模系統について系統の運用限界を20分間隔で計算することを目標にしている。ワシントン大学では，IPPが接続された系統

の周波数制御の手法として，接続点の潮流を連系線潮流のように制御する手法を提唱している．

日本の状況を考えると，今回応募したIPPの規模は100万kWと系統全体からみればまだ小さいので，当面は系統情報の収集・発信システムの必要性は特に問題とされていない．しかし，今後規制緩和が進むことが予想され，IPPが増えてくれば，近い将来にアメリカと同様に電力会社とIPP間での情報交換のためのシステムが必要になってくると思われる．ただし，日本の規制緩和はアメリカと同じステップで行われるわけではない．これに備えて，日本の電力事情の変化を先読みし，電力会社とIPP間で交換する系統情報の形式の標準化を働きかけるとともに，その標準に基づくデータベースの構築を進めることが必要であると思われる．

8.4.5 緊急時給電指令の公平性の検証技術

産業社会の情報化の進展に伴い，高品質な電気供給に対する社会的要請は年々高まり，停電のみならず電圧・周波数の変動が社会に与える影響は従来にもまして大きくなっている．このため，電力設備の計画や日々の運用に対しては，潮流計算，安定度計算，電圧解析などのシミュレーションソフトウェアを使用して多面的な現象解析を行っている．一方，将来の新技術の導入，系統構成の変化，想定事故に対しても，シミュレーション技術を駆使し，保護・制御装置の高度化や運転技術向上のための事前解析が不可欠である．

また，分散型電源の電力系統連系への早期実現のために，各所で，連系にあたっての課題の抽出とそれらの解決策の検討が進められている．そこでの主な課題として，分散電源の技術水準の内外調査，分散電源系統連携技術要件の設定，系統連系シミュレーションおよび連系システム案の策定等が重要事項としてあげられる．特に，分散型電源の連系あるいは新しい電子制御機器の導入などが進んだときには，系統に発生する諸現象もさらに複雑になるとともに，新たな環境条件下で起きる未経験な現象の発生も懸念され，現実の機器特性を反映した系統解析とシミュレーション技術の開発・適用検証が強く要請されている．

また，電力系統に現れる代表的な系統現象は，図8.1で示したようにマイクロ秒のオーダのきわめて早い現象から，数時間にわたるような長周期動的(LTD：long term dynamics)現象と幅広く分布しているため，これらを統合的に解析できるシミュレーション技術の開発が望まれている．

さらに，電気事業の規制緩和に伴い，発電部門の自由化，卸託送の導入，さらには，小売託送の部分自由化等が進められ，電力系統シミュレーション技術にも新たな要求

が顕在化してきた．すなわち，給電指令の公平性の技術検証の問題である．電力系統に接続し，電気事業を営むもの(IPP あるいは PPS)は，電力系統運用者の事故時・混雑時およびエネルギーセキュリティ確保のための給電指令に従うことが定められた．しかし，そのような給電指令は，電力会社とその他参入者の発電設備および需要家に対して公平になされなければならない．そこで，公平性に関する紛争にあたっては，技術的検証が必要となる．

このような背景のもとに，内外において電力系統分野の諸現象解析のみならず，新たに給電指令の公平性の検証ための各種シミュレータおよびシミュレーションソフトウェアの開発・導入が盛んになっている．これらのシミュレータおよびシミュレーションソフトウェアは，主として諸現象の解析(事後検証)と予見(事前予測)を目的としたもので，特に正常状態のみならず安全，設備防衛面などから，事故などの実際には起こせない異常状態をも再現できる機能および送電可能容量の算定，供給信頼度の評価の機能も有することが求められている．

参 考 文 献

1) 電気協同研究第 51 巻第 4 号
2) 分散型電源系統連系技術指針，日本電気協会，1993．
3) http://www.newenergyassoc.com/html/promo_div.html
4) http://www.pti-us.com/pti/software/psse/psse.htm
5) http://www.tsi.co.jp/package/eurostag/eurostag.htm

第9章

分散電源連系と電圧管理技術

　従来,電力系統は,電力会社が各社の管轄内の系統に対して,信頼性の高い高品質な電力の供給を目的とした計画・運用を行ってきた.また,このため,大規模な設備投資を行ってきており,結果として設備余裕が十分とられた状況となっている.しかし,自由化の進展に伴い他社からの融通電力,電力託送の増大,および配電系統における分散電源の導入により,計画・運用に柔軟性が要求され,従来の検討範囲を超えた計画・運用を考慮する必要性がでてきている.また,自由化に対応し電力価格を下げるために,現状の設備利用率をあげ,設備投資をできるだけ抑制することが必須となってきている.つまり,従来と比較すると,より柔軟な計画・運用が望まれて,かつ設備の利用率をあげていかなければならないという相反する二つの目的を同時に達成することが必要となってきている.

　このような背景において,電圧品質を保持することは,電力エネルギーの社会性からも電力会社の大きな使命になっている.このためには,第1に,送電系統においては,電圧品質面での設備余裕を定量的に求めることが重要となる.設備利用率をあげた柔軟な運用・計画で特に問題になると考えられる電圧安定性解析およびさまざまな事故を仮定した場合の想定事故解析による設備余裕の定量化が重要な技術となる.第2に,配電系統においては,これまで,簡略的な計算だけが行われてきた系統状態の把握に対し,複雑な機器・負荷特性を考慮できる潮流計算技術を適用することが必要である.また,分散電源の導入を考慮した制御機器の調整方法および風力などの出力変動への対応を可能とする,新しい電圧制御機器であるパワーエレクトロニクス機器の従来の制御機器との協調制御が重要な技術となる.

9.1　送電系統の電圧安定性解析による管理

　近年,1980年代の多くの電圧不安定性現象をきっかけに,電力系統における電圧安

定度監視業務の重要性が高まっている．電圧安定度の判定は，余裕が MW 値という物理量で得られるというメリットから，一般に $P-V$ カーブを作成することによって行われている．本節では，送電系統の電圧安定性解析の基本技術である $P-V$ カーブを作成するための連続型潮流計算(CPFLOW: continuation power flow)について述べる．

9.1.1 連続型潮流計算

(1) Continuation Method の概要

$P-V$ カーブを数学的に考えてみると，方程式 $f(x)=0$ に対し，パラメータ λ を導入することによって $f(x,\lambda)=0$ の解(平衡点)の軌跡(移動)をトレースすることに相当している．このような平衡点の移動のトレースに対し，1930 年代に λ を徐々に変更することによって，前の平衡点の状態変数量を初期値にすることによって次の平衡点を求める embedding algorithms が研究された．

これは，カーブ上の点を離散的に求めていることに相当しており，カーブ自体を求めているわけではない．現状，主に利用されている潮流計算による $P-V$ カーブは負荷などの増加を λ とした embedding algorithm の一種といえる[1]．これに対し，平衡点のカーブ自体をトレースする方式(continuation method)が 1950 年代から研究されはじめ，旧ソ連の Davidenko が提案した微分方程式によりトレースする方法を中心に，多くの工学分野に導入されはじめている．電力分野でも 1980 年代から導入が研究されているが，近年 $P-V$ カーブ作成分野にもアメリカを中心に導入研究が行われている[2]．わが国においても実用的なシステムが開発されつつある[3,4]．

(2) Continuous Method を用いた $P-V$ カーブ作成手法(連続型潮流計算)の概要

潮流方程式は以下の式で表現できる．

$$f(x,\lambda) = 0, \quad x \in R^n, \quad f \in R^n, \quad \lambda \in R \tag{9.1}$$

ここで，$\lambda \in R^1$：変化に対する制御パラメータ

式(9.1)は 1 パラメータの非線形システムといえる．電力系統では，1 パラメータのシステムは，たとえば一つの負荷母線における有効または無効電力負荷の変化に相当する．このような負荷や発電量の変化による安定平衡点の位置の変更をトレースしていくには，以下に示す方法が用いられる．λ に関し式(9.1)を微分すると，

$$f_x(x,\lambda)\frac{dx}{d\lambda} + \frac{\partial f}{\partial \lambda} = 0 \tag{9.2}$$

ここで，$\dfrac{\partial f}{\partial \lambda} = \left[\dfrac{\partial f_1}{\partial \lambda}, \cdots, \dfrac{\partial f_n}{\partial \lambda}\right]^T \tag{9.3}$

式(9.2)を $dx/d\lambda$ について解いて,

$$\frac{dx}{d\lambda} = -f_x^{-1}(x,\lambda)\frac{\partial f}{\partial \lambda} \tag{9.4}$$

式(9.4)を積分することによって区間 $[\lambda_0, \lambda_1]$ における解カーブ $x(\lambda)$ を得ることができる. $f_x(x,\lambda)$ が逆行列をもつ限りは,(x_0,λ_0) をとおる唯一の解の存在が陰関数定理によって保証されている.式(9.4)に predictor-corrector(CP)法を適用することにより,P-V カーブが求められる.しかし,実際には,ノーズポイント付近での悪条件に起因する数値的な困難さを解決するために,以下のような拡張が必要である.

(3) 悪条件性の消去

初めに λ を他の状態変数として扱う.

$$x_{n+1} = \lambda \tag{9.5}$$

第2に,新しいパラメータとして解カーブ上に arclength s を導入する.

$$x = x(s), \quad \lambda = \lambda(s) = x_{n+1} \tag{9.6}$$

arclength s に沿ったステップサイズにより次の制約が生じる.

$$\sum_{i=1}^{n}\{(x_i - x_i(s))^2\} + (\lambda - \lambda(s))^2 - (\Delta s)^2 = 0 \tag{9.7}$$

第3に,次の $n+1$ 個の未知数 x, λ に対する $n+1$ 次元の方程式を解く.

$$f(x,\lambda) = 0 \tag{9.8}$$

$$\sum_{i=1}^{n}\{(x_i - x_i(s))^2\} + (\lambda - \lambda(s))^2 - (\Delta s)^2 = 0 \tag{9.9}$$

上記の拡張した潮流方程式はノーズポイントにおいても良条件である.この拡張された潮流方程式を解くことにより,ノーズポイントにおける数値計算上の問題がなく P

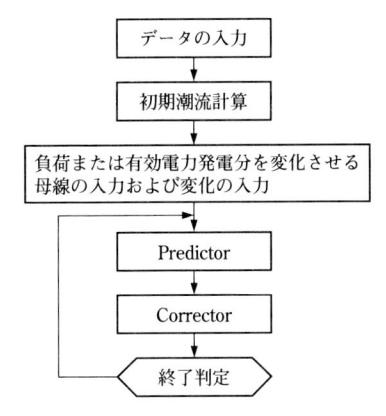

図9.1 連続型潮流計算のフローチャート

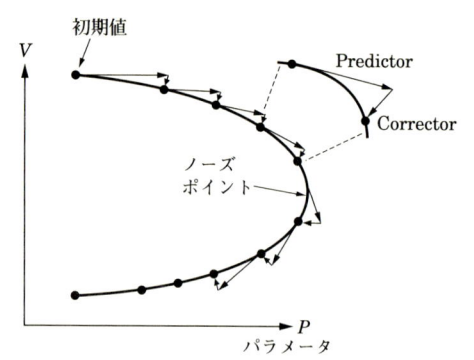

図9.2 Predictor-Corrector を用いた連続型潮流計算概念図

表9.1 従来法と連続型潮流計算の比較

項目＼手法	潮流計算による方法（従来法）	連続型潮流計算による方法
カーブの生成方法	離散的な負荷量に対する潮流計算値を結ぶ．	初期潮流解からカーブをトレースする．
ノーズポイントにおける収束困難さ	ノーズポイントにおける解は得られない．潮流解を複素数化することにより解を得ることは可能．	ノーズポイントにおける問題はまったくない．
制御機器の考慮	離散負荷値の間で制御機器が動作した場合，正確なカーブを描くことが不可能．	連続的にカーブをトレースしているため，制御機器動作を考慮し正確にカーブを描くことができる．
総合評価	△	○

-Vカーブをトレースできる．以上のシステムフローを図9.1に示す．また，CP法によるP-Vカーブの作成の概念を図9.2に示す．従来の潮流計算を用いた方法と連続型潮流計算による方法の比較を表9.1にあげる．

9.1.2 P-Vカーブのシナリオ作成

(1) 負荷のシナリオ

潮流計算におけるPQ指定ノードに対し，PQ負荷値を一定の割合で増加させていくシナリオが用いられる．この場合，一つの負荷のみを増加させる場合や，すべての負荷を一定の割合で増加させる場合，また，一定時間間隔で負荷増加率を変化させるなど，さまざまなシナリオが考えられる．したがって，負荷のシナリオの決定が作成されるP-Vカーブに大きな影響を与えるため，シナリオの設定が重要な問題となる．

（2） 発電機のシナリオ

発電機は，負荷の増加に伴い需給バランスをとるように，出力を増加させていく必要がある．現実の運用においては，経済負荷配分に基づく需給バランスが行われている．しかし，P-V カーブの作成においては，負荷は均一に増加していくことになるため，現状の運用の経済負荷配分の制御とは合わない．したがって，一般的には，スラック発電機も含め初期の出力配分と同様に出力増加分も配分していく方法などが利用されている．また，発電機の P_{max}，Q_{max} についても考慮する必要がある．この考慮方法についても検討が必要であるが，一般的な方法としては，Q_{max} に達した場合，母線の指定が PV から PQ に変更し，Q を Q_{max} 値に固定する．また P_{max} については，P_{max} に達した発電機の P 増加を固定させ，他の発電機で増加分を初期出力から再配分する方法などが利用される．

（3） OLTC，SC，SVC などのシナリオ

これらの機器は，電圧無効電力制御に利用される．実際の制御においては，これらの機器は，積分制御などが用いられているが，P-V カーブの作成は静的な特性の模擬になるため，一般的にはある電圧に達したら即時に動作するようなモデルとする．

9.1.3 簡単なシミュレーションによる比較

ここでは，簡単なシミュレーションを通して潮流計算を用いる従来法と連続型潮流計算による方法を比較する．

（1） シミュレーション条件

図 9.3 に例題系統を示す．ノード 3，4 の負荷を $P_f = 0.9$ で一定の増加率で増加させていく．なお，ここでは簡単のため発電機の P_{max}，Q_{max} は考慮しない．

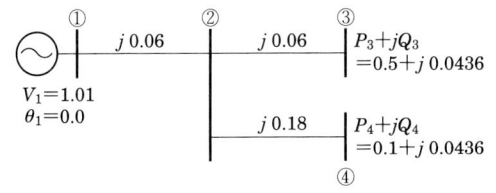

①　　　　　②　　　　③
〇――j 0.06――・――j 0.06――・ P_3+jQ_3
　　　　　　　　　　　　　　　　$=0.5+j0.0436$
$V_1=1.01$
$\theta_1=0.0$
　　　　　　　　　　j 0.18　　P_4+jQ_4
　　　　　　　　　　　　　　　$=0.1+j0.0436$
　　　　　　　　　　　　　　　④

図 9.3　例題系統

（2） シミュレーション結果

図 9.4，図 9.5 にそれぞれ，従来法および連続型潮流計算によるノード 3 の P-V カーブ作成結果を示す．図を見ると明らかなように，従来法ではカーブが得られない場合でも，連続型潮流計算によれば収束の問題もなくカーブを作成できる．

なお，連続型潮流計算を用いて，600 ノードの実系統に対して，各種制御機器を考慮

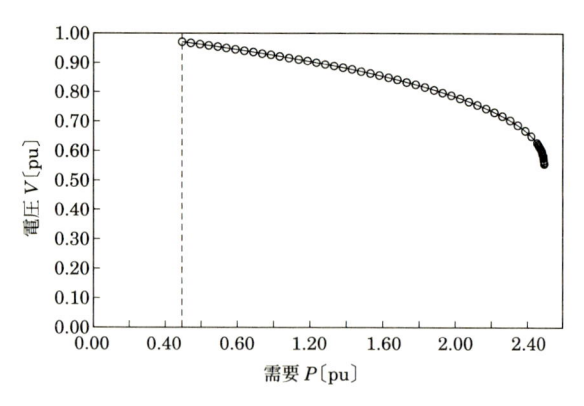

図9.4 従来法による結果

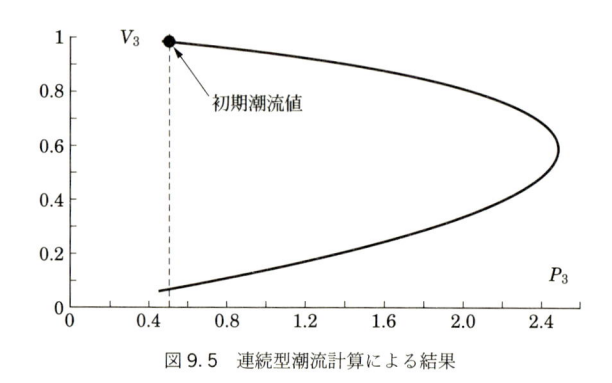

図9.5 連続型潮流計算による結果

し，EWS を用いて全系統の P - V カーブを約 15 秒で計算した例がある[4]．

9.2 送電系統の想定事故解析による電圧管理

　従来，わが国の電力系統においては，十分な設備投資により高信頼性を実現してきた．しかし，設備投資抑制などによる機器利用率向上や今後予想される電力自由化の進展などにより，電力系統の信頼度に対するオンライン・オフラインでの定量的な評価が重要となる．

　一般的に，信頼度評価は，静的信頼度評価(SSA：static security assessment)，電圧信頼度評価(VSA：voltage security assessment)，動的信頼度評価(DSA：dynamic security assessment)の3種から構成される．信頼度評価は一般に，想定事故をその過酷度合いによってランク付けし，過酷事故のみを選択する想定事故選択（スクリーニングとも呼ばれる）と，選択した過酷事故に対する詳細評価の二つのステップによって行われる．ここでは，連続型潮流計算に基づき P-V カーブを近似する手法（以下，Look-Ahead 法）を用いた想定事故選択と，連続型潮流計算を用いた詳細評価による電圧信頼度評価手法について述べる．

9.2.1 Look-Ahead法[5]

Look-Ahead 法は，現在の運用状態と，ステップ幅の大きい連続型潮流計算によって求められた負荷増加した運用状態の，二つの運用状態のみを用いて P-V カーブを2次関数により近似する方法である．これにより，1回の潮流計算のほぼ2倍程度の計算量で潮流限界点の近似値を得ることができる．本手法の概念を図9.6に示す．図9.6は制御機器動作などを考慮し通常のステップ幅で求めた連続型潮流計算による P-V カーブと，Look-Ahead 法により求めた近似 P-V カーブを示している．現在の運用状態における潮流解 (X_1) の発電・負荷状態を P_1 とする．ステップ幅を大きくとった場合の P-V カーブ上の次の計算時点 (X_2 時点) の発電・負荷状態を求め，連続型潮流計算により次の計算時点の潮流解 (X_2) を求める．ここで，X_1 時点と X_2 時点を比較して，最も電圧降下のはげしい負荷ノード(i)を選択し，この負荷ノードにおける P-V カーブを利用して負荷余裕を近似することとする．近似式は次のような2次関数で記述できる．

$$P = a + bV_i + cV_i^2 \tag{9.10}$$

ここで，(V_{i1}, P_1) および (V_{i2}, P_2) と，X_2 時点の P_2 に関する V_2 の微分 V_2 を用いることにより，以下の式が得られる．

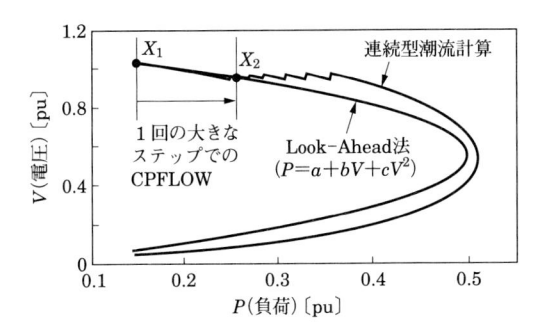

図9.6 Look-Ahead 法と連続型潮流計算による P-V カーブの比較

$$\left. \begin{array}{l} P_1 = a + bV_{i1} + cV_{i1}^2 \\ P_2 = a + bV_{i2} + cV_{i2}^2 \\ 1 = b\dot{V}_{i2} + 2c\dot{V}_{i2}V_{i2} \end{array} \right\} \tag{9.11}$$

ここで，式(9.10)を変形すると以下のようになる．

$$P = c\left(V_i + \frac{b}{2c}\right)^2 + a - \frac{b^2}{4c} \tag{9.12}$$

ノーズポイント ($V_i = -b/2c$) においては，負荷余裕は以下のようになる．

$$P_{V\max} = a - \frac{b^2}{4c} \tag{9.13}$$

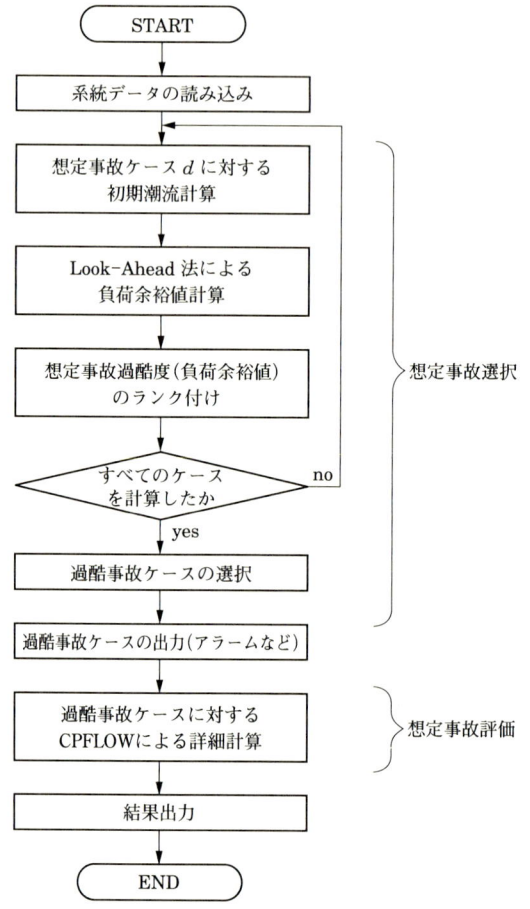

図 9.7 Look-Ahead 法による電圧信頼度評価のフローチャート

表9.2 IEEE300母線系統に対するランキング結果

連続型潮流計算による順位	電圧安定度（負荷余裕）	Look-Ahead法を用いた電圧想定事故選択による順位	電圧安定度（負荷余裕）
1	0.030	1	0.024
2	0.061	2	0.060
3	0.145	12	0.345
4	0.232	5	0.197
5	0.270	3	0.126
6	0.277	8	0.327
7	0.278	16	0.424
8	0.305	4	0.183
9	0.363	11	0.344
10	0.375	13	0.346

したがって，式(9.11)において，V_{i1}, V_{i2}, $\dot{V}_{i2}$ がわかっているため，a, b, c が計算でき，式(9.13)により，負荷余裕 ($P_{V\max}$) が計算できる．ただし，この方法は正確には V の絶対値を用いた定式化となっている．もしも，ノードiにおいて，角度も大きな変化があるならば，上記の手続きを角度にも行うことにより，$P - \theta$ カーブ上の $P_{\theta\max}$ を求めることができる．この場合は，負荷余裕は以下のような式により求めることができる．

$$P_{\max} = \frac{1}{2}(P_{V\max} + P_{\theta\max}) \tag{9.14}$$

以上のようにして求められた負荷余裕値は近似値であるが，この近似値から過酷事故を選択し(想定事故選択)，選択された過酷事故ごとに連続型潮流計算による詳細計算を実行する(想定事故評価)ことによって高速かつ精度よく電圧信頼度評価を行うことができる．図9.7にLook-Ahead法を用いた電圧信頼度評価のフローチャートを示す．例として，表9.2にIEEE300母線系統に対する電圧想定事故解析結果を示す．

9.3 配電系統の電圧管理のための高速潮流計算

電力系統における潮流計算は，系統解析の基礎ツールとして系統運用・制御および計画業務に広く利用されており，今後本格化する配電自動化においても，必須ツールとなると考えられている．潮流計算に関する従来までの研究は，電力系統の自動化が

高圧系統の運用・制御を中心に行われてきたことから,高圧ループ系統を主な対象系統とし,スパーステクニックによる連立方程式の直接法を用いた高速化を中心に研究が行われてきた[6].

これに対し,放射状系統となる配電系統においては,以下の理由から放射状系統に特化した手法の開発が必要となっている.

① 放射状系統は,fast decoupled load flow やニュートン・ラプソン法(以後,NR法)などの高圧系統を中心に適用されてきた既存手法にとっては ill-conditioned となり,収束性が悪くなる.

② 配電系統においては,さまざまな線路抵抗とインダクタンス比(以後,r/x 比)から収束性が悪くなってしまう.

③ 放射状系統においては,ループを含まない放射状である系統特性を考慮することによって,状態変数を減らすことが可能である.

上記特性を反映し,これまでさまざまな放射状系統に特化した潮流計算手法が提案されてきている.これらの手法は,ある初期値を与えたあとに,系統の最上流ノードから末端方向へ各ノードの物理量を計算する前進計算(forward sweep)と末端から最上流ノード方向へ状態変数の修正量を計算する後退計算(backward sweep)からなる収束計算に基づいており,backward-forward sweep method(以下,BF 法)と呼ばれている.このような放射状に特化した高速潮流計算を用いることにより,配電系統の状態を把握することができる.配電系統の潮流計算は,キャパシタ配置問題,最適系統構成,燃料電池の最適配置問題,負荷融通問題,電圧・無効電力制御などへの適用が検討されている.ここでは,文献7)の放射状系統に特化した潮流計算に対し,ブランチモデルを一般的な π 型モデルへ変更し,さらに一般的な放射状系統へ適用できる様に拡張する方法について説明する[8].

9.3.1 放射状系統潮流計算
(1) 系統モデル

本潮流計算では,図 9.8 に示す系統モデルを用いる.以下にモデルを詳細に説明する.

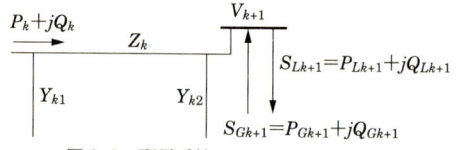

図 9.8 配電系統のネットワークモデル

① **送電線**　送電線は，一般的なπ型モデルを用いる．送電線におけるインピーダンスは直列インピーダンス Z_k で表現し，対地容量は線路の両端に1/2ずつに分けてアドミタンス表現する．

② **変圧器**　変圧器も，送電線モデルと同様にπ型等価モデルを用いる．

$$Z_k = nZ_L \tag{9.15}$$

$$Y_{k1} = \left(\frac{1-n}{n}\right)\frac{1}{Z_L} \tag{9.16}$$

$$Y_{k2} = nY_1 \tag{9.17}$$

ここで，Z_L：変圧器漏れインダクタンス，n：変成比

③ **負荷**　負荷としては，以下の3種類を扱うこととする．また，おのおののモデルにおいて，負荷電力は以下のように計算できる．

1) 定電力負荷

$$S_{Lk} = \bar{P}_{Lk} + j\bar{Q}_{Lk} \tag{9.18}$$

ここで，$\bar{P}_{Lk}, \bar{Q}_{Lk}$：負荷電力の有効・無効分固定値

2) 定電流負荷

$$S_{Lk} = V_k \times \bar{I}_{Lk}^* = |V_k|(\bar{a}_{Lk} + j\bar{b}_{Lk}) \tag{9.19}$$

ここで，$\bar{a}_{Lk}, \bar{b}_{Lk}$：負荷電流の有効・無効分固定値

3) 定インピーダンス負荷

$$\begin{aligned}S_{Lk} &= V_k \times \left(\frac{V_k}{Z_{LK}}\right)^* \\ &= \frac{|V_k|^2}{\bar{Z}_{Lk}} = \frac{|V_k|^2}{\bar{r}_{Lk}^2 + \bar{x}_{Lk}^2}(\bar{r}_{Lk} + j\bar{x}_{Lk})\end{aligned} \tag{9.20}$$

ここで，$\bar{r}_{Lk}, j\bar{x}_{Lk}$：負荷インピーダンスの有効・無効分固定値

④ **コジェネレータ**　コジェネレータは定電力を発生する機器として定義する．今後，導入が予想される燃料電池についても，定格容量での運転を仮定することにより扱うことが可能である．

$$S_{Gk} = \bar{P}_{Gk} + j\bar{Q}_{Gk} \tag{9.21}$$

ここで，$\bar{P}_{Gk}, \bar{Q}_{Gk}$：コジェネレータ容量の有効・無効分固定値

(2) 潮流方程式

① **1本のラインに対する潮流方程式**　送電線および変圧器をπ型モデルとし，上記負荷モデルを利用することにより，図9.9の1ラインの系統において，上流側のノード k の物理量を用いて下流側のノード $k+1$ の物理量は以下のように表すことができる．

$$P_{k+1} = P_k - P_{loss,k} - P_{LK+1}$$

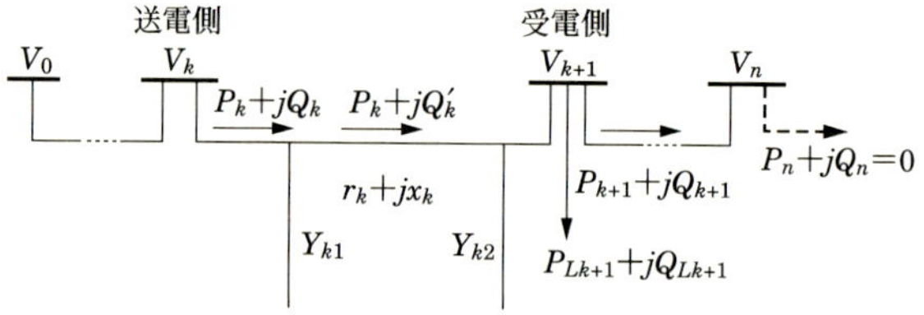

図9.9 1ラインの簡単な系統例

$$\begin{aligned}
&= P_k - \left(r_k \frac{P_k^2 + Q_k'^2}{|V_k|^2}\right) - P_{Lk+1} \\
&= P_k - \frac{r_k}{|V_k|^2}\{P_k^2 + (Q_k + Y_k|V_k|^2)^2\} - P_{Lk+1} \\
&= f_p(P_k, Q_k, |V_k|^2) \quad (9.22)
\end{aligned}$$

$$\begin{aligned}
Q_{k+1} &= Q_k - Q_{loss,k} - Q_{Lk+1} \\
&= Q_k - \left(x_k \frac{P_k^2 + Q_1'^2}{|V_k|^2} - Y_{k1}|V_k|^2 - Y_{k2}|V_{k+1}|^2\right) - Q_{Lk+1} \\
&= Q_k - \left[\frac{x_k}{|V_k|^2}\{P_k^2 + (Q_k + Y_{k1}|V_k|^2)^2\}\right.\\
&\quad \left. - Y_{k1}|V_k|^2 - Y_{k2}f_{v2}(P_k, Q_k, |V_k|^2)\right] - P_{Lk+1} \\
&= f_Q(P_k, Q_k, |V_k|^2) \quad (9.23)
\end{aligned}$$

$$\begin{aligned}
V_{k+1} &= V_k - (r_k + jx_k)\frac{(P_k + jQ_k')^*}{V_k^*} \\
&= f_v(P_k, Q_k, V_k) \quad (9.24)
\end{aligned}$$

したがって,

$$\begin{aligned}
|V_{k+1}|^2 &= |V_k|^2 + \frac{r_k^2 + x_k^2}{|V_k|^2}(P_k^2 + Q_k'^2) - 2(r_k P_k + x_k Q_k) \\
&= |V_k|^2 + \frac{r_k^2 + x_k^2}{|V_k|^2}(P_k^2 + Q_k'^2) - 2(r_k P_k + x_k Q_k') \\
&= |V_k|^2 + \frac{r_k^2 + x_k^2}{|V_k|^2}\{P_k^2 + (Q_k + Y_k|V_k|^2)^2\} \\
&\quad - 2\{r_k P_k + x_k(Q_k + Y_k|V_k|^2)\} \\
&= f_{v2}(P_k, Q_k, |V_k|^2) \quad (9.25)
\end{aligned}$$

これにより,放射状系統においては上流側ノードの物理量が判明すれば,下流方向に逐次的に各ノード物理量を計算できることがわかる。つまり,最上流ノードで該当ラインに流れ込む物理量を状態変数とすると,下流までの各ノード物理量はこの状態変数により計算することが可能である。

② **一般的な放射状系統** 文献[7]では主要ラインとその分岐線のみしか扱ってい

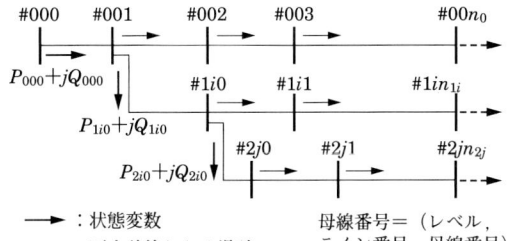

9.3 配電系統の電圧管理のための高速潮流計算

図 9.10 一般的な放射状系統と BF 法の収束計算の概念

ないため，これを一般的な放射状系統へ対応できるように拡張する．一般的な放射状系統は図 9.10 のように表すことができる．ここで，最上流ノード電圧は一定であると仮定する．上記の上流ノードと下流ノードの関係を考慮すると，各ラインおよびその分岐線に流入する電力量のみを状態変数とすることにより，他の物理量は電源側ノードから逐次計算により求められることがわかる．一般の潮流計算においては，すべてのノード物理量またはブランチ物理量を状態変数とすることから通常の送電用潮流計算と比較すると，このような方法が状態変数を飛躍的に減少できることがわかる．また，ライン末端からさらに流出する電力はないと考えられるため，これが境界条件となる．

以上より，一般的な放射状系統に拡張した本潮流計算における等式制約は以下のように記述できる．ここで，最上流電源母線に直接接続しているラインをレベル 0，レベル 0 のラインからの分岐線をレベル 1 のライン，レベル 1 のラインからの分岐線をレベル 2 のラインというように，レベル k からの分岐線を $k+1$ とする各ラインのレベルを定義する．

$$P_{ijn_{ij}} = P_{ijn_{ij}}(X_{000}, X_{100}, ..., X_{llm0}, |V_{000}|) = 0$$
$$Q_{ijn_{ij}} = Q_{ijn_{ij}}(X_{000}, X_{100}, ..., X_{llm0}, |V_{000}|) = 0$$
$$X_{ijn_{ij}} = (P_{ijk_{ij}}, Q_{ijk_{ij}}),$$
$$i = 0, ..., l, \quad j = 0, ..., l_m \tag{9.26}$$

ここで，i：レベル番号，l：レベル数，j：分岐線番号，l_m：レベル l の分岐線数，k_{ij}：各ノード番号，n_{ij}：レベル i，分岐線 j のノード数

つまり，式(9.26)は，レベル i のライン j の末端から流れ出す電力 ($X_{ijn_{ij}} = (P_{ijn_{ij}}, Q_{ijn_{ij}})$) はレベル 0〜l のすべてのラインに流れ込む電力 ($X_{ij0}, i=0, ..., l, j=0, ..., l_m$) と最上流ノード電圧のみの関数で表現できるということを意味している．また，この末端電力は末端から流れ出す電力はないため，境界条件としてすべて 0 となる

(図 9.10 参照). 上記式 (9.26) は以下の式にまとめられる.

$$F(X, |V_{000}|) = 0 \tag{9.27}$$

(3) 潮流方程式の解法

ここでは，潮流方程式の収束計算方法について述べる．収束計算手法は，文献[7]にある very fast decoupled algorithm を使用する．この手法は，式 (9.27) を NR 法で解く際のヤコビアン行列の要素に注目した高速化を行っている．式 (9.27) を NR 法により解く際の収束計算における ΔX の計算式は以下の式で与えられる．

$$J_{ijkn} \Delta X_{ij0}^t = -F_{ij}(X^t) \tag{9.28}$$

ここで，$J_{ijkn} = \left. \dfrac{\partial X_{ijn_{ij}}}{\partial X_{kn0}} \right|_{X^t}$

実系統における線路定数および定格電圧近辺での運用を考慮すると，ヤコビアン行列が単位行列と各ラインの末端から流れ出す電力の当該ラインの分岐線から流れ出る電力への感度のみの項により近似できるという解析結果から，以下の式 (9.29) が導出できる．つまり，式 (9.28) は以下により近似できる[7]．

$$\begin{aligned}
(I+d) \Delta X_{ij0}^t &= -F_{ij}(X^t) \\
\therefore \Delta X_{ij0}^t &= -F_{ij}(X^t) - d^T r \\
d &= (J_{iji+10}, ..., J_{iji+1i+1m}) \\
r &= (\Delta X_{i+100}, ..., \Delta X_{i+1i+1m0})
\end{aligned} \tag{9.29}$$

ここで，I：単位行列

式 (9.29) は各ラインへ流れ込む電力の修正量は，そのライン末端におけるミスマッチ分と，そのライン末端から流れ出す電力の当該ラインの分岐線から流れ出る電力に対する感度から計算できることを示している．ここで，r については末端からの後退計算により，すでに計算されている．また，X の修正式は以下となる．

$$X^{t+1} = X^t + \Delta X^t \tag{9.30}$$

上記修正式は，末端から最上流ノード方向への状態変数の逐次修正 (後退計算) により実現できる．また，各ノードの物理量計算については，最上流ノードから末端方向への逐次計算 (前進計算) により実現可能である．

つまり，前進計算と後退計算による収束計算により式 (9.27) を満たす解を求めることが可能である (図 9.10 参照)．ここで，状態量の初期値については電圧のフラットスタートを仮定して各ノードの負荷量を求め，これを末端から各ラインごとに加算した値を各ラインに流れ込む電力量 (状態変数) の初期値とする．図 9.11 に NR 法と BF 法の計算時間の比較例をあげる．なお，文献[8]では，さらに BF 法に特化した並列化を行い，さらなる高速化を達成している．配電系統の各機器のモデル化については，

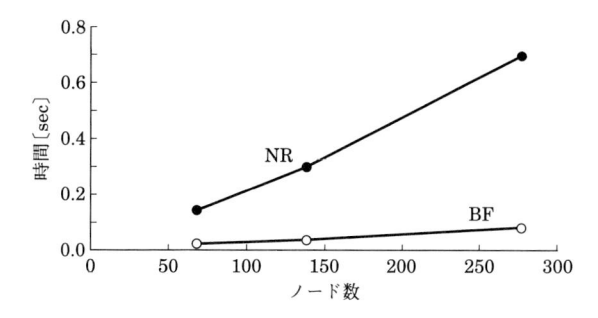

図 9.11　NR 法と BF 法の計算時間の比較

文献[9]などを参照されたい．

9.4　電圧制御機器の最適整定

　配電系統の電圧制御は，従来，変電所の送り出し電圧を負荷の状態に応じて調整する線路電圧降下補償器(line drop compensator：LDC)つきの変圧器や，高圧配電線の途中に設置する電圧調整器(step voltage regulator：SVR)を利用した調整が行われてきた．一方，近年の配電系統においては規制緩和の進展に伴い分散電源の導入が進められており，分散電源からの逆潮流による新たな影響により，電圧管理へのさまざまな問題が考えられる．そこで，分散電源連系の有無および負荷の状態に関わらず系統電圧がつねに規定値範囲に収まるように，各電圧制御機器の整定値を設定する必要がある．この電圧制御機器の各整定値の設定は，従来，配電変電所から負荷末端方向に電流が流れることを前提として確立された計算式により整定されてきたが，分散電源の連系による配電系統内に発生する電圧変動を考慮するためには，新たな整定方式を確立する必要がある．

　本節では，分散電源連系による電圧変動を考慮した新たな整定方式として，配電系統に設置された各電圧制御機器(LDC および SVR)の各整定値の整定可能な値を離散状態変数として扱い，離散型変数を用いた組み合わせ最適化問題として定式化し，モダンヒューリスティック手法(modern heuristic 以下，MH)の一つである reactive tabu search(以下，RTS)[10]および 2 段階列挙法を組み合わせた最適整定方式について述べる[11]．本方式の特徴を以下にあげる．

① 分散電源が連系された系統に設置された電圧制御機器に対して準最適な整定が可能である．
② 各電圧制御機器の制御対象範囲を考慮し整定範囲を限定するため，最適整定候

補として考える整定値の組み合わせ数の削減が可能である．
③ 整定値刻みを調整し，列挙法による最適整定値の探索過程を2段階に分けることで，探索効率を高めている．

本手法は，実配電系統を模擬したモデル系統において，最適整定値を求めることが可能であることを確認した．

9.4.1 最適整定問題の定式化
(1) 前提条件
ここでは，一般的な配電系統を想定して以下のデータが入手可能であると仮定する．
① 各制御機器の整定値および範囲
② 変電所の送り出し電流・電圧
③ 各区間の大口需要家の契約容量
④ 各区間の線種と距離（インピーダンス）

なお，配電系統に接続された各負荷は送り出し電流と契約容量を用いた按分を利用し計算で求める．この方法では，まず，当該フィーダ全体の契約容量と各負荷点の契約容量により，当該フィーダを全負荷量を1としたときの各負荷点の割合を計算しておく．そして，計測された送り出し電流を計算しておいた各負荷点の割合で比率配分して負荷量を求める．この方法は，各契約容量に応じて負荷が使用されていることを仮定していることになるが，現在，配電系統では計測点が少なく，各負荷量を求める事は困難になっている．また，最適整定問題は配電系統の計画問題の一つであり，実務で利用されている方法に合わせるという意味で，ここではこのような方法で負荷量を求めることとした．また，配電線に設置された柱上変圧器は固定タップとし，柱上変圧器のタップ調整は行わないこととする．

(2) 状態変数
以下の状態変数(整定値)を用いる．また，例として一般的な整定範囲もあげる．なお，《　》内は整定刻みを表す．

① **LDC**
・電圧基準値(100.0〜120.5 V《0.5 V》)
・不感帯(±1.0〜±4.0%《0.2%》)

② **SVR**
・電圧基準値(粗整定 95.0〜115.0 V《5.0 V》，微整定 0.0〜4.5 V《0.5 V》)
・不感帯(±1.0〜±4.0%《0.5%》)
・インピーダンス(粗整定 0.0〜20.0%《5.0%》，微整定 0.0〜4.0%《1.0%》)

(3) 目的関数

最適性の評価において，最も重要なことは系統電圧が規定値範囲に入ることである。また，負荷のばらつきや運用コストの最小化を考えると，系統電圧の規定値からの偏差の最小化およびロスミニマムも考慮する必要がある。以上を総合的に評価する目的関数を式(9.31)に示す．

$$f_c = \min\left[\sum_{i=1}^{l}\left[w_1\sum_{i=1}^{m}Loss_i + w_2\sum_{j=1}^{n}(V_j - V_{ref})^2 + w_3 g(V, I)\right]\right] \quad (9.31)$$

ここで，l：考慮する負荷状態数，m：ブランチ数，$Loss_i$：ブランチ i の有効電力ロス，n：ノード数，V_j：ノード j の電圧，V_{ref}：電圧規定値，w_k：目的関数の各項の重み係数，$g(V, I)$：電圧・電流制約逸脱量の絶対値和

(4) 制約条件

系統運用上，以下の制約条件を満たす必要がある．
① 電圧上下限制約　　各ノードの電圧は規定値範囲を超えないこと．
② 線路電流上限制約　　各線路電流は線種による最大許容電流を超えないこと．

以上より，最適整定問題は上記の制約条件を満たす範囲で式(9.31)を最小化する電圧制御機器の各整定値を求める組み合わせ最適化問題として定式化できた．なお，対象系統の電圧・電流値の計算には，9.3節で述べたBF法を用いる．以上により，最適整定問題は，離散型変数で表現された各電圧制御機器の整定値(状態変数)を用いた組み合わせ最適化問題として定式化できた．

9.4.2　Reactive Tabu Search(RTS)の概要[10]

RTS は，Tabu Search(以下，TS)[12]の機能をもとに，さらに探索領域を広げ，探索上のループをなくし効率的な探索を行うために Reactive と Escape という機能を追加したものである．以下に，この二つの機能について説明する．

(1) Reaction Mechanism

TS では，タブーリストの長さが探索効率に影響を与えることが知られており，対象問題に合った長さを決定する必要がある．これに対し，RTS では以下のような方法により，タブーリストの長さを自動調整する機能を有している．
・探索済みの解はすべて保存しておく．
・探索点が移動したときに，新しい探索点が以前に探索された解であった場合は，リスト長を長くする．もし，十分長い間，以前に探索された解が出現しなかった場合は，リスト長を短くする．

図 9.12 に Reaction の概念を示す．

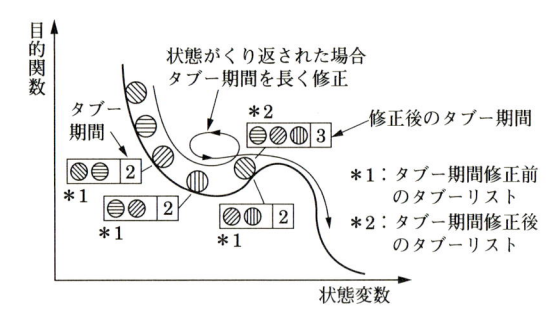

260　第9章　分散電源連系と電圧管理技術

図9.12　RTS の Reaction の概念

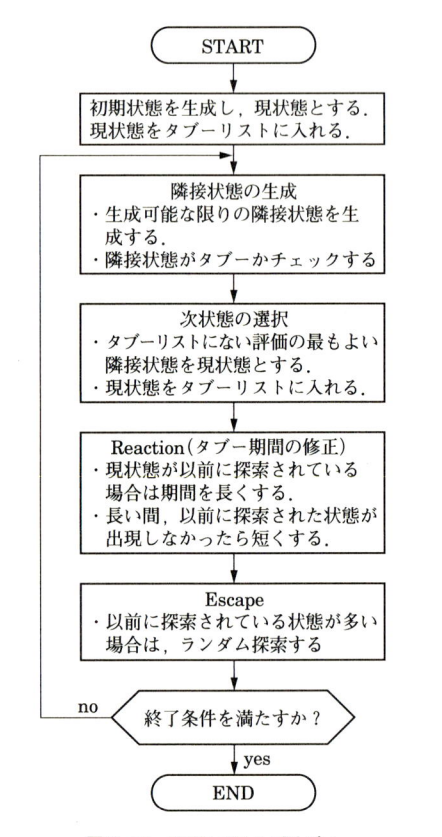

図9.13　RTS のアルゴリズム

(2) Escape Mechanism

従来の TS では，探索上のループを避けるのに十分ではない．このような状況に対

応するため，Escape Mechanism が導入された．Escape Mechanism はくり返し探索される状態の数が，事前に設定したしきい値を超えた場合に，ランダム探索がくり返し行われ，探索領域を完全に変更する機能を達成している．

RTS のアルゴリズムを図 9.13 に示す．

9.4.3 最適整定方式

(1) 最適整定問題の特徴

対象問題は，図 9.14 に示すように，系統条件(電源電圧，負荷値，分散電源出力，系統構成，インピーダンスなど)と状態変数である電圧制御機器の整定値から評価の基準となる電圧プロフィールが求めることができる順問題とは逆に，最良の評価を得る電圧プロフィールから整定値を求める逆問題として定義できる．しかし，実際には，系統条件と整定値から電圧制御機器の制御の結果として得られるタップによって電圧プロフィールが決まることから，整定値と電圧プロフィールはタップという中間的な

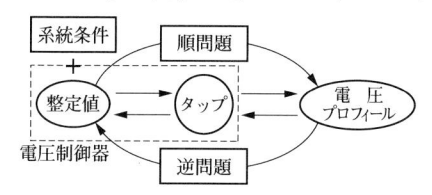

図 9.14 対象問題の概念

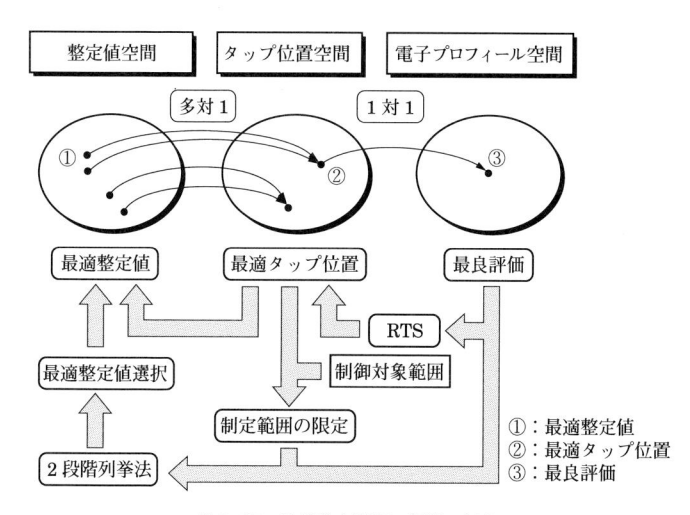

図 9.15 最適整定問題の解法の概念

値を介して関係していることになり，電圧プロフィールから整定値を直接求めることは不可能である．ここで，整定値，タップ位置および電圧プロフィールの関係を図9.15に示すと，タップ位置によって電圧プロフィールが決まることから，電圧プロフィールとタップ位置は1対1対応の関係にあるといえ，また，SVRが逆潮流発生時に素通しとなる場合や電圧が不感帯内に含まれる場合などでは，異なる整定値の組み合わせであっても，同じタップ位置となり，同じ評価値を得る整定値の組み合わせが多数存在することから，整定値とタップ位置は多対1対応の関係にあるといえる．したがって，整定値と電圧プロフィールも多対1対応の関係となることから，電圧プロフィールから整定値の組み合わせを求めることは困難である．

このように，最適整定問題は，通常の組み合わせ最適化問題と異なり，状態変数である整定値と評価値が1対1対応とならない特殊な最適化問題となる．また，同じ評価値を得る状態変数の組み合わせが多数存在するということは，最適解の探索過程において最良評価を得る解を選択し探索点を更新していく各種MH手法を単純に適用することができないことを意味し，したがって，最適整定問題では，整定対象となる電圧制御機器の各整定値のすべての組み合わせに対し，評価値を計算し最良評価を得る整定値の組み合わせを列挙法などにより求めなければならない．

しかし，各整定値の組み合わせ数は，配電系統に設置された電圧制御機器の台数に比例して指数関数的に増大するため，そのすべての組み合わせに対し評価値を計算するには莫大な時間が必要となり，複数の電圧制御機器の最適整定値を求めることは非常に困難である．電圧制御機器1台の整定値の組み合わせ数は，上記例で示した整定範囲では，LDCで672とおり，SVRでは218750とおりあり，複数を考慮する場合には，各電圧制御機器の組み合わせ数を乗算した数(たとえば，後述の例題で示すSVR2台の場合では，$(218750)^2$＝約4.8×10^{10}とおり)となる．

以上のような問題に対し，ここでは，各整定値の組み合わせ数を削減し最適整定値の探索効率をよくするため，以下の方法を用いる．

(2) 整定範囲の限定方法

電圧制御機器の整定値である電圧基準値およびインピーダンス(r, x)は，各電圧制御機器の制御対象範囲から以下のように整定範囲を限定することができる．

① **インピーダンス整定範囲の限定** 配電系統に設置された電圧制御機器は，その設置地点よりも下位系統側に設置された他の電圧制御機器まで，または系統の末端までを電圧基準点として考慮している．これより，この区間の線路インピーダンスをインピーダンス整定範囲とし，整定範囲を限定する．

② **電圧基準値範囲の限定方法** 上述のように，最適整定問題では，各電圧制御

9.4 電圧制御機器の最適整定　**263**

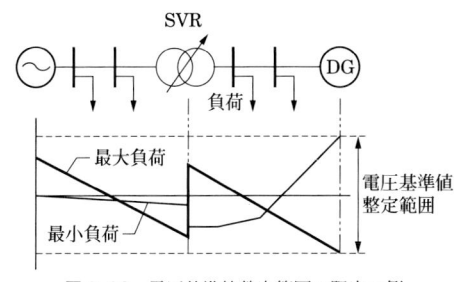

図 9.16　電圧基準値整定範囲の限定の例

機器のタップ位置における電圧プロフィールと潮流解によって評価値が得られる．つまり，最良評価を得る各電圧制御機器の最適タップ位置を求めれば，その最適タップ位置における系統の電圧プロフィールが判明し，電圧制御機器の電圧基準値の整定範囲を求めることができる．具体的には，図 9.16 に示すように，対象とする負荷状態（例として，最大・最小負荷状態のみを考えるケースを示す．）に対し，最適なタップ位置における電圧プロフィールを求め，電圧制御機器の制御対象範囲における系統電圧の上下限値を電圧基準値整定範囲とし，整定範囲を限定する．

以下に，最適タップ位置の探索において状態変数となる各電圧制御機器のタップ位置（タップ比）例を示す．なお，《　》内は，1 タップの刻み幅を示す．
1) LDC タップ位置（タップ比）
・1(92.5%)〜4(100.0%)〜7(107.5%)　《2.5%》
2) SVR タップ位置（タップ比）
・1(95.0%)〜5(100.0%)〜9(105.0%)　《1.25%》

このように状態変数である電圧制御機器のタップ位置は離散変数であるため，離散型最適化問題として定式化し，MH 手法の一つである RTS を用いて最適タップ位置を求めることが可能である．これは，図 9.15 に示すようにタップ位置の空間と電圧プロフィールおよび潮流の空間は 1 対 1 対応であるため，この関係を用いて，組み合わせ最適化問題を RTS で解くことが可能であることを意味する．以下に，電圧基準値整定範囲を限定する手順を示す．

▢ Step. 1　最適タップ位置の探索
　・式(9.31)の目的関数を最小化するような最適タップ位置を，RTS を用いて求める．
▢ Step. 2　電圧基準値整定範囲の限定
　・対象とする負荷状態に対し，Step. 1 で求めた最適なタップ位置における電圧プロフィールを求め，電圧制御機器の制御対象範囲における系統電圧の上下限

値を電圧基準値整定範囲とする．

(3) 列挙法による2段階最適整定手法

上記(1)で述べたように，最適整定問題は，状態変数である整定値と評価値が多対1対応となるため，ここでは列挙法により最適整定を行うこととした．しかし，上記(2)の方法を用いて整定値範囲を限定しても，複数の電圧制御機器の最適整定では，整定値の組み合わせが莫大な数となり，最適整定値を求めることは非常に困難である．そのため，大域最適性はそこなわれるが，整定値刻みを調整することで，最適整定値が含まれる範囲を狭め，効率よく最適整定値を求めることができる2段階の準最適整定手法を用いることとした．以下に列挙法による2段階最適整定手法の手順を示す．

▨ Step.1 　最適整定値を含む整定範囲の絞り込み

限定した整定範囲に対し，刻みを粗く調整した整定値を用い，列挙法を実行し最適整定値の含まれる整定範囲をある程度絞り込む．

▨ Step.2 　最適整定値集合の探索

Step.1 によって絞り込んだ各整定範囲に対し，最小の刻みを用いて，再度，列挙法を実行し，式(9.31)を最小化する(最良評価)整定値の集合(最適整定値集合)を求める．

ここで，最適整定値が集合となるのは，整定値と評価値が多対1対応の関係にあり，最良評価を得る整定値の組み合わせが多数存在するためである．この最適整定値集合から最終的な最適整定値を選択する方法を以下に説明する．

(4) 最終的な最適整定値の選択方法

最終的な最適整定値としては，(3)で求めた最適整定値集合の中心に近い値を選択することとする．例として，図9.17に2次元における最適整定値選択の概念を示す．

最適整定値は，最良評価を得る各整定範囲の最大値および最小値との偏差の二乗和が最小となる整定値とする．

$$J = \min\left[\sum_{i=1}^{n}\left[(X_{i\max}-X_i)^2+(X_i-X_{i\min})^2\right]\right] \tag{9.32}$$

○：最適整定値
●：最良評価を得る整定値
□：最適整定集合

集合の中心に一番近い値を最適整定値として選択する

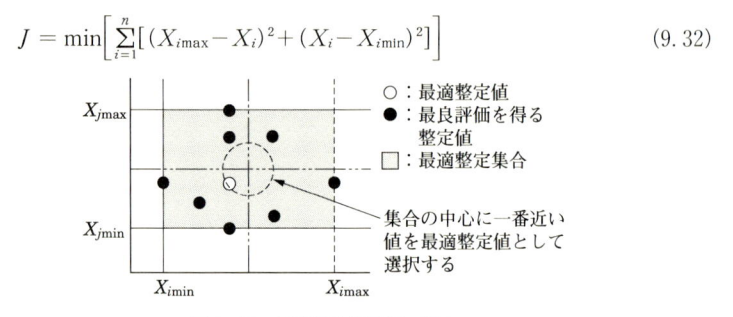

図9.17　最適整定値選択の概念

ここで，n：状態変数(整定値)の数，X_i：最適整定値候補(最良評価を得る整定値)，$X_{i\max}$：最良評価を得る整定値の最大値，$X_{i\min}$：最良評価を得る整定値の最小値

(5) 最適整定アルゴリズム

以上の電圧制御機器における最適整定を実現するアルゴリズムを以下に示す．

◾ Step. 1　整定範囲の限定(上記(2))
- 各電圧制御機器の制御対象範囲を考慮し，インピーダンス整定範囲を限定する．
- 対象となる負荷状態に対して式(9.31)を最小化する最適タップ位置をRTSにより求め，最適タップ位置における電圧プロフィールおよび各電圧制御機器の制御対象範囲から電圧基準値整定範囲を限定する．

◾ Step. 2　最適整定値を含む整定範囲の絞り込み(上記(3))

Step. 1によって限定された各整定範囲に対し，刻みを粗く調整した整定値を用いて列挙法を実行し，最適整定値を含む整定範囲をある程度絞り込む．

◾ Step. 3　最適整定値集合の探索(上記(3))

Step. 2によって絞り込んだ各整定値範囲に対し，最も細かい整定値刻みを用いて，再度，列挙法を実行し，最適整定値集合を求める．

◾ Step. 4　最終的な最適整定値の選択(上記(4))

Step. 3で求めた最適整定値集合から式(9.32)を最小とする整定値を最終的な最適整定値として選択する．

9.4.4　シミュレーションによる検証

(1) シミュレーション条件

① **対象系統**　図9.18に示すSVRが2台設置されている実配電系統を模擬したモデル系統を用いる．

② **系統条件**　対象系統の系統条件を以下にあげる．なお，式(9.31)の目的関数において考慮する負荷状態は，電圧下降方向で最もきびしくなる最大負荷時で分散電源出力が0となる状態と，電圧上昇方向で最もきびしくなる最小負荷時で分散電源出力が最大となる状態を対象とする．

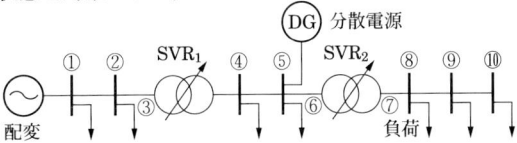

図 9.18　配電系統モデル

1) 配電線亘長および線種　　配電線亘長は 10.5 km とする．配電線の線種は，最終区間のみ細線(5φ 線)で，他は 80 mm² 硬銅線とする．
2) 分散電源　　容量は 2000 kVA とする．なお，電圧上昇方向で最もきびしい状態を対象とするため，受電点力率は 1.0 とする．
3) 対象負荷状態　　対象とする負荷状態を表 9.3 に示す．

③ **目的関数の重み係数**　　式(9.31)の目的関数の重み係数は，電圧・電流制約逸脱をしないことを大前提とし，電圧基準値偏差の最小化に重点をおいた評価とするため，$W_1 = W_2 = 1.0$，$W_3 = 100.0$ に設定した．なお，電圧基準値偏差の変化幅に比べ系統ロスの変化幅が微少のため，$W_1 = W_2$ としている．

④ **検証条件**　　以下の二つの項目について検証シミュレーションを行う．

［ケース1］　提案法用いた最適整定シミュレーション　　表 9.3 の対象負荷状態に対し，最適整定値を求め，従来法による整定値と比較する．

［ケース2］　最適整定値の最適性の検証シミュレーション　　各負荷および分散電源容量をランダムに変化させた系統状態に対し，従来の整定値および検証1で求めた最適整定値を用いて，最適整定値の最適性の検証を行う．

表 9.3　対象とする負荷状態

	最大負荷	最小負荷
総負荷量	1000 kW	330 kW
力率	遅れ 0.9	進み −0.86
分散電源	なし(出力 0)	あり(最大出力)
送出し電圧	6800 V	6600 V

(2) ケース1のシミュレーション結果

表 9.4 に現在，電力会社で利用されている方法で求めたオリジナルの整定値，オリジナルの整定範囲，提案法によって限定された整定範囲，および最終的な最適整定値を示す．なお，不感帯については整定範囲の限定を行っていないので，従来の整定範囲(±1.0～±4.0%)のままである．なお，2段階列挙法の探索過程における最適整定値を含む整定範囲の絞り込みの際に用いた整定値刻みは，従来の整定値刻みの 2～3 倍程度とした．また，式(9.31)の目的関数を最小化する最良評価値は 0.36931 であり，この最良評価を得る整定値の組み合わせ数(最適整定値集合数)は約 4.3×10^5 とおりであった．対象とした負荷状態に対し，提案法により求められた最適整定値と従来法による整定値を用いた場合の重負荷に対する電圧プロフィール例を図 9.19 に示す．図に示すように，対象とする負荷状態に対し，従来の整定値を用いた場合に比べ，最適

9.4 電圧制御機器の最適整定

表 9.4 オリジナル整定と提案法による整定値

	整定値	オリジナルの整定値	オリジナルの整定範囲	限定された整定範囲	最適整定値
SVR1	V_{ref} [V]	109.0	95.0〜119.0	109.0〜115.0	112.0
	DB [%]	±2.0	±1.0〜±4.0	±1.0〜±4.0	±2.5
	r [%]	6.0	0.0〜24.0	0.0〜9.0	4.0
	x [%]	3.0	0.0〜24.0	0.0〜15.0	7.0
SVR2	V_{ref} [V]	109.0	95.0〜119.0	109.0〜115.0	110.0
	DB [%]	±2.0	±1.0〜±4.0	±1.0〜±4.0	±1.0
	r [%]	6.0	0.0〜24.0	0.0〜10.0	5.0
	x [%]	2.0	0.0〜24.0	0.0〜10.0	4.0

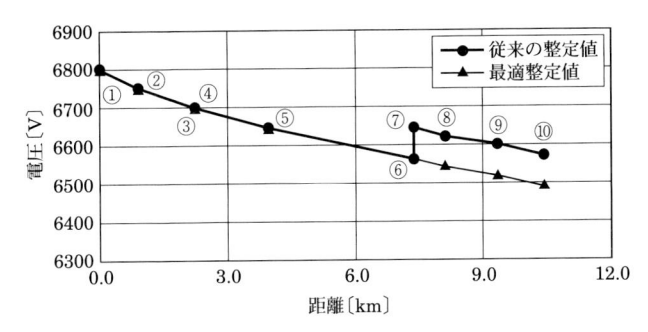

図 9.19 最大負荷時の電圧プロフィール

整定値を用いた場合の方が系統電圧の規定値からの偏差を改善でき,提案法の有効性が確認できた.

(3) ケース2のシミュレーション結果

ここでは,ケース1で求めた最適整定値の最適性を検証するため,ケース1で対象とした負荷状態(表9.3参照)以外のさまざまな負荷状態に対し,従来の整定値と最適整定値を用いた場合の評価値(式(9.31)の考慮する負荷状態数(l)を1として求めた評価)を比較した.対象とする負荷状態は,分散電源が連系された対象系統に対し,総負荷量を最小負荷から最大負荷(330 kW〜1000 kW)まで,および分散電源出力をゼロから最大出力(2000 kVA)までランダムに変化させた100ケースを対象とした.この総負荷量および分散電源出力をランダムに変化させたさまざまな負荷状態に対し,従来の整定値と最適整定値を用いた場合の評価値の比較結果を表9.5に示す.

表9.5からわかるように,従来の整定値および最適整定値において最小値は同じとなるが,最大値および平均値では,最適整定値の方が良い評価が得られており,統計

的にみて提案法による最適整定値の最適性が確認できた．

表9.5 さまざまな負荷状態に対する評価値の比較

整定値	最小値	最大値	平均値
従来の整定値	0.02350	0.35634	0.16001
最適整定値	0.02350	0.34069	0.15902

9.5　配電系統の電圧制御機器の協調制御

　現状の配電系統では，線路電圧を規定値範囲に維持するため，負荷の変動に応じて変電所送出電圧を調整するLDCつきの変圧器や，高圧配電線の途中に設置するSVRなどを利用した制御が行われている．

　一方，近年，増加傾向にある風力発電が配電系統に連系されると発電機の急激な出力変動などの影響により，過渡的な電圧変動が発生する場合が考えられる．しかし，SVRはタップの切換え頻度を抑制するために不感帯および数十秒～数分の動作時限をもっており，従来の制御方法のままでは，過渡的な電圧変動に対して線路電圧を規定値範囲に維持することは非常に困難である．

　このような過渡的な電圧変動への対策には，高速に無効電力を調整し設置地点電圧を一定に保つ事が可能な静電型無効電力補償装置(SVC)などの設置が有効である．しかし，SVCのみで制御を行うには大容量が必要となり，コスト面等で問題があることから，各制御機器を有効に機能させるため，各制御機器の特性を考慮した制御方式を開発する必要がある[13]．本節では，配電系統に連系された分散電源などの急激な出力変動に伴う過渡的な電圧変動に対し，線路電圧を規定値範囲に維持することが可能な制御方式として，既存の電圧制御機器(SVR)と新規に設置する電圧制御機器(SVC)の協調制御方式について述べる[14]．本方式の特徴を以下に述べる．

① 各制御機器間で制御信号を送受信するための通信線などの設備追加を要しないローカル制御による方式とした．
② SVCの電圧指令値を補正することで，SVRとの協調制御を可能とした．
③ 電圧上昇時および電圧下降時それぞれに対し，SVCの電圧指令値を設定することで，必要最小限の容量で管理値逸脱の解消を可能とした．

　本手法は，実系統を模擬したモデル系統において，急峻な電圧変動に対し，線路電圧を規定値範囲に維持する制御の基本機能を潮流計算をベースとしたシミュレーションにより確認した．

9.5.1 協調制御方式の基礎検討
(1) 電圧制御機器の補償分担
　配電系統に設置された既存のSVRは，タップの切換えに数十秒～数分の動作時限を要するため，過渡的な電圧変動に対応できない．これに対し，新規に設置するSVCはSVRに比べ応答性が高いため，協調を考慮しないと従来はSVRが補償していた緩やかな電圧変動まで補償し続けてしまい，SVRが動作せず，過渡的な電圧変動に常時対応するためには大容量化が必要となってしまう．
　以上のような電圧制御機器の特性の違いによる問題点を考慮し以下の補償分担とする．

　　SVRの補償分担……緩やかな電圧変動に対する電圧補償
　　SVCの補償分担……急峻な電圧変動に対する電圧補償

(2) 制 御 方 式
　上述の各電圧制御機器の補償分担を考慮した制御を実現するためには，緩やかな電圧変動に対するSVCによる電圧補償(無効電力出力)を抑制し，SVRに移行する必要がある．このSVCの無効電力出力の抑制手段には，SVCの電圧指令値を補正する方法を用いる．また，SVCの電圧指令値の補正範囲は，線路電圧がつねに規定値範囲を維持できることを前提とし，定常状態および過渡状態におけるSVCによる電圧補償量を考慮し設定する．

9.5.2 協調制御システムの概要
　現状のSVRの各整定値は，配電変電所から負荷末端方向に電流が流れることを前提として確立された計算式により整定されており，分散電源の連系による配電系統内に発生する新たな電圧変動に対応できない場合が考えられる．このため，SVRの各整定値には，分散電源の影響による管理値逸脱量の改善が可能な分散電源の連系を考慮した前節で説明した最適整定方式により整定した値を用いる．
　また，現状のSVCは，SVC設置地点の電圧を指令値に保つ電圧一定制御が多いことから，緩やかな電圧変動に対する補償を抑制するためには，電圧指令値を補正する装置を付加する必要がある．本方式の最大の特徴は，SVRでは補償できない過渡的な電圧変動に対するSVCの補償(SVCの容量)を最小とするため，電圧上昇時および電圧下降時それぞれに対し電圧指令値を設定していることである．本方式における電圧指令値の設定法を以下に示す．
　① 分散電源の出力変動に伴う電圧変動が最もはげしい場合にも，管理値逸脱を解

消できる電圧指令値を電圧上昇時および電圧下降時それぞれに対し算出する．
② 電圧指令値を補正するため，①で算出した各電圧指令値に補正余裕をもたせる．

つまり，上記の方法により算出した2点の電圧指令値を電圧変動状態に応じて選択し切り換えることで，従来の1点の電圧指令値を用いる場合より，少ない容量で管理値逸脱を解消でき，また，SVRとの協調が可能となる．以上の機能を有したSVRおよびSVCを用いた場合の協調アルゴリズムを以下に述べる．

▣ Step. 1　SVCによる瞬時的な電圧補償

分散電源の急激な出力変動またはSVRのタップ動作に伴う過渡的な電圧変動分をSVCにより高速に補償する．

▣ Step. 2　SVC電圧指令値の補正

SVCの電圧指令値を徐々に補正し，緩やかな電圧変動に対するSVCの補償量を徐々に減衰させる．

▣ Step. 3　SVRによる定常的な電圧補償

SVCの補償量の減衰に伴い，SVRの監視電圧が不感帯をはずれる．不感帯をはずれた時間が動作時限に達したら，タップを切換え電圧を補償する．

▣ Step. 4　SVC待機状態

緩やかな電圧変動に対する補償がSVRに分担されることによりSVCの補償量が定常値にもどり，過渡的な電圧変動に対し，最大限対応可能な状態(待機状態)となる．

9.5.3　シミュレーションによる検証

（1）　シミュレーション条件

図9.20に示すSVRが3台設置されている実配電系統を模擬したモデル系統を用いた．配電線亘長は約15.38 kmであり，分散電源の連系地点およびSVCの設置位置は系統の末端とした．対象系統において，分散電源の出力が最大(1000 kVA)のときを定常状態とし，時刻5sで分散電源出力が0となるステップ状の電圧変動に対する各電圧制御機器の協調制御シミュレーションを行う．なお，各SVRのタップの動作時

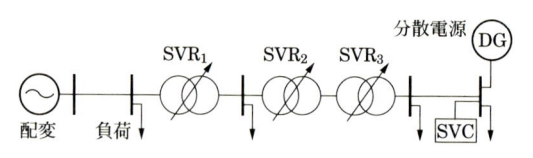

図9.20　配電系統モデル

限は変電所側から 60, 90, 120 s とした．

(2) シミュレーション結果

図 9.21 に 3 台の SVR のみを用いて電圧制御を行う従来の制御方式における電圧推移を示す．ここでは例として，過渡的な電圧変動が発生した際に線路電圧が規定値範囲を超えてしまう SVR2, 3 の 2 次側電圧および系統の末端の電圧を示す．また，同様に SVR と SVC の協調制御における電圧推移を図 9.22 示す．図のように，提案法は，過渡的な電圧変動に対し線路電圧を規定値範囲に維持した制御が可能である．

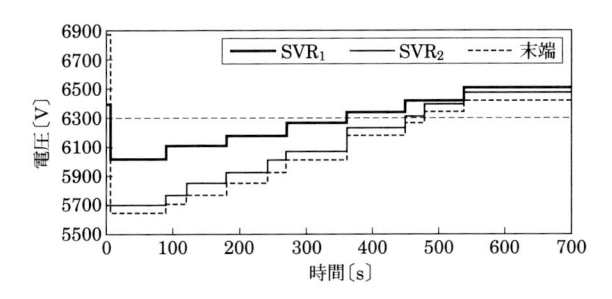

図 9.21 従来制御時の電圧推移

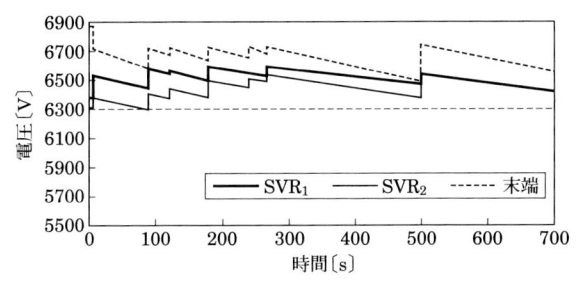

図 9.22 協調制御時の電圧推移

9.6 ま と め

本章では，電力自由化に対応した電圧管理技術として，以下の技術について説明した．

① 送電系統の電圧安定性解析技術および電圧信頼度評価技術
② 配電系統の潮流計算技術，分散電源の導入を考慮した従来型の電圧制御機器の調整方法，および新しい電圧制御機器であるパワーエレクトロニクス機器と従来

型の電圧制御機器との協調制御技術

これらの技術が実用化されることにより，電力自由化に対応した電圧管理が実現されると考えられる．

参考文献

1) R. Seydel : From Equilibrium to Chaos, Practical Bifurcation and Stability Analysis, Elsevier, 1988.
2) H. D. Chiang, et al.: CPFLOW, A Practical Tool for Tracing Power System Steady-State Stationary Behaviour Due to Load and Generation Variations, IEEE Trans. on Power Systems, 10, 2, May 1995.
3) 福山ら：Continuation Power Flow 実用化システムの開発，電気学会全国大会，No. 1387, 1997-03.
4) 福山ら：Continuation Power Flow の実規模系統解析への適用，電気学会全国大会，No. 1313, 1998-03.
5) H. D. Chiang, et al.: Look-ahead Voltage and Load Margin Contingency Selection Functions for Large-scale Power Systems, IEEE Trans. on Power Systems, 12, 1, pp. 173-180, February 1997.
6) B. Stott : Review of Load Flow Calculation Methods, Proc. of IEEE, 62, pp. 916-929, 1974.
7) H. D. Chiang : A Decoupled Load Flow Method for Distribution Power Networks ; Algorithms, Analysis, and Convergence Study, Electrical Power & Energy Systems, 13, 3, June 1991.
8) 福山ら：並列処理を用いた放射状系統高速潮流計算，電気学会論文誌 B, 116, 1996-01.
9) 福山ら：分散電源の連系を考慮した配電系統潮流計算用機器モデルの開発，電気学会電力技術研究会，PE-99-111, 1999-10.
10) R. Battiti : The Reactive Tabu Search, ORSA Journal of Computing, 6, 2, pp. 126-140, 1994.
11) 福山ら：分散電源の連系を考慮した電圧制御機器の最適整定の検討，電気学会論文誌 B, 120, 12, 2000-12.
12) C. R. Reeves : Modern Heuristic Techniques for Combinatorial Problems, Blackwell Scientific Publications, 1993.
13) 安孫子，今野ほか：配電系統用自励式 SVC 制御方式の検討，電気学会東京支部茨城支所研究発表会, 1997-11.
14) 福山ら：分散電源の連系を考慮した電圧制御機器の協調制御方式の基礎検討，電気学会，電力エネルギー部門大会 論文 II, 281, 2000-08.

第10章

分散型電源系統連系と単独運転検出技術

10.1 分散型電源系統連系と電力品質

近年,環境問題や余剰電力の有効活用などへの意識の高まりにより,コジェネレーション設備や水力発電設備などに代表される分散型電源が急速に普及しており,さらに将来の電力系統における重要な要素の一つとして期待されている[1~3].これらの分散型電源は,従来から電力会社が主に適用してきた大型の火力・原子力発電機とは異なり,比較的小型であること,また風力や水力など自然エネルギーを利用した電源が多いなどの特徴をもつ.また,これらの分散型電源が系統と連系して運転される場合,特に分散型電源から系統へ潮流を流す場合(これを"逆潮流"という)には,従来の電源とは異なる電力品質の問題[4~8]が顕在化してきた.以下にその概要を示す.

10.1.1 周波数変動

電力系統の基本波の周波数が何らかの原因で公称周波数(50 Hz または 60 Hz)からずれる場合がある.これを周波数変動という.電力系統の周波数は発電機の回転速度と直接に関連しており,発電と負荷のバランスがくずれたとき,たとえば負荷の大きさが急変したような場合に系統周波数にわずかな変動が生じる.この周波数変動の大きさと持続時間は負荷特性と,負荷変動に対する発電機の応答特性に依存する(図10.1参照).負荷変動と同様に発電機出力の変動も系統周波数変動の原因となる.

たとえば,風力発電のように,その出力が完全に一定ではなく時間とともに変動する場合には,系統周波数が変動する.通常,この周波数変動の大きさは問題になるような値ではないが,系統の容量に対する風力発電の導入量が数パーセント以上に大きくなった場合には何らかの対策を必要とする場合がある[9].大系統と連系しない独立系統の場合には,周波数変動の問題はより深刻である.

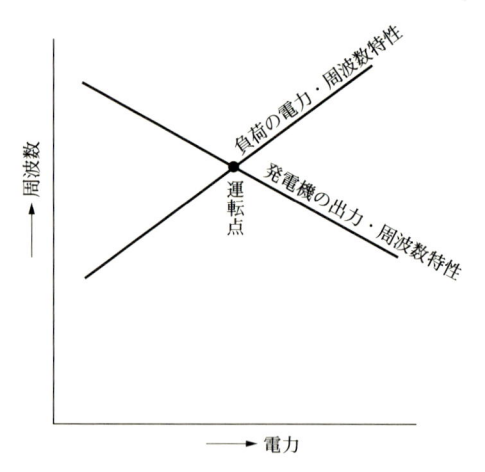

図 10.1　発電機と負荷の電力・周波数特性

10.1.2　電圧変動

電圧変動には種々のカテゴリーがある．表 10.1 にそれらをまとめて示す．これらのうち瞬時的な電圧変動は従来はさほど問題にならなかったが，近年コンピュータや可変速ドライブなど電圧に対して敏感な負荷が増加したことにより電圧低下度 20% 程度，持続時間数 10 ms 程度でも問題になるケースが出てきた[7]．

表 10.1　電圧変動のカテゴリー

カテゴリー	波 形 例
停電 (outages)	
電圧低下 (sags)	
電圧上昇 (swells)	
サージ	
ノイズ	

たとえば，誘導発電機を使用した風力発電設備が風速の増加により自動起動する場合，突入電流により瞬時的に電圧低下が生じる．このため，急激に突入電流を流さないためにソフトスタート回路を採用する，あるいは突入電流の流れない同期発電機を使用するなどの対策をとることが一般的になってきている．定常時の電圧変動については他章を参照していただきたい．

10.1.3　高　調　波

一般に高調波(harmonics)とは基本周波数(50 Hz あるいは 60 Hz)の整数次倍の周波数をもつ正弦波電圧あるいは電流をいう．電力系統に現れる電流や電圧のひずみ波形は，図10.2に示すように基本波と複数の高調波の合成されたものとみることができる．ひずみの原因は基本的に電力機器の非線形特性(磁束の飽和特性など)によるものである．分散型電源の中には直流/交流変換器を使用したものも多いが，この変換器は高調波の発生源となる可能性がある．

基本周波数の整数次倍にならない周波数成分をもつ電圧あるいは電流を非整数次高

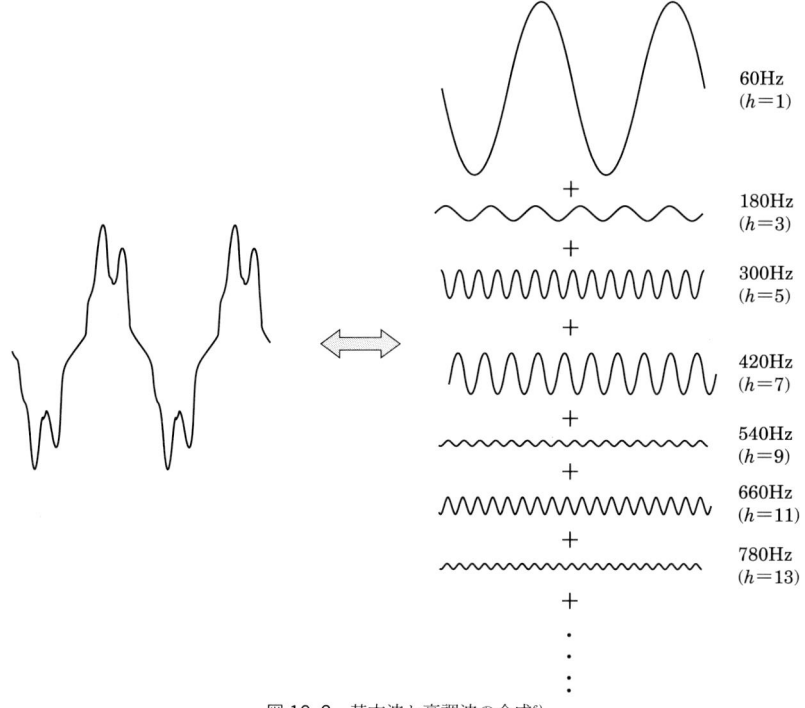

図 10.2　基本波と高調波の合成[6]

調波(interharmonics)という．非整数次高調波の原因は周波数変換器，サイクロンバータ，誘導機，アーク炉などである．電力系統に与える非整数次高調波の影響についてはまだ十分に解明されているとはいえない．

10.1.4 信 頼 度

分散型電源が系統連系された場合の信頼度の問題は，従来からあった基幹系統での問題が配電系統などの下位系統にも現れてきたものとみることができる．たとえば，分散型電源が定常状態・事故時の安定度に与える影響，電圧安定度に与える影響，あるいは局地的な問題として送・配電線過負荷時の潮流制御の問題などがあげられる．特にウインドファームやマイクロタービン群など大容量の分散型電源が大量に解列した場合にそれが系統安定度に与える影響などは慎重に検討すべき事項であろう．

配電系統における保護装置は通常は高圧電力系統から低圧系統へ向かう潮流を仮定している．この仮定のもとで系統の電圧制御が行われ，供給電圧の品質を維持することができている．保護装置は過電流リレーを基本としており，上流のリレーから下流のリレーへと協調をとった設定値が使われる．すなわち，下流のフィーダでの事故はそのフィーダの電源側に設置されたリレーによって除去され，もしもそのリレーが誤不動作するなどして事故のクリアに失敗した場合には，そのリレーの上流直近のリレーが動作し事故をクリアする．

配電系統に発電機が連系されると，連系された発電機，他の発電機それぞれの位置によってリレーがみる事故電流が変化する．リレー間の協調をとるためには，系統から事故点への供給電流に加えて連系されたすべての発電機からの供給電流を考慮する必要がある(図10.3参照)．このように過電流リレーひとつをとってもみても配電線

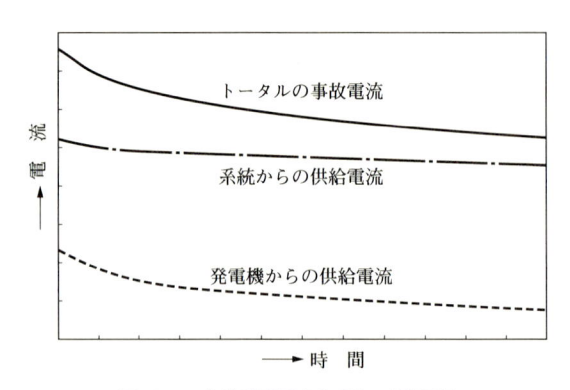

図 10.3 分散型電源連系系統の事故電流

保護方式に対する分散型電源の影響は大きい．さらに大きな保護上の問題として"単独運転"がある．次節以下で，主に回転機系の分散型電源について単独運転検出の必要性，各種単独運転検出方式の概要，および今後の課題などについて述べる．

10.2　単独運転検出の必要性

10.2.1　単独運転とは

　配電系統の事故は通常，事故点に最も近い保護リレーによって除去される．その結果，電力系統から分離された配電系統の一部に分散型電源が電力を供給しようとする．ほとんどの場合，この分散型電源は過負荷状態となり電圧や周波数が低下して停止に至る．しかし，まれにではあるが，この単独系統に接続された発電機(または発電機群)が単独系統の負荷すべてに電力を供給できる能力がある場合がある．このように電力会社からの電力が停止しても分散型電源だけで負荷に供給し続ける状態を"単独運転"と呼ぶ(図 10.4 参照)．

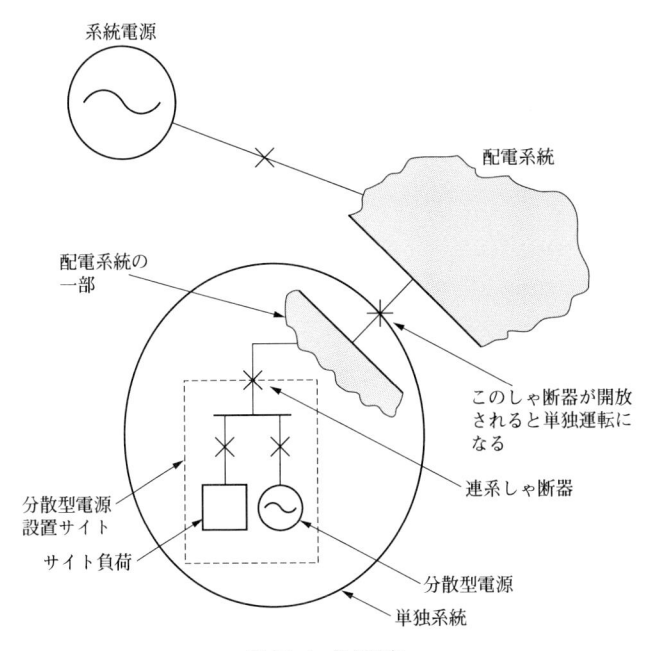

図 10.4　単独運転

10.2.2 単独運転の弊害

　単独運転状態が継続すると，点検・復旧作業員や公衆が充電部にふれることにより人身事故にいたるおそれがある．本来停電しているべき系統が充電されていることにより，従来に比べ作業者が感電する可能性が増大するわけである．また，分散型電源から電力が供給される場合に，その品質が電力会社から供給される場合に比較して低下する場合があり，それが負荷に悪影響を与えることも考えられる．さらに，電力会社では停電状態を速やかに復旧するため一定時間後に自動的に変電所などの遮断器・開閉器を投入するようにしている(自動再閉路や自動逆送)が，単独運転が継続していると非同期投入となり過電流や電圧変動が生じることにより事故が拡大してかえって事故復旧が遅れることがある．以上のことから分散型電源とその系統との接続点に適用される保護装置は，系統からの供給がなくなった場合にこれを検出し，接続点の遮断器をトリップできなければならない．この機能は"単独運転検出"と呼ばれる[10~12]．

10.2.3 従来の単独運転検出技術

　単独運転を検出するための一つの方策として，単独運転移行時の電圧，周波数の変化を検出して接続点の遮断器をトリップする電圧・周波数異常継電器が知られている．これらは系統の周波数あるいは電圧の変化をモニタすることにより単独運転を検出するものである．系統分離時に発電機の負荷に変化があると，発電機の周波数と電圧が変動し，新しいエネルギーバランスが生じる．多くの小容量発電機の場合，この方式により単独運転の検出が可能である．しかし，系統分離時の負荷の変化が発電機制御系によって補償できる範囲を超えなければ検出はできない．上述のように単独系統内の発電出力と負荷が平衡している場合には単独運転状態になっても電圧・周波数の変化が少ないことから，これらの継電器では単独運転を防止することができない．
　"逆潮流なし"の連系の場合には，従来から用いられている"逆電力リレー"による単独運転の防止が可能である．これは分散型電源から配電系統側に潮流が流れたことによって単独運転を検出するものである．
　"逆潮流あり"の分散型電源に適用できる方式として転送遮断方式がある．これは図10.5に示すように，配電用変電所の送り出し遮断器解放信号を分散型電源側遮断器に情報伝送して，これを遮断するものである．この方式には，伝送路を必要とするため，全体の装置価格が高くなるというデメリットがある．また，上位系統事故による単独運転を検出できない，配電線区間単位の停電には対応できないといったデメリットもある．

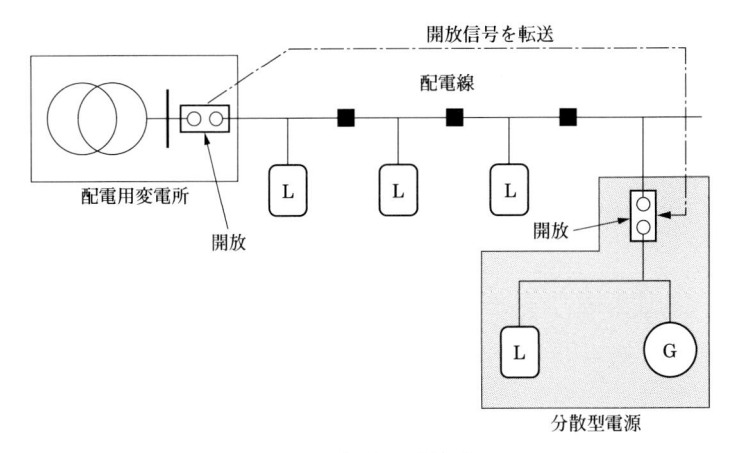

図 10.5 転送しゃ断方式[3]

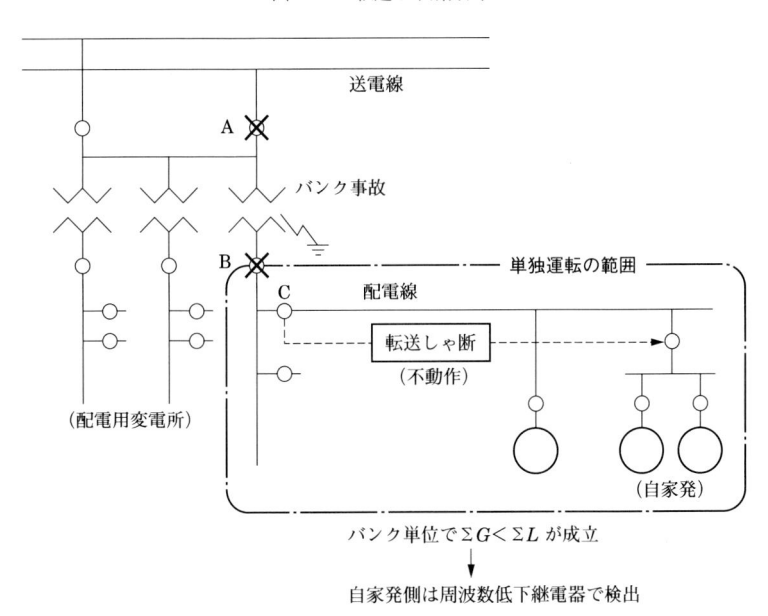

図 10.6 上位系統事故時の単独運転検出方法[13]

上位系統事故については図 10.6 に例を示す[13]．この場合，バンク事故により解放する開閉器は A，B であるが，転送遮断装置は C が解放したという信号を分散型電源側に伝送して遮断する装置であるため，このケースでは機能しない．上位系統事故時にも対応できる方式としてシステム監視方式[27] がある．これは，単独運転状態を引き起

こす可能性のあるすべての遮断器の開閉状態を監視するものである．上記の例にあてはめれば，開閉器Aを含めて開閉状態を監視するため，単独運転時に転送信号により連系遮断器が遮断される．この方式の欠点は補助接点監視を行うSCADA (supervisory control and data acquisition) システムが必要となることである．現状では，ほとんどの配電系統に適切なSCADAシステムは設備されていない．そのため単独運転状態を引き起こす可能性のあるすべての遮断器を監視することは困難と思われる．

10.2.4 受動的方式と能動的方式

　単独運転検出機能を有する装置を分散型電源側に設置し分散型電源側で確実に単独運転を検出することができれば，転送遮断装置やSCADAを省略して経済的な分散型電源システムを構築することができる．このような自端検出式の単独運転検出方式は受動的方式と能動的方式の2種類に大別できる．受動的方式とは分散型電源の連系点における電圧・周波数の変動，高調波ひずみの変動，電圧の位相変動，などの測定可能な量を常時監視し，単独運転状態になったときにはこれらの値が通常の系統連系時から大きく変動することを利用して単独運転検出を行うものである．前述した電圧・周波数異常を検出するリレーも受動的方式の一部と考えられるが，これらは単独運転の可能性を狭める目的を有することから"局限化継電器"と呼ばれ単独運転検出の受動的方式からは除外される[13]．

　受動的方式は高感度で高速の検出が可能であるという特徴があるが，急激な負荷変動があると誤動作する可能性がある．また系統分離時の負荷の変化が発電機制御系によって補償できる範囲を超えなければ検出はできない．単独運転検出装置が誤動作すると連系点遮断器の解放を行うので復帰までに多大な時間を要する．このため動作設定には十分な考慮が必要である．なお，太陽光発電など逆変換器を利用した分散型電源では，受動的方式により単独運転を検出した場合には，逆変換装置を停止し誤動作であった場合には自動復帰するといった運転が可能である．

　能動的方式は，受動的方式で検出できないほぼ完全な平衡状態においても単独運転状態を検出するために，分散型電源側から系統に常時外乱を与えて，単独運転状態になったときに確実に電圧や周波数を変動させる方式である．能動的方式の場合には外乱を与える時間および外乱による周波数の変動などを検出する時間を要するため検出時間は長くなる傾向にあるが，原理的には不感帯がないという特徴がある．以上のことから受動的方式と能動的方式を組み合わせることで確実な単独運転防止を行うことが推奨されている[10~12]．受動的方式と能動的方式の特徴をまとめると表10.2のようになる[13]．

表 10.2　受動的方式と能動的方式の特徴[13]

	受動的方式	能動的方式
原理	電圧・周波数・高調波などの変化の監視	分散型電源による外乱の重量
検出時間	短い(1秒以下)	長い
不感帯	あり	なし
誤動作	可能性あり	可能性低い
配電系統への影響	なし	電圧変化などを生じさせる可能性がある

10.3　単独運転検出技術(受動的方式)

この節では受動的方式のうち代表的なものについて紹介する．

10.3.1　周波数変化率検出方式(ROCOF)[2,27,28]

周波数の変化率(rate of change of frequency)を監視しそれが設定値をこえたことで単独運転を検出する方式である．この方式が成立するための仮定として配電線の負荷がある範囲内(たとえば5MW以下)にあることが必要である．単独運転になった場合，この5MWの負荷のうちいくらかが分散型電源によって供給されるので，その結果生じる発電量の不足は周波数の変化を引き起こす．周波数変化の整定値としては0.1～1.0 Hz/s，動作時間としては 0.2～0.5s が用いられる[2]．この方式は電力系統における大容量発電機の脱落による周波数変動や，ローカル系統における事故や開閉操作による位相シフトによって不要動作をする可能性がある．後者は周波数変化率の計算が正しく行われないことによる．特に測定のウインドウが狭い場合には不要動作が起こりやすい．ROCOFリレーにより多量の分散型電源がトリップされると，前節で述べたように系統全体が不安定となるおそれがある．

電力会社全体の系統において大きな周波数変動はまれにしか起きない．誤動作の多くは，分散型電源の近くの配電系統における事故により，電圧低下や位相シフトが起こることによる．送電系ではさらに誤動作の可能性が増える．

10.3.2　電圧位相シフト検出方式[2,27]

通常の運転状態では，分散型電源の端子電圧(V_t)は発電機内部電圧(E_f)より位相が遅れている(図10.7参照)．この位相差(ϕ)を内部相差角と呼ぶ．系統からの供給が

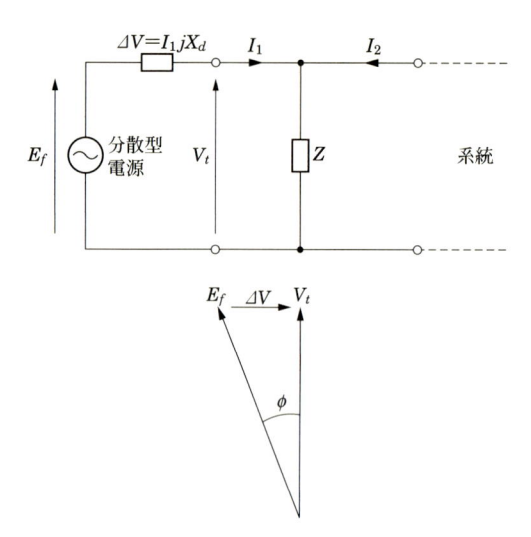

図 10.7　系統連系時の内部相差角[2)]

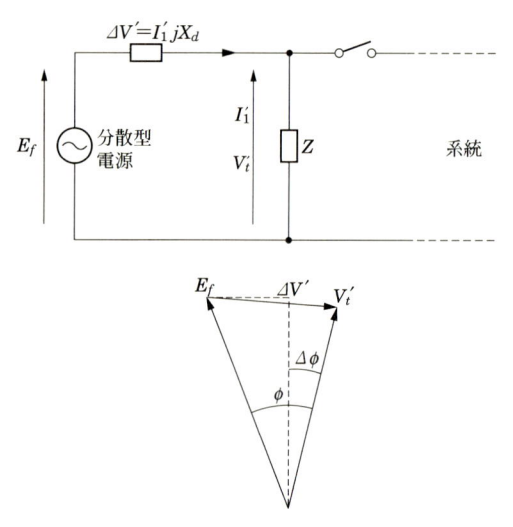

図 10.8　単独運転移行時の内部相差角[2)]

切断されると発電機の負荷は増加し，図 10.8 に示すように内部相差角が $\Delta\phi$ だけシフトする．端子電圧は図 10.9 に示すように新しいベクトル（V_t'）へとジャンプし，リレーは各周期の継続時間を監視しその継続時間がそれまでの周期と比較して大きくず

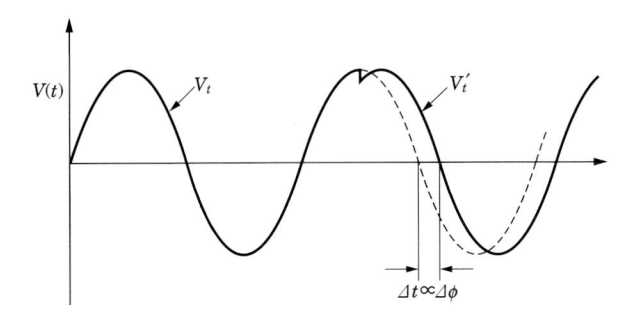

図 10.9 電圧ベクトルのシフト[2)]

れた場合に瞬時にトリップ指令を出す．位相シフトの整定値は6°程度にされることが多い．弱い系統(電源インピーダンスが大きく電圧位相の変動が起こりやすい系統)では12°程度にされることもある．

10.4 単独運転検出技術(能動的方式)

この節では能動的方式のうち代表的なものについて紹介する．

10.4.1 無効電力変動方式[14~17)]

　無効電力変動方式は，同期発電機を対象とした能動的方式の一つである．図10.10に示すように，同期発電機の自動電圧調整器(AVR: automatic voltage regulator)の電圧設定値に対して常時一定周期の微少変動信号(AVR電圧設定値変動量)を与えておき，これによって単独運転移行後に顕著になる周波数変動を検出することにより単独運転と判定するものである．電力系統と分散型電源が並列運転しているときは，この電圧設定値の周期的変動は発電機に影響を与えない．配電線負荷と発電機出力が平衡状態(解列点の潮流がゼロ)で単独運転に移行した場合には，発電機の周波数や電圧は変動しないので，受動的方式によって単独運転を検出することは不可能である．このような場合でも無効電力変動方式においては図10.11に示すように，AVR回路に与えている一定周期で微少変動するAVR電圧設定値変動量によって発電機端子電圧が変動し，さらにこれによって発電機の電気的出力と機械的入力とが不平衡になり，発電機周波数が変動するため単独運転を検出できるわけである．

　AVR電圧設定値変動量の設定値(大きさ)として，単独運転を目標時間内(たとえば3秒以内)に検出できるためにはできるだけ大きな値が望まれるが，反面，発電機容量

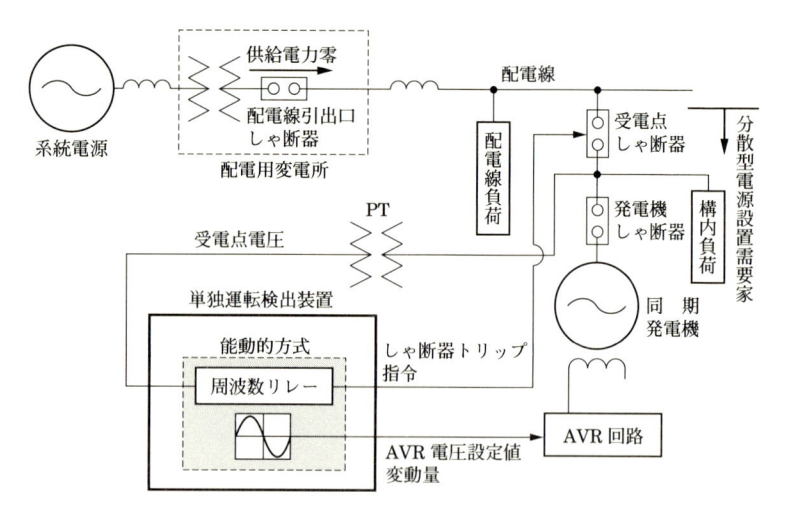

第 10 章　分散型電源系統連系と単独運転検出技術

図 10.10　無効電力変動方式の原理[14]

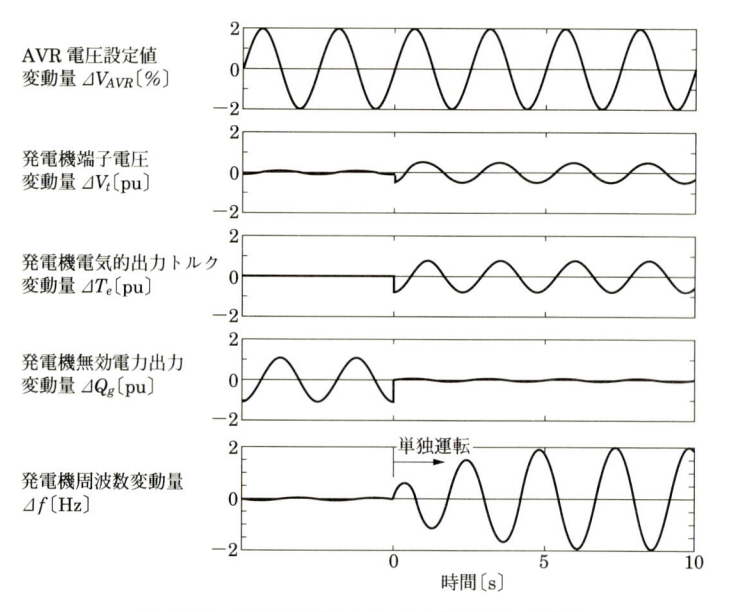

図 10.11　無効電力変動方式による諸電気量の変化[14]

が大きい場合などにはこれが引き起こす電圧変動が配電系統の電力品質に悪影響を及ぼすことが懸念される．このため，単独運転検出性能を損なうことなく，しかもAVR電圧設定値変動による電圧変動を低減する機能(10.5節に示す電圧変動低減対策)が考案され実用化されている[14,17]．

無効電力変動方式の設定値は，発電機定数・配電系統条件・単独運転検出機能などをもとにして装置性能をシミュレーションから求めた結果から決定される．AVR電圧設定値変動量に対してはその周波数と大きさを設定する．この周波数の設定値が発電機の機械的固有振動周波数に等しいと，単独運転時の周波数変動が最大になるので通常はこの値を周波数の設定値とする．この周波数設定値において，AVR電圧設定値変動量の大きさと単独運転検出時間との関係を求める．また，同様に系統連系時の電圧変動量との関係を求める．設定値を種々変更したシミュレーションの結果から単独運転検出時間および系統連系時の電圧変動量に対してともに目標値を満足する設定値を決定する．系統連系時の電圧変動量が許容できない場合は，電圧変動低減対策を使用した条件でシミュレーションを行う．

10.4.2　QCモード周波数シフト方式[18,19]

QCモード周波数シフト方式の構成を図10.12に示す．この方式は，発電機が連系運転している系統の周波数から周波数変化率(df/dt)を検出し，この極性と大きさに従って電圧揺動指令(ΔV^*)を決定し発電機のAVRに能動作用として与え発電機電圧を変化させるものである．無効電力変動方式がAVR回路の電圧設定値に対して常時一定周期の微少変動信号を与えるのに対して，QCモード周波数シフト方式は系統の周波数変動に同期して微少変動信号を与えることにより，単独運転時に顕著に現れる周波数の変化を周波数変化率で検出するものである．

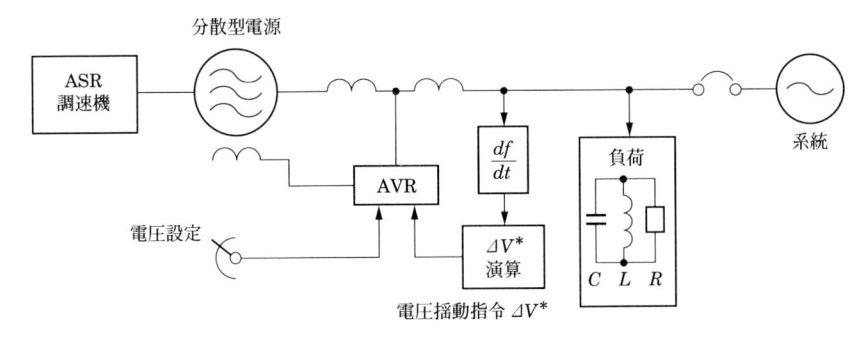

図10.12　QCモード周波数シフト方式の構成[18]

次に図10.13によりQCモード周波数シフト方式の基本原理を説明する．系統連系中の発電機の電圧を変化させた場合，電圧は系統電圧により支配されているためほとんど変化せず主に無効電力の変化として現れてくるが，単独運転状態では系統電圧の影響を受けないため発電機の電圧が変化し周波数も変化する．ここまでは無効電力変動方式と同じ原理である．QCモード周波数シフト方式では，系統の周波数が上昇方向すなわち周波数変化率(df/dt)の極性が正の場合には発電機電圧を低下させる電圧揺動指令($-\Delta V^*$)を与える．発電機電圧が低下するとその結果有効電力が減少し原動機にかかる負荷トルクも減少する．この結果，発電機の回転速度(周波数)がさらに上

周波数上昇 → $df/dt>0$ → $-\Delta V^*$ → 負荷電圧低下 → 有効電力減少 → 発電機回転速度上昇 → ASR遅れ → 発電機回転速度下降

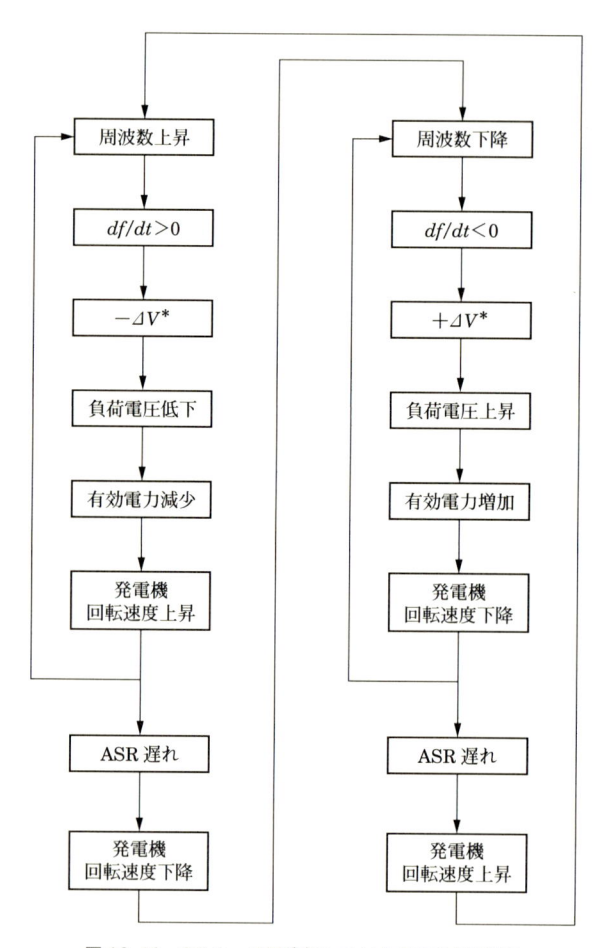

周波数下降 → $df/dt<0$ → $+\Delta V^*$ → 負荷電圧上昇 → 有効電力増加 → 発電機回転速度下降 → ASR遅れ → 発電機回転速度上昇

図10.13　QCモード周波数シフト方式の基本原理[19]

昇することになる．この動作のくり返しで発電機の周波数を上昇させるが速度制御系 (ASR：automatic speed regulator および調速機)が遅れて作用し周波数上昇が抑制されるるために周波数は下降方向に転ずる．この結果，前述した現象とは逆の作用で周波数は下降する．このように QC モード周波数シフト方式では常時から $df/dt=0$ の状態が継続することはない．常時は df/dt を微少変動させておき，単独運転状態ではこの変動を拡大させることにより単独運転を検出する．これが QC モード周波数シフト方式の基本原理である．

10.4.3　負荷変動方式[13]

　負荷変動方式は常時ダミー負荷を入り切りさせておき，単独運転時に現れる系統のインピーダンス変化により単独運転を検出する方式である．図 10.14 に示すように分散型電源と配電線との間に抵抗を短時間(1 ms 程度)挿入すると，この抵抗に流れる電流は系統側と分散型電源側のインピーダンス比で分担される．連系中と単独運転中では，このインピーダンス比が異なることから単独運転検出が可能となるわけである．この方式は原理的には発電機の種類によらずインバータ系でも回転機系でも適用できる．

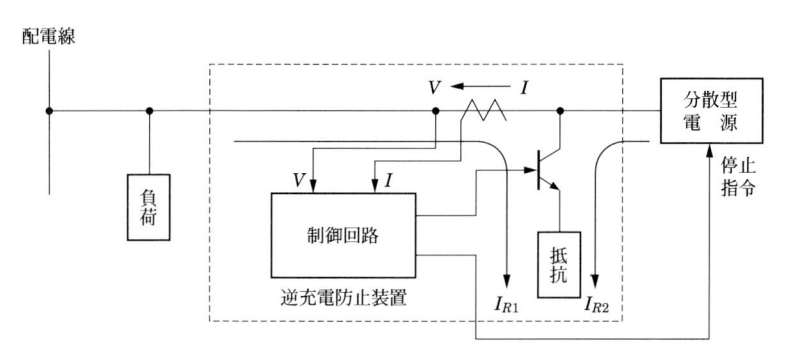

図 10.14　負荷変動方式の原理[13]

10.4.4　周波数シフト方式[13]

　太陽光発電のような逆変換装置(インバータ)を用いた分散型電源では系統との位相同期回路(PLL：phase locked loop)の自走周波数に系統周波数からわずかにずれるようなバイアスを与えておくことで単独運転になったときに周波数を自立的に変動させて単独運転を検出することができる．ただし，周波数のバイアスを大きくすると，変

換器出力電圧の位相がずれて大きな無効電力を発生し系統電圧の変動を引き起こす可能性がある．そのため常時の周波数バイアス値は小さくしておき，単独運転時には周波数変化分のフィードバックにより周波数変動を増加させる方式が提案されている．

10.4.5 次数間高調波注入方式[20]

　次数間高調波とは10.1節で述べた非整数次高調波のことである．すなわち，整数次高調波の間に存在する電圧・電流であり，定常的にはほとんど存在しないものである．したがって，次数間高調波電流を連系点から系統に微少量注入し，注入した次数に対する連系点の電圧・電流を計測すれば容易に系統インピーダンスを計測することができる．

　この原理を応用して連系点からみた系統インピーダンスを常時監視しておく．常時は系統インピーダンスの値が小さく単独運転時には系統インピーダンスが大きくなる．このインピーダンスの大きさの変化を検出することにより単独運転状態を判定する．この方式は同期発電機にも誘導発電機にも適用できることから，風力発電などで多く見られる誘導発電機を使用した分散型電源への適用が期待されるが，注入する次数間高調波の周波数によっては，配電系統において共振条件が成立することが懸念されるので，その点の解明が必要であろう．

10.4.6 その他の能動的方式

　無効電力エラー検出方式（REED：reactive export error detector）[27,28]においては，分散型電源の発電機制御系によりリレー設置点に所定のレベルの無効電力潮流を発生させる．この電力潮流は系統が接続されているときだけ維持されるので，無効電力がある設定値に維持されていないことで単独運転を検出できる．誤動作を防ぐために時限が設けられるが，この時限は供給電力の変動周期の最大値より長くなるように設定される．そのため，この方式は動作時間が長く，通常2〜5秒である．その他いくつかの問題があることから，この方式は動作時間の短い他の方式のバックアップとして用いられることが多いようである[27]．

　無効電力補償方式は，誘導発電機を対象とした能動的方式の一つである．この方式は発電機端に静止形無効電力補償装置（SVC：static var compensator）を設置しSVCの無効電力設定値に外乱信号を加え外乱による受電点の周波数変動により単独運転を検出する方式である[21]．この方式のフィールドテストは実施され性能的には良好な結果を残しているが，現状ではSVC設置コストが比較的大であることからこの方式の実用化はまだなされていない．

ラジオ信号によるインピーダンス測定方式では，分散型電源の端子近くからラジオ周波数信号を注入する．信号は受信器によってモニタされ，商用周波数の波形から重畳された信号が分離される．通常の状態では電力系統の低インピーダンスにより注入された信号が圧倒する．しかしながら，単独運転状態では注入する端子から見たインピーダンスが増加する．電力系統のインピーダンスは単独系統のインピーダンスよりかなり小さいので，単独運転が起こると注入された信号は変化する．連系遮断器がトリップするとラジオ周波数信号は単独系統から除去される．この方式は電力系統の周波数が変動した場合にも，短絡事故が発生した場合にも安定であるという特長をもつ．しかし，電力系統はラジオ周波数を吸収したり反射したりするため，それにより誤不動作や誤動作が起こる可能性がある．力率調整用に用いられるシャントキャパシタはラジオ周波数に対して低インピーダンスとなるので，単独運転状態になってもシャントキャパシタが単独系統全体のインピーダンスを下げ検出が困難になることも考えられる．

10.5 単独運転検出リレーシーケンス[14]

能動的方式(無効電力変動方式)と受動的方式(周波数変動量検出)を用いて構成した単独運転検出リレーシーケンスの例を図10.15に示す．この図には前節で述べた電圧変動低減対策シーケンスもあわせて示している．

10.5.1 周波数変動量の検出

能動的的方式に対して$95D_1$, $95D_2$，受動的方式に対して95Dで示す3種類の周波数リレーを設けている(その理由については後述)．これらのリレーでは，系統に瞬時的に発生する系統周波数変動の影響を受けにくくするため，平均化処理を行った周波数に対してその変動量を演算し，この大きさが設定値を超えると動作信号を出力するようにしている．周波数変動量検出シーケンスを図10.16に示す．周波数は，アナログフィルタによって高調波が除去されたあとの電圧波形に対してその零点間隔を計測することにより求められる．次に，常時，基準周波数算出時間t_0に対する周波数の平均値を基準周波数f_0として記憶する．さらに，現時点から現在周波数算出時間t前までの周波数の平均値を現在周波数fとして求める．周波数変動量Δfは，この現在周波数fと変動量基準時間Δt前の基準周波数f_0の記憶値との差として求められる．

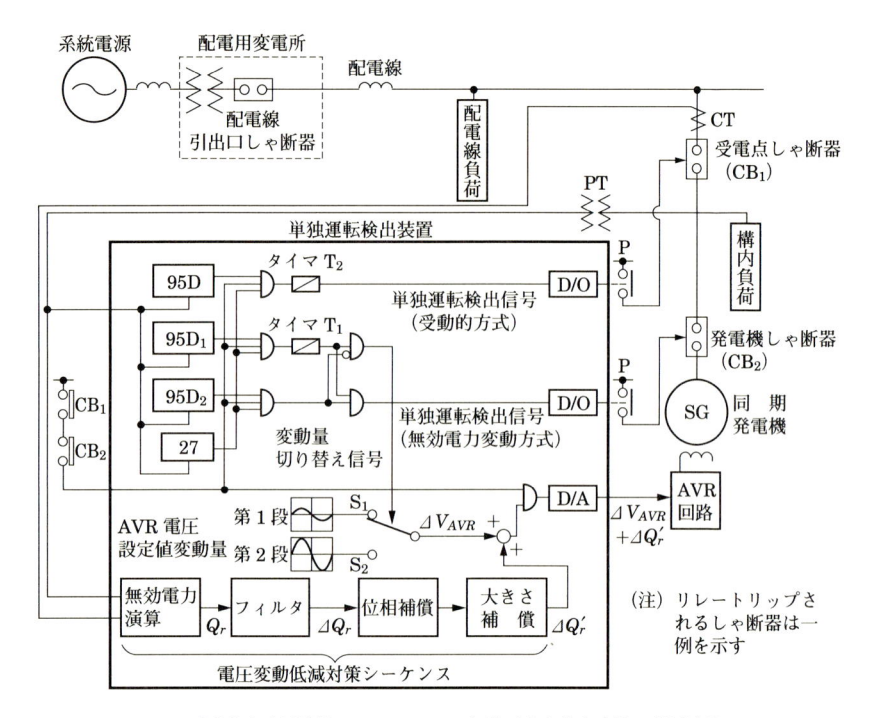

図 10.15 単独運転検出シーケンス[14]

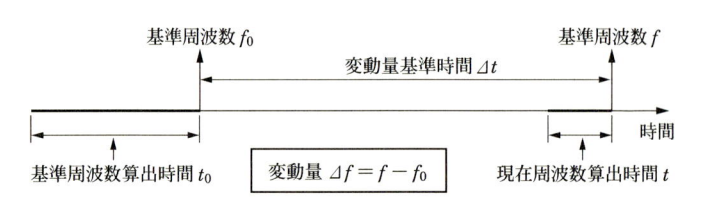

ここに，95D：受動的方式周波数リレー，95D$_1$：無効電力変動方式第1段周波数リレー，95D$_2$：無効電力変動方式第2段周波数リレー，27：不足電圧リレー，D/O：デジタル・アウトプット，D/A：デジタル・アナログ変換

図 10.16 周波数変動量検出シーケンス[14]

10.5.2 無効電力変動方式の単独運転検出シーケンス

系統電源による周波数変動によって単独運転を誤検出することを極力避けるとともに，AVR電圧設定値変動量による系統連系時の電圧変動の影響を小さくするために，

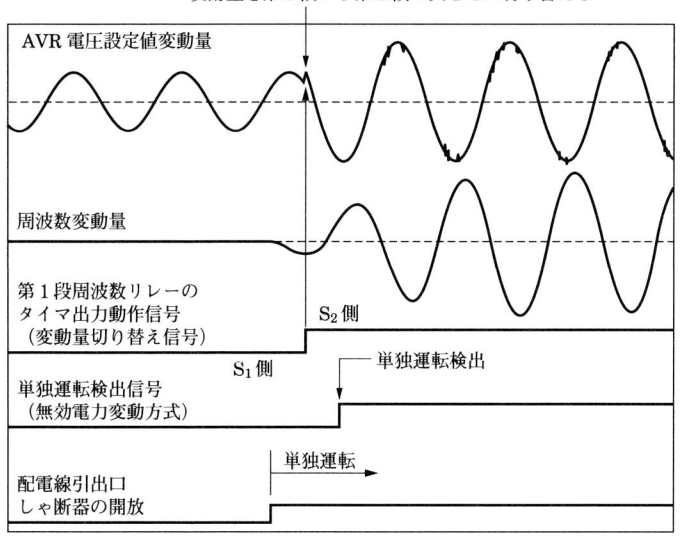

10.5 単独運転検出リレーシーケンス　***291***

図 10.17　無効電力変動方式の二段階検出方式[14]

　AVR 電圧設定値変動量と周波数リレーを図 10.17 に示す二段階方式とする．変動量設定値は常時は第一段のものを使用する(図 10.15 の AVR 電圧設定値変動量のスイッチは S_1 側)．単独運転移行後に第一段の周波数リレー($95D_1$)が動作し，さらにその後段のタイマ(T_1)が動作した場合は，その変動量を第一段の値より大きな第二段の値に切り替える(スイッチは S_2 側)．そして，第一段周波数リレーより低感度(設定値が大)の第二段周波数リレー($95D_2$)が動作したときはじめて単独運転とみなす．周波数リレーの後段にタイマ T_1, T_2 を設けてあるのは，配電用変電所の保護リレーと時限協調を図るためである．また，系統事故時には不足電圧リレー(27)によって各周波数リレーの出力をロックするようにしている．

10.5.3　無効電力変動方式に対する電圧変動低減対策

　図 10.18 に電圧変動低減対策のシーケンスを示す．発電機が設置された需要家の受電点電圧・電流により無効電力(Q_r)を演算し，フィルタにより AVR 電圧設定値変動量による無効電力の変動量(ΔQ_r)を検出する．そして無効電力変動量の位相が AVR 電圧設定値変動量の位相と逆位相になるように位相補償する．補償された無効電力変

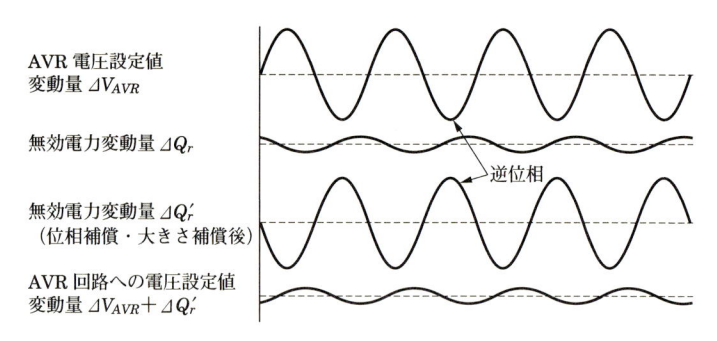

292　第 10 章　分散型電源系統連系と単独運転検出技術

```
AVR 電圧設定値
変動量 ΔV_AVR

無効電力変動量 ΔQ_r                           逆位相

無効電力変動量 ΔQ_t'
（位相補償・大きさ補償後）

AVR 回路への電圧設定値
変動量 ΔV_AVR + ΔQ_r'
```

図 10.18　電圧変動低減対策シーケンス[14]

動量 ($\Delta Q_t'$) を正の符号で AVR 電圧設定値変動量 (ΔV_{AVR}) に対して加えることにより，単独運転検出装置から出力される AVR 電圧設定値変動量 ($\Delta V_{AVR} + \Delta Q_r'$) が小さくなるので連系時の電圧変動量も小さくなる．図 10.19 に本方式による性能検証試験結果を示す．

10.6　今後の課題と将来展望

単独運転検出技術は完成された技術ではなくいくつかの課題を残している．それらの課題を克服するため，現在も種々の新しい検出方式[30〜37]やシミュレーション手法[38〜41]の検討が続けられている．本節では単独運転検出技術における今後の課題の中から主なもの 2 点と将来展望について述べる．

10.6.1　分散型電源複数台連系時の単独運転検出[22,23]

単独運転検出技術の今後の課題として，まず同一配電線に分散型電源が複数台連系した場合の評価があげられる．これまでの検討例によれば，2 台までは問題ないが，たとえば 10 台〜20 台が連系した場合にそれぞれの分散型電源における単独運転検出機能が相互に干渉することによる影響の評価についてさらに検討する必要があるとされている．また，異なる方式による単独運転検出機能が混在した場合の評価についても今後の課題といえる．さらに，バンク単位で逆潮流が発生した場合の問題点についても検討しておく必要があろう．

10.6.2　誘導発電機を用いた風力発電機の単独運転検出[24,25]

誘導発電機を用いた風力発電機の単独運転検出については，従来から受動形の方式

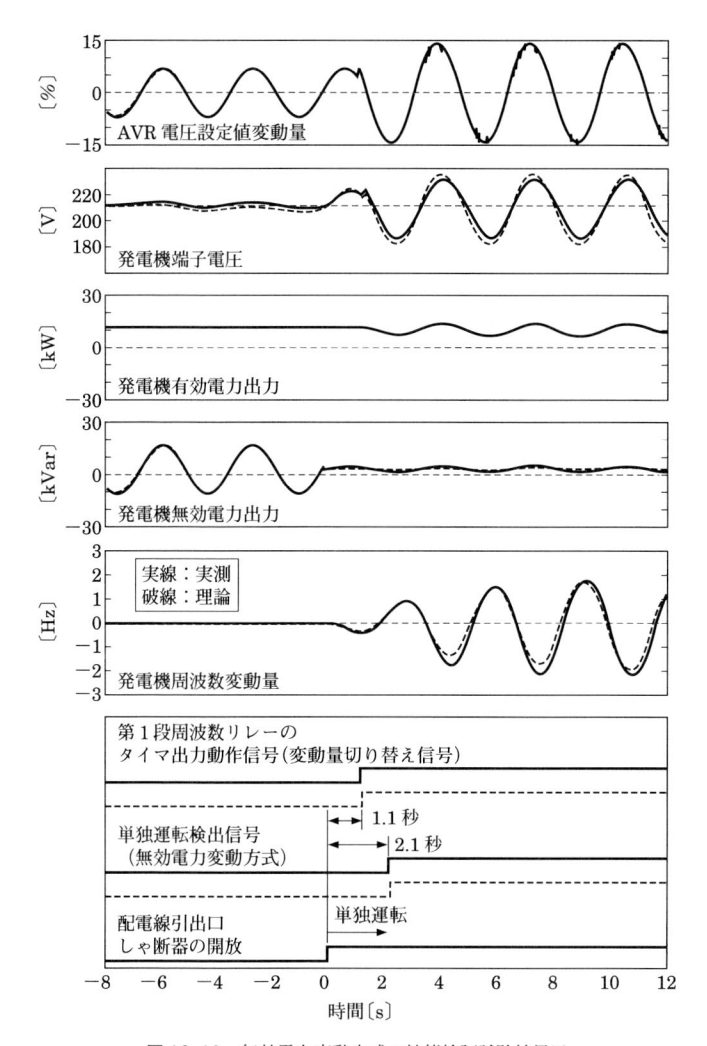

図 10.19 無効電力変動方式の性能検証試験結果[14]

たとえば周波数や電圧の変化をもとに判定する方式がとられてきた．これは，誘導発電機自体が系統から励磁電流を供給されないと発電できないことから単独運転状態が継続する可能性が低いこと，また動力源が風力であるため風速変動に応じた出力変動が生じ単独運転状態で周波数・電圧が変動するので周波数リレーや電圧リレーで検出しやすいことによる．しかし，実際の適用においては，風速変動による周波数変動の

実態や発電設備の出力安定化制御の効果をシミュレーションなどにより事前に詳細に評価する必要があるだろう。また，複数の風力発電設備が連系した場合にそれらの相関関係が出力安定化に与える影響の評価，系統内に力率改善用コンデンサがある場合の評価，同期発電機や太陽光発電設備が混在したハイブリッド発電方式における評価などについて，シミュレーションなどによる評価が必要であると思われる。

10.6.3 パワーエレクトロニクス技術や通信網を活用した新しい自律分散型電源の実現可能性

分散型電源の単独運転状態は避けるべきものであるとの観点から，これまで種々の方式について述べてきたが，近年の技術進歩に応じて逆に積極的に自律分散型運転を行う電力系統を指向する動きも出てきている[26,27]。国内外で，たとえば，パワーエレクトロニクス技術を活用した潮流制御・安定化制御，ループ型配電系統，貯蔵装置との併用，統合型の保護・制御，需要家と電源との双方向通信などの新技術の適用が考えられている。このような系統においては分散型電源の連系装置もまた高機能化され，他の手段と相まって電源の出力安定性や制御性をさらに向上させ，電力品質や信頼性のよりすぐれた電力系統の実現に貢献することが期待される。

参 考 文 献

1) H. L. Willis and W. G. Scott : Distributed Power Generation Planning and Evaluation, Marcel Dekker, 2000.
2) N. Jenkins, R. Allan, P. Crossley, D. Kirschen and G. Strbsac : Embedded Generation, IEE, 2000.
3) 和久ほか：分散型電源の基礎と適用の実際，日本電気技術者協会，1997.
4) G. T. Heydt : Electric Power Quality, Second Edition, Stars in a Circle Publications, 1991.
5) R. C. Dugan, M. F. McGranaghan and H. W. Beaty : Electrical Power Systems Quality, McGraw-Hill, 1996.
6) M. H. J. Bollen : Understanding Power Quality Problems, IEEE Press, 2000.
7) 電気協同研究会：瞬時電圧低下対策，電気協同研究，**46**, 3, 1991.
8) 電気協同研究会：電力品質に関する動向と将来展望，電気協同研究，**55**, 3, 2000.
9) 七原：解説 海外における風力発電の導入状況と電力システムへの影響，電気学会論文誌 B, **120**, 3, pp. 321-324, 2000.
10) 資源エネルギー庁公益事業部技術課監修：分散型電源系統連系技術指針，JEAG9701-1993, 1993.
11) 資源エネルギー庁：解説・電力系統連系技術要件ガイドライン '98，電力新報社，1998.

12) 通商産業省エネルギー庁公益事業部電力技術課：系統連系技術要件ガイドライン改訂のポイント, OHM, pp. 46-56, 1998-04.
13) 石川, 今井：解説 分散型電源の単独運転検出技術の開発動向, 電学論 B, **116**, 5, pp. 521-524, 1996.
14) 本橋, 一ノ瀬, 石川, 甲斐, 金田, 石塚：配電線に連系される同期発電機の単独運転検出装置(無効電力変動方式), 電学論 B, **119**, 1, 1999.
15) 本橋, 青柳, 石川, 甲斐, 金田, 石塚：リアルタイム・ディジタルシミュレータによる単独運転検出装置の性能試験結果(電圧変動低減対策付き), 平成10年電気学会全国大会, No. 1550, 1998.
16) 本橋, 青柳, 石川, 甲斐, 金田, 石塚：単独運転検出装置の開発と実用化, コージェネレーション, **13**, 1, pp. 13-20, 1998.
17) 本橋, 近藤, 石川, 甲斐, 金田, 石塚：電圧変動低減対策を考慮した同期発電機用単独運転検出方式の検討, 平成9年電力技術研究会, PE-97-36, 1997.
18) 加藤, 岡土, 伊藤, 苫縄, 野宮：同期発電機用単独運転検出装置の開発, 電学論 B, **120**, 8/9, pp. 1182-1193, 2000.
19) 上月, 苫縄, 八瀬：単独運転検出装置の開発と実用化(QCモード周波数シフト方式), コージェネレーション, **13**, 1, pp. 21-28, 1998.
20) 西嶋, 岡本, 西村, 箕輪, 志方, 吉川：次数間高調波注入方式単独運転検出装置の開発, 平成12年電気学会全国大会, 6-304, 2000.
21) 本橋, 近藤, 石川, 中沢, 深井, 千原：誘導発電機用単独運転検出装置の開発, コージェネレーション, **13**, 1, pp. 29-35, 1998.
22) 本橋, 一ノ瀬, 石川, 甲斐, 金田, 石塚：同期発電機用単独運転検出装置の多機系に対する適用性能(無効電力変動方式), 平成10年電力技術・電力系統技術合同研究会, PE-98-117, 1998.
23) 甲斐, 金田：MATLABによる複数台同期発電機に対する単独運転検出装置の性能検討, 平成11年電気学会電力技術・電力系統技術合同研究会, PE-99-140, 1999.
24) 佐々木, 原田, 松野, 甲斐, 佐藤：風力発電システムの単独運転現象の検討, 平成10年電気学会電力技術・電力系統技術合同研究会, PE-98-107, 1998.
25) 中沢, 中西：分散型電源用誘導発電機の単独運転検出機能省略条件に関する解析, 電気学会論文誌 B, **120**, 5, pp. 678-685, 2000.
26) 奥山ほか：自律分散電源間の情報交換による需要地系統独立時の安定度向上効果, 電気学会電力技術・電力系統技術合同研究会, PE-00-47, 2000.
27) 奥山, 加藤, 鈴置, 舟橋, Wu kai, 横水, 岡本：需要地系統独立時における分散電源間の情報交換による動揺収束時間の短縮効果, 電気関係学会東海支部連合大会, #94, 2000.
28) M. G. Bartlett and M. A. Redfern: A Review of Techniques for the Protection of Embedded Generation against Loss of Load, UPEC2000 (Universities Power Engineering Conference), September 6-8, Belfast, UK, 2000.
29) J. W. Warin: Loss of Mains Protection, ERA Conference on Circuit Protection for Industrial and Commercial Installations, London, 1990.

30) M. A. Redfern, O. Usta and J. I. Barrett : A New Digital Relay for Loss of Grid to Protect Embedded generation, DPSP'93 (International Conference on Developments in Power System Protection), pp. 127-130, 1993.
31) S. K. Salman : Detecting, Locating and Identifying the Type of Faults on the Interfacing Link Between an Industrial Cogeneration and Utility, DPSP'93 (International Conference on Developments in Power System Protection), pp. 136-140, 1993.
32) M. A. Redfern, J. I. Barrett and O. Usta : A New Microprocessor Based Islanding Protection Algorithm for Dispersed Storage and Generation Units, *IEEE Trans. on Power Delivery*, **10**, 3, pp. 1249-1254, July 1995.
33) S. K. Salman : Investigation of the Effect of Load Magnitude and Characteristics on the Defection of Islanding Condition, UPEC'97 (Universities Power Engineering Conference), pp. 423-426, 1997.
34) S. K. Salman and D. J. King : Investigation into Methods of Detecting Loss of Mains on the Interfacing Link Between a Utility and a Distribution System Containing Embedded Rotating Generation, UPEC'97 (Universities Power Engineering Conference), pp. 1122-1125, 1997.
35) S. K. Salman : Detection of Embedded Generator Islanding Condition Using Eliptical Trajectory Technique, DPSP'97 (International Conference on Developments in Power System Protection), pp. 103-106, 1997.
36) O. Tsukamoto, H. Ishii, T. Okayasu and K. Yamaguchi : Detection of Islanding of Multiple Dispersed Rotating Generators Using Correlation Technique, ICEE'98 (International Conference on Electrical Engineering), pp. 508-511, 1998.
37) S. K. Salman, D. J. King and G. Weller : Detection of Loss of Mains Based on Using Rate of Change of Voltage and Changes in Power Factor, UPEC2000 (Universities Power Engineering Conference), Belfast, 2000.
38) J. E. Kim and J. S. Hwang : Islanding Detection Method of Dispersed Generation Units Connected to Power Distribution System, POWERCON2000 (International Conference on Power System Tecnology), Perth, Australia, pp. 643-648, 2000.
39) S. K. Salman and D. J. King : Monitoring Changes in System Variables Due to Islanding Condition and Thosa Due to Disturbances at the Utilities' Network, IEEE Power Engineering Society, Transmission and Distribution (T & D) Conference '99, New Orleans, 1999.
40) S. K. Salman, D. J. King and G. Heggie : Modeling a ROCOF Relay Using EMTP, UPEC'99 (Universities Power Engineering Conference), Leicester, pp. 454-457, 1999.
41) J. Motohashi, T. Ishikawa, C. Nakazawa, H. Fukai and I. Chihara : Comparison of Digital Simulation and Field Test Results of Islanding Detection System for Synchronous Generators, IEEE Power Engineering Society, Winter Meeting 1999, January 31 -February 4, 1999.

第11章

新エネルギー導入と可変速回転機器技術

　ここでは可変速回転機器技術について，新エネルギー電源の一つとして注目されている風力発電における可変速システムの例と，夜間の系統周波数制御への寄与を主眼として系統導入された大容量揚水発電システムへの適用例について述べる．また，可変速回転機器の系統適用拡大の最近の研究例として，大系統間の系統連系装置として適用した場合，および将来の大規模風力発電の導入を想定してウインドファームと系統とを連系する連系装置として適用する場合について紹介する．

11.1 新エネルギー導入と可変速技術の応用

11.1.1 新エネルギー電源の系統導入

　原子力，化石燃料火力，水力などの既存電源に対して，最近では再生可能なクリーンなエネルギー活用の代表として，風力発電や太陽光発電が注目され，分散電源として系統への導入実績も伸びている．

　風力発電や太陽光発電は次の特徴を有している．
① モジュラー性があるため発電容量は電力需要の増加に対して適宜拡張できる．
② 既存の電源に比較して建設期間が短い．
③ 燃料費は実質ゼロであり，大気汚染物質の排出がない．

　以下，本節では新エネルギー電源として風力発電を例に取り上げ，可変速技術の応用について紹介する．

11.1.2 風力発電の概要と課題

　風力発電の設備容量はヨーロッパやアメリカを中心に著しく伸びている．ヨーロッパでは特にドイツ，デンマークの設備容量が大きく，1998年末現在でそれぞれ287.5

第11章 新エネルギー導入と可変速回転機器技術

図11.1 中国新疆ウイグル自治区にある達坂城ウインドファーム

万kW，146万kWに達しており将来も積極的に風力発電の導入を進める予定である．たとえばドイツは2005年時点で約1000万kW，デンマークは海上風力400万kWを含めて2030年までに約550万kWの設備導入を目標としている．アメリカはカリフォルニア州を中心にして1998年末には205.5万kW(うち，167.7万kWがカリフォルニア州)に達している．

　風力発電の単機容量は数百kWのものが多いが，これらを同一地域に多数設置してウインドファーム(ウインドパークとも呼ばれる)を構成し，総発電量を拡大する傾向が1980年以降現れてきた．図11.1は中国・新疆ウイグル自治区のウルムチ市郊外にある達坂城(ターバンジャン，Dabancheng)風力発電所のウインドファームである．この地区は天山山脈の山峡に位置して風況に恵まれ，西からの年平均風速6.4 m/sの豊富な風力エネルギーを活用して約7万kWを発電しているアジア最大のウインドファームである．また最近，イタリア南部ナポリ近郊の丘陵地帯には単一風力発電所としては世界最大規模の風力発電所が建設されたとの報告がある．定格600 kWの風力発電機282機からなる総発電量17万kWのウインドファームである．

　風力発電には再生可能なクリーンなエネルギーとしてメリットがある一方，電力系統への導入容量が増大するといくつかの問題点が生ずる．風力発電には通常，誘導発電機が適用されるがこの利点として，次のことがあげられる．

- かご型誘導発電機は構造が簡単，堅牢であるため，保守が容易
- 低価格
- 系統並列時に位相調整が不要

しかしながら下記の問題点があり，商用系統への大容量風力発電の導入を阻む要因となっている．

(1) 系統連系時(始動時)における誘導発電機の突入電流に起因する電圧変動

風力発電システムは立地点として配電系統末端の弱小系統に接続される場合が多いため，電圧変動の影響が大きい．また，風況に応じた誘導発電機の起動・停止の回数が圧倒的に多い．

この対策としては，限流リアクトルの適用，逆並列サイリスタを用いたソフトスタート方式の採用などが考えられている．次に述べる周波数問題と異なり，電圧変動問題はローカルな対策で対応可能である．

(2) 風力発電の出力変動問題

自然エネルギーを利用することから，風力エネルギーの変動に伴い発電出力の変動を余儀なくされる．風力発電容量が大きくなると商用系統の周波数変動の要因となる．風力発電の系統導入容量の限界については，これまでいろいろな研究調査で述べられているが，ヨーロッパのように広域連系されているか，単独系統であるかなど系統側の周波数制御能力によっても差があり，一概にいえない．年間最大電力の4％から10％程度になると風力発電の影響が系統運用に出始めるという調査結果がある．

この周波数変動対策としては，商用電力系統側に調整電源の設置(ガスタービン発電所，揚水発電所，電力貯蔵用電池など)，風速によらず安定した電力供給が可能な風力発電システムの採用(可変速風力発電システム)などが考えられている．電圧変動問題と異なり風力発電の出力変動に起因する系統周波数制御の問題は系統全体の問題として解決する必要がある．

(3) 電力系統の事故時における風力発電システムの系統安定度維持問題

誘導発電機は十分な無効電力の供給がないと電源電圧の維持が困難となり同期外れを起こしやすい．このために風力発電近傍に無効電力源としての並列コンデンサを設置したり，電圧制御用の静止型無効電力制御装置(SVC：Static Var Compensator)の導入が図られる．

11.1.3 風力発電システムへの可変速技術の応用

風力により駆動される風力タービンの制御目標は，次の運転を実現することである．

① 定格風速以下の領域において，風力エネルギーの利用効率を最大とする運転
② 定格風速以上の領域において，発電機の定格出力を一定とする運転

風力発電機の可変速運転(以下，可変速風力発電システムと記す)により，上記制御

目標のうち①が可能となり，またタービン翼のピッチ制御と組み合わせることにより②も可能となる．

　誘導発電機が直接系統に連系される一般の風力発電システムでは，発電機の回転速度がほぼ一定であるから風況変化に伴う風力エネルギーの脈動がそのまま系統への電力脈動となって現れる．これに対して可変速風力発電システムでは風力発電機と系統との間に静止型変換器を設けて周波数変換を行うので，風力発電機のタービン回転速度が系統周波数と関係なく一定範囲で可変にできる．このようにすると風況変化に伴う風力エネルギーの脈動分は，タービン発電機の機械的回転エネルギーとして一次的に蓄えたり，逆に放出したりすることが可能となるので，これを利用して系統へ供給する電力の変動を抑制制御することができる．

　可変速風力発電システムにおける風力発電機と順変換器の組み合わせには主として，
　① 同期発電機とダイオード変換器
　② 誘導発電機と自励式変換器(GTO，IGBT 素子適用)
の組み合わせがあるが，前者が損失およびコストの面で有利といわれる．なお，逆変換器については発電機と順変換器の組み合わせとは独立して選択できる．

　図11.2 は損失が少なくコスト面で有利な可変速風力発電システムの構成例である．可変速風力発電システムのメリットをあげると次のようである．
　① 発電出力の平準化により，周波数変動による系統への影響が低減できる．
　② タービン翼の周速比を風力エネルギー活用の効率最大点に追従制御することにより風力エネルギーの最大限の利用が図れる．
　③ トルク変動やパワー変動に起因するドライブ機構(ギアによる増速駆動系)への応力負担が低減される．

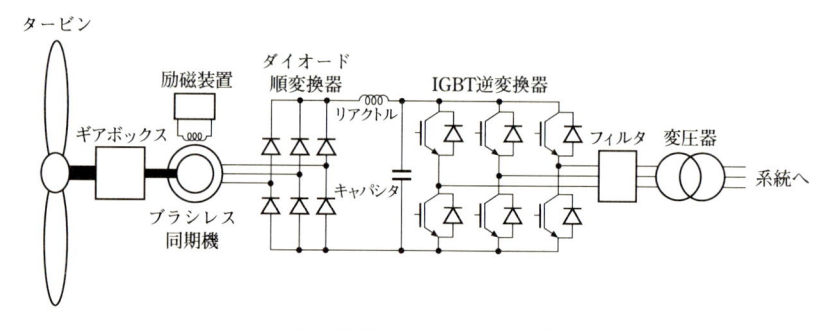

図 11.2　可変速風力発電システムの構成例

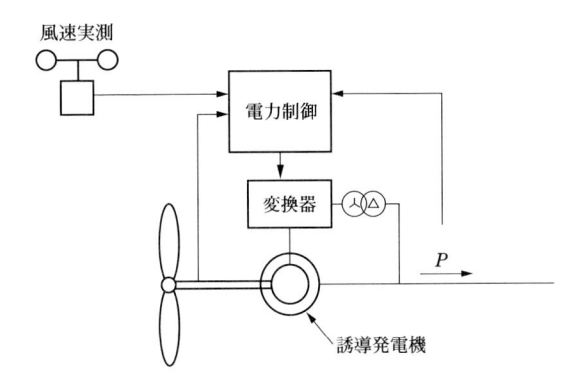

図11.3 可変速回転機を適用する可変速風力発電システム

④ 機械的共振を発生させる回転速度を回避できる．
⑤ 風速の小さい場合に運転速度を下げることにより騒音が低減できる．

　可変速風力発電システムには，図11.2の構成以外にも発電機と静止型変換器の種類と組み合わせによって種々のものが考えられている．また主回路に静止型変換器を適用する代わりに，可変速回転機を採用する方式もある．

　可変速回転機を採用する方式は，静止型変換器による直流リンクではなく，風力発電機に可変速発電機を適用する．可変速発電機は構造的には回転子回路に交流励磁巻線を設けた誘導発電機とほぼ同じである．励磁装置としての周波数変換器から，固定子側の系統周波数と回転子速度周波数の差のすべり周波数を有する励磁電流を供給して，同期を維持しつつ回転子速度を一定範囲で可変速とする方式である．この方式では一般に変換器容量が少なくてすむため変換器コストが低減される一方，特別な巻線型誘導機が必要となるので従来の誘導発電機に比べて高価である．また保守にも手間がかかるなどの欠点がある．

　風力発電への可変速技術の応用例としては従来図11.2に見られるように，静止型変換器による直流リンクを採用した可変速風力発電システムが主流であった．しかし，この方式は静止型変換器を各発電機ごとに設置するので誘導発電機単体による風力発電システムに比較してコストアップは避けられない．あとの節で紹介するように，ウインドファームと系統との間に可変速機を適用した回転型連系装置を適用する研究事例もある．風力発電の出力変動を考慮した，大容量風力発電と系統との連系課題は大容量ウインドファームの建設を背景として，今後ますます実用的な研究が期待される分野である．

11.2 可変速揚水発電システムの構造と特徴

電力系統への可変速回転機器の適用としては，大容量の可変速揚水発電システムが代表的なものである．ここでは，この可変速揚水発電システムについて概要を紹介する．

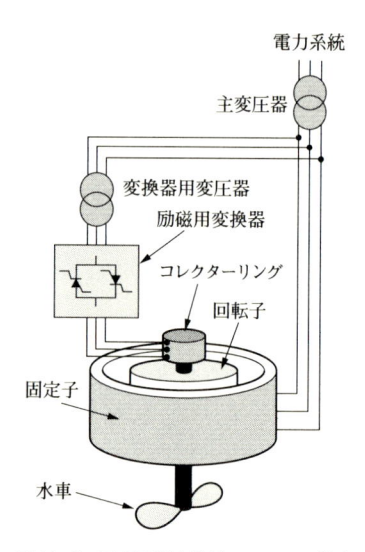

可変速揚水発電システムの構成を図11.4に示す．本システムと現行の同期機との違いは励磁装置と回転子の構造にある．本システムでは励磁装置としてサイクロコンバータやGTO変換器を適用し，また回転子は三相巻線構造を有し三相交流の励磁電流が流れる．巻線型誘導電動機に近い回転機の構造である．

また励磁制御系は，現行の同期機が端子電圧制御用のAVR(Automatic Voltage Regulator)のみであるのに対して，可変速揚水発電システムでは三相励磁電流の大きさと位相が制御できる励磁装置により，有効電力と無効電力の二つが同時に調整可能である．これは回転機の内部誘起電圧を形成する回転子回路磁束が励磁電流の調整によりベクトル量として大きさと位相の両方が自由に制御できるからである．なお，制御対象を有効電力の代わりに回転速度，また無効電力の代わりに端子電圧とすることもできる．図11.5に可変速揚水発電システムの励磁制御系の一例を示す．

可変速揚水発電システムの特徴と系統適用上の利点について述べる．

図11.4 可変速揚水発電システムの構成

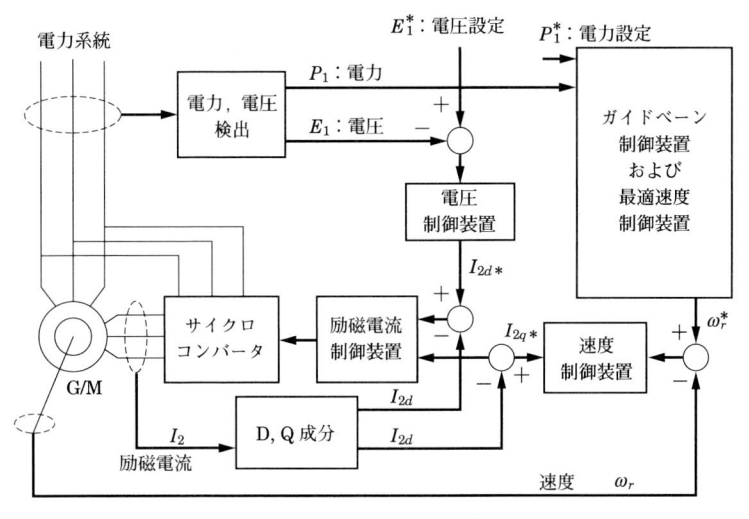

図 11.5 励磁制御系の一例

11.2.1 夜間揚水運転時における揚水電力調整が可能

可変速揚水発電システムは回転速度を一定範囲内で可変とすることができるから，図 11.6 に示すように回転速度のほぼ 3 乗に比例して揚水電力（ポンプ入力）を調整することができる．この機能により夜間の系統周波数制御に貢献しうる．

11.2.2 系統安定度の向上

可変速揚水発電システムでは回転子の挙動と直接関係なく内部誘起電圧が交流励磁制御によりベクトルとして制御できるので，現行の同期機にみられるような回転子動

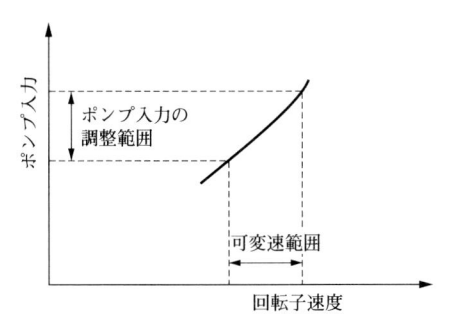

図 11.6 揚水電力（ポンプ入力）の調整

揺に起因する安定度問題は原理的に生じない．

また，さらに有効電力と無効電力の高速制御が可能であるから，電力系統において可変速揚水発電システムの近傍で運転している同期発電機に対して安定化を図ることが可能となる．すなわち，可変速機の無効電力の高速制御により系統事故後の電圧回復に貢献するとともに，有効電力の高速制御により当該同期機と可変速機間に電力授受を行い，同期機の同期外れの防止と過渡動揺の抑制に貢献できる．

11.2.3 発電運転時における運転効率の向上

発電運転においても落差変動範囲が大きい場合や部分負荷運転の場合，可変速発電システムでは水車を効率最大の回転数に調整することにより運転効率の向上が期待できる．

11.3 可変速揚水発電システムの制御方式

本節では電力系統の解析において考慮すべき可変速揚水発電システムの制御方式について基本的な事項を述べる．

11.3.1 過渡安定度などの短時間領域での解析

数秒間の比較的短時間の解析で考慮すべき可変速揚水発電システムの制御系モデルについて紹介する．可変速機の制御系の一例を図 11.5 に示したが過渡安定度解析の時間領域では電力設定 $P_1{}^*$ の動作まで考慮する必要はない．したがって，ガイドベーン，速度最適制御系の応動は無視し，速度設定 $\omega_r{}^*$ は一定とみなしてよい．

可変速発電システムの励磁制御においては，端子電圧を常時検出しこの端子電圧ベクトルと同位相に q 軸，またそれより $90°$ 位相遅れの位置に d 軸座標を設定し，回転子励磁電流の d 軸と q 軸成分を求める．この二つの座標成分に基づいて電圧（または無効電力）制御と回転子速度（または有効電力）制御を実施する．図 11.7 に d, q 軸座標系でのベクトル表現を示す．

同図は発電運転時の場合で，内部誘起電圧ベクトル $\dot{E}'$ が端子電圧ベクトル $\dot{E}_s$ よりも位相 δ' だけ進んでいる．このとき回転子回路磁束ベクトル $\dot{\Psi}_R'$ は内部誘起電圧ベクトル $\dot{E}'$ より $90°$ 位相遅れの位置にある．この磁束ベクトルは回転子励磁電流ベクトル $\dot{I}_R$ により調整することができる．位相 δ' が比較的小さいと仮定すれば回転子励磁電流ベクトルの d 軸成分電流 i_{dr} を増減させることで回転子励磁電流ベクトルの大きさが調整できる．また，回転子励磁電流ベクトルの q 軸成分電流 i_{qr} を増減させ

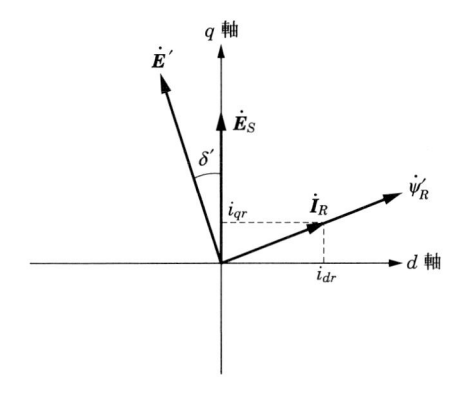

図 11.7 d, q 軸座標系でのベクトル表現

ることで回転子励磁電流ベクトルの位相が調整できる．

このことから，可変速機の電圧制御(または無効電力制御)は d 軸成分電流 i_{dr} の増減により達成できることが理解される．また同様に，回転子速度制御(または有効電力制御)は q 軸成分電流 i_{qr} の増減により達成できることが理解される．これが可変速機励磁制御の原理である．

可変速機の励磁制御系の構成例を図 11.8 に示す．同図に示されるように，安定度解析用の制御系モデルでは回転子回路電流のマイナー制御ループ(励磁電流制御系)とその上位制御の電圧制御系(d 軸電流が制御対象)と回転子速度制御系(q 軸電流が制御対象)から構成される．なお，各制御系は一般に比例・積分(PI)要素からなる．

以上の説明からわかるように可変速機は回転子回路の交流励磁電流の d, q 軸成分の制御により内部電圧の大きさと位相が許容範囲内で自由に制御される．したがって，回転子機械系の挙動で同期運転の安定性が支配される現行の同期機とは異なり，

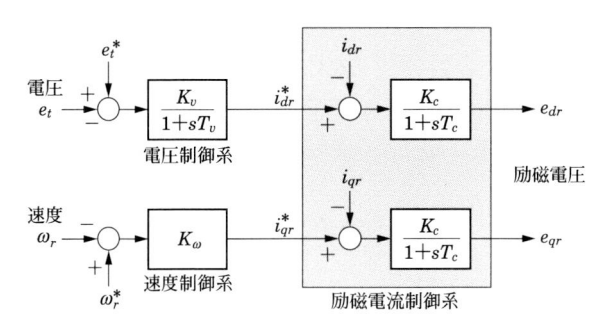

図 11.8 可変速機の励磁制御系の構成例

可変速機は励磁電源容量できまる制御可能範囲で運転される限り，同期はずれは原理的に起こり得ない．

11.3.2　周波数応答解析などの長時間領域での解析

　系統周波数制御への効果の解析など，比較的長時間の系統解析で考慮すべき制御モデルについて紹介する．

　この時間領域では前項で述べた励磁制御以外に原動機制御や最適速度制御などが含まれる．一方，可変速回転機の電気的過渡現象など短時間特性は無視できる．励磁制御および原動機制御を含めた全体制御に関しては，大容量可変速揚水発電システム向けとして二つの制御方式が提案され実用化されている．表 11.1 にそれらの制御方式の分類を示す．

　表 11.1 において，無効電力制御は両制御方式とも励磁制御で実現するのは共通であるが有効電力および速度制御の分担が異なる．また，発電運転モードと揚水運転モードとでは両制御方式とも若干構成が変わる．

　電圧制御を除き，有効電力制御と速度制御に関係する全体ブック図を図 11.9 (制御方式 A) および図 11.10 (制御方式 B) に示す．同図中，電力制御器および速度制御器は比例・積分要素から構成されている．最適速度関数は，たとえば非線形関数と時間遅れ要素などから構成する．両制御方式の速度制御は発電運転モードにおいては最高効率運転を実現する速度を，また揚水運転モードにおいては要求される入力を実現する速度を維持するように制御される．有効電力制御と速度制御は互いに密接な関係があり相互干渉もありうるので，たとえば，大容量火力発電プラントにおけるボイラ・タービン協調制御に類似した協調制御が考慮される．

　ここで長時間動特性モデルの周波数応答解析への適用例を紹介する．解析ツールとしては MATLAB/Simulink を使用した．

　最初に電力設定部にステップ信号を印加した場合のプラント出力の応答例を示す．次に系統モデルに可変速機モデルを組み込んで周波数制御効果を解析した例を示す．発電運転時の水路とタービン特性は，理想的な無損失タービンモデルに基づいた古典的な水車の伝達関数を適用した．揚水運転時の水路とポンプ特性としては，ここでは簡単化のために水頭は一定と仮定した．また，揚水運転の可変速範囲 (同期速度周りの約 10%) において，機械的トルクは近似的に回転速度の二乗と弁開度の積に比例すると仮定した．

11.3 可変速揚水発電システムの制御方式

表 11.1 実用的な二つの制御方式

	有効電力制御	無効電力制御	回転子速度制御
制御方式 A	q 軸励磁制御による	d 軸励磁制御による	原動機制御による
制御方式 B	原動機制御による	d 軸励磁制御による	q 軸励磁制御による

(a) 発電運転モード

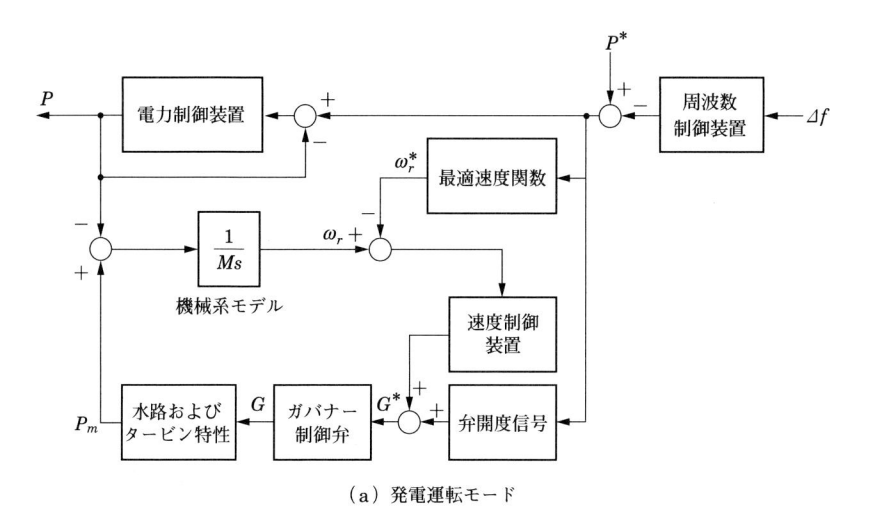

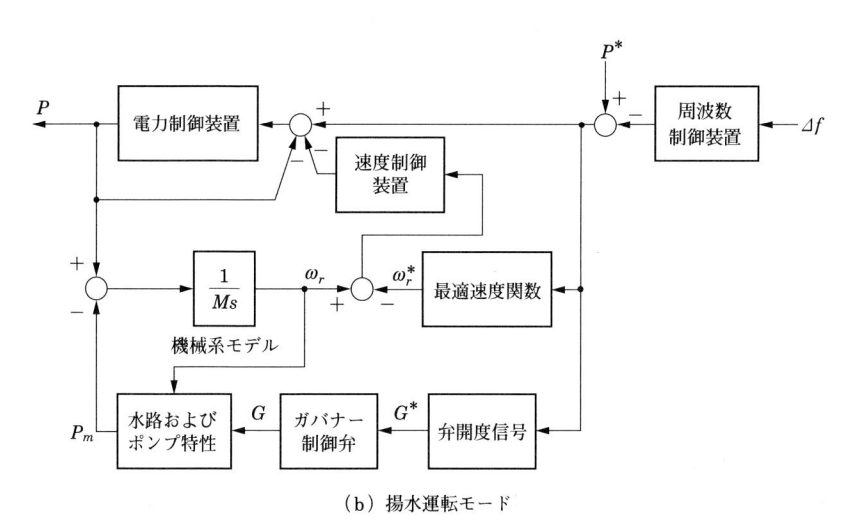

(b) 揚水運転モード

図 11.9 制御方式 A

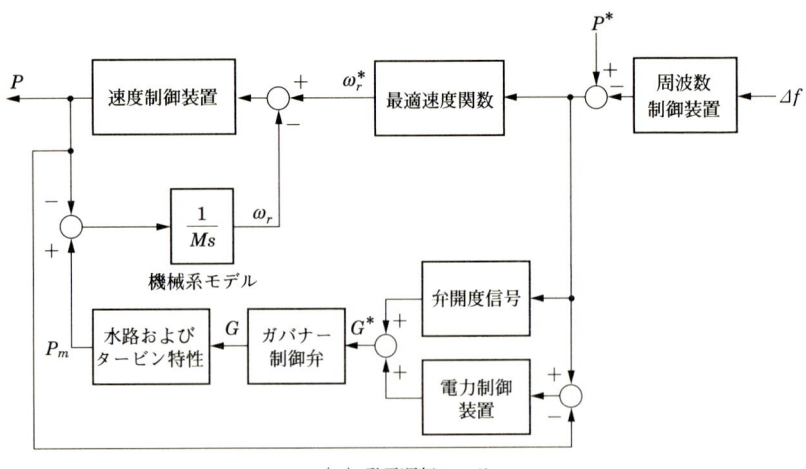

(a) 発電運転モード

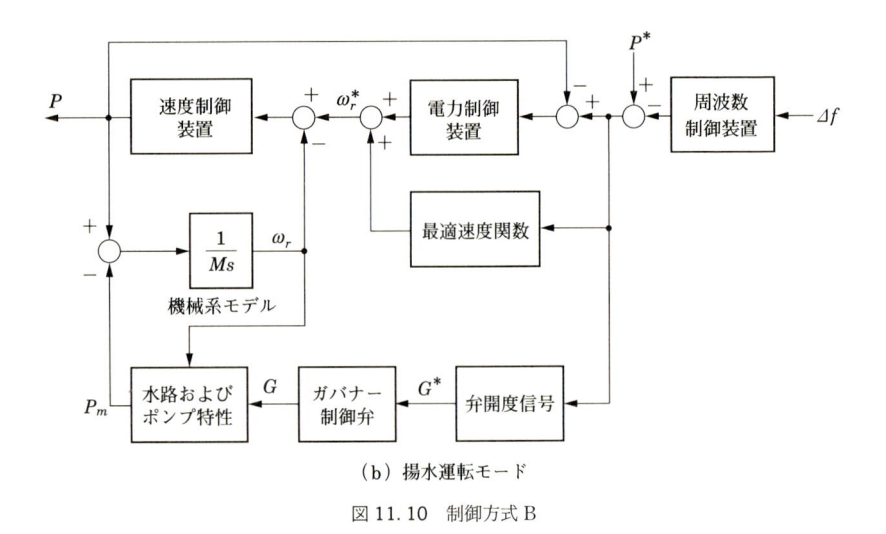

(b) 揚水運転モード

図 11.10　制御方式 B

(1) 出力のステップ応答特性

制御方式 B を採用した可変速機の出力のステップ応答特性を図 11.11 に示す．図の結果から，発電，揚水運転時とも安定で妥当な応答結果であることがわかかる．

11.3 可変速揚水発電システムの制御方式　*309*

(a) 発電運転モード

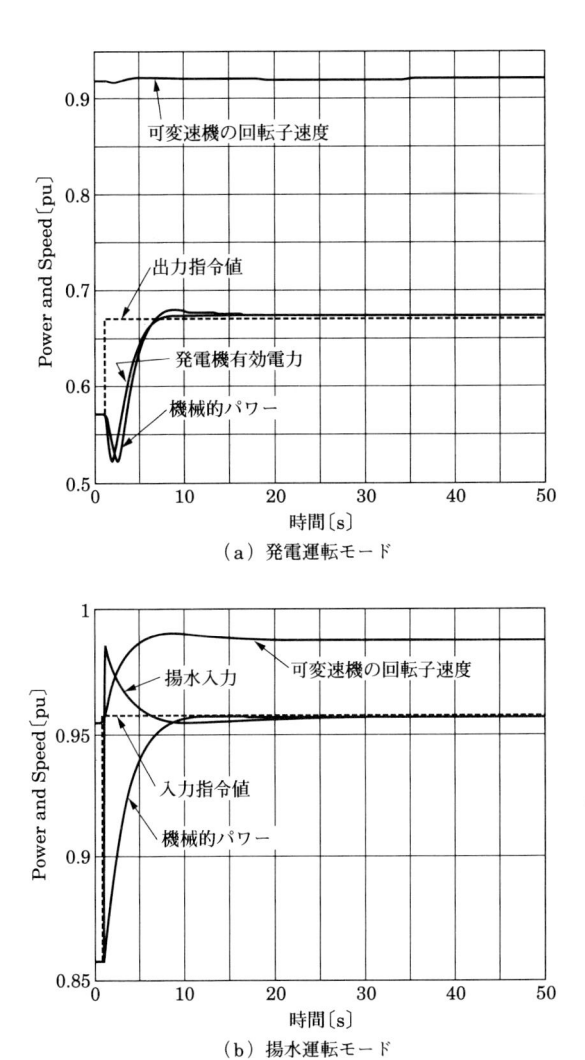

(b) 揚水運転モード

図 11.11　制御方式 B を適用した場合のステップ応答解析例

(2) 周波数制御特性

揚水運転時において可変速機導入の周波数制御への効果について解析した．表 11.2 は適用した系統モデルの概要を示す．

擾乱は系統負荷がステップ状に 10% 低減した場合を想定した．図 11.12 は系統周波数と可変速機の速度変化を示す．また図 11.13 は火力機出力と可変速機入力の変化

表 11.2 系統解析条件(夜間の発電および負荷)

	〔MVA〕	〔MW〕	比率(%)
原子力機	13,000	12,000	(43)
火力機	17,000	12,000	(56)
揚水機 (可変速揚水発電システム)	7,000	−6,000	
総発電量		24,000	(100)
系統負荷量		−18,000	

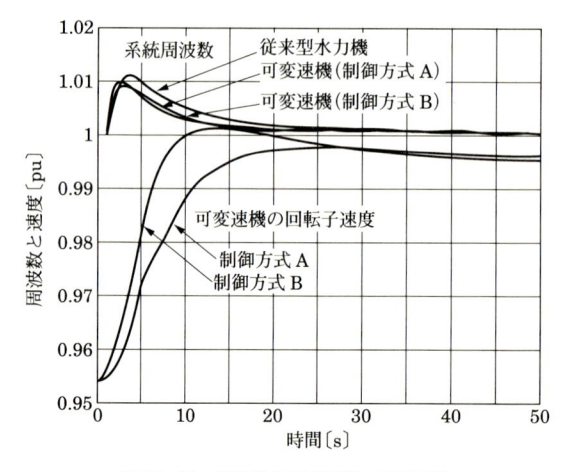

図 11.12 周波数と可変速機の速度変化

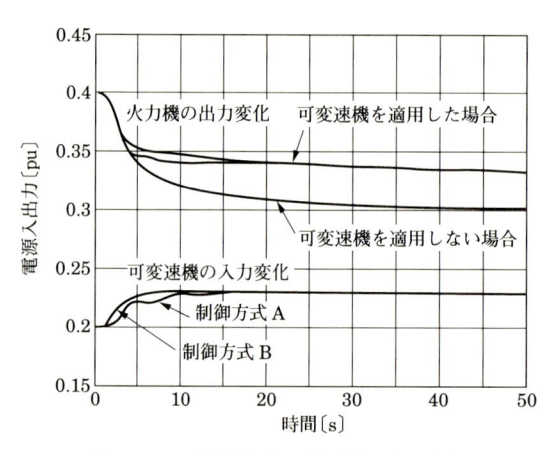

図 11.13 火力機出力と可変速機入力の変化

を示す．これらの結果から，次のことがわかる．
① 揚水運転において可変速機は機械的速度を変化させることにより入力量が調整できるので系統周波数制御に貢献できる．
② 実用化されている二つの制御方式には，入力と速度変化に若干の特性の相違がみられるものの，いずれも有効に動作している．

11.4 可変速揚水発電システムと系統安定度

可変速揚水発電システムは揚水運転時の系統周波数制御への寄与のほかに，系統過渡安定度や動態安定度の向上にも寄与できる．本節では可変速機を含む2機対無限大母線系統を対象に，動態安定度解析例を紹介する[10]．

11.4.1 可変速機による系統安定度向上効果の解析モデル

可変速機が適用された系統における安定度向上効果解析のための最も基本的な系統モデルは，安定化対象の同期機と制御対象の可変速機が大系統に対して並列運転している2機対無限大母線系統モデルである．このモデルでは，同一揚水発電所内での同期機と可変速機との並列運転や，長距離大容量送電系統の中間変電所に設置された可変速調相機などの代表的なケースが解析できる．

可変速機による系統安定化効果には，系統事故時に可変速機の有効電力出力を急減させて制動抵抗と同様に同期機の加速エネルギーを吸収する過渡安定度向上効果と，可変速機の有効電力を何らかの安定化信号に基づいて変動させ，同期機の電力動揺を抑制させる動態安定度効果がある．前者については，パターン的な制御で対応できるため制御方法の立案は比較的容易である．しかし，後者は同期機の動揺に合わせて適切な電力制御が要求されるので，その制御系設計は単純ではない．ここでは，同期機の動態安定度を向上させるための可変速機の制御について紹介する．

図11.14に対象とした2機対無限大母線系統モデルを示す．

11.4.2 可変速機の安定化装置の設計例

同期機と可変速機からなる例題の図11.14の系統モデルにおいて，長距離送電系統の中間母線に同期機容量の38％の可変速機が接続されている場合を考える．また，使用した同期機および可変速機の定数を表11.3に示す．なお，同期機の励磁制御は標準的な交流励磁方式（PSSなし）である．

周辺の同期機に対する積極的な安定化制御を実施するために，同期機の動揺信号を

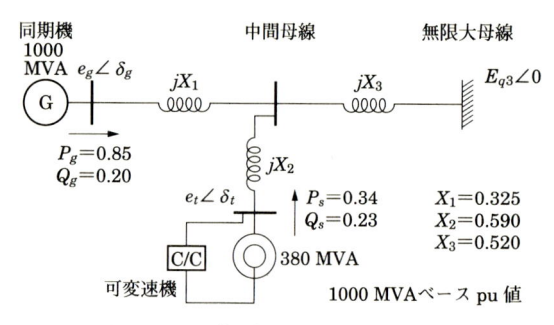

図 11.14 2 機対無限大母線系統モデル[10]

表 11.3 同期機および可変速機の定数[10]

同期機定数（1000 MVA ベース）			
$X_d = 1.52$pu	$X_d' = 0.205$pu	$X_q = 1.52$pu	$T_{do}' = 5.1$s
$M_g = 7$s	$D_g = 0$pu		
可変速機定数（380 MVA ベース）			
$X_s = 0.12$pu	$X_r = 0.133$pu	$X_m = 4.89$pu	$r_r = 0.00138$pu
$M_d = 5.0$s	$T_o' = 11.59$s	$X' = 0.25$pu	

検出し，適切なゲイン・位相補償を行ったあと，この信号（安定化信号）を可変速機の速度制御目標値に重畳して可変速機の電力制御を行う．同期機の動揺は，たとえば回転速度変化，同期機の有効電力変化，または同期機と可変速機の出力合計潮流（系統送電電力）変化で検出できる．ここではまず，図 11.15 に示すように同期機の回転速度変化を検出する場合を考える．また，安定化装置を付加した可変速機の励磁制御系の構成を図 11.16 に示す．

図 11.14 のモデル系統をベースとして同期機と可変速機とが無負荷運転している場

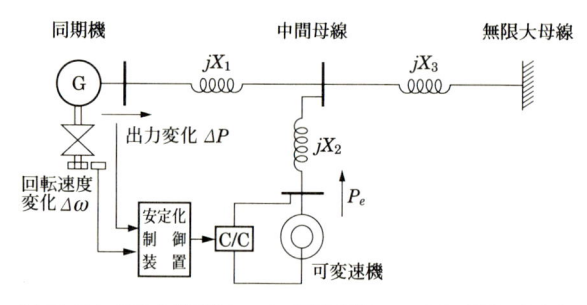

図 11.15 安定化装置付加による可変速機による周辺期機の安定化

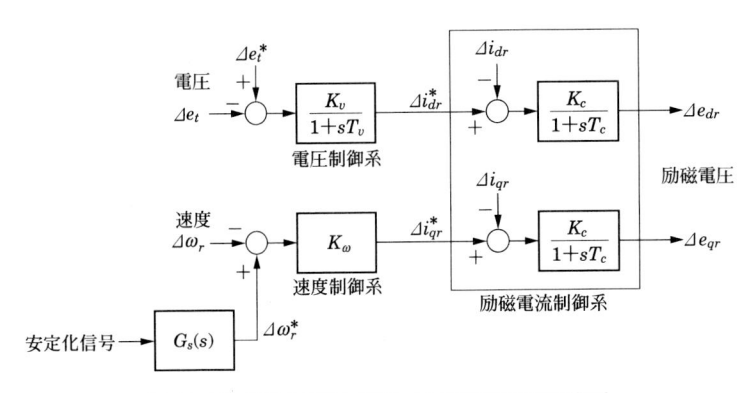

11.4 可変速揚水発電システムと系統安定度

図 11.16 安定化装置を付加した可変速機の励磁制御系

合を想定して，可変速機の速度設定値変化分 $\Delta\omega_r^*$ から同期機の電気的トルク変化 ΔT_{eg} までの伝達関数を近似的に導いてみる．同期機の電気的トルク変化は次式で近似できる．

$$\Delta T_{eg} = K_{coeff}\Delta T_e \cong \frac{K_{coeff}\Delta\Psi_{qr}'}{X' + X_2 + X_{e2}} \tag{11.1}$$

ただし，K_{coeff} は可変速機の出力変化に対する同期機の出力変化の比率であり，系統リアクタンスから，例題系では次のように近似的に計算できる．

$$K_{coeff} = \frac{-X_3(X' + X_2 + X_{e2})}{(X_q + X_1 + X_{e1})(X' + X_2 + X_3)} = -0.22 \tag{11.2}$$

ここで，$(X_1 + X_{e1})$，$(X_2 + X_{e2})$ はそれぞれ同期機，可変速機端子からみた系統側の等価リアクタンスに対応する．

可変速機の速度設定値変化分 $\Delta\omega_r^*$ から磁束変化 $\Delta\Psi_{qr}'$ までの伝達関数は，速度制御系の伝達関数 $G_\omega(S)$ がゲイン K_ω のみであるから，

$$\frac{\Delta\Psi_{qr}'}{\Delta\omega_r^*} \cong \frac{K_\omega X_{eq}}{1 + S\left(\frac{X_{eq}}{\omega_0 K_c}\right) + \frac{X_m}{K_c M_d (X_m + X_{eq})} \cdot \frac{1}{S}} \tag{11.3}$$

となり，式(11.1)，(11.2)，および(11.3)より概略次式を得る．

$$\frac{\Delta T_{eg}}{\Delta\omega_r^*} \cong \frac{K_{coeff} K_\omega}{1 + S\left(\frac{X_{eq}}{\omega_0 K_c}\right) + \frac{X_m}{K_c M_d (X_m + X_{eq})} \cdot \frac{1}{S}} = \frac{11}{1 + 0.002S + \frac{1}{5S}} \tag{11.4}$$

ただし，$X_{eq} = X' + X_2 + X_{e2}$ とおいた．

これより，励磁電流制御系ゲイン K_c と可変速機の慣性定数 M_d の積に主に依存す

る積分項が分母にあることがわかる．周波数の低い領域ではこの項の影響が支配的となり，

$$\frac{\Delta T_{eg}}{\Delta \omega_r^*} \cong K_{coeff} K_c K_\omega M_d S \quad \text{ただし，} \omega \ll 1 \tag{11.5}$$

と近似できる．

 同期機の制動効果を増加させるには，同期機の角速度変化に対して同期機の電気的トルク変化が同位相となるように制御することが肝要である．式(11.4)から，安定化制御系の伝達関数としては，電力動揺周波数領域(2～20 rad/s)において位相遅れ補償が必要であることが理解される．なお，例題系統での同期機の電力動揺モードの角速度周波数はあとのシミュレーション結果からわかるように，約4.2 rad/s(周期約1.5 s)である．そこで安定化制御系の位相補償関数として，次式の簡単な1次遅れ関数が考えられる．

$$\frac{\Delta \omega_r^*}{\Delta \omega_g} = G_s(S) = \frac{K_{s\omega}}{1+ST_{s\omega}} \tag{11.6}$$

ここで，時定数 $T_{s\omega}$ は $1/T_{s\omega} \leq$ 電力動揺周波数領域〔rad/s〕となるように選択してその領域の位相遅れをはかる．式(11.6)の補償関数に加えて同期機の角速度変化の検出回路やシグナルリセット回路の伝達関数を考慮して，同期機の角速度変化検出型の安定化制御系として，最終的には次式の伝達関数を設定する．

$$\frac{\Delta \omega_r^*}{\Delta \omega_g} = G_{s\omega}(S) = \frac{1}{1+0.02S} \cdot \frac{5S}{1+5S} \cdot \frac{K_{s\omega}}{1+0.4S} \tag{11.7}$$

 また，電力検出型の安定化制御系の設計については，同期機の運動方程式から機械的トルクが一定の場合，ΔT_{eg} と $\Delta \omega_g$ との関係が近似的に，

$$\Delta \omega_g = -\frac{1/D_g}{1+SM_g/D_g} \Delta T_{eg} \tag{11.8}$$

であることを考慮して，式(11.7)から次式のように関数形が決まる．ただし，$M_g=$ 7s，また $D_g=2$pu とみなした．

$$\frac{\Delta \omega_r^*}{\Delta T_{eg}} = G_{STg}(S) = \frac{-1}{1+0.02S} \cdot \frac{5S}{1+5S} \cdot \frac{K_{STg}}{(1+0.4S)(1+3.5S)} \tag{11.9}$$

ここで，$K_{STg}=K_{s\omega}/2$ の関係がある．

11.4.3 設計した安定化装置適用の効果

 このようにして設計した安定化制御系を適用した場合について，周波数応答法により周辺の同期機に対する動態安定度向上効果を解析した．図11.17に安定化信号有無の両ケースについて，同期機に関する制動トルク係数と同期化トルク係数の周波数特

11.4 可変速揚水発電システムと系統安定度

(a) 安定化制御なしの場合

(b) $\Delta\omega_g$検出型の安定化制御適用の場合($K_{s\omega}$=3.0)

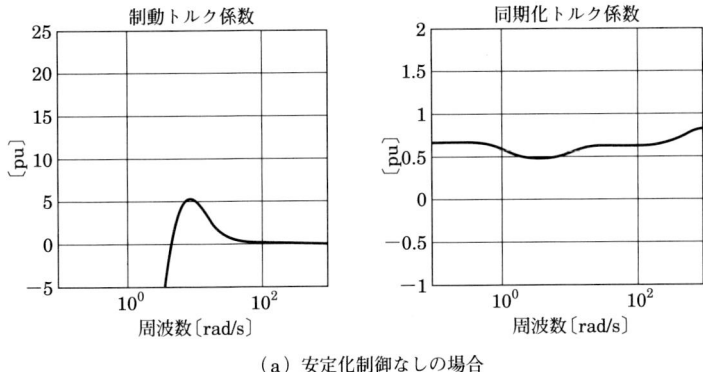

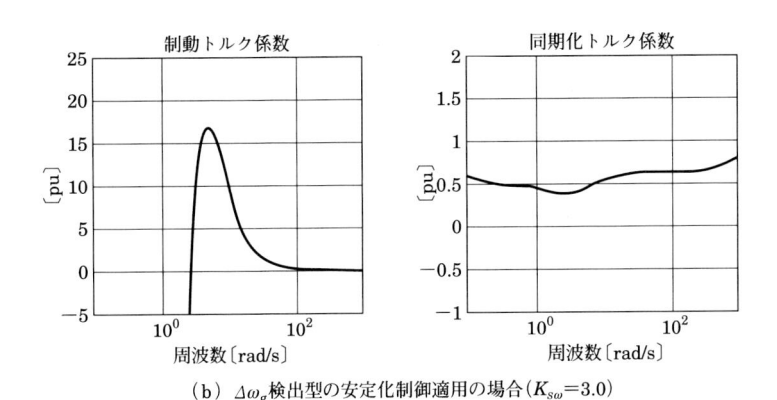

図 11.17 同期機の制動・同期化トルク係数の周波数特性[10]

性を計算した結果を示す．

　図 11.17 の結果から，安定化制御有りの場合にはない場合に比較して，電力動揺周波数領域での制動トルク係数がピーク値で 3 倍以上増加することがわかり，動態安定度向上効果が確認できた．なお，制動トルク係数はピーク値の増加のみならず，制御なしでは制動効果の期待できなかった周波数の低い領域に対しても，裾野が拡大されていることが確認される．

　また，設計した安定化制御の効果を大擾乱時の動的シミュレーションで検証した．図 11.14 のモデル系統において，中間母線における三相地絡故障（70 ms 後に自然消弧）を発生させて，可変速機への安定化制御系の適用効果を検証した．図 11.18 にシミュレーション結果の一例を示す．同図には安定化対象の同期機と可変速機の電力動揺

(a) 安定化制御なし

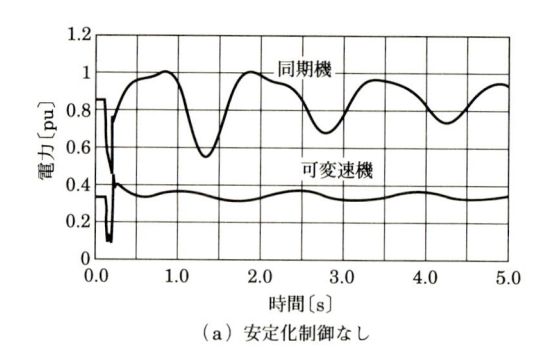

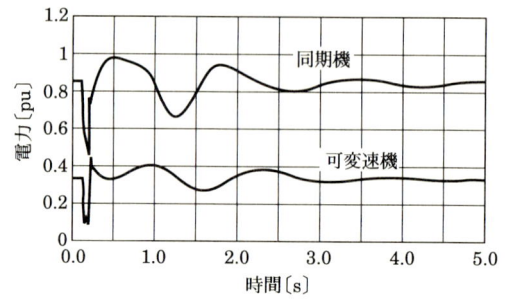

(b) $\Delta\omega_g$ 検出型の安定化制御適用の場合($K_{S\omega}$=3.0pu)

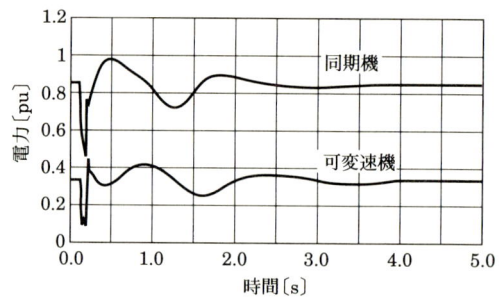

(c) ΔT_{eg} 検出型の安定化制御適用の場合(K_{STg}=1.0pu)

図 11.18 大擾乱に対する安定化制御の適用効果[10]

波形を,安定化制御あり,なしの場合について示した.なお,安定化制御系の伝達関数は式(11.7),および式(11.9)を用いた.

これより安定化制御系を適用し可変速機の電力制御を実施することで,同期機の制動力が向上したことがわかる.これより,前節にて設計した可変速機による安定化制

御の効果が動的シミュレーションによって検証された．

11.5 可変速回転機器の系統連系装置としての適用研究事例

　大容量の系統連系装置(周波数変換装置など)としては，最近ではサイリスタ変換装置を適用するのが一般的である．一方，回転形系統連系装置としては，同期機または誘導機を軸直結した小容量タイプのものが昔から実用化されていた．ここでは，可変速機の回転機としての利点とパワーエレクトロニクス応用としての制御の速応性の利点に着目した可変速応用の回転形系統連系装置についての研究例を紹介する[11]．

11.5.1 回転形系統連系装置の構成と特性，モデリング

　可変速技術応用の回転形系統連系装置を図 11.19 に示す．

　回転形系統連系装置の単機構成としては，適用する回転機の種別により次の組み合わせが考えられる．少なくともどちらか一方に可変速機を適用する．
(a) 可変速機/可変速機
(b) 可変速機/同期機
(c) 可変速機/誘導機

　なお，融通電力容量が大きい場合には，これらの軸直結ユニットを複数台並列運転することも考えられ，組み合わせを考えればいくつかのパターンがあり得る．ここでは(a)と(b)の構成の場合について検討した結果を紹介する．

　図 11.20 に可変速機/同期機の連系装置モデルの構成を示す．電力系統 A 側に可変速機が，また電力系統 B 側には同期機が接続されている．両回転機の回転子は直結されているため機械的な回転数変化と位相角変化は両機とも同じである．可変速機の固有な制御は電圧制御と電力・回転子速度制御であり，上位にある変換装置出力制御装置からの指令により電力制御設定値を調整することで，連系装置としての融通電力制

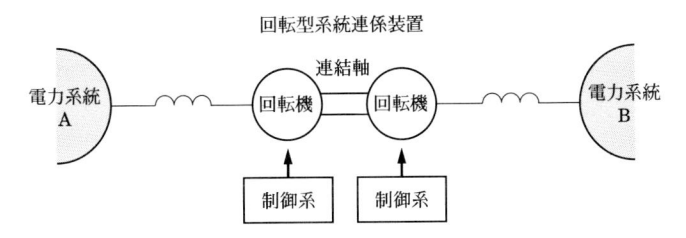

図 11.19　可変速技術応用の回転型系統連系装置

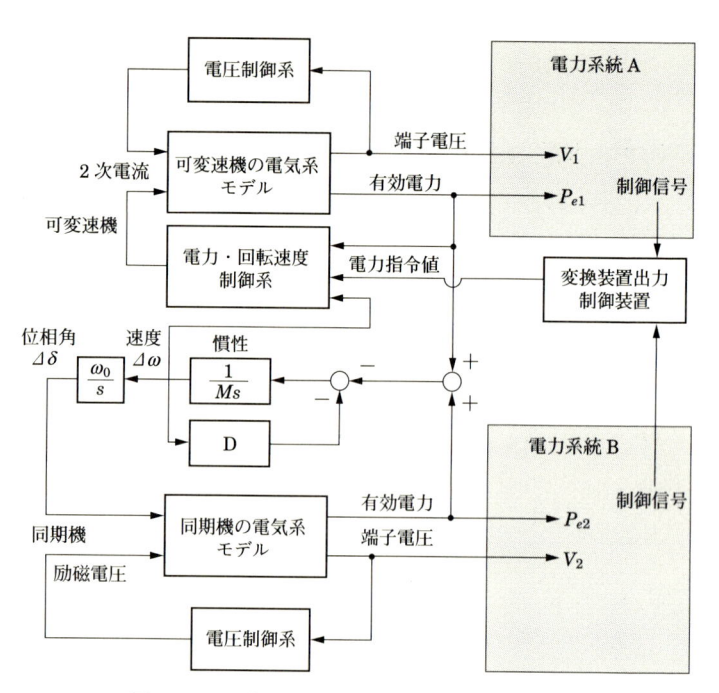

図 11.20　可変速機/同期機の連系装置モデルの構成[11]

御が達成できる．

　一方，同期機の制御は通常の発電機と同様，電圧制御 (AVR) のみである．可変速機/同期機の連系装置としての解析モデルは，制御系を除けば従来の同期機モデルと可変速機モデルの組み合わせであり，機械系モデルのみが共通であるにすぎない．

　また，図11.21に可変速機/可変速機の連系装置モデルの構成を示す．両回転機が可変速機であり，基本的には両電力系統に対して対称な融通電力の制御特性が期待できる．電力の制御方法としては片方，または両方の可変速機を制御することにより，図11.20の可変速機/同期機の場合に比較して図11.22に示すようなさまざまな形式が考えられる．ただし，表には記述していないが電圧制御は系統電圧を維持する役割としていずれの場合とも必要である．

　可変速機/可変速機の連系装置は，制御系を除けば従来の2台の可変速機の組み合わせであり，機械系が共通であることは可変速機/同期機タイプと同様である．

11.5 可変速回転機器の系統連系装置としての適用研究事例　**319**

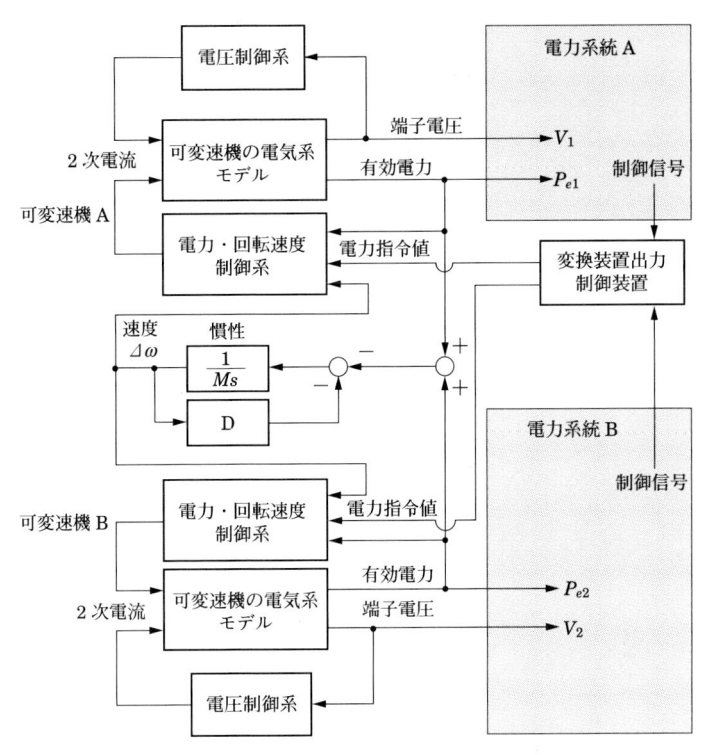

図 11.21　可変速機/可変速機の連系装置モデルの構成[11]

	可変速機 A	可変速機 B
融通電力制御	電力制御	連系装置の回転数制御
慣性エネルギーの活用	可変速範囲内での両機の協調による電力制御	

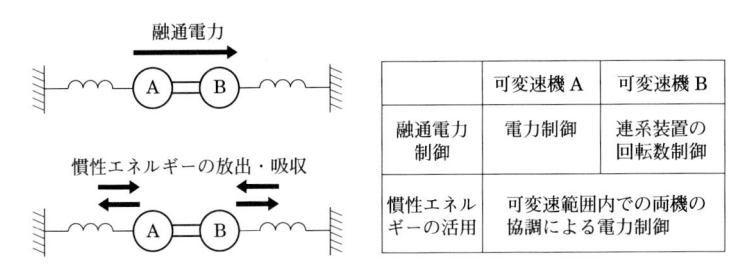

図 11.22　可変速/可変速機の連系装置の電力制御
(注)電圧制御はどの場合でも共通

11.5.2　簡単なモデル系統での系統連系装置の動特性シミュレーション

　検討した可変速機/可変速機の構成の回転型系統連系装置を対象に，簡単な系統モデルに同装置を適用した場合の運転特性をシミュレーションにより検討した．図

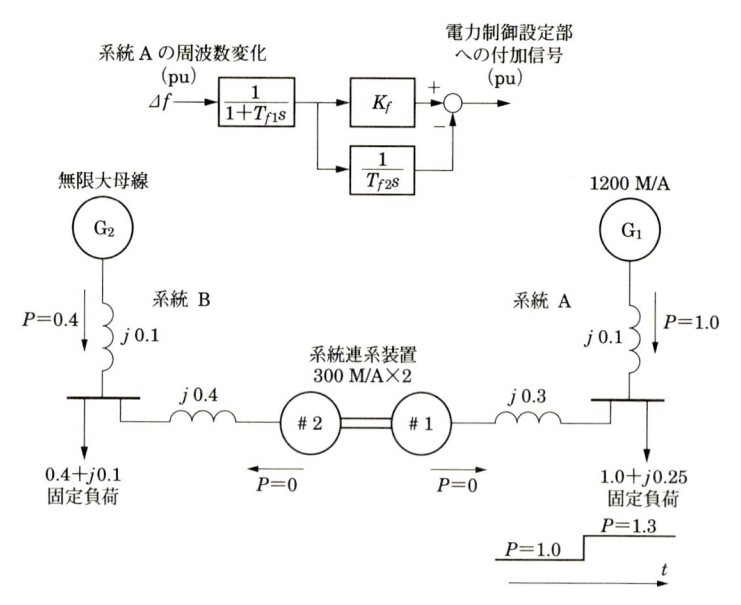

図 11.23　モデル系統（自動周波数制御機能（AFC）あり，1000 MVA ベース）[11]

（a）発電機，連系装置の出力変化

（b）発電機，連系装置の速度変化

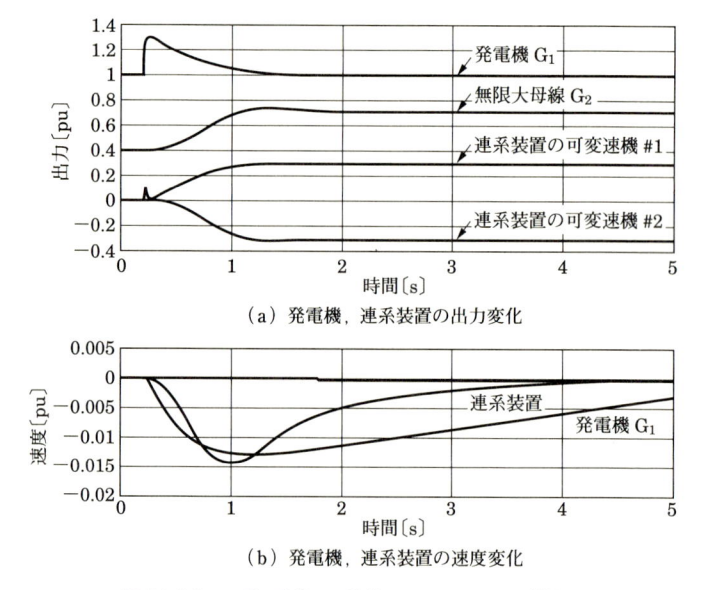

図 11.24　モデル系統での動的シミュレーション結果[11]

11.23 にモデル系統を示す．

300 MVA 定格の可変速機 1 対から構成される系統連系装置が定格 1200 MVA の等価発電機 G_1 と変動負荷からなる系統 A と，無限大母線と固定負荷からなる系統 B を連系している．

系統 A での変動負荷は初期値 1000 MW であるが，これが連系装置の定格に等しい 300 MW だけステップ状に増加し，1300 MW 一定で推移する場合の挙動を解析した．なお，連系装置の制御は系統 A の周波数変化を検出し融通電力を制御する自動周波数制御機能(AFC)をもつものと仮定した．また，連系装置の制御としては，電力制御と回転子速度制御を両可変速機で分担する方式を想定した．

解析波形を図 11.24 示す．可変速機#1 の AFC 機能により約 1 秒で定格 300 MW に達する速度で系統 A に対して電力供給を行っている．可変速機#1 の電力供給に伴い，回転子速度が低下するが可変速機#2 の回転子速度制御の効果により系統 B から電力を受電して回転数の回復がなされる．系統 A 側の周波数，連系装置の速度とも負荷変化後約 1 秒より回復していく傾向がみられる．

シミュレーション結果から，AFC 機能により系統 A の周波数低下に対して連系装置は効果的に働くことがわかり，可変速機/可変速機の構成の連系装置の有効性が示された．

可変速技術応用の回転型系統連系装置のイメージを図示すると図 11.25 のようにな

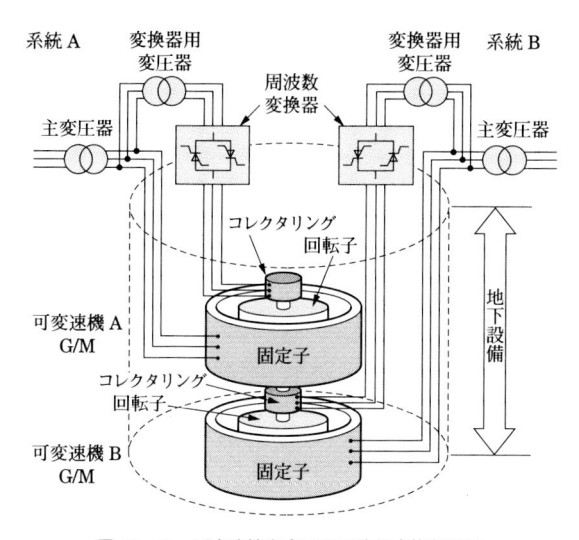

図 11.25　可変速技術応用の周波数変換装置[11]

る．同図に示すように，回転機本体は縦型に配置して変電所構内の地下に設置する．定格容量として 300 MW 程度のものは，現在の可変速発電機製造技術から考えれば十分可能である．変電所構内での縦型構造については，すでに 200 MVA の同期調相機の実績があり，特に問題はないと考える．回転機本体は地下に設置し密閉するので外部への騒音の心配もない．

11.5.3 ウインドファームと系統との連系装置への適用研究事例[16]

風力発電は再生エネルギー利用でクリーンな発電システムとして注目されているが，系統導入量が増えると不規則的な発電により系統周波数変動や電圧フリッカを発生するなどの理由により，一定容量以上の導入は困難とみなされている．いわゆる系統へのインパクトが大きく，これが大容量の風力発電の系統への参入を拒む要因となっている．

そこで，これらの対策の一案として，風力発電設備群（ウインドファーム）と商用電力系統との間に回転機を応用した緩衝装置を設けて，風力発電によるランダムな出力変動や電圧変動が，直接，商用系統へ影響を与えない連系方式を提案するとともに，その有効性を検討した．図 11.26 に提案する連系方式の構成を示す．

基本的な考え方は次のとおりである．

① 従来の個々の発電機ごとに設置される可変速風力発電システムではなく，ウイ

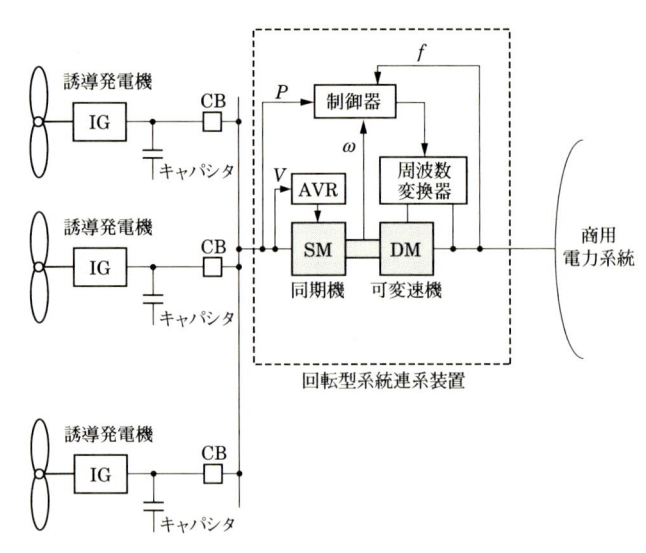

図 11.26 回転型系統連系装置を導入したウインドファーム[16]

ンドファーム全体としての設備として設置する．
② 半導体応用の静止型の系統連系装置ではなく，コスト上も安く慣性エネルギーが活用できる回転型の系統連系装置とする．
③ 連系装置は同期機と可変速機を軸直結させた構造の回転型連系装置を適用する．

この回転型連系装置は，図11.26に示すように可変速機と同期機を軸直結させた構造とし，ウインドファーム側を同期機，商用系統側を可変速機で連系する．回転速度はウインドファーム側系統の周波数と同期させる．ウインドファーム側系統の周波数と商用系統周波数とのすべり周波数は連系装置の可変速機の可変速範囲(定格の10～20%程度)で吸収する．すなわち，連系装置の機械的回転速度はウインドファーム側系統の周波数とともに変化するが，可変速機の内部磁束は商用系統側とつねに同期を維持するように交流励磁変換器により制御される．

図11.26の回転型系統連系装置の動作をわかりやすく説明するために，電力と周波数(回転数)の関係を示す図11.27の流体モデルを考えた．可変速機による電力制御機能は商用系統側に対する給水ポンプの役割に対応し，この給水ポンプは連系装置の回転数とウインドファーム合計の発電量の変化に応じて制御される．

この連系方式の利点は次のとおりである．
① 連系装置の慣性体が緩衝作用として働くため，風力発電による短周期のランダムな出力変動が直接，商用系統側へ影響を与えない．したがって，風力発電の系統導入容量を増やすことが見込める．
② ウインドファームと商用系統はエネルギー的に接続されているが，電気的に分

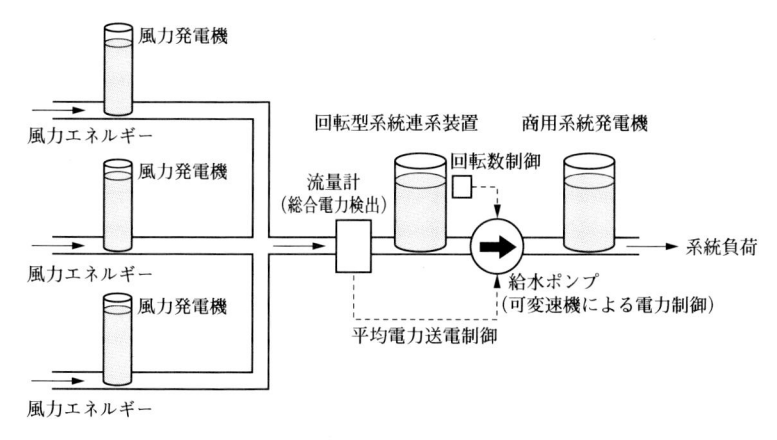

図11.27 流体モデルによる回転型系統連系装置の動作説明[16]

離されているので風力発電装置の起動・停止に伴う電圧変動が商用系統側に発生しない.
③　可変速機構を風力発電装置に応用する例はこれまでもあったが(可変速風力発電システム),この場合は発電機1台ごとに高価な直流変換装置を設備するため,コストアップになる.本方式によればウインドファーム(発電機 n 台)一括としたことで1台ごとのランダムな出力変動幅は総合すれば確率的に縮小される(理想的には $1/\sqrt{n}$ に比例)ことが期待できるので,トータル的にみて連系装置の容量や高価なサイリスタ変換装置の容量を減らすことができ,コストダウンになる.
④　商用系統とは可変速機と連系しているので,連系装置を商用系統へ同期併入する場合に擾乱が生じない.これは,可変速機では内部電圧の大きさと位相を制御することが可能であり,商用系統側が動揺していても位相差ゼロで高速に併入することが可能であることによる.したがって,ウインドファームと商用系統との連系運用を考える場合にかなりのフレキシビリティがある.

提案した回転型系統連系装置を導入した場合の電力・周波数応動シミュレーションモデルを開発し,回転型系統連系装置の適用効果を検討した例を紹介する.シミュレーションには MATLAB/Simulink を適用した.シミュレーション条件は表 11.4 のとおりである.

なお,系統連系装置の制御としては,風力発電合計出力を時定数 300 秒の1次遅れ関数で平均化した値を融通電力の制御目標とする.また同時に,可変速範囲を維持する緊急制御を併用する.擾乱として風力タービントルクを 60 秒を1サイクルとして 0〜定格まで変動させた.シミュレーション計算時間は 600 秒である.図 11.28(a),

表 11.4　周波数変動シミュレーション条件

(a)	定格事項	商用系統の電源容量：1000 MVA, 風力発電定格：100 MW(商用系統容量の 10%) 回転型系統連系装置の定格(最大融通電力)：100 MW
(b)	商用系統モデル(1000 MVA ベース)	慣性定数：$M=8$ s,制動係数：$D=3$ pu,発電：$P=0.5$ pu ガバナ系：火力標準ガバナを考慮
(c)	風力発電モデル(100 MVA ベース)	慣性定数：$M=2$ s, 発電(誘導発電機)：$P=0〜1.0$ pu の範囲で変動
(d)	回転型系統連系装置モデル(100 MVA ベース)	慣性定数：$M=12$ s,融通電力：$P=-100〜+100$ MW の範囲, 構成：風力発電側が同期機,商用系統側が可変速機 可変速範囲：$\pm 20\%$ を想定

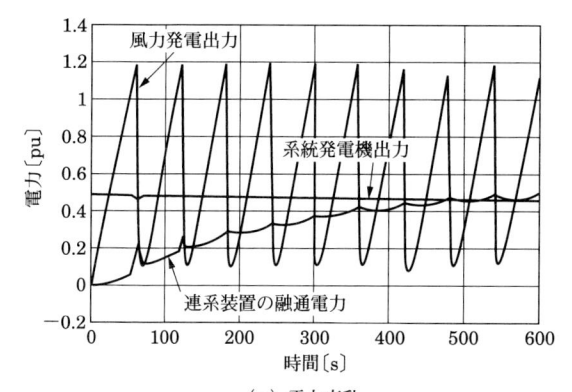

11.5 可変速回転機器の系統連系装置としての適用研究事例　***325***

(a) 電力変動

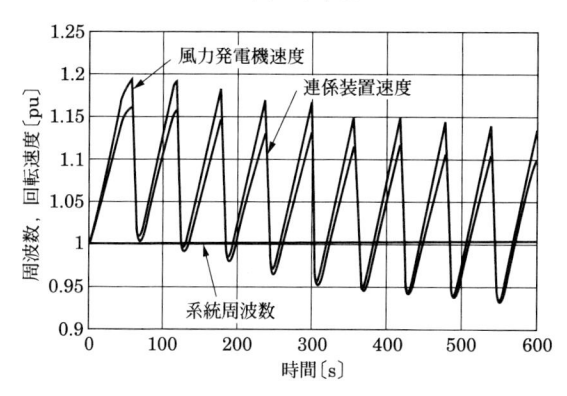

(b) 周波数，回転速度変動

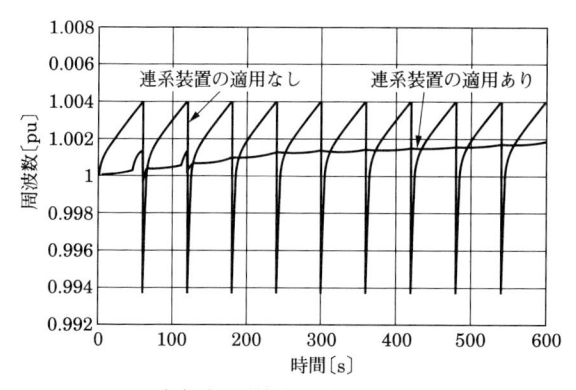

(c) 商用系統周波数変動の比較

図 11.28　シミュレーション結果の一例[16]

(b),(c)にシミュレーション結果の一例を示す.図11.28(c)より,連系装置の適用により風力発電の出力変動の影響が大幅に低減されることがわかる.

参考文献

1) 松宮：ここまできた風力発電(改訂版),(株)工業調査会,1994.
2) 七原：海外における風力発電の導入状況と電力システムへの影響,電学論 B, **120**, 3, pp. 321-324, 2000.
3) Siegfried Heier: Grid Integration of Wind Energy Conversion Systems, John Wiley & Sons, 1998.
4) Mukund R. Patel: Wind and Solar Power Systems, CRC Press, 1999.
5) A. Miller, E. Muljadi and D. S. Zinger: A Variable Speed Wind Turbine Power Control, IEEE Trans. on Energy Conversion, **12**, 2, June 1997.
6) W. B. Gish, J. R. Shurz and B. Milan: An Adjustable Speed Synchronous Machine for Hydroelectric Power Applications, IEEE Trans., pp. 2171, May 1981.
7) K. Kudo and K. Mukai: Application of Doubly-fed Adjustable Speed Machines on Utility Power Systems, 94-JPGC-PWR-6 presented at the ASME Joint International Power Generation Conference, Phoenix, Arizona, October 2-6, 1994.
8) S. Furuya, S. Fujiki, T. Hioki and T. Yanagisawa: Development and Achieved Commercial Operation Experience of the World's First Commissioned Converter-fed Variable-speed Generator-motor for A Pumped Storage Power Plant, No. 11-104, CIGRE, Paris, France, 1992.
9) T. Kuwabara, A. Shibuya, H. Furuta, E. Kita and K. Mitsuhashi: Design and Dynamic Response Characteristics of 400 MW Adjustable Speed Pumped Storage Unit for Ohkawachi Power Station, IEEE Trans. on Energy Conversion, **11**, 2, pp. 376-384, June, 1996.
10) 小柳薫,横山隆一,小向敏彦：可変速機の系統導入による系統動態安定度向上効果の解析手法,電学論 B, **119**, 1, pp. 73-82, 1999.
11) 小柳,胡,横山：可変速技術を応用した回転型系統連系装置の系統解析,電学論 B, **119**, 7, pp. 798-806, 1999.
12) K. Koyanagi, K. Hu and R. Yokoyama: Analytical Studies on Application of Doubly-fed Rotary Frequency Converter in Power Systems, BPT99-044-60 presented at IEEE Power Tech'99 Conference, Budapest, Hungary, 1999.
13) 佐々木,原田,甲斐,佐藤：風力発電システムの系統並列時の瞬時電圧低下とその対策について,電学論 B, **120**, 2, pp. 180-186, 2000.
14) 小玉,松阪,山田：NEDO 500kW 風力発電機のモデリングと特性解析,電学論 B, **120**, 2, pp. 210-218, 2000.
15) 佐々木,松阪,土屋：風力駆動誘導発電機の系統並列時における電圧変動シミュレーション,電学論 B, **110**, 1, pp. 33-39, 1990.

16) 小松, 小柳, 舟橋, 奈良, 藤田, 柿木：ウインドファーム向け回転型系統連系装置の適用検討, 平成12年電気学会電力技術・電力系統技術合同研究会, PE-00-38 PSE-00-43, 2000.

第12章

電力品質維持とパワーエレクトロニクス

12.1 電力託送と既存送電線の送電能力向上

　電力の自由化が進展して電力託送が増大すると，電力を通過させる送電系統および配電系統にこれまでにない種々の要求が新たに出てくる．託送が個々の発電業者と需要家間で，あるいは電力プロバイダーにより自由に契約されると，それによる新たな潮流が系統にのることになる．また，これまでの電力会社が計画してきた送電運用と必ずしも歩調が合わない部分も現れ，系統内の一部の送電線や変圧器の通過電力が増えて設備容量を越える可能性が出たり，電圧の大幅な低下現象が現れたりする可能性がある．

　また電力系統においては，送電線の建設や設備の拡充が投資に対する回収の見通しのむずかしさなどから，先送りになる傾向にある．その結果，通過潮流の設備容量超過や電圧低下などの問題がこれまで以上にクローズアップしてくる．このような課題を解決するために，既存の送電線あるいは配電線を通電容量限度まで有効に活用することが求められる．

　送電線を有効に活用するために，従来型機器にはない特徴を有するパワーエレクトロニクス技術を用いたFACTS(flexible AC transmission system)機器[1~4]の適用が今後増加する．

　FACTSはパワーエレクトロニクス技術により，電圧の振幅，位相，あるいは系統のインピーダンスを調整し，送電システムの能力を有効に引き出すと同時に系統の安定化をはかることができる特徴をもっている．送電線を流れる電流は送電線固有の熱定格で決る限界と，安定度面から決る限界がある．現在のほとんどの送電線では安定度による限界に支配されており，送電線の熱定格できまる最大送電電流までは流していない．しかし，FACTSを適用すると，その送電線にさらに多くの電流を流すことができるようになる．たとえば，送電電力を多くすると電圧降下が大きくなり，所望

の電力を送電できなくなる．そこで FACTS を適用して電圧降下を補償することにより多くの電力を安定に送ることができるようになる．

今後，部分的な系統が他と連系せずに独立に運転するような形態も現れる可能性もある．そしてその部分系統内では，これまで以上に高品質な，周波数変動の少ない，あるいは電圧変動や電圧ひずみの少ない電力を要求されることもある．そのような要求にも FACTS が適用できる．以下では代表的な FACTS 機器について説明する．

12.1.1 送電電力

送電線あるいは変圧器などが有するインピーダンスを介して流れる電力について示す．ここでは図 12.1 に示すように，電圧が $V_1\angle\delta_1$，$V_2\angle\delta_2$ の端子 1 と端子 2 の間にリアクタンス X が接続される回路を考える．簡単のため抵抗分や対地容量分は無視する．電流を $\dot{I}$ とすると，電力は次のように現すことができる．

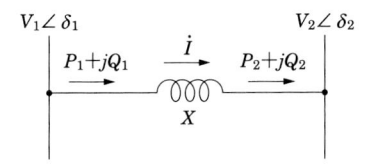

図 12.1 2 点間の送電電力

$$P_1 + jQ_1 = \dot{V}_1 \cdot \dot{I}^* \quad (\text{*は共役}) \tag{12.1}$$

$$\dot{I} = (\dot{V}_1 - \dot{V}_2)/jX \tag{12.2}$$

これより下式が得られる．

$$P_1 = P_2 = \frac{V_1 \cdot V_2}{X}\sin(\delta_1 - \delta_2) \tag{12.3}$$

$$Q_1 = \frac{V_1^2}{X} - \frac{V_1 \cdot V_2}{X}\cos(\delta_1 - \delta_2) \tag{12.4}$$

$$Q_2 = -\frac{V_2^2}{X} + \frac{V_1 \cdot V_2}{X}\cos(\delta_1 - \delta_2) \tag{12.5}$$

簡略化して表現すれば，式(12.3) より，通常 $V_1 \fallingdotseq V_2 \fallingdotseq 1\mathrm{pu}$ であるので，$P_1 \propto \sin(\delta_1 - \delta_2)/X$ となり，有効電力は位相差に比例し，インピーダンスに反比例する．式(12.4) より通常母線間の位相差は小さいので $\cos(\delta_1 - \delta_2) \fallingdotseq 1$ となるので，$Q_1 \propto V_1(V_1 - V_2)/X$ となり，無効電力は電圧振幅差に比例し，インピーダンスに反比例するといえる．FACTS などを用いて系統の電圧やインピーダンスを制御することで，上式で示される関係で送配電系統における有効電力や無効電力を調整することができる．

12.1.2 FACTS機器
(1) SVC

SVC(静止型無効電力補償装置:static var compensator)はリアクトルとコンデンサを流れる電流を制御して,電力系統へ無効電力を供給する装置である.SVCは図12.2(a)に示すようにTCR(サイリスタ制御リアルトル: thyristor controlled reac-

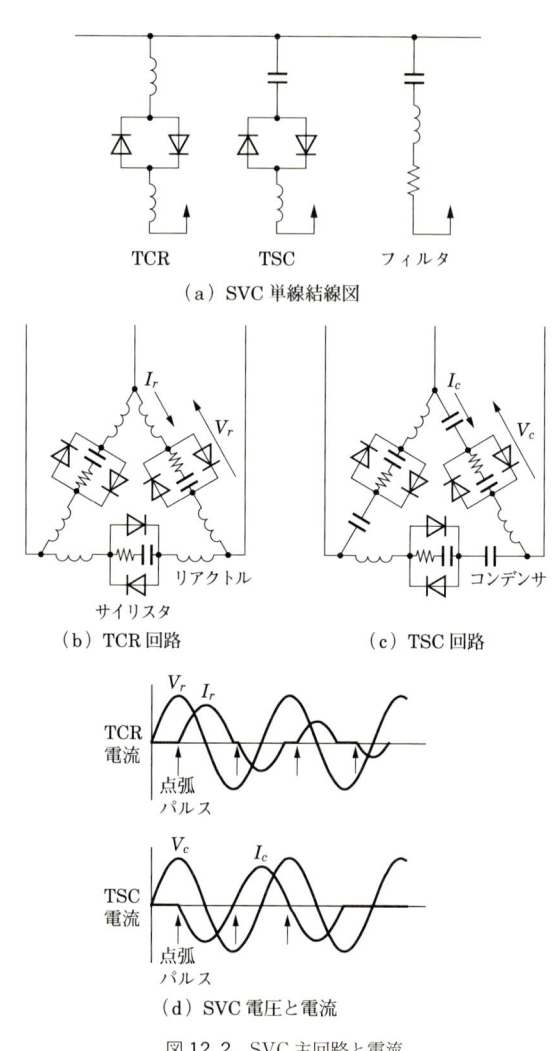

(a) SVC 単線結線図

(b) TCR 回路

(c) TSC 回路

(d) SVC 電圧と電流

図 12.2 SVC 主回路と電流

tor), TSC(サイリスタ開閉キャパシタ: thyristor switched capacitor), さらに TCR が発生する高調波電流を吸収するフィルタで構成する.

TCR 回路は図 12.2(b) のように逆並列接続したサイリスタにコンデンサと抵抗で構成するスナバ回路を接続して, リアクトルとともに三相で Δ 結線している. スナバ回路は電流遮断時のサイリスタかかる電圧ストレスを緩和する目的で設けられる小容量回路である. リアクトルを流れる遅れ電流 I_r の大きさは, 図 12.2(d) に示すようにサイリスタの点弧パルスにより制御できる. TSC 回路は図 12.2(c) のようにコンデンサにサイリスタを接続して, さらに電流の突流抑制のための小さなリアクトルを接続している. TSC ではキャパシタにかかる電圧 V_c のピークにてサイリスタの点弧パルスを与えて図 12.2(d) のように進み電流 I_c を流す. TSC はオンとオフの二つの状態に限られ, 連続調整はできない.

SVC としての最大進相無効電力は, TCR 電流を最小にして TSC とフィルタから供給される進み電流を流すことにより, また SVC としての最大遅相無効電力は, TSC をオフして TCR 電流を最大に流すことにより運転できる.

このようにして各ブランチの容量を適切に選べば, TCR と TSC の制御により, SVC としては系統へ進み電流から遅れ電流まで連続して流すことができる. SVC としては小容量のものから, 大容量のものでは 400 MVA クラスのものが使われている.

SVC の制御は, 電圧目標値に対して系統電圧検出値をつき合わせて, その誤差信号で SVC を制御する構成となっており, SVC により系統電圧を一定に維持する効果が得られる. SVC は溶解炉負荷のような無効電力変動が大きい負荷による電圧変動の抑制, 風力発電の誘導発電機の消費する無効電力変動の抑制, 系統電圧の変動抑制などの問題解決に広く適用されている.

(2) STATCOM

自励式変換器を用いた STATCOM (static synchronous compensator) は直流電圧をもとにして交流電圧を発生し, その発生交流電圧の振幅を制御して系統に無効電力を供給する. STATCOM の構成を図 12.3(a) に示す. STATCOM は連系用変圧器と自励式変換器と直流コンデンサで構成する. 自励式変換器は自励式インバータとも呼ばれ, パルス制御には PWM 制御を通常用いている. 三相自励式変換器は図 12.3(b) に示すように 6 アームでブリッジ接続し, そのアームには自己消弧形素子である IGBT(insulated gate bipolar transistor) や GTO(gate turn-off thyristor) が使われる. 素子の電流定格より, 中小容量には IGBT が, 大容量には GTO が使われている[5]. 素子には並列にスナバ回路を接続してターンオフ時の電圧ストレスを吸収す

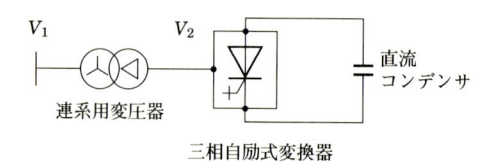

(a) STATCOM 単線結線図

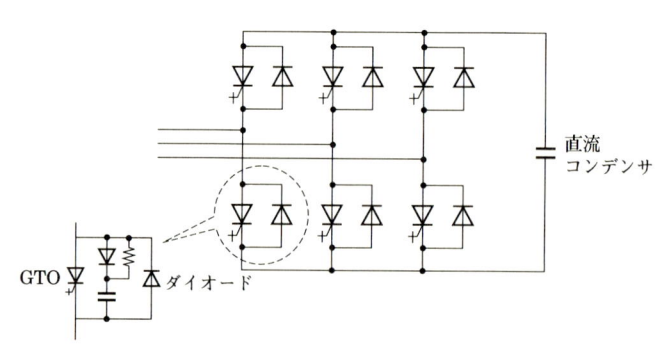

(b) 三相自励式変換器

図 12.3　STATCOM 回路

るが，スナバー回路による損失が発生する．そのためオンオフのスイッチング回数が少ない運転方式が取られる場合が多い．

STATCOM の動作を図 12.1 の 2 端子を参考にして説明する．図 12.1 の回路の端子 1 を系統側，端子 2 を自励式変換器側，X を連系用変圧器のリアクタンスとする．自励式変換器は直流電圧から交流電圧 V_2 を発生し，V_2 の位相と振幅を制御することができる．STATCOM としては無効電力を供給するために，制御により発生電圧 V_2 の位相を系統側 V_1 の位相と同じにして有効電力を流さず，同時に所望の無効電力を供給するように V_2 の振幅を制御している．

STATCOM を運転するには直流側のコンデンサが充電され直流電圧が確保されていなければならない．その直流電圧は系統側から有効電力を注入することで確立することができる．その有効電力量はわずかであり運転による損失に相当する量である．したがって，制御には直流電圧一定制御を組み込み，その出力で発生電圧 V_2 の位相を制御するよう構成する．なお運転前にはあらかじめ直流コンデンサを充電しておく必要があり，そのためのプリチャージ回路を設ける必要がある．

図 12.4(a) に容量 50 MVA 相当の STATCOM の主回路例[3]を示す．素子としては GTO を使用した自励式インバータを 4 段用い，直流側では並列に接続し，交流側では変圧器を介して直列に接続している．インバータを 4 段で構成しているのは，GTO

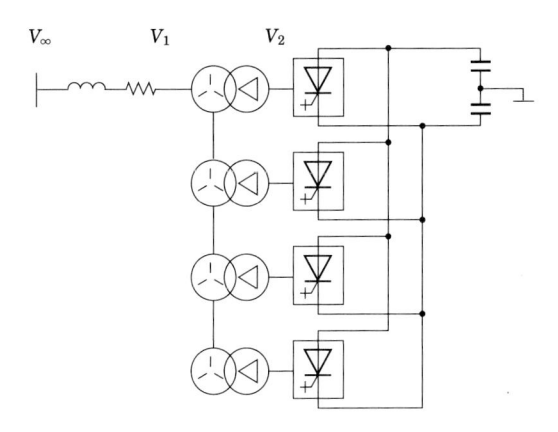

12.1 電力託送と既存送電線の送電能力向上

(a) STATCOM 主回路

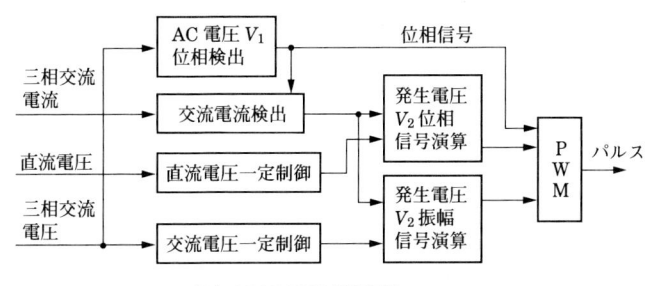

(b) STATCOM 制御回路

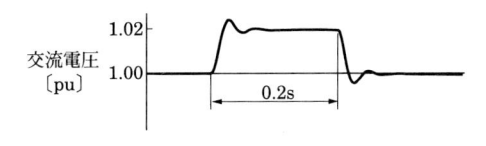

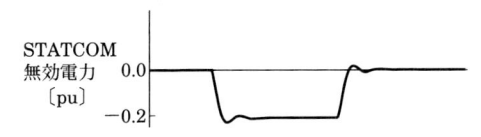

(c) 交流電圧制御基準のステップ変化時のシミュレーション例

図 12.4 大容量 STATCOM の例

素子の定格電流を考慮して分割しているのであるが，これを利用して GTO のオンオフ時の損失を軽減するためパルス数を少なくし，代わりに多段にして発生高調波の位相をずらせることにより一部の高調波成分をキャンセルして，全体としての発生高調波を低減している．ここでは3パルスの PWM 方式を用いている．

制御ブロックを図 12.4(b) に示す．ここでは直流電圧一定制御と交流電圧一定制御を用いている．交流電流検出回路は，発生電圧 V_2 位相信号および発生電圧 V_2 振幅信号演算ブロックに内在する電流制御に必要な電流フィードバック量を検出するために設けている．

動作の例として，ここでは外部系統を 0.1 pu のリアクトルで無限大母線に接続した場合を想定し，電圧制御の指令値を 1 pu → 1.02 pu → 1.0 pu とステップ的に変化させた際の応答計算結果を図 12.4(c) に示す．計算は EMTP(electromagnetic transients program)[6] にて行った．電圧指令値の変化に対して早い応答結果が得られている．

サイリスタを用いた SVC は系統電圧がないと運転できない．一方，STATCOM は直流コンデンサ電圧が確保できていれば自ら電圧を発生することができる違いがある．したがって，系統電圧が低下するような場合，SVC の供給できる無効電力は電圧の二乗に比例するので少なくなるが，STATCOM は定電流特性に近いので無効電力は電圧に比例し，SVC より多くの無効電力を供給できる特徴がある．STATCOM は単独で無効電力制御装置として用いられるだけでなく，以下で示す SSSC や UPFC あるいは自励式直流送電の一部としてとして用いることにより，従来機器では得られない効果を発揮することができる．

12.1.3 SSSC

SSSC(自励式直列コンデンサ：static synchronous series compensator) は図 12.5 に示すように，電力系統に直列変圧器を介して自励式変換器を接続した構成であり，STATCOM を系統に直列に挿入した形である．動作原理と制御方法は STATCOM と同様である．SSSC の特徴は流れる電流に直交した電圧 V_s を系統に挿入できるので，送電線のリアクタンスによる電圧降下を補償することができる．いい換えれば等価的に送電線のリアクタンス分を変化させ，制御できることを意味している．送電線のリアクタンス分が変えられることは，式 (12.1) に示すように有効電力の制御が可能となることを示している．

たとえば，図 12.6 に示すような送電線 1, 2, 3 からなる系統があり，送電線 2 のインピーダンスが大きく，送電線 1 と 3 を流れる潮流が送電線 2 を流れる潮流より多いとする．その潮流を平均化するような場合に，SSSC を送電線 2 に挿入して，送電線 2

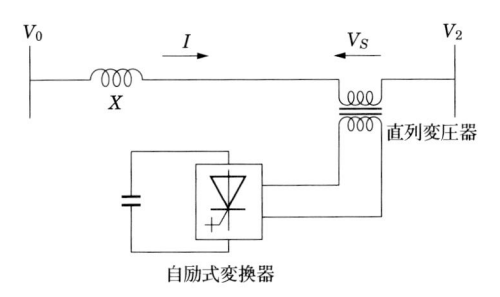

図 12.5　SSSC 単線結続図

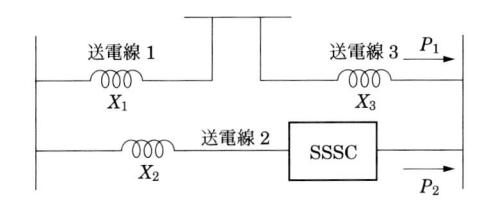

図 12.6　送電回路例

のリアクタンスを等価的に小さくする．このようにすると，送電線 2 に多くの潮流が乗るようになり，潮流の平均化が達成できる．

12.1.4　UPFC

UPFC(unified power flow controller)は図 12.7 に示すように，STATCOM と SSSC を組み合わせた構成である．直流コンデンサは共用して直流を介して有効電力の融通も可能にしている．

STATCOM 形の自励式変換器 1 では系統に無効電力を供給し，その無効電力量を制御できるので，系統電圧を制御することができる．SSSC 形の自励式変換器 2 では系統に V_s なる電圧を注入し，その大きさと位相を自由に変えることができる．注入する V_s の位相により直流コンデンサを介して自励式変換器 1 と 2 との間で有効電力のやりとりが生ずる．したがって，自励式変換器 1 と 2 の協調した制御が必要で，基本的には変換器 1 では系統電圧制御と直流電圧制御を，変換器 2 では挿入する電圧 V_s の大きさと位相の制御が行われる．

UPFC の特徴は挿入する電圧 V_s に着目すると，(a)線路電圧と同相分を挿入することによる変圧器のタップチェンジャ相当の特性がだせる．しかも，通常の機械式タップのステップ幅を持たず連続可変である．(b)線路電流に直交した電圧を挿入すると，送電線のリアクタンスをみかけ上変化させることができる．また，(c) V_2 の位相

336　第12章　電力品質維持とパワーエレクトロニクス

(a) UPFC 単線結線図

(b) 電圧同相分挿入による
　　タップチェンジャ機能

(c) 送電線インピーダンス
　　補償機能

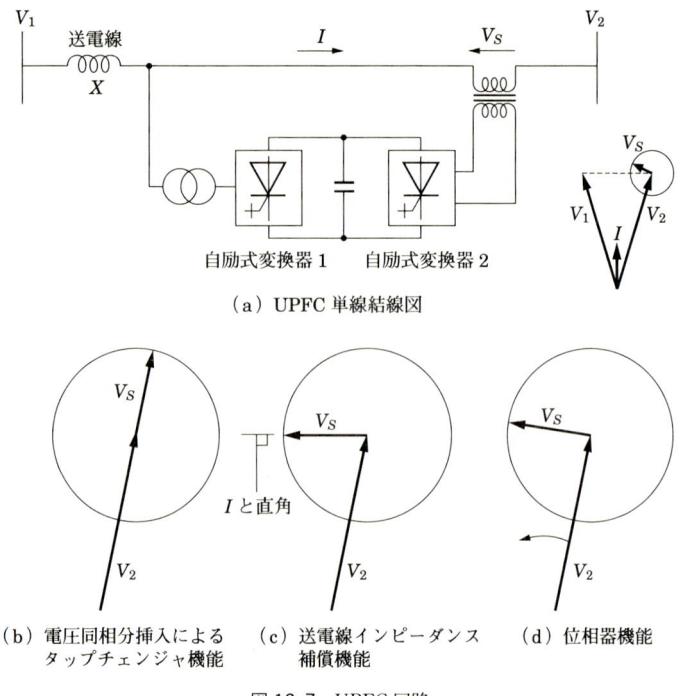

(d) 位相器機能

図 12.7　UPFC 回路

を変える位相器の特性をもたせることができる，と三つの基本的な特性がある．さらに，制御によりこれらの組み合わせた特性を出すことができ，系統の潮流や電圧の制御に広く利用できる．UPFC は多くの自由度と制御能力を有しており，最適な適用に向けた開発が進められている．

12.1.5　TCSC

TCSC（サイリスタ制御直列コンデンサ：thyristor controlled series capacitor）は図 12.8 に示すように，従来の直列コンデンサと並列にサイリスタとリアクトルの直列回路を接続した構成で，サイリスタの導通期間を調整してリアクトル電流を制御することにより直列コンデンサ全体としてのインピーダンスを制御し，送電線に対する直列コンデンサとしての補償度を可変にすることができる．

TCSC は常時は送電線のインダクタンスを補償し，系統事故後の動揺時に通過電流あるいは電力の振動を抑制するように TCSC のインピーダンスを制御することにより，従来の直列コンデンサより系統安定化に効果がある．したがって，TCSC を用い

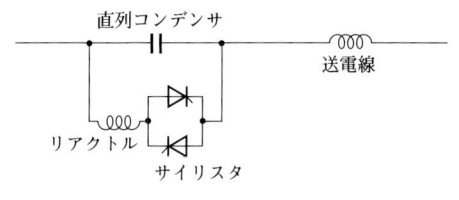

図 12.8 TCSC 結線図

ると安定度面の理由で制限されている潮流を越えて，多くの潮流を送電線に流すことができるようになる．

12.1.6 TCBR

TCBR（サイリスタ制御制動抵抗器：thyristor controlled braking resistor）は図12.9に示すように，従来の制動抵抗を機械的開閉器でなくサイリスタで導通制御するようにした構成である．制動抵抗は発電機が加速脱調するような場合に抵抗器を接続して，発電機の加速エネルギーを吸収して，発電機の系統からの脱調を防止する役割をもつ．従来は機械式開閉器で入り切りしていたので多数回の操作ができなかったが，TCBR にすると連続的にかつ高速に制動抵抗器を流れる電流を直接制御できるので，脱調抑制効果が大きくなる．

発電機に対応させるだけでなく，ある部分系統がその他の系統に対して脱調するような場合は，その部分系統に対して適用しても効果がある．

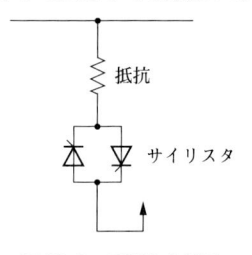

図 12.9 TCBR 結線図

12.1.7 TCPST

TCPST（サイリスタ制御位相器：thyristor controlled phase shifting transformer）は従来の位相器の機械式タップ切替器をサイリスタでおき換えたものである．したがって，動作時間の短縮化がはかられ，接点の磨耗などによる接点の保守・交換をなくせる効果が得られる．

12.2 部分系統の運用と制御

電力の自由化が進むと，ある地域あるいは部分系統を一つの電力管理区域として運転・管理する必要性が出てくる．現在でも一つの工場やプラント内で自家発電機を使い，自所内を運転・管理している例は多くある．その部分系統と既存電力系統との連系について，常時連系するだけでなく，あるときは分離して運転し，またあるときは連系して運転するフレキシブルな運用が望まれる．

電力系統に事故が発生して電圧が低下するような場合に，連系を遮断し部分系統独自で運転し，事故が回復したあとに再度連系するような運転が望まれる．特に停電により大きな損失がともなうようなプラントの場合など，高信頼度の電力供給を提供しようとすると，そのような運用が必要となる．

またはじめより独立した系統，たとえば離島のような系統では，今後，電力品質が高く，同時に建設コストと運転コストが安くなる施策が求められる．そのような要求を満たすことのできるパワーエレクトロニクス機器を以下で説明する．

12.2.1 自励式直流送電

自励式直流送電は，自励式変換器を用いた直流送電システム（HVDC : high voltage DC transmission）[7]で，その基本構成を図 12.10(a) に示す．自励式直流送電では，直流電圧 E_d を一定とし，直流電流の大きさを変えて送電電力量の制御を行い，送電方向を変えるには直流電流の向きを変えて行う．自励式変換器は交流系統からみると基本波について電圧源であると同時に，高調波についても電圧発生源となる．発生高調波電圧を変換器の多相化により低減するが，系統の条件によっては高調波吸収用のフィルタの必要性が出る．フィルタを設ける場合のフィルタ容量は変換器容量の 10% から 20% 程度である．

自励式変換器は直流電圧を元にして交流電圧を発生し，その電圧の大きさと位相を制御することができるので，交流側での有効電力と無効電力を制御することができる．図 12.10(a) では有効電力 P_1，P_2 は途中の損失を無視すると両端で同じとなる．無効電力 Q_1 と Q_2 は各端子独立に制御でき，しかも力率 1 の運転を行わせたり，交流系統電圧を制御する運転を行わせることができる．従来の他励式直流送電では無効電力は独立には制御できなかったが，それに比べて自由度が大きい特徴がある．

有効電力と無効電力の円線図を図 12.10(b) に示す．ここでは回路の損失を無視し，また変換器 1 と 2 は同じ定格容量とする．図の円は変換器定格で，その内部が運転可能領域である．通常は太線で示すように，無効電力 Q のみが大きくなる低力率運転領

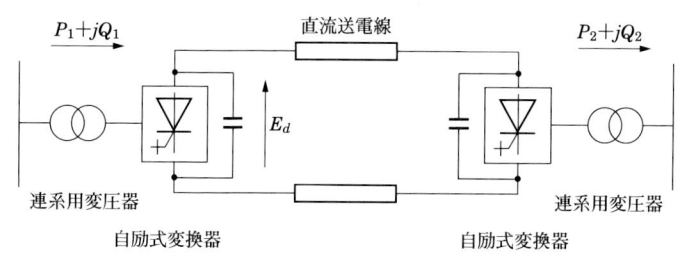

(a) 自励式 HVDC 単線結線図

(a) 自励式 HVDC 運転領域

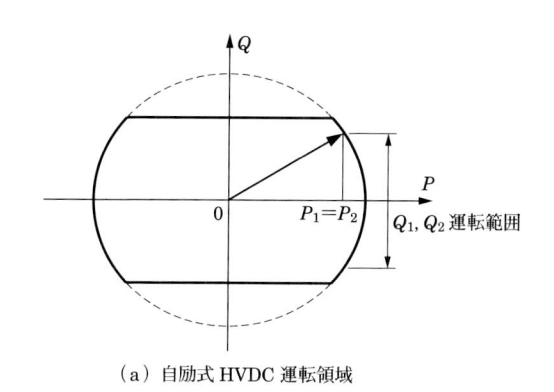

図 12.10　自動式 HVDC

域は効率確保のため制限している．有効電力は変換器 1 側も 2 側も同じであり，運転点を $P_1=P_2$ 点とすると，無効電力はそれぞれの変換器で図の Q_1，Q_2 の範囲で独立に運転できる．

自励式直流送電はこのように有効電力だけでなく，無効電力の出力範囲が広い特徴があるので，接続する交流系統が小さい，いい換えれば弱い系統でも安定に運転できる．たとえば，一部地域の負荷が増加しそこまでの送電線が細く電圧変動が大きくなるような場合に，その送電線を使って直流で送電することができる．

離島送電に用いた場合は，有効電力 P_2 を調整して離島の周波数を一定に制御することができ，かつ無効電力 Q_2 を調整して接続母線の交流電圧を TSATCOM と同様に制御することができる．また，風力発電など分離電源による発電地域から自励式直流送電により在来系統に接続することも可能で，分離電源の周波数変動や電圧変動を直流送電により吸収することができるなど，自励式直流送電は種々の活用が期待できる．

また，容量が小さい場合は，自励式変換器と連系用変圧器その他必要な機器をコン

テナやトレーラなどに載せた移動形も可能である．

12.2.2 他励式直流送電

従来からあるサイリスタを用いた他励式直流送電は，異周波数系統間連系あるいは海底ケーブル送電に用いられてきた[7]．他励式はサイリスタ素子の大容量化，光サイリスタによる部品点数の削減による信頼性の向上などにより，自励式に比べて低廉であり，大容量送電が可能である．

他励式直流送電の構成を図12.11(a)に示す．サイリスタによる6パルス整流ブリ

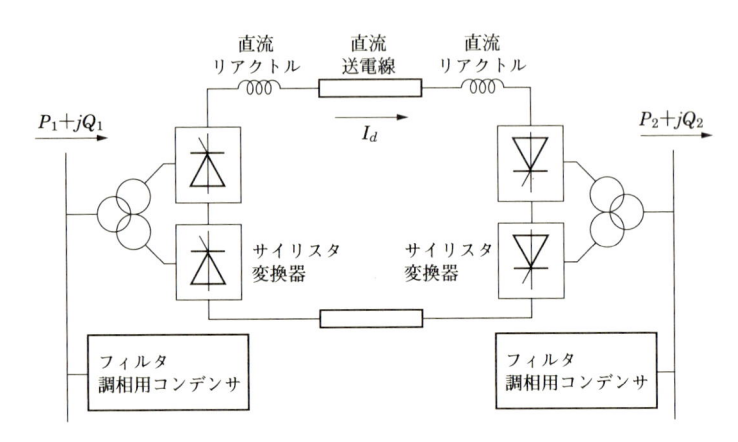

(a) 他励式HVDC 単線結線図

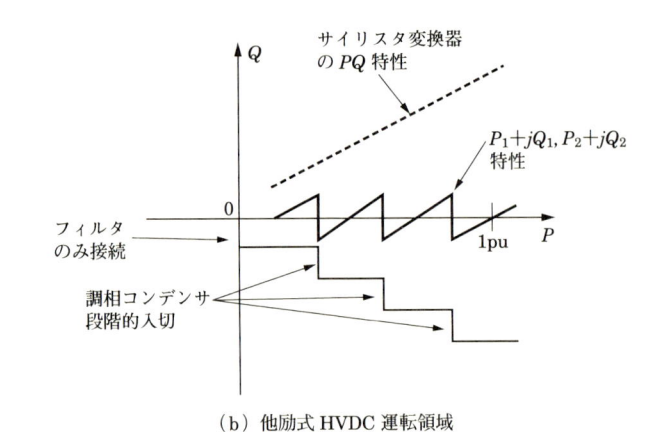

(b) 他励式HVDC 運転領域

図12.11　他励式HVDC

ッジ構成の変換器,直流リアクトル,交流フィルタ,調相用コンデンサ設備からなる.大容量送電では通常,6パルス整流ブリッジを図 12.11(a)のように 2 直列にして 12 パルス構成とし,直流側の高電圧化を可能にし,かつ交流側発生高調波を低減する.他励式は交流電圧で転流して交直変換をするので,交流電圧が供給されない場合は運転ができず,交流側からみると変換器は電流源の特性をもつ.高調波についても変換器は電流源であり,自励式に比べて 1 サイクル間のスイッチング回数が少ないので電流が短形波状になり発生高調波電流が多く,通常,交流フィルタを設ける.直流リアクトルは直流電流のリップルを抑制する役割をもつ.他励式直流送電の場合は,直流電流の方向は常に一定であり,直流電流の大きさを変えて送電電力量を制御する.送電電力の反転は直流電圧を反転させることにより行う.

他励式直流送電の運転範囲を PQ 平面で示すと図 12.11(b)のようになる.図 12.11(b)の破線で示すのが他励式変換器の PQ 特性であり,有効電力の向きにかかわらずつねに遅れの無効電力を消費し[7],P に対して Q が従属的にきまる.$P=100\%$ の場合に約 60% の遅れの無効電力を消費する.通常は変換器の交流側では力率を 1 近くで運転させるために,容量約 60% の調相設備を設けるが,その調相設備を分割しておき,運転電力につれて調相設備を入り切りする.調相設備の入り切りは機械式開閉器を用いるので,操作回数を少なくする運用がとられている.そのようにした場合の全体の PQ 特性が実線であり,力率 1 近くで運転する方法が採用されている.

他励式直流送電は大容量系統間の大容量一定送電に適しており,今後も基幹系統として使われる場合が多い.また,わが国では 50 Hz/60 Hz の東西連系にも用いられている.

12.2.3 サイリスタスイッチ

サイリスタスイッチは機械式遮断器の代わりにサイリスタを用いたもので,系統事故時の事故電流が流れた際にサイリスタをオフして遮断して事故を切り離す装置であり,サイリスタクリッパとも呼ばれている[8].回路構成は図 12.12(a)に示すように,逆並列接続したサイリスタを回路に直列に接続する.サイリスタは常時導通状態としておき,事故電流が流れた場合にサイリスタをオフして導通を遮断し,事故を切り離す.サイリスタは点弧パルスが与えられないと電流が逆方向に流れようとするゼロ点でオフとなる.したがって事故電流を検出して,点弧パルスを与えなくした直後の,半サイクル以内に電流が遮断できる.

図 12.12(b)に所内電源回路と受電回路とをサイリスタスイッチでつなぎ,受電回路側 V_2 で三相地絡事故が発生した場合のシミュレーション結果を示す.電流 I_1 の波

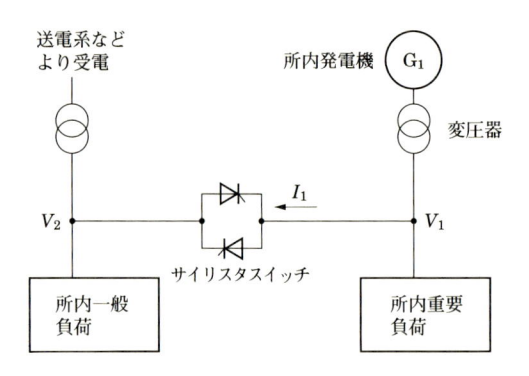

(a) サイリスタスイッチ回路による連系回路

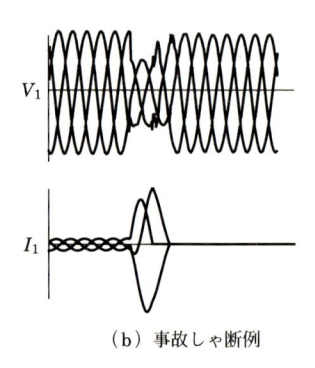

(b) 事故しゃ断例

図 12.12　サイリスタイスイッチによる連系

形より，事故電流が流れ初めて半サイクル後に遮断していることがわかる．所内側の電圧 V_1 は事故遮断後に発電機で維持される電圧まで直ちに回復している．このようにサイリスタスイッチを適用すると，電圧低下時間が大幅に短縮できるので，停電が回避できるようになり，所内の重要負荷への電力供給の信頼度を上げることができる．

　サイリスタリミッタはサイリスタスイッチに交流リアクトルを直列に接続した構成で，事故電流をリアクトルで抑制し，かつサイリスタで遮断する装置である．リアクトルにより事故電流が小さくなるのでサイリスタの遮断責務が軽減できる．ただし常時リアクトルが挿入されるので，適用にあったては所内での短絡容量が大きい場合の限流リアクトルを設ける場合などに兼ね合わせて設置すると有利である．サイリスタスイッチやサイリスタリミッタは，停電による損失が大きいプラントなどで次第に使われ始めている．

12.2.4 限流器

限流器は事故電流を抑制して，事故時に発生する健全側系統の電圧降下を抑制し，事故の波及を抑制する目的で設置される．

限流器には大きく分けて 2 種の方式がある．その一つは超伝導を用いた限流器であり，常時は超伝導状態で抵抗値をゼロにして運転し，事故電流が流れる場合に超伝導のクエンチ現象を起こさせて抵抗値を大きくして電流を限流する方式である．ただし，超伝導状態へのもどしに数秒オーダーの時間がかかるので，再投入には時間がかかる．

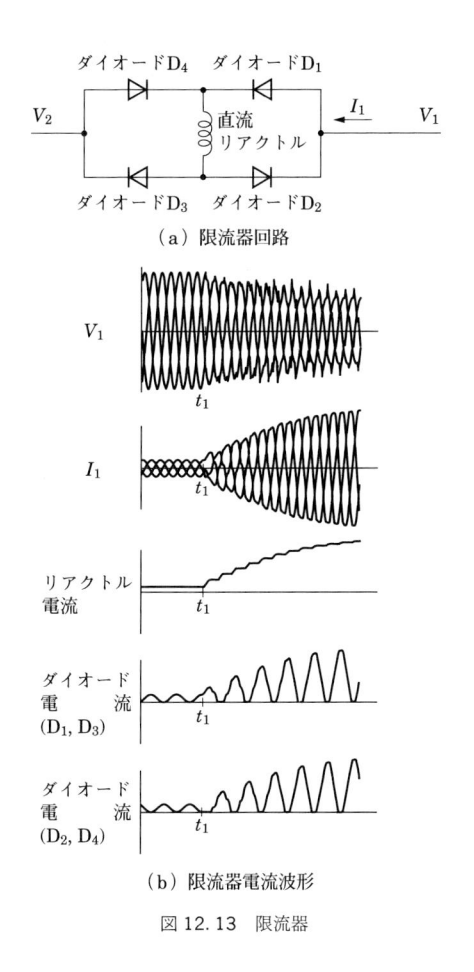

(a) 限流器回路

(b) 限流器電流波形

図 12.13　限流器

もう一つは直流リアクトルを用いた整流器形の限流器である[9]．ここでは整流器形の限流器を紹介する．

整流器形限流器の回路は図12.13(a)に示すように直流リアクトルとダイオード(D_1, D_2, D_3, D_4) で構成する．通常はリアクトルとダイオードに直流分が循環電流として流れており，両端の交流端子からみると両方向のダイオードが接続されている状態である．通過電流が増大しようとするとリアクトルが入る状態となり，電流の増加を抑制するように働く．

その動作の計算例を図12.13(b)に示す．ここでは図12.12と同じ系統を用いて，サイリスタスイッチの代わりに限流器を挿入している．図12.13(b)では時間 t_1 にて系統側 V_2 で地絡事故が発生した場合を想定している．t_1 以前は負荷電流 I_1 のピーク値と同じ循環電流が流れている．時間 t_1 以後は直流リアクトルが回路に挿入した応答になっており，事故電流が図12.12(b)に比べてゆるやかに増加していることがわかる．ただし本装置は，通常の負荷電流でも増加速度が早いとリアクトルにより増加速度が抑制される特徴がある．

限流器は機器の開発と適用形態の開発が行われている段階であるが，事故電流を抑制することができる大きな利点があり，将来のフレキシブルな系統運用を可能にする手段であると期待されている．

12.3 高調波とアクティブフィルタ

近年の配電系統では電圧ひずみが大きくなってきている．これは負荷がインバータに代表されるパワーエレクトロニクス機器におき代わってきているため，それらが発生する高調波が系統に流出して，系統の電圧をひずませている．特に5次のひずみが顕著である[10]．今後その傾向はますます顕著になると考えられる．過去には，配電線末端に接続した力率改善用コンデンサに高調波電流が流れ込み，コンデンサが焼損する事故などがおきている．今後は高調波ひずみによる重要負荷への悪影響なども現れてくると考えられる．

対策としては，発生源を取り除く方法も考えられるが現実的でなく，系統にてフィルタを入れて改善する方法がとられると考える．フィルタとして，従来からある LCR で構成するパッシブフィルタと，パワーエレクトロニクス機器によるアクティブフィルタがある．

12.3.1 LCR パッシブフィルタ

パッシブフィルタは図 12.2(a) に示すように，LCR を直並列に接続し，3次，5次，7次調波などに同調させて，高調波電流を吸収させる装置で低コストである．パッシブフィルタを入れることにより，フィルタと系統のインピーダンスで，新たな共振回路が形成され，その周波数が別の高調波周波数に一致するような場合には，その高調波ひずみが大きくなることもあり注意する必要がある．

12.3.2 アクティブフィルタ

アクティブフィルタの原理は図 12.14 に示すように，系統を流れる高調波電流を検出し，その電流と位相を 180°度ちがえた高調波電流を自励式変換器から流し込んで打ち消す方式である．したがって，高調波の次数を限定することなく効果が得られる．ここに用いる自励式変換器は IBGT 素子などを用いて，PWM 制御で運転される．PWM のキャリア周波数で素子のスイッチング周波数が決まるので，フィルタ効果としての吸収できる高調波次数の上限はそのキャリア周波数で決まる．

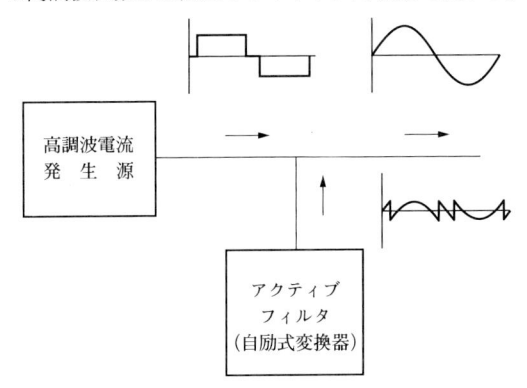

図 12.14 アクティブフィルタの原理図

12.3.3 組み合わせ型

アクティブフィルタの容量を小さくすることを目的とした，組み合わせ型アクティブフィルタがある[11,12]．その構成を図 12.15 に示す．LC のパッシブフィルタに結合変圧器をつなぎ，その結合変圧器の2次側にアクティブフィルタを接続した構成である．アクティブフィルタの出力電圧を配電線の高調波電圧と逆位相でゲイン K 倍で運転すると，全体のインピーダンスが LC フィルタの $1/(1+K)$ 倍となり，高調波吸

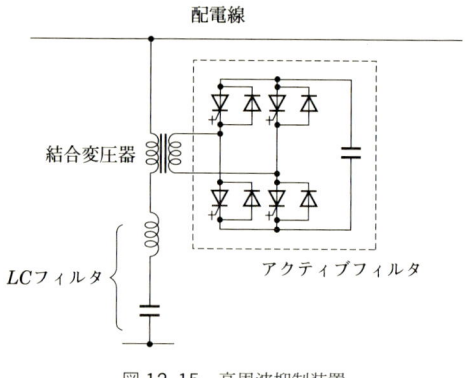

図 12.15 高周波抑制装置

収効果が高くなり，少ない LC フィルタ容量で効果的なフィルタを構成できる．スペースも小さくでき，柱上変圧器相当の装置としてつくることもできる．

配電系統における高調波ひずみの対策ではここで示したフィルタ類を用いるが，配電系それぞれに高調波インピーダンス特性が異なるので，どの方式が適しているかは特性と経済面とをあわせて検討する必要がある．

12.4 電力品質における今後の多様化と課題

電力自由化が進展し，各種の規制緩和も進むと，電力系統に各種の新しい発電機器が連系されるようになる．配電系統ではいわゆる分散電源が多く接続されるようになり，その分散電源としては，風力発電，マイクロガスタービン発電，太陽光発電，燃料電池，さらには蓄電池などを用いた電力貯蔵装置などがある．

これら分散電源は交流系統との接続点に誘導機，同期機あるいは自励式変換器のインバータが用いられる．たとえば誘導機形風力発電機の場合には，風の変化につれて誘導機の消費する無効電力量が変化する．接続している交流配電系統が容量が大きく強い場合には問題がないが，配電系統が弱い場合には電圧変動が大きくなるなどの問題が現れる．

分散電源は通常の配電系統に接続して運転する場合には，機器個々としては安定な運転ができる．しかし，種々の機器の組み合わせが増えかつ分散電源の発電量が多くなった場合，あるいは配電系統が弱い場合には，それぞれが安定な運転をすることができるかどうかの課題が残されている．

インバータでは基本的な制御として，系統側連系点の電圧の振幅と位相を検出し，

12.4 電力品質における今後の多様化と課題

それを基準にインバータ自体が出力する有効電力と無効電力の制御を行う．したがって分散電源の量が多くなると，系統の電圧の変動も分散電源の制御特性により変わり，全体としての安定性が確保できるか否か，という問題が具体的な課題としてある．

分散電源の機器に対しては，系統連系技術要件ガイドライン(平成10年3月策定)[12]により，発電設備の出力，事故時の保護，単独運転の防止，電圧変動などにつき具備すべき技術的要件が定められている．

しかし，これら要件だけで安定性や，電圧ひずみなどの電力品質に関する課題が解決するものではない[13]．今後の検討課題を具体的に示すと，

① 周波数変動の抑制
② 常時電圧変動の抑制
③ 高調波ひずみの低減
④ 事故波及の防止
⑤ 潮流分布の制御

などである．

これら電力品質に関する課題の解決には，機器それぞれで可能な対策と系統側での対策がある．系統側での対策としては本章のパワーエレクトロニクス機器を用いることができ，それらの概要を表12.1にまとめて示す．なお，ここでは発電機器や電力貯蔵装置に関しては含めず，電力流通設備を主体に示している．

表12.1 電力品質課題とパワーエレクトロニクス機器

課題	制御対象	パワーエレクトロニクス機器
周波数制御 周波数変換	有効電力	自励式HVDC，他励式HVDC
過渡安定度	送電線インピーダンス，電圧位相，無効電力，有効電力	UPFC, SSSC, TCSC, SVC, STATCOM, TCBR
動態安定度 系統動揺抑制	送電線インピーダンス，電圧位相，無効電力，有効電力	UPFC, SSSC, TCSC, SVC, STATCOM, 自励式HVDC, 他励式HVDC
電圧安定度 電圧変動抑制	無効電力	UPFC, SVC, STATCOM, 自励式HVDC
潮流分布制御	送電線インピーダンス，電圧位相，有効電力	UPFC, SSSC, TCSC, 自励式HVDC, 他励式HVDC
瞬停時間短縮	高速遮断，リアクトル挿入	サイリスタスイッチ，限流器
事故波及防止	高速遮断，リアクトル挿入，一定電力送電	サイリスタスイッチ，限流器，自励式HVDC，他励式HVDC
高調波ひずみ抑制	インピーダンス，高調波注入	パッシブフィルタ，アクティブフィルタ

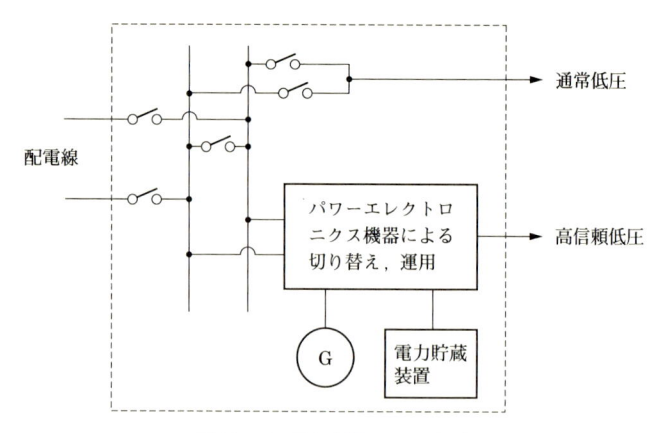

図 12.16 電力改質センター概念

　最近では配電における品質の異なる電力の供給も検討されている．その一つに，高柔軟・高信頼・省エネルギー形電気エネルギー流通システム(FRIENDS：flexible, reliable and intelligent electrical energy delivery system)[14)]がある．これは図12.16に示すように，たとえば電力改質センターとして分散電源などを内部に設け，通常低圧配電と高信頼低圧配電を供給する形態である．高信頼低圧は上位系統の事故などの際にも，系統側を切り離し分散電源から電力を供給し，瞬時停電もすることなく供給する配電である．当然そこには高速で入り切りする開閉器や無停電電源と同じような構成の切り替え装置が必要であり，それらはパワーエレクトロニクス機器にて構成される．

　このような新しいシステムを実現していくためには，これら送配電系の制御と保護の開発，各機器の協調運転方式の開発，上位系統と負荷側とをつなぐ情報システムの開発，経済運用方式および保守・サービスの開発などが必要である．

参 考 文 献

1) N. G. Hingorani ほか：Understanding FACTS, IEEE Press, 2000.
2) Y. H. Song ほか：Flexible ac transmission systems(FATCS)，IEE, 1999.
3) 横田ほか：今後の電力系統とパワーエレクトロニクス技術，東芝レビュー，**55**, 8, pp. 2-19, 2000.
4) J. Douglas：Custom Power optimizing distribution service, EPRI Journal, May/June 1996, pp. 7-15, 1996.
5) 電気学会　半導体電力変換方式調査専門委員会編：半導体電力変換回路，電気学会，

1987-03.
6) 雨谷ほか：電力システムのパソコンシミュレーション，OHM 9 月号別冊，1998.
7) 町田ほか：直流送電工学，東京電機大学出版局，1999-01.
8) 堺ほか：電源の高信頼化・高品質化及び省エネルギーに適用されるパワーエレクトロニクス装置の動向，紙パ技協誌，**54**，4，pp. 34，2000.
9) 徳田：自家発の系統連系を支援する整流器を用いた瞬停対策用高速限流遮断システム，OHM，pp. 40-46，1998.
10) 雪平：配電系統の高調波発生源を探る，OHM，pp. 27-31，1999-05.
11) 藤田ほか：新しい原理に基づく高調波抑制装置(LC フィルタと PWM 変換器の直列接続システム)，平成元年電気学会産業応用部門大会，76，1989.
12) 小坂ほか：高調波吸収装置の検証試験，平成 9 年，電気学会電力・エネルギー部門大会，307，pp. 411-412，1997.
13) 通商産業省：系統連系技術要件ガイドライン，平成 10 年 3 月 10 日，1998.
14) 茂田ほか：分散電源の導入と系統連系問題，電気学会誌，**107**，9，pp. 909-912，1987.
15) 奈良ほか：新しい柔軟な電気エネルギー流通システム，電気学会論文誌 B，117，1，pp. 47-53，1997.

第13章

新エネルギー利用と分散電源

13.1 概　要

　経済発展に伴うエネルギー消費の増大が現在の状況のまま加速度的に進行した場合，21世紀半ばには深刻なエネルギー枯渇問題に直面することになる．現在の推移では石油は2040年，天然ウランは2050年，石炭は2220年になくなるといわれている．1997年の地球温暖化防止京都会議などにみられるように，エネルギーの有効利用や自然環境改善への取り組みは今や世界的な課題である．石油代替エネルギーの開発はこの20年で急激な進歩をたどっており，近年では風力発電やコジェネレーションに代表されるさまざまな新エネルギー源が注目されるようになった．

　また，先進国を中心として電力事業の自由化や規制緩和など，分散エネルギー導入の機運が高まってきている．わが国でも1995年の電気事業法の大改正に代表される競争原理の導入と規制緩和などの法規整備により，条件が整いつつある．

　そこで，本章では電力自由化の一つのキーワードとなる新エネルギーについて解説する．新エネルギーといっても電気自動車など，電力事業と直接関係ない分野も含まれる．そこでここでは，太陽光発電・風力発電・コジェネレーションシステム・燃料電池の4種類を"分散電源"として位置づけ，これらに的を絞って解説する．

　本来の"分散電源"の意味はもう少し広く，100 MWクラスの大型発電所が"集中電源"だとすれば，それ以外の水力発電なども"分散電源"に分けられよう．しかし，わが国では戦後長らく電気事業が独占されてきており，その中では大規模電源を設置することによりスケールメリットが図れるという基本的なコンセプトが定着していた．

　既存の電気事業者が有する発電施設は大小さまざまであるが，これを一つの"集中電源"としてみなせば，太陽光発電・風力発電などの自然エネルギー利用発電システム，熱供給とのハイブリッド形であるコジェネレーションシステム，ガスから生成さ

れる水素の化学反応に基づく燃料電池などを，"分散電源"として位置づけることが可能となる．

本章では，まずこれらの各種分散電源に共通する，背景，研究技術支援体制，法規の整備などについて整理を行う．次に各方式における開発の背景，標準的なシステム構成，基本技術，開発導入などについて述べる．

本章の"分散電源"に共通する特徴は，将来的な評価がまだ定まっていないこと，また近年開発が急速に進み，法規も整備がかなり進められていることから，普及が期待されることである．また，普及が促進されれば，エネルギー生産・消費構造が刷新され電力事業の構造が図 13.1 のように大きく変わる可能性があり，今後の動向が大いに注目されるところである．

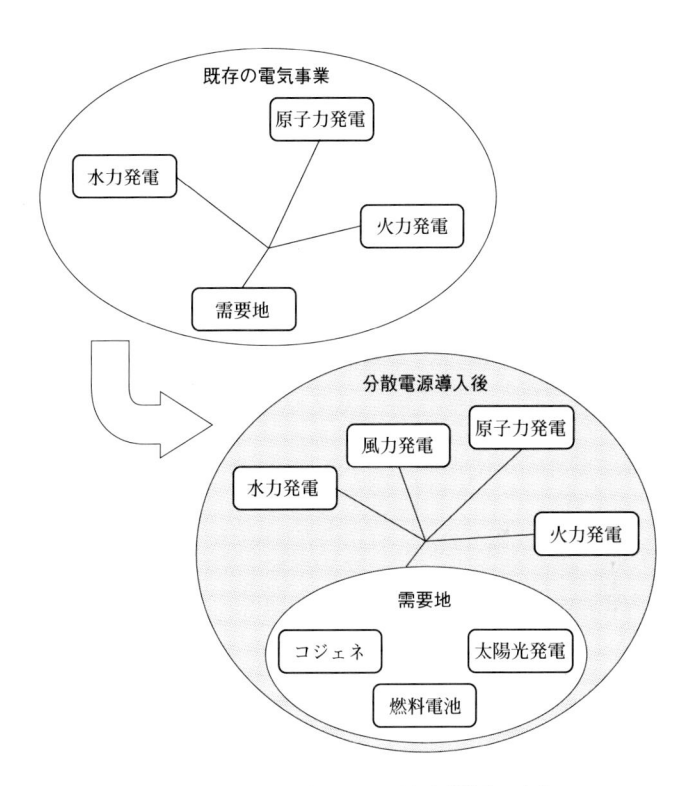

図 13.1 分散電源導入による電力事業構造の変化

13.2 背 景

13.2.1 新エネルギーへの転換政策

　今後，世界の経済発展によるエネルギー消費量はますます増加する傾向であり，一方では排出ガスをはじめとした環境問題，また石油エネルギーの枯渇問題が議論され始めている．したがって近年では，エネルギー安定供給と地球環境保全がエネルギー政策の基本原則となっている．これに応じて，欧米を中心に対応策の整備が進み，たとえば，アメリカでは公益事業規制政策法（PURPA 法）が 1978 年に定められ，エネルギー効率を向上する施設の設置が奨励されている．

　これに加えて資源の少ないわが国においては，国産エネルギーの確立も重要である．1994 年に閣議決定された「新エネルギー導入大綱」において，新エネルギーの重点導入が位置づけられた．1997 年には新エネ法（新エネルギーの利用等に関する特別措置法）の制定と，その基本方針が策定され，政府，エネルギー使用者，エネルギー供給事業者，メーカ，地方公共団体の果たすべき責務についての整理が行われ，目標達成への各論が進展した．これにより，NEDO（新エネルギー・産業技術総合開発機構）による債務保証，中小企業への金融支援，新エネルギー利用認定事業者への補助制度が位置づけられた．

　一方，1997 年 12 月の国連気候変動枠組条約第 3 回締結国会議（COP 3，通称京都国際会議）の合意事項を踏まえ，1998 年 9 月に"長期需要見直し""石油代替エネルギーの供給目標"が改定された．これによれば，2010 年における日本の温室効果ガスの削減目標は 1990 年水準で 6% 削減に設定され，きびしい条件を課せられることとなった．

13.2.2 研究・普及支援体制

　わが国では経済産業省および NEDO がこの課題に取り組み，強力な新エネルギー開発の支援を行ってきている．1970 年代の石油ショックに起因して石油代替エネルギーの開発が国家的な重要課題として認識されており，このため 1980 年 10 月に中核的推進母体としての NEDO が発足し，石油代替エネルギーの総合開発を主業務とすることとなった．

　1988 年には産業分野における技術開発を推進する業務を追加し"新エネルギー・産業技術総合開発機構"へ改組・拡充した．以来わが国の技術開発の中核となる政府系機関として活動を続け，現在では，新エネルギーおよび省エネルギーの開発と導入促

進，産業技術の研究開発，石炭鉱業の構造調整，アルコール製造事業，石炭鉱害賠償など五つを事業の柱として実施している．

13.2.3 電力業界のグリーン制導入

グリーン制とは，コストがかかる自然エネルギーを利用した発電電力に対し，電力購入者が上乗せ額を払うシステムである．たとえばアメリカでは1～2%の需要家が参加し，1 kWh あたり 0.4～5.5 円を支払っている．

わが国でも2000年7月に，当時の通産大臣の諮問機関である総合エネルギー調査会の新エネルギー部会にて，希望者から月額500円程度の寄付を集めて自然エネルギー発電への助成に回す"グリーン電力制度"の導入を電力業界が発表した．仲介となる新規の受託会社を電力会社が設立し，需要家からの拠出金を風力発電事業者へまわすとともに，その自然エネルギー貢献度を示す発電証書を需要家に発行する．試算によれば，寄付制度の加入世帯が年に0.1%ずつ増加すれば，助成対象の設備規模が年に100 MW 増加する．

13.2.4 余剰電力の購入

余剰となる電力を連系する電気事業者が購入するかどうかが分散電源普及の一つのポイントとなる．余剰電力受給契約は各電力会社が1992年より実施しており，また，電力会社各社が"商業目的で実施する風力発電"に対しての電力買取り制度を1998年に新設したことで，ようやく日本でも本格的なウインドファームの可能性が見えてきた．

しかし，前述のグリーン制の導入により，これまで全量購入が原則だった太陽光発電や風力発電の引き取りを競争入札に移行させる方針がとられ，結果として自然エネルギー発電量が伸び悩むことへの懸念が生じている．風力発電の集中する北海道電力はすでに風力発電電力の買取りを全量買取制から入札制にしており，東北電力もグリーン制度導入を機に全量買取りを廃止する予定である．

13.2.5 ESCOの成立

ESCO (Energy Service Company) は，省エネルギーコンサルティングを行うことで，顧客の利益保護も保証する事業である．すなわち，エネルギー利用業務では，省エネルギーの具体策や投資方法がわかるというメリットがある．

アメリカでは石油ショックを契機として1970年代よりESCOが登場している．わが国では1996年以来経済産業省やNEDOにより検討が進んでいる．メーカやガス会

社ではセクション業務として成立が始まっている．

13.3 連系方法

13.3.1 分散電源導入への法規整備

分散電源普及のキーとなるのは，関連する法規の整備である．これについて概略を紹介したい．

1986年に"系統連系技術ガイドライン"がまず制定され，コジェネレーションなどの自家用発電設備を系統連系する際の指針が定まった．1990年に燃料電池を初めとする直流発電設備を高圧以上の系統に連系する場合の要件が盛り込まれた．1991年に太陽電池等小規模分散電源の逆潮流なし低圧系統への連系，1993年には逆潮流あり低圧・高圧系統への連系について追加された．

そして，1995年の電気事業法改正により，これまで自家用電気工作物として分類されていた小規模発電設備が，一般用電気工作物として分類変更されることとなった．すなわち，600 V以下の20 kW未満の風力・太陽光・内燃力発電設備，および10 kW未満の水力発電設備は一般用電気工作物とみなされ，電気主任技術者設置の義務がなくなった．これにより，特に出力20 kW未満の太陽電池発電設備は，600 V以下で受電し，同一構内でその受電電力を使用すれば，一般用電気工作物として認められるため，個別住宅用としての条件が整った．また系統連系の保護装置や考慮すべき点も明確に整理されている．

系統連系要件ガイドラインは1998年に再び改定され，交流発電設備の低圧系統側への連系要件が整理された．これにより，すべての種類の発電設備があらゆる電圧階級に連系できることとなった．

また，1999年に改正された「エネルギーの使用の合理化に関する法律」(通称，省エネ法)では，年間1500 kl以上の石油，または6000 MWh以上の電気を使用する工場等はエネルギー管理指定工場となる．これによりエネルギー管理士を選任し，エネルギー使用の合理化に関する設備の維持，定期講習やエネルギー使用状況の記録などを行うことが義務づけられている．

今後の動きとして，経済産業省は小型発電機の普及を促進するため，電気事業法関連の省令を改正する方針である．ボイラー・タービン主任技術者の常駐義務の廃止，小型機の定期点検の廃止などが検討されている．

13.3.2 連系の要件

前述のように最新の1998年版「系統連系技術要件ガイドライン」が系統連系のガイドラインとなる．これによれば，① 連系する場合，原則として，連系する系統の電気方式と同一であること．②力率は85%以上かつ進み力率とならないこと．③必要となる保護装置を備えること．具体的には過電圧継電器(OVR)，周波数上昇継電器(OFR)，転送遮断保護装置または単独運転検出装置などを使用する，などが必要である．

単独運転検出装置は，商用系統側で事故が発生し，単独運転となった場合，分散電源側で運転を続けると充電による危険が発生するため，その運転を検出して停止するために使用される．詳細は10章に述べる．

13.4 風力発電

13.4.1 開発の背景

風力は次節の太陽光と並び，太陽がある限り永久に得られる自然エネルギーである．しかし，間欠エネルギーであり，単体では継続的な発電がむずかしいこと，騒音を発生すること，設置場所が限定され，風量一定の広い場所が必要であること，景観や渡り鳥への影響など，クリアすべき課題も多い．

風力発電の原理は昔からあったが，1980年代にカリフォルニアにウインドファームが登場したことで，電力事業として成立することが認識された．以来，環境先進国であるデンマークやドイツを中心としたヨーロッパを始めとして，世界では1990年に2000 MW，2000年には10000 MWを超える風力発電設備が導入されている．

わが国では1978年に通産省(当時，以下同じ)のニューサンシャイン計画により風力発電の開発が開始された．以来，40 MWが導入されているが，全設備容量の1%にも満たず，導入促進が叫ばれている．

13.4.2 標準システム

図13.2に標準的な風力発電システムを示す．ブレードによって風力を回転力に変換し，直接ないし増速されて発電機に伝達される．出力交流は周波数変換を必要とする場合は，変換器によって商用周波数へ変えられる．通常，発電された電力はその場所では消費されず，商用系統へ連系され供給される．

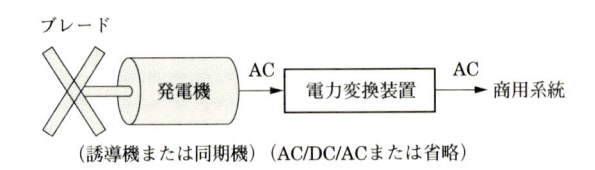

図 13.2　風力発電の標準システム

13.4.3　基本技術
(1)　本体
ブレード部分は風力エネルギーを回転エネルギーに変換する．プロペラ形のほか，垂直軸形のダリウス形もある．風速と同期して回転すると変換エネルギーはゼロとなり，少し遅れて回転すると最大変換となる．したがって風車はただ回転するだけではなく，羽根のピッチを調節して風速に応じた回転数を得るようになっている．ロータ，増速機，発電機はナセルと呼ばれる箱に収められている．

なお，設置工事については十分な検討が必要であり，十分な風速が得られること，近くに系統連系用の商用系統が存在すること，大型機については搬入道路が確保できること，騒音や電波障害を生じない広い場所であることなど，クリアするべきさまざまな課題があり，これらによりコストが増すこともある．また，風力発電の調達規模が小さく，量産効果が少ないという問題も残っている．

(2)　発電機方式
発電機は誘導発電機と同期発電機のいずれかが考えられ，また直接接続かインバータを介するかによって構成が大きく異なってくる．

現在主流である誘導発電機方式は構造と保守が簡単であり，コストが安いという特徴がある．原理的には同期速度より上，すなわちすべり $S<0$ の範囲で回転させれば発電される．この場合増速ギアを用いると機械損を生じ騒音の点でも好ましくない．また誘導機の特性上，効率のよい運転を行うためには，すべりの範囲を狭くする必要も出てくる．

一方，同期発電機方式は，そのままでは同期速度で回転させる必要があるため，実際には整流を行い，再度インバータで商用周波数に変換する必要がある．そのため，増速ギアや回転数制御の必要がなくなる．

(3)　インバータ
インバータを使用すると，増速ギアが不要となり，騒音も減らせるが，設計や製造

が複雑となりコストが増すこと，出力交流側に高調波が発生することなどのデメリットもある．ただし高調波についてはPWMインバータを導入すれば解決できる．

(4) 短時間電力供給予測

風量は，まさに"風まかせ"であり予測がむずかしいが，供給可能電力が予測できなければ今後の普及はむずかしい．これに対し，たとえばデンマーク西部電力会社WLSAMの場合，気象情報をもとにして30分間隔で39時間先までの風力発電量予測が行われている．

(5) 出力変動対策

風力発電は比較的容量が大きく，また商用系統への逆潮流を前提としているため，系統側への影響が問題となる．単機容量500kW以下程度では，線路インピーダンスを調査して電圧変動を検討する必要がある．それ以上では，商用系統の規模にもよるが，周波数に与える影響が出てくるため，エネルギー蓄積素子や他の分散電源とのハイブリッド化が必要になる．このような研究はまだ広まっていないが，風力発電の普及にあわせて必要性が生じてくると考えられる．

13.4.4 導入事例

わが国では1982年に九州電力沖永良部風力発電所に商用300kW機が納入されたのが始まりである．1999年には三菱重工業が1MW機を開発し室蘭市祝津風力発電所に納入するなど，大容量化が進んでいる．

ここでは最近の動きとして，北海道苫前町と山形県立川町の導入例，また海外から参入しているエネルギー事業者であるトーメンについて紹介する．

(1) 苫前町の風力発電事業

北海道苫前町には，現在3箇所に風力発電設備があり，その事業規模から全国より注目される存在になっている．

まず，トーメンは苫前町上平地区の町営牧場内にわが国最大の苫前グリーンヒルウインドパーク発電所を建設，国内最大出力となる1MW機を20基設置し，20MWの設備容量となった．これにより，これまでの国内の風力発電総設備容量30MWが大きく更新された．1999年11月運転開始，発生電力は，北海道電力の66kV苫前線へ連系され，全量北海道電力へ売電される．

また，1999年に苫前町，オリックス，カナモト，電源開発の4者の共同出資により設立された(株)ドリームアップ苫前は，苫前ウィンビラ発電所を建設し，風力による町の振興と，環境にやさしい風力発電事業への参画をめざしている．設備容量は1650kW機14基，1500kW機5基の計19基30.6MWであり，全容量が北海道電力の66

kV 苫前線へ連系される．2000 年 10 月運転開始予定で，国内最大となり，牧場経営との両立による地域振興の柱として注目される．

このほか夕陽ヶ丘地区にも小規模ながらウインドファームがあり，"風来望"と称される．ここは年間平均風速が 7.5 m/s あり風車設置に適した場所である．周辺にはオートキャンプ場，ホワイトビーチなどがあり観光スポットとして期待されている．発電電力は，風車のライトアップや電気室などの電力に使い，余剰分は北海道電力に売却される．

(2) 山形県立川町の町おこし

日本には 3 大悪風と呼ばれる強風がある．岡山県那岐山麓で吹く"広戸風"，四国山地を越えて吹き下ろす愛媛県伊予三島市付近の"やまじ風"，そしてここで紹介する山形県立川(たちかわ)町の強風"清川ダシ"である．

立川町ではこの悪風を町おこしの呼び物にしようと取り組み，1980 年以降，小型風車による農業(温室ハウス利用など)や，科学技術庁が実施した風力発電実用化の実験事業の受け入れなどを行ってきた．そして，ふるさと創生事業を契機として"立川町風車村構想"が生まれた．

まず，アメリカ製 100 kW 機 3 台を導入して風車村の周辺施設で利用するほか，余剰分は東北電力に売却することとした．

また"ウインドム立川"を設けて PR を行うこととした．1994 年より"風とぴあ事業"が開始され，風をテーマにしたサミットやイベントを開催している．

これとは別にも，1996 年にデンマーク製 400 kW 機 2 台を(株)山形風力発電研究所が設置し稼動中である．

町では，経済産業省の支援を受けて，最上川周辺にウインドファームを設置する計画であり，まもなく町の電力消費量をカバーできる程度の発電が始まる．また町が全国に呼びかけて風力発電推進市町村全国協議会も発足した．

(3) 海外からの電気事業者トーメンについて

トーメンは電力会社以外で，わが国で電力を事業化した最初の企業である．1987 年にアメリカ・カリフォルニア州モハベ砂漠で 250 kW 機 20 台，計 5 MW の試験的風力発電事業に成功したのを皮切りに，風力，天然ガス，重油，石炭などさまざまなエネルギーを利用した発電事業を，アメリカ 14 件，ヨーロッパ 16 件，日本を含むアジア 13 件と合計 43 箇所で展開しており，案件数・規模の両面において他商社をはるかに上回っている．特に風力発電の分野では世界の風力発電設備総容量約 8000 MW のうち，トーメンは開発中の案件まで含めると約 1000 MW となり，世界一の事業者の地位を確立している．

国内では(株)トーメンパワージャパンが設立され，苫前町でのウインドパークに続いて，第2弾の大型プロジェクトとして，青森県の下北半島でも苫前町の3倍規模となる風力発電事業も計画している．場所は尻屋崎南西部に位置する東通村岩屋地区で，60 MW クラスが計画されており，2000年末までの完成をめざしている．

13.5 太陽光発電

13.5.1 開発の背景

エネルギーの消費は CO_2 の排出と切り離して考えることはできない．その意味では，太陽光発電は風力発電とならぶクリーンエネルギーの有力候補であり，そして最も実用化が進んでいる．

わが国では通産省のニューサンシャイン計画が1974年にスタートし，太陽エネルギーから熱冷暖房などを行うことから研究が開始されたが，1980年の NEDO 設立以降は，太陽光発電にシフトした．

1994年"エネルギー対策閣僚会議"によって「新エネルギー導入大綱」が決定され，太陽光発電の導入目標は2000年に 400 MW，2010年に 500 MW となった．その間，1992年度より1997年度まで"公共施設等用太陽光発電フィールドテスト"が実施され，自治体を中心に186箇所，合計 4.9 MW が設置された．また1998年度から"産業等用太陽光発電フィールドテスト"が実施中である．このようなステップを経て研究開発も進み，三洋電機やシャープなど大手メーカの商品として普及するに至った．

太陽光発電の特徴は，太陽光さえあれば発電可能できわめて簡単かつクリーンであることである．しかし，エネルギー密度がきわめて低く，最適傾斜角が必要となる．そのため，当初は比較的小規模で設置面積に制約の少ないところから普及が進んだ．

わが国では当初は住宅用として普及したのが特徴である．太陽光発電は，その不安定さから実用性が問題点であったが，商用系統との連系を行い，不足分を補うことで，家庭用としての普及が進んだ．

その後，さまざまな応用が見出された．その一つはライトスルーモジュールと呼ばれる，ガラス窓の一部に太陽電池を貼り付け，カーテンの代わりとしたものである．ほかにも，下水施設の悪臭防止覆蓋，浄水場の藻類発生防止用の遮光板，駐車場の屋根など，大規模な遮光板を必要としているところに適用が試みられている．また，電源設備としても，オフィスビルのバックアップ電源，他の分散電源システムとの協調，非常時避難施設の電源など，他の電源の補完としても活用の途が広がっている．

13.5.2 標準システム

図 13.3 に標準的な太陽光発電装置の構成を示す．太陽光によりモジュールから発生した直流電圧は，パワーコンディショナを通して交流に変換され，負荷に供給される．余剰分は蓄電池に蓄えられ，不足分は商用系統から補われる．

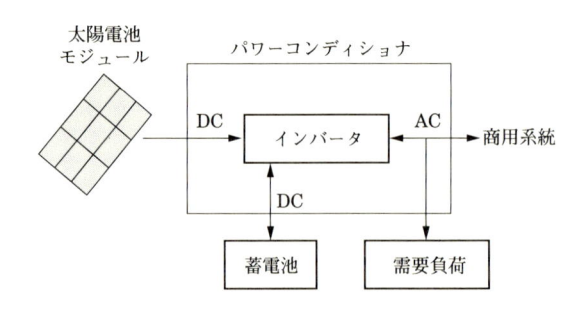

図 13.3 太陽光発電の標準構成

13.5.3 基本技術

(1) 太陽光セル

太陽光セルは，p 形半導体と n 形半導体の境界面に太陽光があたると起電力が発生するという原理に基づいている．通常は結晶系シリコン半導体が使用され，変換効率は単結晶系で 12〜15%，多結晶系で 10〜14% である．また，基材の上にシリコンを薄膜状に成長させてつくるアモルファス太陽電池は，非結晶構造であり，変換効率は 6〜8% と少ないものの，量産性があり低価格化が期待されている．今後は，結晶シリコンセルの製造コスト低減，新型の薄型多結晶シリコン太陽電池の開発などが必要である．

(2) 太陽電池モジュール

上記の構造を有する太陽電池の起電力は単体ではわずかであり，これをパワーコンディショナへ供給するためには DC 200〜300 V が必要となるため，セルを直列して電圧を高めている．このセルのセットがモジュールと呼ばれる．さらにモジュールを直並列接続したパネルは，太陽電池アレイと呼ばれる．

(3) 建材一体化技術

施工においては架台の上にアレイを配列する架台設置形のほか，建築物用としては屋根・壁建材として一体型になっている建材一体形もあり，施工の省力化が図られて

いる．なお，架台設置形の場合は，建築基準法の工作物申請手続きの範囲外である4 m 以下の高さに設計される．

(4) パワーコンディショナ

パワーコンディショナはインバータと系統連系保護装置から構成される．太陽電池から得られる直流を交流に変換するインバータには，商用連系交流系統との同期機能，最大電力点追従機能が含まれている．なお，太陽光発電が非常用電源などに使用される場合，蓄電池も必要になる．インバータの出力精度向上による蓄電池の長寿命化も重要である．

13.5.4 導入事例
(1) 日本工業大学での導入

日本工業大学(埼玉県南埼玉郡宮代町)では NEDO の"産業等用太陽光フィールドテスト事業"に基づき，国内最大となる 300 kW の太陽光発電設備を設置し，2000 年 3 月より発電を開始した．この容量は標準的な 3 kW 住宅用発電システムを設置した住宅 300 件分に相当し，大学の総需要の約 10% をカバーできる．また，切妻型モジュールの採用により，架台の設置角度が抑えられ，また防水機能も有し，景観や風の影響が考慮されているのが特徴である．壁面には採光型モジュールも採用されている．

(2) 移動通信分野での利用

PHS に代表される移動通信の普及は，無電源地帯への基地局設置が必要である．そこで，この電源として自立型の太陽光発電システムが最近登場している．NTT DoCoMo 北海道の例では，太陽光発電 7.7 kW と風力発電 1 kW，蓄電池 1500 Ah，ポータブル燃料電池 1 kW を組み合わせたハイブリッド型の自立発電システムが生花簡易無線基地局で使用されている．太陽電池モジュールは鉄塔の周囲に設置され，設置面積の低下が図られている．

13.6 コジェネレーションシステム

13.6.1 開発の背景

コジェネレーション(cogeneration)とは，電気，熱，ガスなどを同時に発生させることである．一般的には，ガスタービンやディーゼルエンジンなどで発電を行うとともに，その廃熱を利用して給湯，空調などの熱需要をまかなうような，エネルギーの効率利用システムをさしている．電源需要地に発電設備を設置した場合，その効率は

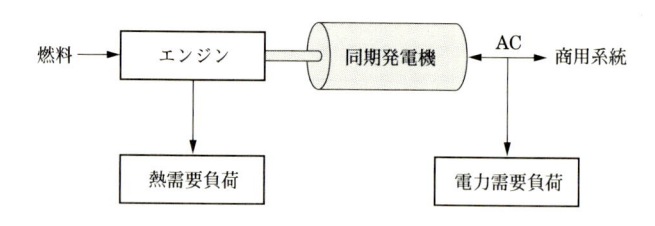

```
燃料 → エンジン → 同期発電機 —AC→ 商用系統
             ↓              ↓
          熱需要負荷      電力需要負荷
```

図 13.4　コジェネレーションの標準システム

30% 程度であるが，廃熱回収を行うことにより総合エネルギー利用効率を 60〜80% までに高めることができる．このイメージ図を図 13.4 に示す．燃料としては重油や軽油があるが，都市ガスを燃料としたコジェネレーションは，二酸化炭素や大気汚染物質の排出量が特に少なく，環境問題の観点から大きな注目を集め，大規模施設を中心に普及が進んでいる．

近年，市民レベルでの環境意識の高まりを背景として，マイクロガスタービンや家庭用燃料電池など，小型コジェネレーション機器の高性能化へ向けての技術開発競争が世界的に繰り広げられており，近い将来これらを中心とした小型分散電源の時代が訪れる可能性がある．電力会社にとっては，ピーク負荷軽減策，新規電源設備・送電設備設置の投資抑制，消費者にとっては電力市場のオープン化，発電の低コスト化，そして両者にとっては環境改善など多くのメリットが考えられる．このほか発展途上国では，電力不足の解消や，未開発国・過疎地域の電化にも有効である．

わが国では工場を中心に 1970 年頃より徐々に導入されたが，1986 年に "系統連系技術ガイドライン" が制定され，また翌年 "特定供給" が認められたことにより，産業用ばかりでなく，民生用のコジェネレーション導入が急速に進んだ．また，1988 年から通産省のニューサンシャイン計画により，300 kW 級コジェネレーション用セラミックガスタービンプロジェクトが開始されている．1997 年から「新エネルギー利用等の促進に関する特別法」により天然ガス利用のコジェネレーション促進が図られていることもあり，2000 年時点では約 5000 MW に達し，一段と身近になってきている．

コジェネレーションが他の分散電源として異なるのは，電気と熱を同時に供給することである．したがって，電力需要と熱需要が一致しない場合，不足分はほかから供給する必要がある．また，これらの需要は変動するため，日負荷曲線，季節別負荷曲

線の変動状況に応じた設備容量の決定が必要である．たとえば電力と熱需要が1日通して比較的一定であるホテル施設などが，コジェネレーション導入に適しているといえる．また，熱電可変技術と呼ばれる，両者の比率を需要に応じて変える技術も進んでいる．

　駆動機関もディーゼルエンジン，ガスエンジンに加え，近年ではガスタービンが普及してきている．ガスタービンではガスの爆発力を利用して，タービンを回転させるため，騒音が大きく，また高速回転であるため電力変換器を必要とするなどの欠点がある．また発電効率も20～30%程度である．しかし，構造が簡単で小型化，軽量化が可能で，冷却水も不要，そして既設のガス網を利用できれば燃料供給も簡単になるなどの多くの特長も有している．特に，小型クラスの機種はマイクロガスタービンと称され，家庭用クラスの需要もカバーできることから注目されている．

　マイクロガスタービンの名称は，ここ数年で広まったが正確な定義はなく，一般には都市ガスや灯油などを燃料とする，発電出力が100～300 kW以下の小型自家発電装置をさしている．時としてMGTの略称も使用されるが，まだ一般的ではない．

　従来のディーゼルエンジンなどの装置と比較すると，

① 小型・軽量・低価格(10～20万円/kW)で小容量の電力需要に対応できる．
② 小口需要家にとっては設置費用が軽減されるほか，構造が簡単で操作も容易なためメンテナンスコストも抑えられる．
③ 排ガス中のNO_x(窒素酸化物)含有量が少なく，環境への影響が小さいこと．
④ 都市ガス，軽油，灯油，プロパンなど多種の燃料が対応可能であること．

などの特長がある．単体の発電効率は15～30%程度であるが，排熱利用を行うことにより，総合効率は70%程度まで上昇する．送電電力料金と比べても，業務用の昼間料金対比発電コストは50～60%程度との試算もある．従来は規模やコスト，環境面への配慮から，自家発電装置の設置がむずかしかったスーパーやコンビニエンスストア，病院などでの使用が期待されている．

　本節では，コジェネシステムの中でも特に最近の動向がはげしいマイクロガスタービンに焦点を絞り，以下に紹介する．現在，メーカや電力会社を中心に，新規の事業として研究開発が進んでおり，分散型電源の中でもこれから本格的に展開が期待され，そしてこれからの電力事業のスタイルを大きく変える可能性がでてきていることが理解できよう．

　マイクロガスタービンは国内外含めて約10社が世界的な開発競争をしており，各社とも従来に比べて導入費用・メンテナンス費用を大幅に低減する計画を発表している．部品交換がユニット単位で可能であるなどの特徴により低価格化がはかられ，現

時点では20万円/kW程度であり，同一クラスのガスエンジン(30万円/kW程度)より30%程度割安となる．

わが国でも商社や重電メーカが販売を開始する一方，総合エネルギー会社への転換を模索している電力・ガス各社を中心として，技術検証が行われている．各社の動向については13.6.4項で詳述する．

13.6.2 標準システム

図13.5にマイクロガスタービンから構成される標準的な電源システムを示す．マイクロガスタービンの本体構造は，ガスタービンと発電機を一体化した1軸型になっており，発電機の片端に圧縮機とガスタービンのインペラを備え，排ガスによって吸引空気を加熱する再生器付システムにより発電効率の向上が図られている．すなわち，ターボチャージャの技術が応用されている．

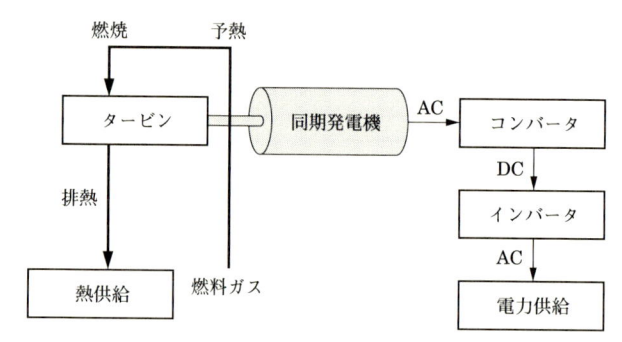

図13.5 マイクロガスタービンの標準システム

発電機は，最高10万rpm程度の高速回転が行え，空気軸受けの採用により，メンテナンスなしで最長数万時間程度の長時間運転が可能である．燃料は，天然ガス，プロパンガス，灯油，重油などマルチフューエル対応になっている場合が多い．

ガスタービンは，同じ設備容量発電能力のエンジンと比較すると，小型軽量で，原動機の冷却水設備も不要であるため，システムのコンパクト化が可能である．また，構造がシンプルで部品点数も少ないため，メンテナンスが容易になる．製品としては，たとえば運転時間8000時間まで冷却水交換やオイル補充不要といったメンテナンスフリー化が図られ，扱いやすくなっている．さらにコジェネレーションシステムに使用した場合，排熱回収は，温水，蒸気どちらでも選択可能といった特長がある．

13.6.3 基本技術
（1） マイクロガスタービン本体
　自動車用エンジン・軍需用エンジン（ミサイル・戦車・航空機）をベースにしたものが多い．アメリカでは10社ほどあり，大部分がエンジンメーカと電気メーカが共同開発している．
　タービンは，空気軸受けを用いて50000～100000 rpm もの回転速度で運転される．そして熱効率向上のため，ガスタービンの排気で吸い込み空気を予熱する．永久磁石式同期発電機からの電力は周波数がきわめて高く，インバータを通して商用周波数に変換される．

（2） コンバインドサイクル技術
　以下，マイクロガスタービンに限らず，一般のコジェネレーションシステムで採用されている技術を3点紹介する．まずコンバインドサイクル技術は，従来火力発電所で使用されていたコンバインドサイクルと同様に，蒸気タービンとガスタービンを並列にすることにより，発電効率を高める技術である．電力需要が熱需要に対して少ない場合に利用できる．

（3） リパワリング技術
　リパワリング技術は，新設のガスタービンの排気を既設のボイラ・タービンシステムに導き，総合効率の向上を図る．すでに発電設備が設置されている工場の設備増強に有効である．コンバインドサイクル技術の変形版である．

（4） 氷蓄積技術との組み合わせ
　夜間電力を活用して氷をつくり，昼に冷房およびガスタービン本体の吸気冷却用に活用する氷蓄積技術は，負荷平準化に貢献するコジェネレーションシステムである．

（5） 今後の課題
　マイクロガスタービンはまだ登場より日も浅く，基本的な課題がいくつか残されている．
　① マイクロガスタービンは以上述べたように技術検証の段階であり，長期にわたる使用実績がないことから，信頼性を確立するためには時間を要すると見られる．
　② 10 kW以上の機種は自家用電気工作物とみなされることから，電気主任技術者の配置が必要となり，追加コストが発生する．
　③ マイクロガスタービンの一番のメリットは電力コストの抑制であるが，規制緩和により商用電力料金が下がるとそのメリットが薄らぐ可能性がある．

などがあげられる．

13.6.4 開発・導入状況
マイクロガスタービンの普及は，国内外のメーカや商社が模索を始めたところである．現在判明する範囲で，マイクロガスタービンを中心としたコジェネレーションシステムの販売網の形成と，各社の開発・導入状況などについてまとめた．

(1) 販売網の形成
キャプストン社(アメリカ・カリフォルニア州)は，海外のマイクロガスタービンメーカ，そして従業員200名弱のベンチャー企業として最も知られている．タワー型パソコンに似たデザインの28 kW機が有名である．国内でも複数の会社から代理販売やコジェネパッケージ販売の中心として注目されている．まず，建機レンタルで知られるカナモトは他社とともに(株)アクティブパワーを1999年に設立し，販売展開を行う予定である．また，産業用機械や廃棄物，水処理プラント等の環境設備等を扱うタクマが国内販売を手がけ，明電舎と住友商事も後述のように共同で単体およびコジェネレーションシステムの販売展開を行っている．

ボーマン・パワー・システムズ社(イギリス)はクボタ・三井物産・NTTファシリティーズととともに，総合発電システムとして国内販売をめざし，2001年に50 kW機と80 kW機を販売開始する．NTTファシリティーズは遠隔運転管理などで技術を生かす．

エリオット社(アメリカ・ペンシルバニア州)はもともと大型コンプレッサ，蒸気タービンなどを手がけているが，マイクロガスタービンでも知られている．1999年に荏原製作所の子会社となり，国内販売をめざす．

同じくハネウェルパワーシステムズ社(アメリカ・ニューメキシコ州，旧アライド・シグナル社)は東京貿易が日本総代理店となっている．75 kW機"パラロン75"は，日立製作所と石川島播磨重工業により，トータルコジェネレーションシステムとしての開発販売が行われる．

このほか，三菱重工業と川崎重工業も自社製品の開発などで参入の予定である．

(2) 東北電力における実証試験
新仙台火力発電所(仙台市宮城野区港)において，ハネウェル製75 kW機と，エリオット製45 kW機を設置し，2000年7月より実証試験を開始している．2年間で信頼性，経済性，コジェネレーション効果などが調査される．

(3) 東京電力における実証試験
キャプストン社28 kW(都市ガス・灯油)およびハネウェル社75 kW(都市ガス)の

13.6 コジェネレーションシステム　　*367*

マイクロガスタービン機を購入し，技術開発センター(横浜市鶴見区江ヶ崎町)にて実証試験を開始している．研究棟の実際の電力系統に連系して発電を続けながら，商業用店舗や小規模オフィスビルに設置した場合を想定して運転性能の確認や信頼性評価などを行っている．基本評価はすでに終え，単独運転機能評価(スタンドアローン型)，燃料多様化対応評価(灯油焚)，他機種特性評価(ハネウェル社75 kW機)，長期耐久性評価(長時間耐久性，起動停止サイクル耐久性)，スケールアップ対応評価(キャプストン社65 kW)などを実施する．

(4) 北陸電力における実証試験

キャプストン製28 kW機1台を購入し，同社技術研究所において所内系統に連系した運転実証試験を通し，基本性能や環境性能の評価，系統影響評価などを行っている．燃料はプロパンガスである．

基本性能，環境性能(排ガス，騒音，振動)，系統影響評価(高調波，電圧変動)，経済性評価(イニシャルコスト，ランニングコスト)，コジェネレーションシステムとしての総合効率，事業化などが検討される．

(5) 中国電力における実証試験

2000年4月より，キャプストン製28 kW機を柳井発電所に設置し，基本性能を中心とした技術評価を行うための運転実証試験を開始した．2001年1月までの予定で，基本性能(出力，効率など)，運用性(起動停止操作性，運転監視機能など)，環境特性(排気ガス特性，騒音，振動など)，コジェネレーション特性(熱出力，排熱回収効率など)，経済性などが調査される．燃料は天然ガスである．

(6) 四国電力における実証試験

中国電力と同じく，2000年4月より，キャプストン製28 kW機を(株)四国総合研究所(高松市屋島西町)に設置し，基本性能を中心とした技術評価を行うための運転実証試験に着手した．燃料は灯油である．

(7) 北海道ガスにおける実証試験

やはりキャプストン製28 kW機を購入して，技術開発研究所内に設置し，実証試験を開始する．燃料は天然ガスとし，基本性能や耐久性の確認を行うとともに，実際の導入へ向けてエンジニアリング体制の早期構築を図る．また，他メーカおよび燃料電池についてもメーカの開発動向を調査しつつ，早期に導入・実証試験を行って，1～2年後には一部フィールド試験も実施する計画である．

また2000年より，厚別区に大和ハウス工業が建設中のマンションに，わが国のマンションとして初のコジェネレーション導入も行う．223戸に対して90 kW機の導入により，40%程度の電力需要をカバーする予定である．

北海道は冬場の暖房期間が長く，また夏場の店舗やオフィスの冷房もごく一般的になってきており，1年を通して発電排熱が有効に利用できることから，コジェネレーション導入による省エネルギー効果が非常に大きく得られる地域であるといえる．

　北海道ガスは，1996年に札幌市内の天然ガス化に着手し，石油系ガスからの脱却を図るとともに，ガスコジェネレーションの普及促進に努めている．最近では，マイカル小樽地区(小樽築港駅付近の貨物線撤収に伴う再開発事業)における大規模コジェネレーションを核としたエネルギー供給事業を開始した．また2003年には札幌駅南口再開発地区においてもコジェネレーション利用の地域冷暖房を新規に開始するため，札幌市と共同で事業を推進している．このような経緯を生かし，家庭用分野にも省エネルギー型システムを提案すべく新たな事業展開をめざしている．

(8) 東京ガスにおける実証試験

　出力100 kW以下のマイクロガスタービンを用いた小規模なコジェネレーション設備の性能評価を近々開始する予定である．ホテルやスーパーマーケットや病院，集合住宅向けに適した自家発電・コジェネレーション装置として，性能やコスト面を調査する計画を進めている．従来品に比べて，発電コストなどが大幅に下げられることを実証するのが主な狙いである．

　現在，ハネウェル社が開発した75 kW機とキャプストン社の28 kW機を購入ずみで，自社研究所のテクノステーション(東京都荒川区南千住)で評価試験を行う．このほか，ボーマン社の45 kW機と，NRECが開発中の70 kW機についても同様に扱う予定である．NRECの70 kW機のみ歯車減速の2軸式で，ほかはインバータありの1軸式である．

(9) ガス会社によるオリジナル機の開発販売

　東京ガス・東邦ガス・大阪ガス3社は(株)トヨタタービンアンドシステムと共同で，国産最小容量の都市ガス仕様290 kWマイクロガスタービンを使用したコジェネレーションシステムの共同開発を行った．これは従来の300 kWエンジンと比較して重量比で40%減となる．1999年8月から，東邦ガス総合技術研究所(愛知県東海市新宝町)に試作機を設置し，耐久性確認を主体とした運転試験を行い，基本性能の確認，改良および評価耐久運転試験等を実施し，2000年6月に商品化した．

　タービン本体は，単純開放サイクルの2軸式ガスタービンで，発電効率は20%，総合効率は70%，タービン内への蒸気吹き込みにより，排出NO_x濃度35 ppm(O_2 16%換算)を目標としている．さらに，パッケージ内部に，ガスタービン，吸気フィルタ，発電機盤等の必要な機器を一体に収めたオールインワン構造として，設置スペースや設置費用の削減が可能である．

商品性をさらに向上させるために，商品化後もパッケージの一層の小型化や制御ソフトの改良などに取り組む予定である．同システムにより，これまでの蒸気を熱源とする産業用中心のガスタービンの販路を，民生用のホテルや病院等にまで拡大することが期待できる．また，同じマイクログガスタービンを用いたターボ冷凍機による冷熱システムの開発も予定している．

(10) マイエナジー社の設立

東京電力と日石三菱などにより(株)マイエナジー社が2000年3月に設立された．顧客に代わってマイクロガスタービンの設置と保守を行い，分散形電源の普及を促進する．東京ガスも共同出資することで，既存のガス管網を用いて燃料となるガスを供給する．また，将来的には燃料電池の開発も視野に入れている．LNG 供給や，電気・ガス検針など，既存の事業枠を超えた展開としても注目される．

(11) 明電舎・住友商事によるキャプストン社製品の販売

最後に，マイクロガスタービン販売網の成立という点で，明電舎と住友商事の例を紹介する．2社は，キャプストン社が開発したマイクロガスタービン発電装置の日本国内における販売代理権を共同で取得している．30 kW 級および 60 kW 級の 2 機種があり，単独運転タイプと系統連系タイプの 2 種類がある．今後は自家用発電設備市場および分散型電源装置市場をターゲットに，積極的に販売を行っていくことになる．販売品目はマイクロガスタービンの単体製品と，コジェネレーションシステム，UPS 機能つきマイクロ発電システム，ハイブリッド発電システムなどのシステム製品の 2 種類がある．

明電舎は民生・産業用コジェネレーションシステムをすでに手がけており，その経験を生かし，マイクロタービンの日本市場向けの適応化を図る．すなわち，同社の排熱回収装置，系統連系装置，防音パッケージを使用したコジェネレーションなどを含む幅広い各種アプリケーションの開発およびシステム化，メンテナンスを行う．一方，住友商事は，マイクロガスタービン発電装置の輸入業務を行い，内販子会社によるメンテナンス網の構築を図る．

13.7 燃料電池

13.7.1 開発の背景

燃料電池は，ガスから水素を取り出し，水素と酸素の化学反応を利用して起電力を発生する．化学反応の結果生じるのは水であるため，大変基本的ながらも使用しやす

いエネルギー源である．これは発電であるが，化学反応を利用した他の2次電池と変わらないため，燃料電池(fuel cell)と呼ばれている．

実際には，水素を貯蔵するのは危険であるため，各種ガスを，触媒を利用した改質器に通して水素を取り出す．ガスは都市ガス，LPガス，天然ガス，メタノール，石油・石炭ガス，バイオマスガスなど，触媒により水素が取り出せさえすればさまざまな燃料源が考えられる．

原理は1839年にイギリスのグローブ氏が考案したといわれているが，実用化は100年以上も後のことであり，1960年代に宇宙船の電源として使用されたのが最初である．

その後，1970年代に入ると代替エネルギー源の有力候補として，さまざまな国の国家プロジェクトとして研究開発が進み，現在では主として電気自動車用の可動式電源と，分散電源用の固定式電源が実用化されている．前者はPEFC，後者はPAFCが有力となっている．

燃料電池の特長は
① SO_x や NO_x が非常に少ない．
② エンジンに比較して発電効率が非常に高い．
③ 分散電源に用いれば送電ロスやコストをなくせる．
④ 排熱を利用すれば総合効率80%程度まで上げられる．
⑤ 小型化による効率の悪化もない．
⑥ 大量の冷却水を必要とせず設置場所の制約が少ない．
などがある．ただし，発電効率や改質器を含めた効率の評価は別途必要である．

わが国では通産省工業技術院のムーンライト計画(のちにニューサンシャイン計画となる)として1981年にPAFCの研究が開始された．MCFC，SOFCも後から加わっている．PAFCが現在フィールド試験の段階にある．

定置形分散電源としては，わが国では後述のようなガス会社がメーカと共同でコジェネレーションシステムとしての積極的な開発展開を行っているほか，石油会社も燃料は石油・メタノールなどであるが，やはりコジェネレーションシステム用として取り組んでいる．電力会社も火力発電所代替または新規分散発電所用として研究を進めている．ただし，最近ではコンバインドサイクル式の火力発電所が登場して効率50%程度に達しているため，火力代替の意義は薄くなっている．

13.7.2 標準システム

図13.6に燃料電池を用いた標準的な発電システムを示す．まず，燃料ガスが改質器

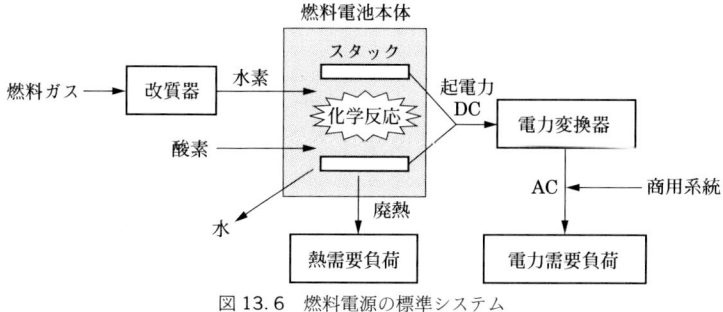

図 13.6 燃料電源の標準システム

に入ると，脱硫器で硫黄分が取り除かれ，高温の状態で燃料に水蒸気を加えることによって水素を抽出する．水素は電極間で酸素と結合して，電気と熱を発生する．電気は直流電力であるためインバータを通して交流に変換される．熱は熱交換器を通して給湯や冷暖房に供される．

13.7.3 基本技術
(1) 構造

燃料電池の単体はセルと呼ばれ，1次電池と同様に電極間に電解質が挟まれた構造となっている．電極には細い溝があり，燃料源となる空気と水素が注入される．水素は電子が遊離して水素イオンとなり，空気と反応すると水が発生する．そして，電子が起電力となる．一つのセルの起電力は 0.65 V であるため，セルを並べて直列構造にする．これはセルスタックと呼ばれる．

セル内の反応は電気抵抗のため，熱をわずかに発生する．これを冷却するため，冷却水を用いるが，これを外部に取り出し，熱供給源として利用することができる．これにより，総合効率 80% 程度のコジェネレーションシステムへの活用も可能となっている．

火力発電と比べると，燃料を燃焼させていないため，効率を高くできる，また容量も数 kW～数百 MW クラスまで変えることができる．したがって，集合住宅，オフィスビル，病院などでの数百 kW 級コジェネレーション，乗用車やバスなど交通機関の動力用電源，数 kW の家庭用や数十 W の電子機器用電源など，幅広い範囲での出力規模と多岐にわたる利用が期待される．分散型電源として利用すれば，送電コストや送電ロスをなくすことができるので，大変メリットがある．

(2) 原理による分類

現在電解質により数種類の燃料電池があり，リン酸型燃料電池(PAFC)，溶融炭酸塩型燃料電池(MCFC)，固体酸化型燃料電池(SOFC)，固体高分子型燃料電池(PEFC)，アルカリ型燃料電池(AFC)などがある．

PEFCは運転温度が約200℃と扱いやすく，後述のように分散電源として最も注目されている．PEFCは運転温度が常温〜100℃であり，また小型化が可能であることから，国内外10社前後で電気自動車用電源として開発が進められている．SOFCやMCFCは高効率という利点があるが，まだ研究段階にある．AFCは原料として水素を直接用いるため，民生用ではなく，宇宙船の電源として使用される．

13.7.4 導入事例
(1) 都市ガス会社の取り組み

わが国では，石油ショックを契機として，燃料電池の研究開発が通産省のムーンライト計画に取り上げられた．そのため都市ガス会社が燃料電池の開発に早くから取り組んでいる．一方，オンサイト型発電プラントの開発をめざしたアメリカTARGET計画では，1973年に都市ガスを原料とする12.5kW機の開発に際し，東京ガス・大阪ガスの2社が参加している．1984年のアメリカGRI計画ではパッケージ形のコジェネレーション機が開発され，1989年にはムーンライト計画に基づき，わが国で始めての業務用燃料電池の運転研究が大阪のホテルで開始された．1990年代に入ると，東京ガス・大阪ガス・東邦ガスは富士電機と共同で燃料電池の商品化開発に成功している．1996年にはアメリカONSI社/東芝製200kW機の導入を開始した．このように，ここ10年で実用化され，これからは普及促進の時期に入ってきている．現在の主要機種は50kW，100kW，200kW，500kW，1000kWがあり，メーカは富士電機，三菱電機，東芝，アメリカONSI/東芝がある．

原料はPAFCが現在主流である．電気出力が50〜200kWクラスの小型のものはビルなどに設置され都市ガスの配管をつなぐだけで運転できるタイプである．すでに国内で50箇所以上の建物で実際に設置・運転されている．初期に試験運転用として投入された機種まで含めると，のべ10MWが投入されている．

現在は耐久性や信頼性が十分に検証されたが，価格がまだ高く，半分程度に下げることが求められている．

(2) ガス会社によるPEFCを利用したUPSの実証試験

東京ガス・東邦ガス・大阪ガス・東芝は1999年10月より共同でリン酸型燃料電池の直流高効率利用技術を活用した高効率・高品質で経済的な無停電電源システムの開

発を進めている．2000年6月より試作システムを用いた実証試験を東邦ガス本社（名古屋市熱田区）にて行っている．

商用電源停電対策用としては，すでに無停電電源システム（UPS：uninterruptable power supply）があり，さまざまな業種で使用されている．UPSには蓄電池が備えられるが，交流直流変換と直流交流変換を伴うため，約10%のロスがあった．

これを解決する直流高効率利用技術とは，電池本体で発電した直流電力を直流のまま利用する技術である．この検証試験ではONSI/東芝製200 kWのPAFCをUPSの直流電源としてそのまま利用することにより，電力の変換損失を5%に半減できる．図13.7にシステムの構成を示す．停電バックアップ用として設ける蓄電池の容量削減などによって，経済性，環境性にすぐれたシステムにすることができる．さらに重要負荷と一般負荷の両方に電力供給することより，燃料電池は高効率定格運転ができるようになっている．

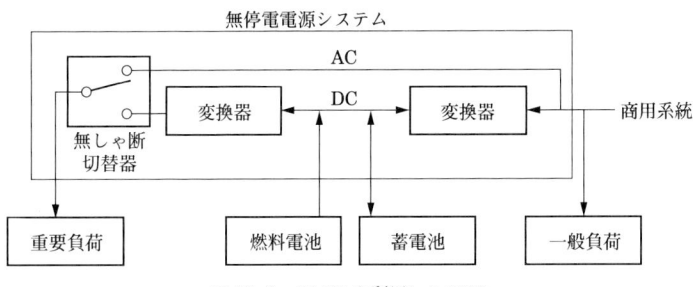

図13.7 PAFCを利用したUPS

13.8 ま と め

13.8.1 そのほかの開発動向

バイオマス燃焼発電は，動植物資源とそれによる廃棄物の総称であるバイオマスを用いて，発生したガスによって発電をする方法である．発電方式そのものは従来の火力発電と同じであるが，都市ゴミや農業廃棄物などさまざまな燃料源が使用可能となる．その開発のポイントはエタノール発酵などの化学技術である．海外では小規模ながら推進の傾向にあり，わが国でも日本エネルギー学会バイオマス部会が普及活動を行っているが，実用化には時間を要すると考えられる．なお，国内ですでに行われている廃棄物発電は，燃料源を直接燃焼させているため，バイオマスの概念とは異なる．

分散電源とは少し異なるが，NAS電池やレドックスフロー電池などの2次電池，あるいはSMESなどの電力貯蔵装置も現在研究開発段階にあり，一部は実用化されている．これらが本章で紹介した分散電源と組み合わせることで，より信頼性の高い電力源の構築に寄与することも期待される．

このほか，現在国内に約500 MWある地熱発電，約700 MWある廃棄物発電，また波力発電など，説明を省略したが，これらもこれからの新発電方式として期待がもたれている．

13.8.2 分散型電源の限界

多くの分散型電源は商用系統に連系する．低圧系統においては，需給変動により周辺系統の電圧品質を悪化させる場合があり注意が必要である．また，接続容量が増加した場合，周波数にも影響が及ぶ．

たとえば，発電電力の変動を伴う風力発電は，その発生電力の大部分が商用系統へ流れ込むことから，系統全体に対して設置できる比率の限界は10%程度であろうといわれている．これはペネトレーションレシオ（貫通率）と呼ばれ，これを超えると周波数や電圧に影響を生じる．わが国ではこのような問題はまだ顕在化していないが，北海道では風力発電が増加することにより信頼性低下を懸念する意見も出始めている．このように分散型電源普及は，既存系統との協調がポイントとなっており，分散型電源導入を考慮した電圧・周波数制御方式の開発も今後重要視されるであろう．

13.8.3 今後の動向

以上述べたように，新エネルギーを利用した分散電源はこれからますます普及が促進され，エネルギー問題の解決へ前向きに進んでいくことが予想される．あわせて効率の改善や，太陽電池に見られるような商品としての付加価値の開発販売も進むと考えられる．しかし，関連法規緩和により，分散電源の参入が促進されるばかりではなく，既設電気事業社もコストを重視した競争時代に入り，エネルギー事業形態は複雑化・多様化していくことであろう．

参 考 文 献

1) 資源エネルギー庁：解説 電力系統連系技術要件ガイドライン'98，電力新報社，1998．
2) 進士誉夫：系統連系技術要件ガイドラインの経緯とその内容，電気設備学会誌，18, 5, 1998-5．
3) 梅内功：コージェネレーションシステムの概要と現状，同上．

4) J. P. Bennuer, L. Kazmerski：Photovoltics Gaining Greater Visibility, *IEEE Spectrum*, **36**, 9, 1999-11.
5) R. Ramakumar, *et al*.：Renewable Technologies and Distribution Systems, *IEEE Power Engineering Review*, **19**, 11, 1999-11.
6) 中上英俊：ESCO事業の現状と将来動向，オーム，2000-1.
7) 井上宇市，水野宏道監修，高田秋一編集：ガスコージェネレーションシステム，日本ガス協会，2000.
8) 吉岡伸樹：太陽光発電システムの技術動向と設計事例，電気設備学会誌，**20**，2，2000-2.
9) 篠田幸雄：住宅用太陽光発電システム，同上.
10) 山田俊郎，猪俣登：風力発電システムの技術動向と設計事例，同上.
11) 渡邉政人：燃料電池発電システムの技術動向と計画事例，同上.
12) 山中敬史，倉本政義，種崎智：太陽光発電技術を用いた自立電源システムの構築，NTTファシリティーズジャーナル，**37**，220，2000-3.
13) 松宮輝：風力発電を巡る内外動向，電気学会誌，**120**，8/9，2000-8/9.
14) 小倉悟：日本における風力発電の現状と技術開発，同上.
15) 柴田昌明：大容量風力発電設備の開発，同上.
16) 大名直樹：苫前風力発電所の概要，同上.
17) 牛山泉：風力発電の発電特性と系統連系，同上.
18) 矢野昌一：分散電源システム技術概観，平成12年電気学会産業応用部門大会講演論文集（シンポジウム），2000-8.
19) 大地昭生：マイクロガスタービン開発の現状と将来，オーム，1999-4.
20) 新エネルギー調査専門委員会：新エネルギー利用ガイドブック（その1），電設技術，**46**，9，2000-9.
21) 新エネルギー調査専門委員会：新エネルギー利用ガイドブック（その2），電設技術，**46**，10，2000-10.

このほか各社・自治体などの最新動向についてはホームページを補足資料として用いた.

第14章

分散電源の系統計画への影響評価

14.1 背景：分散電源の影響評価

電力産業の規制緩和，とりわけ送電系統への接続の自由化により，多くの分散電源が電力市場に参入し，既存の電力系統の構成設備を利用しながら，電力を自主的に流通することが可能になった[1]．分散電源に共通する特徴は，比較的小規模であること，地域的に分散していること，そして，既存電源とは独立に運用される発電設備であることなどである．分散電源の大半は，独立系発電事業者(independent power producers：以下IPP)によって保有・運用され，従来の電力会社の中央給電制御によってではなく，市場の需要によって出力を決定する．電力系統への分散電源の導入は，分散電源そのものが経済的な利益を生むばかりでなく，既存系統にとっても，発電コストの低減，信頼度の向上，環境汚染の解消など，多くのメリットをもたらす可能性がある．

規制緩和とそれに伴う電力供給と送電線開放の競争は，主に価格削減をめざしている．しかしながら，規制緩和によりたとえば送電線の信頼性が損なわれるかもしれない．ほかにも，電力系統の全体的な効率に影響を与える要素はさまざまである．系統運用者・需要家・規制当局は電力供給の自由競争の多様な影響を評価しなければならない．この章の目標は分散電源を既存の電力系統に導入する際の影響を非経済的指標を用いて，多面的に評価することである．

電気事業の規制緩和については，多くの研究がある．過去の研究の大半は，送電線オープンアクセス下での公平な競争に関する価格決定に集中している[2]．近年の調査では送電線容量[3]，電圧維持[4]などの技術的な研究もみられる．しかし，送電付帯(ancillary)サービスの価格インセンティブの効果は，まだ一般的に解決されていない．公衆の利益を最大にするために規制緩和の影響を総合的に観察・評価する必要がある．

この章の目的は，分散電源を既存系統に導入することによる各種の影響を解析・評

価することにある．分散電源の特性を多角的に評価するために，総合発電コスト，環境への影響，電力品質，信頼度，および系統混雑度などの多属性による比較検討を行う．電力系統の電圧や潮流など基本的なデータは異なる分散電源導入シナリオにおいて最適潮流計算(optimal power flow，以下 OPF)[5]を解くことで得ることができる．しかし，電圧や環境への影響などの特性は異なる物理量で測られるので，横ならびの評価がむずかしい．ここで紹介する手法では，異なる特性をもつ分散電源をファジィ評価指標を導入することで総合評価する．同様な手法は分散電源が既存の電力系統に卸売電する場合のみならず，第三者にいわゆる託送契約によって電力を供給する場合にも有効である．各種評価指標を並列比較することにより，系統運用者または需要家にとって最適な分散電源の導入計画を決定できる．提案する多属性評価手法は，意思決定者(系統計画者，送電線やIPPの運用者)による分散電源の既存系統への影響評価に利用できる．また，こうした影響評価は，電力市場における競争相手に対しての優劣を明示するので，送電系統の運用者のみならず分散電源供給者や需要家にとっても有益である．

14.2　影響評価の指標

14.2.1　最適潮流計算の概要

　従来の電力系統運用では，経済性の向上を主目的とした最適な発電機の出力がオンラインで制御されている(経済負荷配分)．本手法では，既存系統のパラメータは既知であるとして，最適潮流計算を解き，そこから得られた電圧，有効・無効電力などの値をもとに，各種影響評価を行う．ただし，分散電源の出力およびコストは市場原理により決まるものとし，経済負荷配分による出力調整の対象外としている．なお，従来の規制緩和に関する研究では，系統状態を簡略化した直流法潮流計算(以下，DC法)に基づく最適潮流計算が主に用いられてきたが，ここでは電圧分布なども総合評価の対象とするため，交流法潮流計算(以下，AC法)に基づく手法を用いる．

(1) 目的関数

　既存系統の発電機は，総合燃料費を最小化するために，以下の関数が最小となるように運用する．

$$F(P_G) = \sum_{k=1}^{N_G} (a_{fk} P_{Gk}^2 + b_{fk} P_{Gk} + c_{fk}) \tag{14.1}$$

ここで，P_{Gk} は k 番目の発電機の有効電力出力，a_{fk}, b_{fk}, c_{fk} は燃料費関数のそれぞ

れ，2次，1次の係数，および定数である．全体で N_G 台数の発電機がオンライン制御の対象になっていると想定している．

(2) 制約条件

交流法潮流計算を解くために，系統内の各母線において以下の条件を考える．

① 有効電力バランス

$$P_i^S = V_i \sum_{j \in N} V_j (G_{ij} \cos \theta_{ij} + B_{ij} \sin \theta_{ij}) \tag{14.2}$$

② 無効電力バランス

$$Q_i^S = V_i \sum_{j \in NL} V_j (G_{ij} \sin \theta_{ij} - B_{ij} \cos \theta_{ij}) \tag{14.3}$$

ここで，V_i は i 番目の母線の電圧大きさ，θ_{ij} は母線 i-j の間の電圧位相角の差，G_{ij} および G_{ij} は母線アドミタンス(Y)行列の該当するコンダクタンスおよびサセプタンス成分である．また，N はすべての母線の集合，N_L は負荷母線の集合である．
P_i^S および Q_i^N は有効および無効電力の母線指定値で，以下で計算される．

$$P_i^S = G_{Gi} - P_{Di} \tag{14.4}$$

ただし，P_{Gi} および P_{Di} は i 番目の母線における有効発電電力および同負荷であり，無効電力についても同様の式が導ける．

③ 母線上下限制約　　発電機母線では，有効・無効電力の発電機出力に上下限があり，また，無効電力補償のある母線では，無効電力の注入量に制約がある．

$$P_{Gi}^{\min} \leq P_{Gi} \leq P_{Gi}^{\max} \tag{14.5}$$

$$Q_{Gi}^{\min} \leq Q_{Gi} \leq Q_{Gi}^{\max} \tag{14.6}$$

また，基準(スラック)母線をのぞく，すべての母線において電圧の大きさに上下限がある．

$$V_i^{\min} \leq V_i \leq V_i^{\max} \tag{14.7}$$

④ 有効電力需給バランス　　経済負荷配分により発電機出力を調整する場合，以下のように系統全体の有効電力バランスを考える．

$$\sum_{j=1}^{N_G} P_{Gj} = P_D + P_L \tag{14.8}$$

ここで，P_D は系統全体の電力需要，P_L は系統全体の送電損失である．

⑤ セキュリティ制約　　OPFにおいてセキュリティ制約を考える場合，次のような有効電力の上限を送電経路(主として送電線)ごとに考える．

$$P_{ij} \leq P_{ij}^{\max} \tag{14.9}$$

ただし，P_{ij} は母線 i と j を結ぶ送電経路を流れる有効電力で，以下の式により計算できる．

$$P_{ij} = V_i V_j (G_{ij} \cos \theta_{ij} + B_{ij} \sin \theta_{ij}) - V_i^2 G_{ii} \tag{14.10}$$

本手法では,多様な分散電源の既存系統への影響を評価するために,分散電源接続可能地点を変えながら最適潮流計算をくり返し解き,分散電源そのものの特性とあわせて,系統への影響を多方面から評価する.

14.2.2 評価指標

本手法では,主として最適潮流計算によって得られた各種系統データに基づき,分散電源の既存系統に与える影響を以下の指標により評価する.

(1) 経済性指標

最適潮流計算の結果,オンライン運用の対象となるすべての発電機の有効電力配分が決まる.そのときの燃料費は式(14.1)より直接求まる.送電損失については,有効電力の損失のみ考えることにすると,有効発電出力の総和と総需要の差が,有効送電損失を示している.分散電源を系統の異なる地点に接続することによる,総燃料費と送電損失の値により,それぞれの分散電源の経済性を評価することができる.なお,分散電源発電機自体の出力および燃料費は市場の需要により変動するので,経済性評価の対象外としている.

(2) 環境影響指標

系統に接続された発電機のうち火力機については,硫黄酸化物(SO_x)および窒素酸化物(NO_x)の排出量は発電機有効電力出力の関数によって計算できるので,これらの値から系統全体の環境への影響が評価できる.

火力機からの硫黄酸化物の排出量は,以下の式で計算できる.

$$E_{Sk}(P_{Gk}) = a_{Sk} P_{Gk}^2 + b_{Sk} P_{Gk} + c_{Sk} \tag{14.11}$$

ここで,P_{Gk} は k 番目の発電機の有効電力出力,a_{sk},b_{sk},c_{sk} は硫黄酸化物排出量関数のそれぞれ,2次,1次の係数および定数である.

この式は燃料費の計算式(14.1)と同じ形であるが,当然ながら係数の値は異なっている.また,窒素酸化物の排出量は以下の式で計算できる.

$$E_{Nk}(P_{Gk}) = (b_{Nk} P_{Gk} + c_{Nk}) \times H_k(P_{Gk}) \tag{14.12}$$

ここで,$H_k(P_{Gk})$ は k 番目の発電機の熱効率関数,b_{Nk},c_{Nk} は窒素酸化物排気量関数のそれぞれ,1次の係数および定数である.

なお,熱効率関数は以下の式で与えられ,

$$H_k(P_{Gk}) = a_{Hk} P_{Gk}^2 + b_{Hk} P_{Gk} + c_{Hk} \tag{14.13}$$

この式を使うと,たとえば,式(14.1)は以下のように書き換えることができる.

$$F(P_G) = \sum_{k=1}^{N_G}[FC \times H_k(P_{Gk})] \tag{14.14}$$

(3) 系統混雑度指標

　分散電源の導入により系統内の電力潮流の経路が変化する．潮流が特定の送電経路で増加すると，これらの送電経路の潮流余裕は減少する．反対に，分散電源が負荷側に接続された場合は，送電経路の潮流は減少する可能性がある．

　そこで，ここでは系統混雑度指標を有効電力の送電容量により，送電経路ごとに定義する．母線 i と j を結ぶ送電経路の負荷率 R_{ij} を以下のように定義する．

$$R_{ij} = P_{ij}/P_{ij}^{\max} \tag{14.15}$$

負荷率が1.0 であると，この送電経路は容量いっぱいに潮流が流れていることになり，たとえば託送などによる新たな潮流を上乗せすることはできない．しかし，負荷率が1.0以下であると，ある程度，送電容量の余裕があることになる．

(4) 信頼度指標

　一般に電力系統は一つの送電経路が予期せず停止した場合にも，ただちに系統に過負荷が生じないように運用されている．したがって，ある系統の信頼度は，送電経路が1回線事故によって遮断されたとき（いわゆる $n-1$ セキュリティ）の負荷率を計算することにより測ることができる．もし，ある送電経路の1回線事故によっても，系統に過負荷が発生しないか，発生しても潮流の緊急制御により解消できる範囲ならば，その系統は信頼度が高いといえる．

(5) 電圧分布指標

　AC 法潮流計算もしくは最適潮流計算から直接，母線電圧の分布と無効電力の潮流を求めることができる．得られた電圧を各母線の上下限値と較べることで，電圧の制御余裕 $\varDelta V$ を求めることができるので，この値を電圧分布指標として用いる．ここでは，母線 i の $\varDelta V$ を以下のように定義する．

$$\varDelta V_i = \mathrm{Min}[(V_i - V_i^{\min}), (V_i^{\max} - V_i)] \tag{14.16}$$

系統のある地点に分散電源を導入したことにより，電圧制御余裕が減少するならば，分散電源をその地点に導入することは望ましくないことになり，反対に，系統が重負荷になった場合も，分散電源があることで，その母線の電圧がよい値に保たれるならば，分散電源の導入は価値のあることと判断できる．

14.3　ファジィ指標による総合評価

　物理量の異なる各種指標を横ならびに評価するために，区分線形メンバーシップ関

数により定義されるファジィ集合を導入する．このファジィ集合はOPF計算によって得られる典型的なデータに基づいて，分散電源の満足度を表現する．ここでいう"満足度"とは，各種物理量の指標が目標を満たす度合いを示す．たとえば，ある指標が意思決定者にとって完全に満足できる値であれば満足度は1，逆に許容できない値であれば満足度は0となる．指標がその中間にあるときは，0から1の間の連続な値で満足度が表される．以下の定義では，ある指標がファジィ集合に属する度合い（メンバーシップ値）は，その属性評価における満足度と解釈できる．ファジィ集合をすべての評価指標について定義することにより，電圧などの物理値をもとに横ならび評価を行うことができる．

14.3.1 送電損失

分散電源導入後の系統全体の効率を評価するためのファジィ集合として，以下のようなメンバーシップ関数を定義する．

$$\mu_E = \mathrm{Min}\left[1, \mathrm{Max}\left\{0, \frac{L^{\max}-L}{L^{\max}-L^{\min}}\right\}\right] \tag{14.17}$$

Lは対象電力系統の総有効電力損失を示す．$L^{\min}$と$L^{\max}$はそれぞれ最小（最も望ましい）損失値と最大（最も許容しにくい）損失値を示す．実際の損失が$L^{\min}$より小さい場合は最も望ましく，最も満足な指標（$\mu_L=1$）が得られる．効率評価指標（効率の望ましい集合の一部であるメンバーシップの度合い）は全体の損失が増加するにつれて減少する．Lが$L^{\max}$に等しくもしくはそれ以上になった場合，そのような損失は認められず，評価は不満足な指標（$\mu_L=0$）が得られる．図14.1に効率評価のために$L^{\min}$と$L^{\max}$で定義されたファジィ集合を示す．

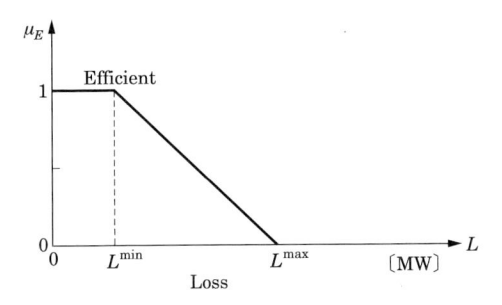

図14.1 効率評価のファジィ集合

14.3.2 環境影響

硫黄酸化物(SO_x)および窒素酸化物(NO_x)排出物を評価するためのファジィ集合として,次のようなメンバーシップ関数を定義する.

$$\mu_{SO_x} = \text{Min}\left[1, \text{Max}\left\{0, \frac{S^{\max}-S}{S^{\max}-S^{\min}}\right\}\right] \tag{14.18}$$

上式で S は対象電力系統の総 $SO_x(NO_x)$ 排出量を示す.$S^{\min}$ と $S^{\max}$ はそれぞれ最小(最も望ましい)排出量と最大(最も許容しにくい)排出量を示す.実際の排出量が $S^{\min}$ より小さい場合は最も望ましく,最も満足な指標(すなわち $\mu_{S(N)}=1$)が得られる.環境評価指標(環境汚染物質排出量の望ましい集合の一部であるメンバーシップの度合い)は全体の排出量が増加するにつれて減少する.S が $S^{\max}$ に等しくもしくはそれ以上になった場合,そのような損失は認められず,評価は不満足な指標(すなわち $\mu_{S(N)}=0$)が得られる.排出量評価のためのファジィ集合は図 14.1 と同様の形になる.

14.3.3 系統混雑度

以下のように負荷率 R_k で定義されるファジィ集合を用いて送電経路混雑度を評価する.

$$\mu_{R_k} = \text{Min}\left[1, \text{Max}\left\{0, \frac{R^{\max}-R_k}{R^{\max}-R^{\min}}\right\}\right] \tag{14.19}$$

$$k = 1, 2, \cdots, N_B \quad (N_B:送電線数)$$

式(14.19)には $M_k^{\min}$ と $R_k^{\max}$ の二つのしきい値が存在する.もし,負荷率が $R_k^{\min}$ 以下の場合,負荷率の増加は問題とはならず,少なくとも系統運用者が同意できる範囲である.負荷率 R_k が増加するにつれて,混雑度指標 μ_{Rk} は減少する.そして $R_k^{\max}$ に達するとこの値を超えた過負荷はもはや受け入れられない($\mu_{Rk}=0$),もしくは送電経路が完全に混雑していることになる.$R_k^{\min}$ と $R_k^{\max}$ の値は送電系統運用者の決定に依存している.

14.3.4 系統信頼度

信頼度のファジィ集合については,混雑度とまったく同様の関数が定義できる.しかし,送電線の $n-1$ 事故時の負荷率を考慮するという点だけが異なる.当然のことながら望ましいまたは許容できる負荷率は混雑度評価の $R_k^{\min}$ や $R_k^{\max}$ とは異なる値となる.

14.3.5 電圧分布

分散電源の電圧分布への貢献として，通常電圧の範囲を表現するファジィ集合を用いて電圧指標を以下のように定義する．

$$\mu v_i = \text{Min}\left[1, \text{Max}\left\{0, \frac{V_b - |v_m - v_i|}{v_b - v_d}\right\}\right] \quad (14.20)$$

$$k = 1, 2, \cdots, N \quad (N：母線数)$$

母線 i での電圧 V_i が不感帯のなかにあれば，$\mu_{V_i}=1$ となる．μ_{V_i} の値は V_i が上下限に近づくにつれて減少し，最終的に限界値を超えると許容できなくなる($\mu_{V_i}=0$)．図 14.2 に電圧分布評価のファジィ集合を示す．

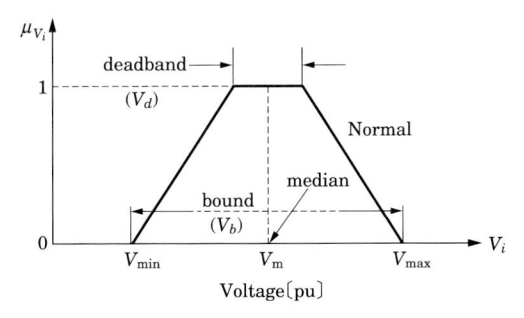

図 14.2 効率評価のファジィ集合

14.3.6 総合評価

属性により異なる分散電源を総合的に評価するために，信頼度や電圧分布などの特定の属性について定義された評価指標を集約しなければならない．一つの方法として以下の式のような Bellman-Zadeh の最大化決定法が考えられる[6]．

$$\mu_A = \text{Max}[\text{Min}\{\mu_i\}] \quad i \in A \quad (14.21)$$

ここで，μ_A は総合評価指標を表し，A は評価指標の全体集合を表す．

最大化決定法のポイントは，メンバーシップ関数によって表される評価指標の最小値を考慮して，その最小値を最大化するようなオプションを最適として選択することにある．その他の統合化手法としては，全指標の平均値あるいは積をとるという方法がある．このように無次元化した指標により，経済指標だけに頼ることなく，規制緩和下での最適な分散電源を選択することができる．

14.4 適用事例

14.4.1 モデル系統と設定

　モデル系統としては，図 14.3 に示す IEEE 標準 30 母線系統を用い，若干の実用的変更を加えている．母線 5 にある同期調相機は発電機に変更している．また，分散電源の電圧無効電力の影響を調べるために，変圧器タップ比はすべて 1.0 に固定されている．系統の総需要は 283 MW である．分散電源の出力は既知とし 20 MW に固定されている．また，分散電源発電機力率は，0.95(遅れ) で固定している．

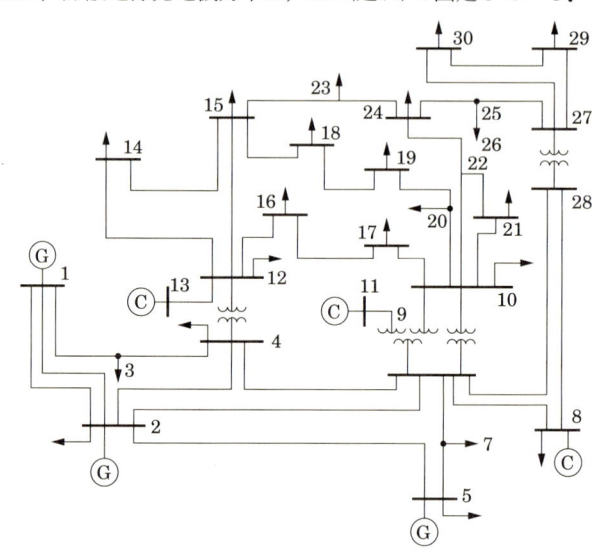

図 14.3　IEEE 標準 30 母線系統

14.4.2 評価シミュレーション(1)：託送なしの場合

(1) 送電損失

　表 14.1 に異なる分散電源による送電損失の比較を示す．当然のことながら，分散電源が負荷中心へ近づくにつれて送電損失は減少する．損失の最小値と最大値を比較して，$L^{\min}=5$ MW，$L^{\max}=7$ MW と設定し，以下の表の μ_E 列の値を得た．なお，以下の表中，$G_1 \sim G_3$ は既存系統の発電機；分散電源は簡単のため IPP で表した．

(2) 環境影響

　本章で考慮されている分散電源は，表 14.2 に示すように異なる燃料を設定してい

14.4 適用事例　385

表 14.1　送電損失と効率指標

分散電源	G_1	G_2	G_3	IPP	総 MW	損失〔MW〕	μ_E
なし	81.0	129.1	80	0.0	290.1	6.70	0.150
母線 8	68.7	120.2	80	20.0	288.9	5.46	0.770
母線 15	68.5	120.2	80	20.0	288.7	5.33	0.835
母線 21	68.6	120.1	80	20.0	288.7	5.31	0.845
母線 24	68.5	120.1	80	20.0	288.6	5.17	0.915
母線 30	68.7	120.1	80	20.0	288.7	5.34	0.830
Max	81.0	120.2	80	20.0	290.1	6.70	0.915
Min	68.5	120.1	80	20.0	288.6	5.17	0.150
単位	MW	MW	MW	MW	MW	MW	--

表 14.2　設定発電機

ケース	G_1	G_2	G_3	IPP-1	IPP-2	IPP-3	IPP-4	IPP-5
母線	1	2	5	8	15	21	24	30
燃料種別	石炭	石油	ガス	水力	石炭	石油	ガス	ガス

表 14.3　SO_x と NO_x 排出にもとづく環境影響指標

分散電源	総 SO_x	総 NO_x	μ_{SO_x}	μ_{NO_x}
なし	2880	3839	0.040	0.086
母線 8	2458	3250	0.884	0.929
母線 15	2674	3421	0.452	0.685
母線 21	2601	3333	0.598	0.810
母線 24	2452	3301	0.895	0.856
母線 30	2456	3305	0.888	0.850
Max	2880	3839	0.895	0.929
Min	2452	3250	0.040	0.086
単位	〔kg/h〕	〔kg/h〕	--	--

る．火力発電機については電気出力をもとに環境汚染物質の排出量を計算している．計算結果を表 14.3 に示す．環境排出量の最大値と最小値を比較して，SO_x 排出指標については $S^{min}=24000$ kg/h, $S^{max}=2900$ kg/h, と設定した．同様に NO_x 排出指標については $N^{min}=3200$ kg/h, $N^{max}=3900$ kg/h と設定した．当然のことながら，水力発電機は環境排出ガスがなく，天然ガスについては SO_x 排出はほぼ無視できる．しかしながら，これらの発電機は系統の送電損失を通じて他の発電機の環境指標に影響する．

(3) 系統混雑度

系統混雑度は送電線負荷率によって評価される．負荷率は送電線容量とその潮流か

表14.4 送電線潮流 (MW)

分散電源	線路 1-2	線路 1-3	線路 2-5	線路 2-6	線路 4-6
なし	36.5	47.5	37.8	56.7	42.1
母線 8	31.5	41.8	34.8	49.5	33.1
母線 15	31.8	41.1	35.2	50.5	41.4
母線 21	31.7	41.4	35	50	37.3
母線 24	31.6	41.3	35	50	37.8
母線 30	31.6	41.6	34.9	49.8	35
線路容量	60	50	50	65	60

表14.5 混雑度指標

分散電源	線路 1-2	線路 1-3	線路 2-5	線路 2-6	線路 4-6	Min
なし	1.000	0.2	0.976	0.511	1.000	0.200
母線 8	1.000	0.656	1.000	0.954	1.000	0.656
母線 15	1.000	0.712	1.000	0.892	1.000	0.712
母線 21	1.000	0.688	1.000	0.923	1.000	0.688
母線 24	1.000	0.696	1.000	0.923	1.000	0.696
母線 30	1.000	0.672	1.000	0.935	1.000	0.672
Max	1.000	0.712	1.000	0.954	1.000	0.712

ら計算される．表14.4に主要送電線(132 kV)の潮流を示す．負荷率は分散電源の位置により，52.5％から95％の範囲で変化する．そこで混雑度指標の評価指標として，$R_k^{min}=0.75$, $R_k^{max}=1.0$ と設定した．表14.5に混雑度指標を示す．高い数値がよりよい評価を表している(すなわちより大きな送電線容量が利用可能)．

(4) 系統信頼度

信頼度解析のために，モデル系統において上位送電線(132 kV)の事故を1箇所設定する．送電線を開放し，交流法潮流計算を用いて，残りの主要送電線の潮流を計算する．送電線系統の信頼度は，負荷率を用いて評価される．しかしながら，$(n-1)$事故時においては，送電線の過負荷が問題なので，信頼度指標として $R_k^{min}=1.1$, $R_k^{max}=1.4$ と設定した．表14.6に異なる分散電源の接続位置における信頼度指標を示す．

(5) 電圧分布

電圧指標については，$V_m=1.0$ pu, $V_d=0.05$ pu, $V_b=0.1$ pu と設定した．図14.4に定常条件下での母線電圧評価の比較を示す．$(n-1)$事故想定時においても電圧はすべて制約値内だった．

14.4 適 用 事 例

表 14.6 信頼度指標
(a) 分散電源なし

事故線路	線路 1-2	線路 1-3	線路 2-5	線路 2-6	線路 4-6
線路 1-2	--	0.0533	1.000	1.000	1.000
線路 1-3	0.517	--	1.000	0.851	1.000
線路 2-5	1.000	0.92	--	0.867	1.000
線路 2-6	1.000	0.34	1.000	--	0.2
線路 4-6	1.000	1.000	1.000	0.621	--
Min	0.517	0.053	1.000	0.621	0.2

(b) 母線 8 に接続

事故線路	線路 1-2	線路 1-3	線路 2-5	線路 2-6	線路 4-6
線路 1-2	--	0.713	1.000	1.000	1.000
線路 1-3	1.000	--	1.000	1.000	1.000
線路 2-5	1.000	1.000	--	1.000	1.000
線路 2-6	1.000	0.880	1.000	--	1.000
線路 4-6	1.000	1.000	1.000	1.000	--
Min	1.000	0.713	1.000	1.000	1.000

(c) 母線 15 に接続

事故線路	線路 1-2	線路 1-3	線路 2-5	線路 2-6	線路 4-6
線路 1-2	--	0.713	1.000	1.000	1.000
線路 1-3	1.000	--	1.000	1.000	1.000
線路 2-5	1.000	1.000	--	1.000	1.000
線路 2-6	1.000	0.9	1.000	--	0.522
線路 4-6	1.000	1.000	1.000	0.974	--
Min	1.000	0.713	1.000	0.974	0.522

(d) 母線 21 に接続

事故線路	線路 1-2	線路 1-3	線路 2-5	線路 2-6	線路 4-6
線路 1-2	--	0.713	1.000	1.000	1.000
線路 1-3	1.000	--	1.000	1.000	1.000
線路 2-5	1.000	1.000	--	1.000	1.000
線路 2-6	1.000	0.893	1.000		0.738
線路 4-6	1.000	1.000	1.000	1.000	--
Min	1.000	0.713	1.000	1.000	0.738

(e) 母線 24 に接続

事故線路	線路 1-2	線路 1-3	線路 2-5	線路 2-6	線路 4-6
線路 1-2	--	0.720	1.000	1.000	1.000
線路 1-3	1.000	--	1.000	1.000	1.000
線路 2-5	1.000	1.000	--	1.000	1.000
線路 2-6	1.000	0.893	1.000	--	0.722
線路 4-6	1.000	1.000	1.000	1.000	--
Min	1.000	0.720	1.000	1.000	0.722

(f) 母線 30 に接続

分散電源	線路 1-2	線路 1-3	線路 2-5	線路 2-6	線路 4-6
線路 1-2	--	0.707	1.000	1.000	1.000
線路 1-3	1.000	--	1.000	1.000	1.000
線路 2-5	1.000	1.000	--	1.000	1.000
線路 2-6	1.000	0.886	1.000	--	0.872
線路 4-6	1.000	1.000	1.000	1.000	--
Min	1.000	0.707	1.000	1.000	0.872

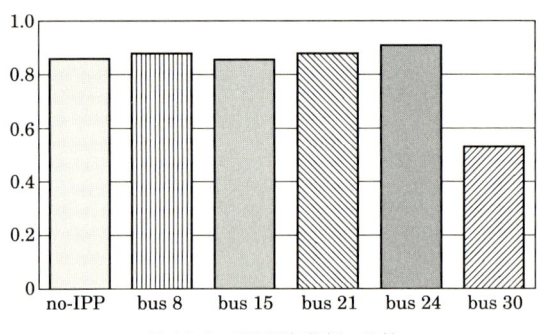

図 14.4　電源評価指標の比較

(6) 総合評価

電力系統の異なる位置への分散電源接続を総合評価するため，最大化決定法を用いて評価指標を集約する．たとえば，信頼度評価の場合は複数のケースが考えられる．最大化決定法を適用すれば，はじめに各ケースにおいて最小の評価指標をとる，たとえば信頼性指標の場合 $S=\{0.053, 0.713, 0.522, 0.713, 0.720, 0.707\}$ となる．ここで S は信頼性指標の集合を表す．次にその中から最大値を選び，母線 24 に位置する分散電源が最大の信頼度指標(0.720)をもつと判断する．すべての評価指標について同様の手順を行うことにより，表 14.7 に示すような総合評価指標が得られる．今回の設定で

表 14.7 総合評価指標

分散電源	送電損失	SO$_x$	NO$_x$	混雑度	信頼度	電圧分布	Min
なし	0.150	0.040	0.090	0.200	0.053	0.855	0.04
母線 8	0.770	0.884	0.929	0.656	0.713	0.864	0.656
母線 15	0.835	0.452	0.685	0.712	0.522	0.852	0.452
母線 21	0.845	0.598	0.810	0.688	0.713	0.879	0.598
母線 24	0.915	0.895	0.856	0.696	0.720	0.897	0.696
母線 30	0.830	0.888	0.850	0.672	0.707	0.511	0.511
Max	0.915	0.895	0.929	0.712	0.720	0.897	0.696

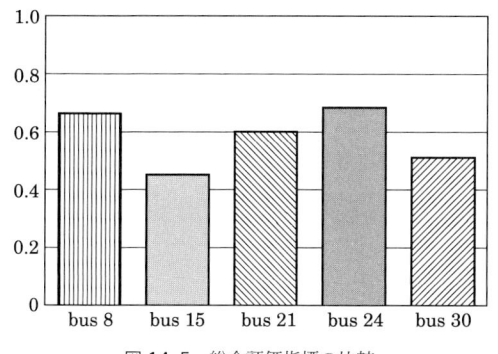

図 14.5 総合評価指標の比較

は，母線 24 に位置する分散電源が総合指標最大となり，総合的に最も望ましいということがわかる．図 14.5 に総合評価の比較を示す．

(7) 検 討

ファジィ集合を用いることにより自由度をもった意思決定，ここでは分散電源の順序づけを行うことができた．こうした分散電源評価方法により，電力系統運用計画決定にさまざまな条件を反映させることができる．ときには，これらの条件は明確に定義されておらず，また評価基準も当事者により異なることがある．多属性評価のためのファジィ集合の定義により，これら指向の相違を供給者・需要家・系統運用者にとって明示的で望ましい系統運用へと導くことができる．

ところでファジィ集合の定義を変えると，評価指標は変化する．たとえば，混雑度の評価と電圧分布の評価において，より寛容な指向をとって，混雑度において $R^{min}=0.80$（より重負荷の送電線を許容する），電圧分布において $V_d=0.08$（より広い範囲の変化を許容する）と設定することができる．表 14.8 に新しい設定値による評価結果を示す．

総合順位に変化はないが，混雑度の評価値が上がったため，母線 8 の分散電源（IPP

390   第 14 章 分散電源の系統計画への影響評価

表 14.8 混雑度と電圧分布について異なる基準を用いた総合評価指標

分散電源	送電損失	SOx	NOx	混雑度	信頼度	電圧分布	Min
なし	0.15	0.04	0.086	0.250	0.053	1.000	0.040
母線 8	0.77	0.884	0.928	0.820	0.713	1.000	0.713
母線 15	0.835	0.452	0.685	0.890	0.522	1.000	0.452
母線 21	0.845	0.598	0.810	0.860	0.713	1.000	0.598
母線 24	0.915	0.895	0.856	0.870	0.720	1.000	0.720
母線 30	0.83	0.888	0.850	0.840	0.707	0.638	0.638
Max	0.915	0.895	0.928	0.890	0.720	1.000	0.720

-1) に関する総合評価が母線 24 の電源(IPP-4)に接近している．一方，母線 30 に位置する(最も既存電源から離れている)電源の評価はあまりよくない．これは力率一定運転によるもので，母線に無効電力を供給しすぎているため，母線電圧を過剰に上昇させる結果になっている．

14.4.3 評価シミュレーション(2)：託送がある場合

電力系統での託送取引の性能を評価する方法としては，供給者(分散電源)と需要家(託送負荷)の位置(接続母線)をそれぞれ変更しながら，いくつかの組み合わせを作成し，最適潮流計算(OPF)シミュレーションを対象の電力系統に反復して適用する．

託送契約は各シミュレーションごとに一つだけ想定する．電圧など，各種系統条件を得るために交流法最適潮流計算を適用する．最適化のプロセスでは，全体の既存(負荷配分可能)火力プラントの燃料コストを最小化する[5]．ただし，分散電源の発電出力は経済的目標により独立に決定されると仮定しているので，既存電力会社によって出力調整を行うことはできないものとする．したがって，分散電源の出力は経済負荷配分に含まれず，一定と仮定する．また，シミュレーションはある時間断面にて行い，負荷の時間変化は考慮していない．有効電力バランス，母線有効・無効電力と電圧の上下限が OPF の制約条件として考慮されている．

託送契約を確立するためには，送電付帯サービス[1]が必要になる可能性がある．その場合のコストは需要家によって支払われるものとすると，需要家は系統運用者からのそのようなサポート費用を最小化するように発電機運用を計画するだろう．送電付帯サービスには送電損失を補償するための有効電力，電圧を維持するための無効電力が含まれる．託送契約は通常運用における系統混雑に影響を及ぼす．そのため，以下では送電損失，電圧分布，混雑度を評価する．

モデル系統としては，前節と同じ IEEE 標準 30 母線系統を用いる．託送契約は(分散電源の出力と需要家の負荷の組合せ)は既知とし 30 MW に固定している．その他

の条件は前節と同じにした．

五つの分散電源(供給者)と三つの需要家(需要家)について，さまざまな接続可能地点(全 15 ケース)を選んだ．分散電源の位置は主に系統の 2 次側(33 kV)に選んでいる．一方，需要家の位置は 2 次側のみである．異なる分散電源と負荷の組み合わせごとに最適潮流計算(OPF)を反復して適用する．これらの結果をもとに，すべての母線電圧と送電線潮流が得られる．各需要家にとって，五つの託送契約を次項以降の指標により比較する．

(1) 送電損失

表 14.9 に異なる分散電源供給者による託送契約の比較を示す．損失の最大値と最小値より，$L^{min}=7$ MW，$L^{max}=16$ MW 設定し，下のようなファジィ指標を得た．図 14.6 に効率指標の比較を示す．

表 14.9 送電損失と効率指標

電源／需要	送電損失(MW)			効率指標		
	母線 16	母線 19	母線 29	母線 16	母線 19	母線 29
母線 8	7.29	8.76	12.70	0.968	0.804	0.367
母線 15	7.29	8.17	12.80	0.968	0.870	0.356
母線 21	7.26	8.51	12.88	0.971	0.832	0.347
母線 24	7.30	8.36	12.01	0.967	0.849	0.443
母線 30	8.22	9.55	7.98	0.864	0.717	0.891

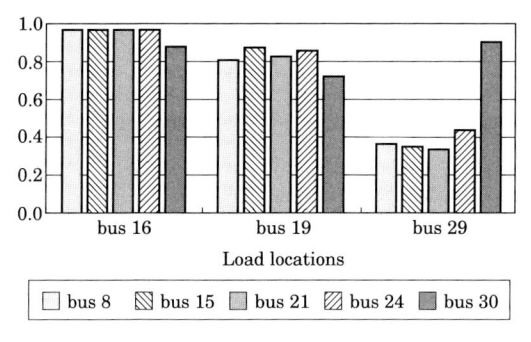

図 14.6 効率指標

(2) 系統混雑度

混雑度の指標を計算するために，すべての k について $R_k^{min}=0.75$，$R_k^{max}=1.0$ と任意に設定した．それぞれの分散電源と需要の組み合わせで，最小指標(最大負荷率)の送電線を選択した．表 14.10 に計算された混雑度指標を示す．ただし大きな値がより

表 14.10 最大負荷率と混雑度指標

電源／需要	最大負荷率			混雑度指標		
	母線 16	母線 19	母線 29	母線 16	母線 19	母線 29
母線 8	81%	105%	113%	0.620	0.000	0.000
母線 15	90%	83%	112%	0.321	0.553	0.000
母線 21	94%	112%	112%	0.188	0.000	0.000
母線 24	86%	103%	111%	0.476	0.000	0.000
母線 30	83%	104%	59%	0.576	0.000	1.000

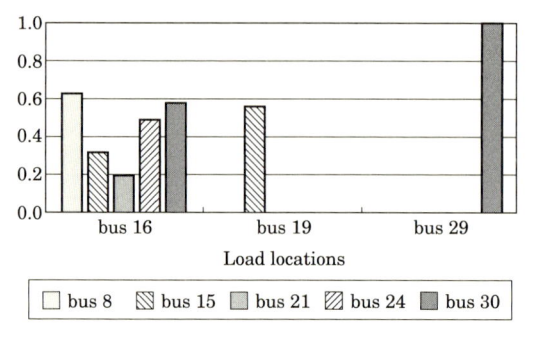

図 14.7 混雑度指標

よい結果(多くの送電容量が利用可能)を示している．図14.7に混雑度指標の比較を示す．

(3) 電圧分布

① **母線全体** ここでは，$V_m=1.0$ pu，$V_d=0.05$ pu，$V_b=0.1$ pu と設定した．表14.11に計算された電圧指標を示す．図14.8に電圧指標の比較を示す．

② **分散電源接続母線の電圧** 前節と同様に，$V_m=1.0$ pu，$\Delta V_d=0.05$ pu，$\Delta V_b=0.1$ pu と設定した．表14.12に計算された電圧指標を示す．図14.9に電圧指標の比較を示す．

表 14.11 電圧指標(母線全体)

電源／需要	最大逸脱母線電圧			電圧指標		
	母線 16	母線 19	母線 29	母線 16	母線 19	母線 29
母線 8	1.066	0.926	0.761	0.455	0.351	0.000
母線 15	1.078	1.074	0.774	0.288	0.343	0.000
母線 21	1.082	1.081	0.774	0.240	0.259	0.000
母線 24	1.081	1.077	0.793	0.256	0.312	0.000
母線 30	1.090	1.087	1.080	0.132	0.169	0.261

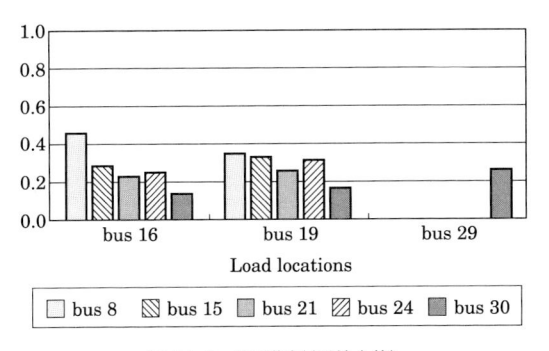

図 14.8 電圧指標（母線全体）

表 14.12 電圧指標（分散電源接続母線）

電源／需要	最大逸脱母線電圧			電圧指標		
	母線 16	母線 19	母線 29	母線 16	母線 19	母線 29
母線 8	0.955	0.952	0.792	0.739	0.693	0.000
母線 15	0.965	0.962	0.803	0.865	0.829	0.000
母線 21	0.965	0.962	0.804	0.863	0.829	0.000
母線 24	1.032	0.973	0.822	0.907	0.968	0.000
母線 30	1.090	1.087	1.014	0.132	0.169	1.000

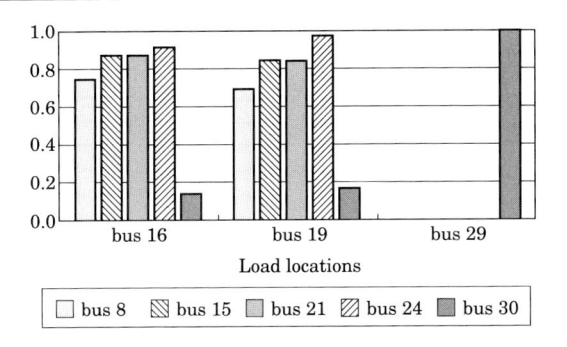

図 14.9 電圧指標（分散電源接続母線）

（4）総合評価

各指標についてファジィ・メンバーシップ関数により表現された値を，以下のような3種類の方法により集約して，総合評価を行う．

・全指標の最小値（min）
・全指標の平均値（average）

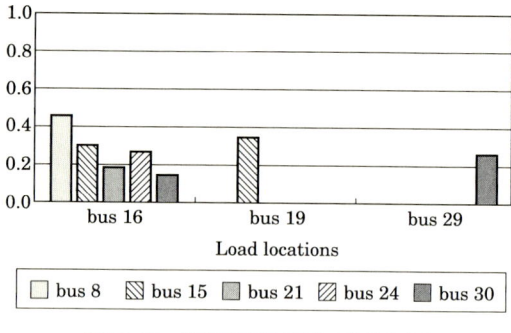

394　第 14 章　分散電源の系統計画への影響評価

図 14.10　分散電源(供給者)の比較(min)

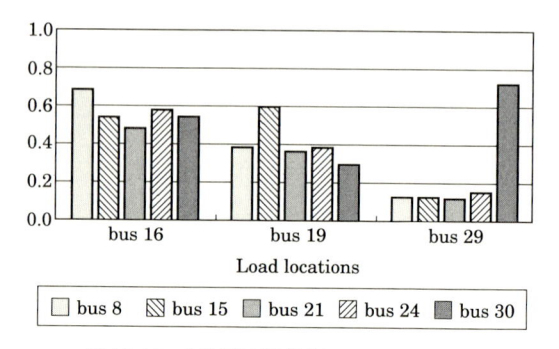

図 14.11　分散電源(供給者)の比較(average)

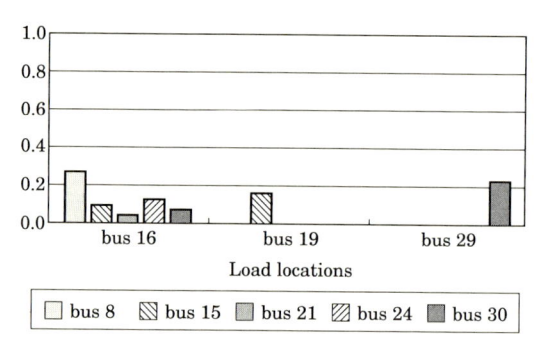

図 14.12　分散電源(供給者)の比較(product)

・全指標の積(product)

ただし,電圧分布については分散電源母線のみについてでなく,母線全体での評価を指標として用いている。以下の図 14.10〜14.12 に 3 種類の方法による負荷(需要

家)の見地からの分散電源(供給者)の比較を示す．燃料価格以外に潜在的分散電源の優劣を比較している．

　上記三つのグラフは(ファジィ集合により)無次元化した指標をもとにしているので，大きな値ほど望ましい分散電源という形で表現されている．したがってどの手法においても，需要が母線 16 にある場合は母線 8 の分散電源，需要が母線 19 にある場合は母線 15 の分散電源，需要が母線 29 にある場合は母線 30 の分散電源が，それぞれ最も好ましいという結果を得ている．よって最適な分散電源を唯一決定する場合は，3 手法にあまり差異はない．ただし，次点の分散電源の選択は手法により異なるので，複数の最適分散電源を決定する場合は，手法の適用に注意が必要である．

14.5 考　察

　既存電力系統に接続する分散電源について，ファジィ集合論に基づく評価手法を紹介した．この手法では送電線潮流，母線電圧等の最適潮流計算の出力データはメンバーシップ関数により 0 から 1 の無次元の値に変換される．物理量の異なる各種の評価指標を満足度指標(メンバーシップ値)に変換したあと，Bellman-Zadeh の最大化決定法により評価指標を総合集約し，経済性以外の視点で多面的に最適分散電源を評価することができる．

　本章で紹介した多属性指標による方法は，意思決定者(既存系統の系統計画運用者)が分散電源の総合的な影響を評価する場合に利用できる．また，この方法はファジィ集合により評価指標を定義しているので，意思決定者の多様な指向を明示的に反映できる融通性がある．

　また，本章では，分散電源による託送取引の影響を評価するために，送電線潮流や母線電圧などの最適潮流計算結果を比較のために使用した．これらの値を使って，経済指標以外の多属性指標により需要家にとって最も望ましい分散電源を選択することができる．送電線損失補償や電圧維持などの送電付帯サービスに費用が伴う場合には，需要家にとって総費用を最小化するという目標は系統運用者の費用最小化目標と同一になる．ここで紹介した多属性アプローチは，託送契約の総合的影響を評価する際において意思決定者(系統運用者や託送契約者)を支援することができる．

参 考 文 献

1) S. Hunt : Unlocking the Grid, *IEEE Spectrum*, **33**, 7, pp. 20-25, July 1996.

2) A. F. Vojdani, C. F. Imparato, N. K. Saini, B. F. Wollenberg, and H. H. Happ : Transmission Access Issues, *IEEE Trans. on Power Syst.*, **11**, 1, Feb, 1996.

3) S. Ayasun and R. Fischl : On the Region-Wise Analysis of Available Transfer Capability, Proceedings of 1997 North American Power Symposium, pp. 464-470, October 1997.

4) S. Banales and M. Ilic : On the Role and Value of Voltage Support in a Deregulated Power Industry, *ibid.*, pp. 471-478.

5) A. J. Wood and B. F. Wollenberg : Power generation, Operation, and Control, 2nd ed., John Wiley, 1996.

6) M. Sakawa : Fuzzy sets and Interactive multiobjective optimization, Plenum Press, 1993.

第 15 章

電力自由化の今後の展望

15.1 わが国における電力自由化の動向

15.1.1 部分自由化の採用

　電気事業審議会基本政策部会から，1997年7月に，日本型電力小売自由化というべき"部分自由化"が打ち出された．これは，電圧2万Vおよび2000 kW以上の大口需要家のみを対象とした小売市場の自由化であり，このような大口需要であれば電力会社にとっては給電指令や監視が及ぶ範囲であり，一方，需要家にとっては価格交渉が可能なことが理由である．1995年12月に施行された卸電気事業の自由化とあいまって，大口需要家は，従来の区域内電気事業者のみならず，区域内外の新規発電事業者および電気事業者からの電力購入が可能となり，また，電力供給に参入しようとする

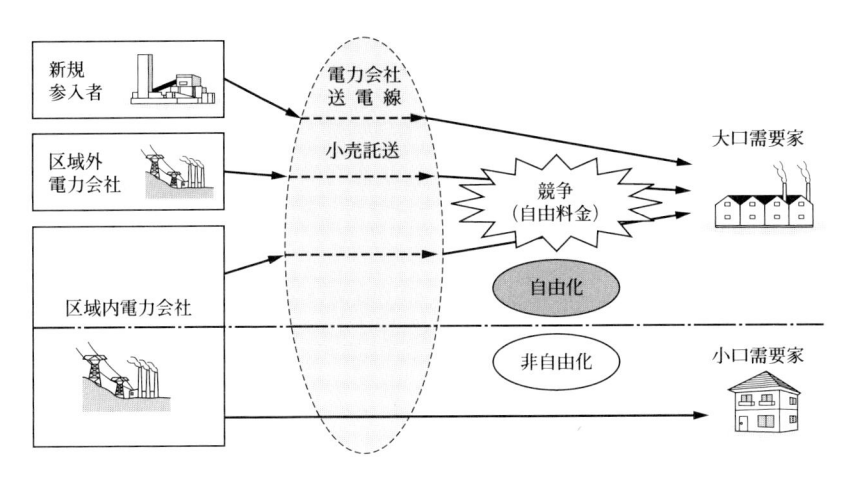

図 15.1 新規参入事業者の電源調達

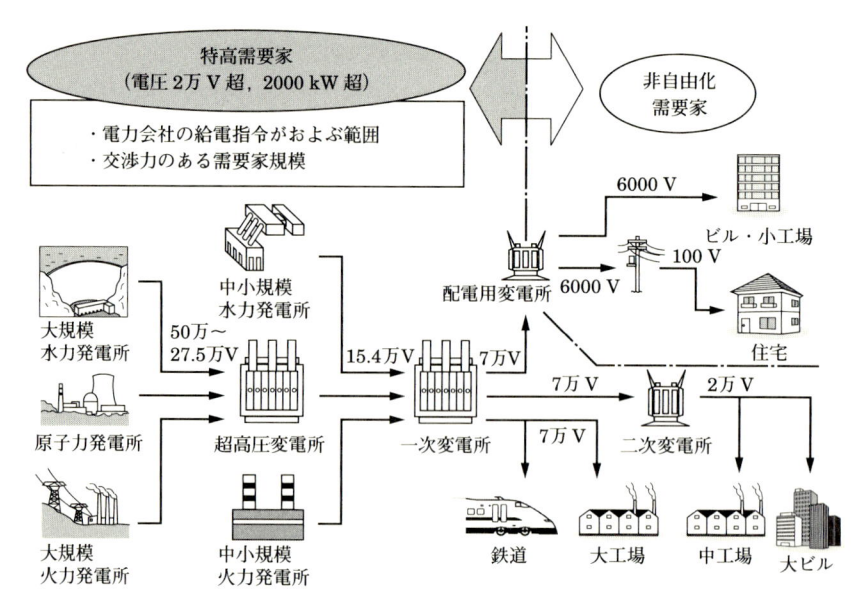

図 15.2　部分自由化の需要家範囲

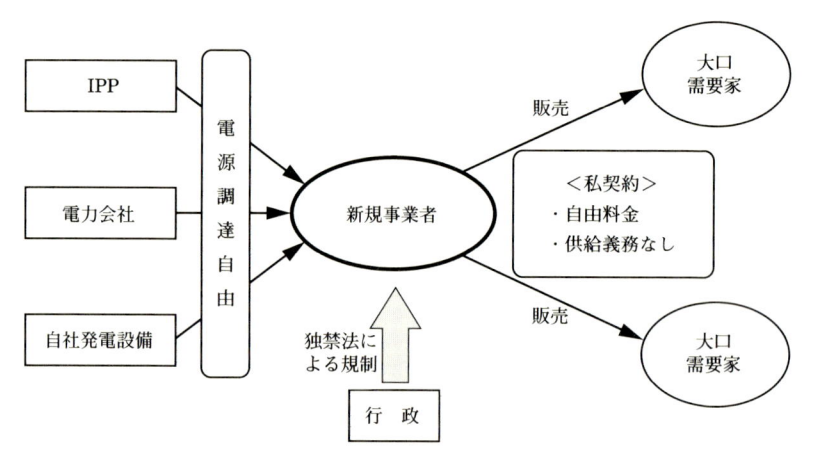

図 15.3　特高需要家の電力購入先の選択

事業者にとっては自社保有の発電設備からのみならず他発電事業者や区域内外の電気事業者からの電源調達も可能となった(図 15.1, 15.2, 15.3 参照)。

15.1.2　電力自由化の効果の検証

　今回選択された電力供給形態以外にも欧米で実施されている"全面自由化"や"電力プール"のオプションもあった．しかし，全面小売自由化をいち早く打ち出したアメリカ・カリフォルニア州の例をみると，施行2年を経過した現在，需要家数で約20%(電力量で30%)もの大口需要家が既存の電力会社から多の小売電気事業者へ契約を変更しているのに対し，家庭など小口需要家の契約変更はほんの数パーセントにとどまっている．大口需要家は高電圧送電系に接続されているため，託送料金が相対的に安くかつ取引量が大きいことから，新規参入供給事業者にとって顧客獲得に魅力があることの表れであろう．

　この分野が最も既存電気事業者と新規参入者との競争が活発化し，ひいては価格低下をもたらすのであれば，今回のわが国の選択は正しいといえよう．また，イギリスが実施してきた"電力プール"に関しては，わが国では時期尚早との決断が下された．これに関しイギリスの現状，すなわち，電気事業規制当局が，1997年11月から現行のプール制度の見直しに着手し，プール制度に代わる新しい電力供給体制の全面改革案を発表したことに注目する必要があろう．

　導入から9年間運用されてきたイギリスの電力プール制度は，旧国有電気事業者が抱えていた非効率性が排除されるなど一定の評価を得ているものの，複雑な価格形成プロセスによる参入障壁，長期供給設備形成の不備，プールプライスと発電コストの乖離，発電事業者と大口需要家の特定契約，プール市場とガス市場との相互干渉など数々の問題点が指摘され，新たな制度見直しに至っている．

　わが国では，今回の部分自由化効果の検証を進め，新たな規制緩和の方向を見極めることとなっているが，先行事例である欧米の電力市場の自由化動向とそこでの課題は，今後のよき指針を与えるものとなろう．

　わが国の電力自由化は，端緒に着いたのみできわめて流動的であるため，ここでは，先駆的な諸外国の電力自由化の将来動向を中心に述べ，わが国に関しては2000年3月に開始された電力自由化の要点のみを示すに留める．

15.1.3　わが国の小売部分自由化における制度整備

　電気事業制度改革において導入された"部分自由化"における競争は，一般電気事業者が維持し運用する送電ネットワークを，一般電気事業者と新規参入者が共に使用して行われる(図15.4参照)．したがって，公正な競争環境を確保するためには，両者が同一の条件によりネットワークを利用できることを担保することが必要不可欠であ

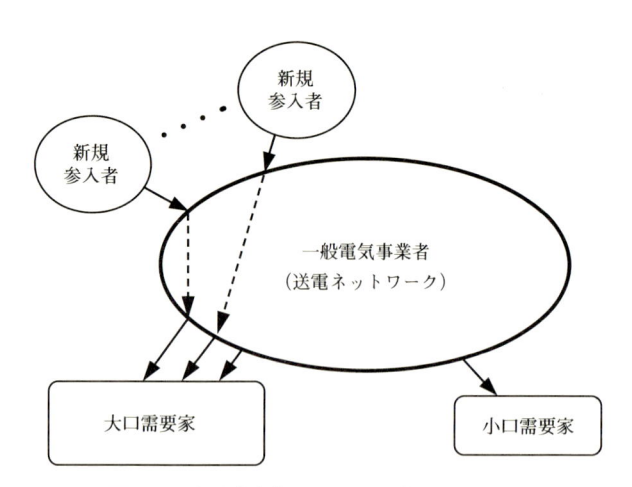

図15.4　部分自由化における送電線ネットワーク

る．このような観点を踏まえ，託送料金算定におけるルール，託送料金の公平性の確保，さらに給電指令などに伴う金銭決済などの制度が整備された．

（1）託送料金算定ルール設定

託送料金費用算定の方法としては，電気通信のような，最も効率的な技術と設備でネットワークを再構築したと仮定した場合に要する費用をモデルとして特定する方式(モデル特定型)および将来における特定の期間を設定し，その期間において発生するであろう費用を推定する方式(推定期間特定型)の二つの方式が考えられる．電気事業の場合は，技術革新による効果よりも，むしろ経営の効率化がコスト低減の主要な要因となっていることから，モデル特定型ではなく，特定期間内における経営効率化による効果を託送料金に反映することが可能な推定期間特定型の方式が採用された．

（2）託送料金の公平性の確保

託送料金の公平性とは，ある自由化対象の需要家に対して区域の電力会社が供給する場合に，仮に自らの発電部門が自らの送電部門に託送を依頼したとして送電部門に支払うべきコストと，区域の電力会社以外の供給者(すなわち，区域内の新規参入者，区域外の電力会社および新規参入者)が供給する場合に区域の電力会社に対して実際に支払う託送料金は，基本的に同じとなるべきということである．そこで，託送料金メニューとしては，二部料金制による基本的な料金を設定した上で，ネットワーク利用状況を踏まえた選択的な料金が設定されるとともに，各電力会社の区域内における潮流改善となる場合には，一定額を割引くエリア制料金が適用された．さらに，複数の区域を経由する際には，これに加え，託送料金の調整を行うゾーン制料金が適用さ

れることになった．したがって，複数のゾーンを経由する場合の託送料金は，ゾーン間の潮流状況の改善に資する場合には，一定のメリットが付与されるという特徴がある．

(3) 給電指令などに伴う金銭決済と公平性

給電指令などに伴う金銭決済については，改正電気事業法において定められている事故時としわとりのためのバックアップの規制が踏襲された．"事故時バックアップ料金"については，取引に継続性があり供給形態としては小売供給に類似したものとなることから，小売における標準メニューと整合的な価格が設定される場合には，公正かつ有効な競争の観点から望ましく，電気事業法上の変更命令が発動される可能性は低い．

一方，小売における標準メニューに比べて不当に高い価格を設定することは，新規参入を阻害するおそれが強いことから，変更命令が発動される．"しわとりバックアップ料金"については，供給形態に応じて，合理的なコストに基づいて設定される場合には，公正かつ有効な競争の観点から望ましく，変更命令が発動される可能性は低い．一方，適切なコストに基づかず，不当に高い価格を設定することは，新規参入を阻害するおそれが強いことから，変更命令が発動される．

15.2 主要諸国における電力自由化の動向

15.2.1 電力市場統合へ向けての諸国の動向

電力市場へ競争導入を進めている国々では，競争導入の程度に違いがあるものの何らかの形で発電市場が自由化されている．ただし，小売市場における競争導入に程度は，国によって大きく異なる(表15.1参照)．最近実施された電力市場の自由化では，北欧諸国，中南米諸国，オーストラリアやアメリカ・カリフォルニア州，マサチューセッツ州のように，小売市場のすべての需要家と対象として競争(全面自由化)を導入する傾向にむかいつつある．

また，国別に適用されている市場自由化モデルを表15.2のように分類することもできる．競争を新規電源に限定する形で，1984年以降にアメリカの多くの州で競争入札(generation bidding)が採用された．

わが国でも1996年より競争入札が非強制的(参入希望者の自由意志で入札可)に導入された．送電系統を所有しない市場参加者，すなわち，発電業者，配電業者，トレーダ，ブローカは送電系統に接続・利用(託送：wheeling, use of system)することに

表 15.1　各国における競争導入程度の進行

競争導入の程度		国　名 (アメリカの場合は州名)
発　電	小売供給	
導　入	すべての需要家	ノルウェー(1991〜) ニュージーランド(1994〜) スウェーデン(1996〜) フィンランド(1997〜) イングランド・ウェールズ(1998〜) スコットランド(1998〜) 北アイルランド(1998〜) アメリカ・カリフォルニア(1998〜) アメリカ・ロードアイランド(1998〜) アメリカ・マサチューセッツ(1998〜) ドイツ(1998〜) オーストラリア(2000〜) デンマーク(2003〜) オランダ(2007〜) スペイン(2007〜) ベルギー(2007〜)
導　入	大口需要家	EU委員会提案(1997発効) チリ(1982〜) アルゼンチン(1992〜) ポルトガル(1995〜) フランス(1999〜) イタリア(1999〜) オーストリア(1999〜) 日本(2000〜)

(出典：矢島正之「世界の電力ビッグバン」東洋経済新報社(1999年))

より電力の取引を行うが，その際送電線所有者に託送量を支払うことになる．この系統アクセス料に規制を課す方式を規制ベースTPA(Regulated Third Party Access)と呼び，1997年に発効した電力市場統合化に関するEU指令では託送条件を交渉で決める交渉によるTPA(Negotiated Third Party Access)を認めている．

　各国は国情に合わせ，いずれかの方式を選択した．しかし，フランスのように，新規電源の競争的な調達のために，一つの組織が発電事業者から卸電力を一括購入しそれを最終需要家や小売事業差に再販する方式である単一購入者制度(SBS：Single Buyer System)の導入をEU委員会に提案したが，最終的には強制ベースTPAを採用することとなった例も見受けられる．

　さらに競争的な自由化モデルとして，プールシステム(pool system)があげられる．

15.2 主要諸国における電力自由化の動向

表 15.2 各国における市場自由化モデルの適用状況

自由化モデル		適用国名	備考
TPA	規制ベース	デンマーク アイルランド フランス ベルギー ギリシャ ルクセンブルグ オーストラリア 日本	・1999年にNord poolに参加 ・EU指令1年実施遅れが認められている． ・提案していたSBSを廃棄 ・EU指令で1年の実施遅れが認められている．アムステルダム電力取引所に参加 ・EU指令2年実施遅れが認められている． ・アムステルダム電力取引所に参加
	交渉ベース	ドイツ	・自治体にはSBSが認められる ・政権交代で，規制ベースへ移行か？
SBS＋TPA	SBSと規制ベースTPAの組合せ	イタリア ポルトガル	・2001年1月強制プールの導入 ・独立系統にプール導入予定
プール＋TPA	強制プールと規制ベースTPAの組合せ	イングランド・ウェールズ オーストラリア	・強制プールから任意プールへ移行予定
	任意プールと規制ベースTPAの組合せ	フィンランド スウェーデン オランダ スペイン アルゼンチン アメリカ・カルフォルニア	 ・1999年にアムステルダム電力取引所を開設 ・3大電力は完全競争へ移行，経営危機
	任意プールと交渉ベースTPAの組合せ	ニュージーランド	
	発電事業者の協調的プールと交渉ベースTPAの組合せ	チリ	

(出典：矢島正之「世界の電力ビッグバン」東洋経済新報社(1999年))

卸電力市場において徹底的な競争を導入しようとする場合，電力の売り手と買い手がともに参加する短期の卸電力市場が必要となると認識されている．これがプール市場で，卸電力取引のすべてがプールを通じて行われることが義務づけられる強制プール

(mandatory pool)と，市場参加者がプールを通じての取引のみならず相対取引も可能とした任意プール（voluntary pool）とに区分される．従来のイングランド・ウェールズやオーストラリア（ビクトリア州）市場で採用されていた強制プールのもとでは，発電事業者と配電事業者（または需要家）との間で，取引価格変動リスク回避のために，契約価格とプール価格との差を事後的に清算する長期契約（差額契約，CFD：Contract For Difference）が交わされる．一方，非強制プールでの長期契約は，物理的な相対契約（bilateral contract）とCFDとがある．

また，チリやオランダでは発電コストが最小となる給電運用を可能とするために発電事業者の協調的なプール（cooperative generations' pool）が採用されている．オランダでは長期計画，チリでは完全な発電市場の自由化など，各国間で新規電源の調達方法は異なる．

多くの国では，さらなる自由化を進展するためには，独占分野である送配電網の分離が必要であると考えられている．表15.3は，各国の送電部門と配電部門での分離の状況をまとめたものである．ここで，送電部門の分離とは，発送配電の一貫した垂直統合形態から，送電部門を分離することを意味し，配電部門の分離とは，狭義の配電

表15.3 各国における送電部門と配電部門での分離状況

ネットワークの分離		国　名
発送配電からの送電の分離	配電と小売供給の分離	
分　離	分　離	ニュージーランド（1998〜） イングランド・ウェールズ（2000〜） スペイン（1998〜有資格需要家へ供給） オランダ（1999〜） デンマーク（2000〜）
分　離	アンバンドリング	ノルウェー スウェーデン フィンランド オーストラリア
分　離	統　合	チリ アルゼンチン ポルトガル
アンバンドリング	統　合	アメリカ（配電は州により異なる）， EU（EU指令）， フランス，ドイツ， ルクセンブルグ，ギリシャ， オーストリア，イタリア，日本

（出典：矢島正之「世界の電力ビッグバン」東洋経済新報社（1999年））

(配電サービス)と小売供給との分離を意味している．さらに，分離には，資本関係の分離(separation)と部門と会計上の分離(unbundling)とが考えられる．従来のイングランド・ウェールズやノルウェーのようにプールを導入した場合には，送電機能を資本関係で分離し，送電ネットワークを全国大の独立した機関として分離することが多い．卸売りや小売りの供給分野に競争が導入される場合には，送電機能は何らかの形で分離されている．

　第1章に述べたイギリスの電力規制緩和の動きは，各国が電力小売市場の自由化にまで移行する大きなきっかけとなったことはよく知られている．これにより，欧州連合(EU)全体にまで電気事業の再編と規制緩和の動きが及んだ．EU委員会は，1991年に公益事業である電気とガスの市場について次のような提案を行った．
① 発電および送配電線，ガス・パイプライン建設の排他的な権利に終止符を打つこと．
② 垂直統合型事業者について，電気事業であれば，発・送・配電部門の管理と会計を分けるといった分離(アンバンドリング)を行う．
③ 大口産業用需要家と配電・配給事業者が送配電線あるいはガス・パイプラインにアクセスする権利を認め，安価なエネルギーの購入を可能にする．いわゆる第三者アクセス(TPA)を認める．

　この提案に対し，加盟国の一部から強硬な反対がでた．その急先鋒であったフランスは，自由化を発電部門に限定した"単一購入者制度(SBS)"を提案し，"第三者アクセス(TPA)"と同等の選択肢として認めるように求めた．そして最終的には，加盟国の自主性が尊重され，第三者アクセスについては"交渉による第三者アクセス"を認めるのか，"修正された単一購入者制度"を選択するのか，という二つの方法を加盟国ごとに決めることでまとまり，1997年2月にEU域内の電力市場自由化を目指すEU指令が発効された．このEU指令では，第三者アクセスの有資格者(大口需要化や配電会社)についての統一基準はなく，各国がその基準を公表することになった．また，事業の分離については，送電システムのオペレータ管理は他の部門から独立し，透明性を担保すること，垂直統合型の電気事業者は発・送・配電事業ごとの会計の分離を行わなければならないことが盛り込まれた．

　このようにEU指令では，イギリスが採用した事業の完全分割と小売市場での完全自由化にまでは至っていないが，垂直統合型電気事業者の発・送・配電活動における会計と管理の分離を求めている．

　EU加盟国は，1996年末成立，1997年施行のEU電力自由化指令を，1999年2月19日までに内法化することが義務づけられていたが，EU委員会ではその進捗状況をま

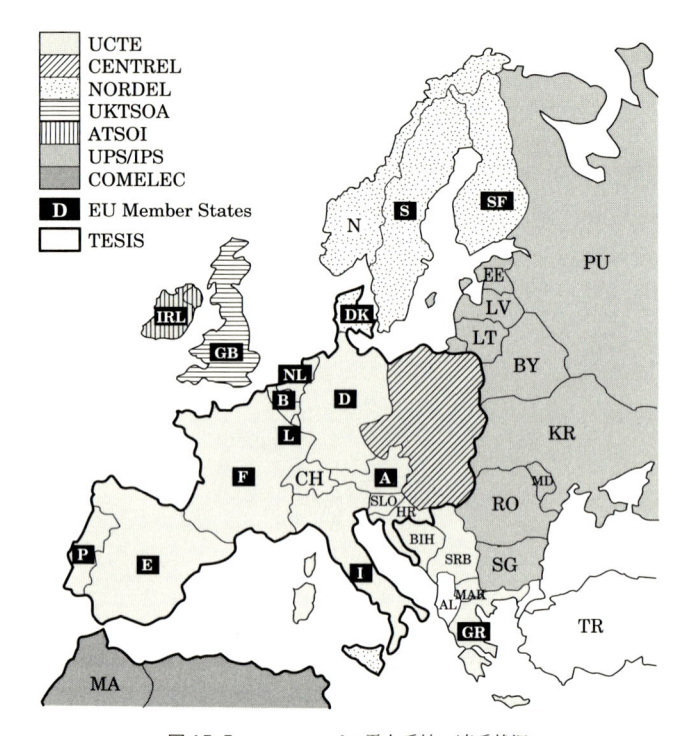

406 第15章 電力自由化の今後の展望

図15.5 ヨーロッパの電力系統の連系状況

とめている(1999年1月時点).

　15の加盟国のうち，ベルギーとアイルランドはEU指令の国内法化に1年の，ギリシャは2年の猶予期間が与えられている．ベルギーでは，自由化電力市場から電気事業者が早く利益を得たいとの要望もあって，政府も猶予期間より前倒しに国内法を成立させることを表明した．1999年3月の最終法案では，当初は年間電力消費量1億kWh以上の最終需要家を対象とし，市場開放率は33%であり，20006年12月までには産業需要家の範囲を拡大し，開放率を40%に引き上げる．その後，配電事業者も既存卸供給契約が終了する2007年1月から，卸事業者を自由に選択できる完全自由化へ移行する．

　その他12箇国は，EU指令の実行に向かって，法政化を進めており，ドイツ，スウェーデン，フィンランド，イギリス，デンマーク，スペイン，ルクセンブルク，ポルトガルおよびアーストリアは，すでに国内法化を完了している．

　オランダは，EU指令に合わせ，新しい電力取引組織であるアムステルダム電力取引所(APX)を，1999年5月に開設した．現行のAPXは，スカンジナビア諸国やスペ

インと同様のスポット市場であるが，先物市場の導入も視野に入れている．約50社の参加者との契約を準備中で，その半数は，ドイツ，ベルギーを中心とした外国電力会社とトレーダであり，それらは電力取引契約と系統アクセス契約(外国からの参加者の当該国送電会社との契約)を証明しなければならない．

従来から垂直統合型国有電力会社を有していたフランスとイタリアも EU 指令の国内法案化に向かって動き始めた．フランスでは，1999年3月の国民議会において電力自由化法案が採択され，またイタリアでは，EU 指令を国内法化する暫定措置例が 1998年11月に公表され，電力自由化準備期限 1999年2月19日の閣議で電力再編案が了承された．

EU 委員会は，EU 諸国の電力自由化は，指令で求められた市場開放率(1999年2月19日に 26.48%，2000年に 28%，2003年に 33%)を上回って実施されていると評価している．加盟国の国内法に基づき EU 平均の市場開放率を算定すると，1999年で 63%，2007年には 74% に達する．また，イギリス，ドイツ，スウェーデン，フィンランドはすでに全面自由化を達成しており，スペイン，オランダ，ベルギーも将来的に全面自由化を決めている．

EU 指令では，許可制か入札制のいずれかを選択するように定められていた新規電源建設に関しては，ポルトガルをのぞくすべての加盟国が許可制を採用した．これは所定の基準を満たせば，誰もがいつでも建設許可を得ることができ，電源建設は市場に委ねられることを意味する．

一方，第三者アクセス(TPA)あるいは単一購入者制(SBS)の選択が求められた送電系統アクセスに関しては，12か国が規制ベース TPA(政府が送電料金を設定・公表する方式)を選択している．交渉ベース TPA(契約当事者間の交渉により送電料金を設定する方式)を採用したのは，ドイツとギリシャ，一方 SBS に関しては，ポルトガルとイタリアが規制ベース TPA と併用的に採用したにとどまっている．当初 SBS を提案ていたフランスが規制ベース TPA を採用したこと注目に値する．

多くの加盟国が規制ベース TPA を選択したが，とりわけ系統を利用使用とする発電事業者や需要家は公表料金表により送電条件を正確に知ることができる料金規制ベース TPA(R‐TPA)を採用している．ベルギー，フィンランド，フランス，ルクセンブルク，スウェーデン，イギリス，オランダ，スペイン，ポルトガル，イタリア，アイルランドおよびオーストリアがこの N‐TPA を採用している．これに対しデンマーク(今後 R‐TPA に変更予定)，ギリシャおよびドイツは，交渉によって送電料金が決定される交渉 TPA(N‐TAP)を採用したが，市場参加者にとって送電コストがわかりにくい点が指摘されている．

EU 指令では，発電，送電および配電の会計分離と送電系統運用者の運営上の分離が求められている．多くの加盟国では，送電系統運営会社の分社化がとられ，その他では，垂直統合型事業会社の1部門に留めるものの運営の独立性を確保する方式が採用された．この分離は，内部相互補助と送電事業の過剰請求を防止することを目的としたものであるが，送電系統運用者 (TSO) の分離の仕方が2方式に分かれた．フィンランド，西部デンマーク，スウェーデン，東部オーストリア，イギリス(イングランド・ウエールズ)，オランダ，スペインおよびポルトガルでは，TSO を法的に別組織としており，一方，デンマーク東部，ドイツ，フランス，西部オーストリア，イギリス(スコットランド，北アイルランド)では，垂直統合型電気事業形態と維持しつつ TSO を独立的に運用する方式を選択した．

このように EU 諸国の電力自由化のあり方は，加盟国の旧来体制や状況を勘案し，当該国の選択に任され上述のように多様な形態となっているが，今後のさらなる EU 市場の統合を目指した動向には注目する必要かある．

これ以降では，電力自由化の進捗に特徴のあったフランス，北欧諸国，ドイツ，イタリア，スペインの動向について述べる．

15.2.2　フランスの電力自由化動向

フランスでは，公営など小規模の発電事業者が存在するが，発電・送電・配電事業を一貫運営する国営のフランス電力公社 (EdF : Electricite de France) が，総発電電力量の約 95% を供給していた．ただし，検針や集金などの業務は，EdF・GDF サービスと呼ばれるガス公社と共通の組織が担当している．この EdF・GDF サービスは，90 年の組織再編成により，配電局から名称変更されたもので，EdF 発送電局から供給された電力をベースに需要家に電力を供給している．

フランスは，他のヨーロッパ諸国に比べ国有電力の民営化は遅れ気味である．1999 年 3 月に電力自由化法案が国民議会(下院)を通過し，同年末までに EU 指令の国内法化が実現できるよう，上院に送られた．発・送・配電は，従来どおりフランス電力公社 (EdF) が独占しており，政府も垂直統合型の一貫システムを守る立場を示している．法案通過により，フランスも EU 指令に従い 2000 年までに需要家の 28%，2003 年までに 32% のシェアに対して第三者アクセスを認めることとなり，実質的に小売自由化が導入されることになった．EdF は，今後も原子力(現在発電量ベースで 78%)を電源の主軸として位置づけ，有資格重要家も EU 指令の範囲に留めることにしており，フランスでの市場開放率は，1999 年 26.48%(年間 40 GWh 以上，約 400 件)，2000 年 30%(年間 40 GWh 以上，約 800 件)，2003 年 33%(年間 9 GWh 以上，約 2500 件)

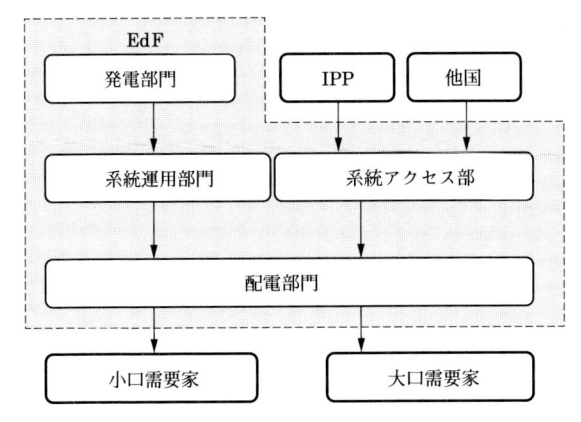

図15.6 フランス電力市場の自由化

となる見通しである.

有資格者(EU指令による年間消費電力量1kWh以上の需要家,フランスでは約190件)やIPPからの系統アクセス要請に対応するために,系統運用とTPAの管理を行う系統運用管理者として,大口需要担当部門局長を任命した.EdFの系統運用部門の独立性確保のために"系統アクセス部"を暫定設置し,他部門と明確に分離した.これに伴いこれまで系統運用部門と一体運用されていた発電最適運転センターと全国給電指令所の分離も実施された(図15.6参照).

現行制令では,再生可能エネルギーやコジェネレーション・システムなどの小規模電源(8MW以下)に対しては,EdFに購入義務が化せられているが,これが12MWへと引き上げられた.新規電源の建設は,許可制が用いられることになったが,長期計画上の不都合が生じれば,規制委員会(電力規制委員会:政府より3名,上院と下院から各1名,経済社会審議会から1名の6名からなり,系統アクセスに関する紛争制定および電気料金,新規電源の許可を政府に提案・答申を任務とする)のもと入札を行い,落札電源をEdFが契約・購入することとなった.

託送料金は,フランス国内では混雑(congestion)は少ないことから,郵便切手方式が採用された.公共サービス義務と料金制度の諮問機関として一つの中央監視機関と22の地方監視機関が設置されることとなった.有資格(大口)需要家の供給事業者との契約期間は最低3年と規定され,需要家が次々と購入先を変更することを規制しているが,一方ではフランスのスッポト市場形成の障害になるとの反対も出ている.

今後,送電の独占が競争阻害要因とならないようにさらなる会計分離(区分経理)を行うとしており,また,政府は,系統へのアクセス,紛争調停機関の設置などについ

ての国内制度の整備に取り組んでいる．

現在，フランスでは，すでに償却の進んだ原子力発電のシェアが発電電力の70～80％に達しヨーロッパ内でも安価な電力料金を実現していること，国内外の電力需要の伸び悩みなどにより，大幅な電源の新規立地が必要ない状況にある．そこで，EdFは，国内でIPP参入により失った顧客に見合うだけの顧客を国外で獲得するを目標にしており，原子力による発電電力がさらに国外に輸出される図式が続くものと思われる．

15.2.3　北欧諸国の動向

北欧では，1991年のノルウェーを皮切りに，1995年にフィンランド，1996年にはスウェーデンで新電気事業法が施行された．各国とも垂直統合型国有電力会社を民営化しないものの，送電部門を分離させ，送電系統へのアクセスを認めることで，発電・小売部門に競争導入を図った．まず，ノルウェーがイギリスに追従する形で電力市場の自由化に踏み切り，家庭用にまで及ぶ小売市場の自由化を実施した．この動きを受けて，スウェーデンとフィンランドも，電気事業法の改正と規制緩和を実施した．ノルウェーが規制緩和に踏み切った理由の一つは，国内の配電事業者の間にある料金格差であった．ノルウェーでは，産業用を除き，料金は配電事業者を所有する各自治体が決定する(配電部門はすべて公営である)．このため，発電コストの違いや各自治体の政策的な考え方の違いから，料金格差は最低と最高との間に20～30％の違いがあった．スウェーデンの規制緩和の内容もノルウェーとほぼ同様であり，すべての需要家が系統にアクセスすることが可能で，従来の供給事業者以外から電気を購入することもできるようになった．フィンランドの規制緩和の内容も他の2国とほぼ同じであり，当初，系統アクセスが認められた需要家は500 kW以上の規模に限られていたが，1997年以降は，この制限がなくなり，すべての需要家が自由にアクセスすることが可能な完全自由化が実施された．なかなか足並みの揃わないEU諸国の電力市場自由化の中にあっては，北欧諸国では電力市場の完全自由化がすでに進んでいる．

さらに，1996年1月からノルウェーとスウェーデンの間で北欧電力統合市場(Nord Pool，図15.7参照)が設立され，現在，フィンランドとデンマークも加盟している．

(1)　ノルウェー

1991年1月に"エネルギー法"が施行され，送電および配電部門の自然独占を維持しつつもコモンキャリアとして開放する一方で，発電および供給部門に競争が導入され，供給事業者と需要家は自由に送配電系統にアクセスし電力取引が行えるようなった．この新体制では，電力取引はプール市場を通じて，あるいは相対契約(bilateral

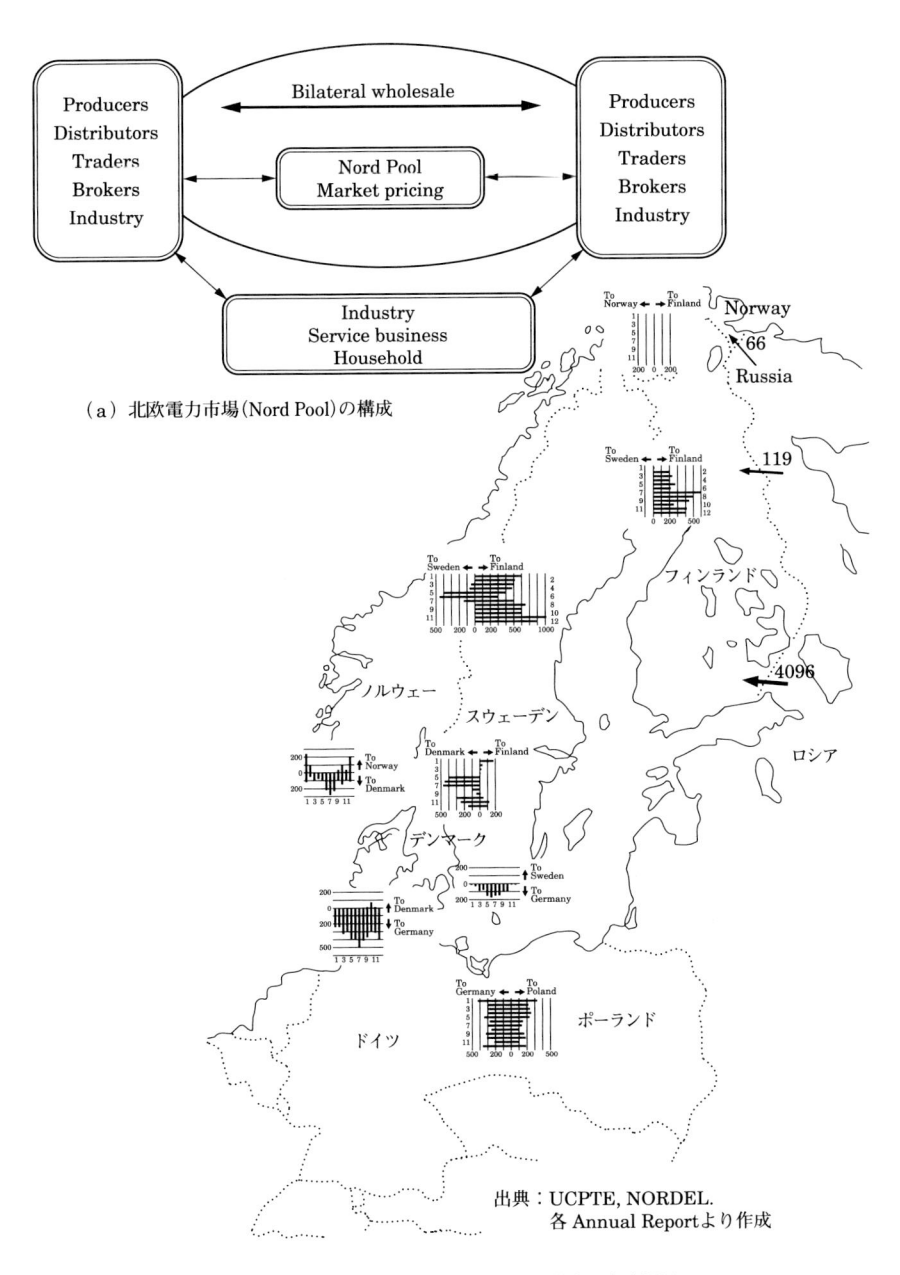

15.2 主要諸国における電力自由化の動向　**411**

(a) 北欧電力市場(Nord Pool)の構成

(b) 北欧電力系統の連系状況

出典：UCPTE, NORDEL.
各 Annual Report より作成

図 15.7　北欧電力系統と市場構成

contract)に基づき行われる。1995年には74社の発電会社と約230社の電力供給会社(配電会社など)、大口需要家がプール市場を通じて電力取引を行っている(図15.8参照)。

　発電部門の約99%が水力発電で、約140社の発電会社がある。Statkraft社(国有電力)は総発電電力量の約28%のシェアを有している。ノルウェーの電力系統は、図15.9に示すように、電圧階級により分類されている。国営の送電会社であるStatnett社(ノルウェー送電系統会社)が基幹送電設備の約80%を所有している。Statnett社は、他社が保有する基幹送電設備を借りて運用する法的権限を有しており、実質的には、すべての基幹送電設備を独占的に運営している。送電設備はコモンキャリアとして開放され、第三者の送電線へのアクセスを認めている。最終需要家へ電力を販売する電力供給会社は約230社あり、そのほとんどが配電設備を所有する地方公営配電会社である。

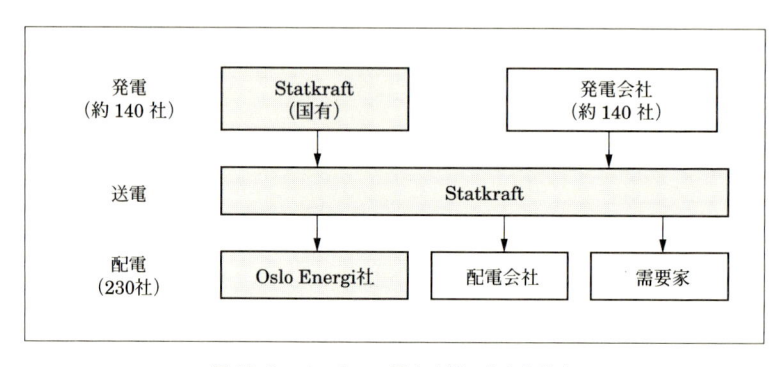

図15.8　ノルウェー電力市場の自由化動向

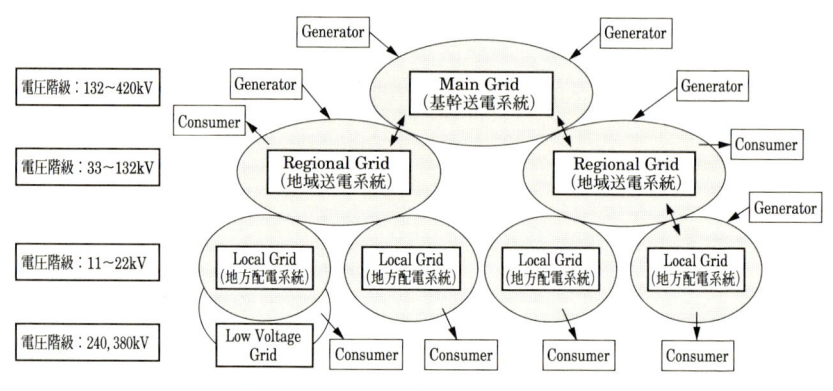

図15.9　ノルウェー送配電系統の階層構造

(2) スウェーデン

1996年1月に施行された"新電気法"により国内の電力市場が自由化された．同時に，ノルウェーと電力市場を統合し，Nord Poolを通じて国境を超えた電力取引も行っている．水力と原子力とで発電の約90%を占めるスウェーデンでは，国有企業のVattenfall，ドイツ(Preussen Elektra)，フランス(EdF)，その他外国企業と国内南部地方自治体が株式を所有する共同企業体のSydkraft，ストックホルム市営のStockholm Energiの3社が総発電電力量の約80%を占めている．送電は，国家機関のスウェーデン系統運用局(Svenaka Kraftnat：Swedish National Grid)が基幹送電系統と国際連系線を所有し，運営している．送電設備はコモンキャリアとして開放され，第3者の送電線アクセスを認めている．最終需要家へ電力を販売する電力供給会社は，約270社あり，そのほとんどが地方公営の配電会社である(図15.10参照)．

スウェーデン通商産業省は，1991年に国内のエネルギー関連産業の規制機関としてスウェーデン産業技術開発局(NUTEK)を設立した．"新電気法"の施行以降，NUTEKは，電力ネットワークの規制機関として送電サービスに関わるすべての項目についての監督を行っている．また，電気料金，送電料金，買取料金についてはNUTEK特許部から分離した電気料金規制局(Electric Power Price Control Board)が監督している．さらに，競争による経済的・効率的事業運営に関しては，スウェーデン競争監督局(Swedish Competition Authority)が監督機関である．

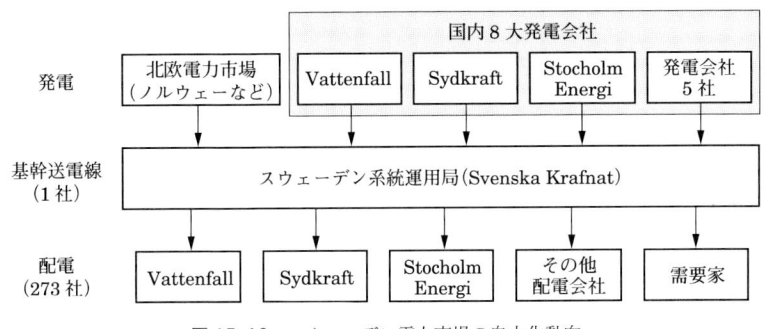

図15.10 スウェーデン電力市場の自由化動向

15.2.4 ドイツの動向

ドイツは，電力会社が所有する送配電網への第三者アクセスを認め，すべての需要家を対象に小売自由化を認めている．IPPと電力会社との間の託送は交渉となるが，託送料金は政府が決め，また電力会社が託送を拒否した場合にはその理由を明確にしなければならない．さらに，訴訟に至った場合には，電力会社が託送できないことを

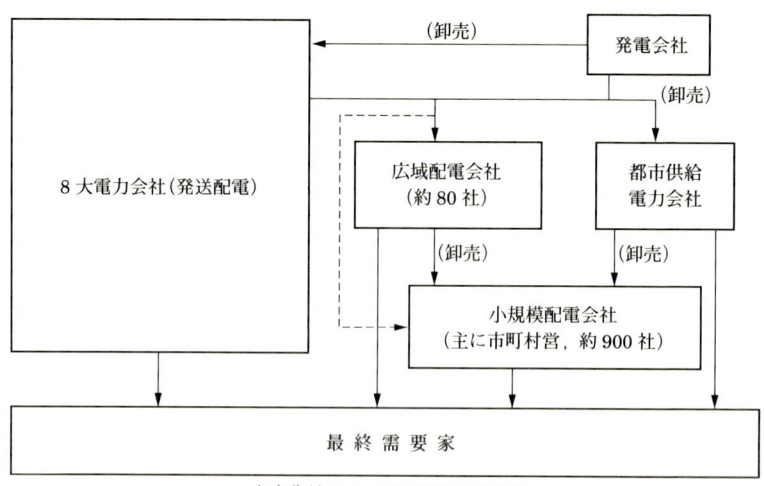

414　第15章　電力自由化の今後の展望

自由化前のドイツの電気事業体制

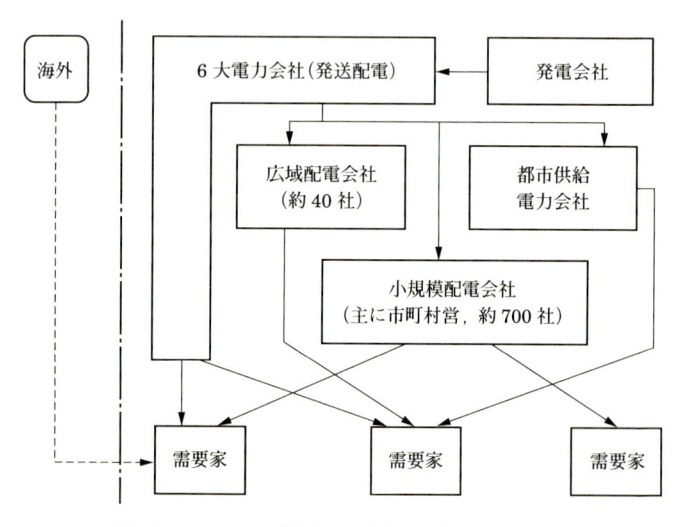

（図：8大電力会社（発送配電）、発電会社（卸売）、広域配電会社（約80社）、都市供給電力会社、小規模配電会社（主に市町村営，約900社）、最終需要家）

（図：6大電力会社（発送配電）、発電会社、広域配電会社（約40社）、都市供給電力会社、小規模配電会社（主に市町村営，約700社）、海外、需要家）

図 15.11　ドイツ電力市場の自由化動向（2001年現在）

証明しなければならないというきびしい条件がつけられることになるものとみられる（図15.11参照）．

　高い人件費，きびしい環境基準，割高な国内炭の使用と新エネルギー（太陽，風力，地熱など）による発電電力の購入義務のために，ドイツの電気料金は，ヨーロッパ内でも有数の高さである．ドイツ（西ドイツ）では，1000社近くの事業者が存在し，旧西ド

イツの発電電力量の約80%を占める垂直統合型の大手電力会社が8社，地域電力会社（主として配電会社）が約600社，自治体営事業者（配電会社）が約900社であった．しかしながら，2001年時点では電力自由化により統合廃止が進み大手電力会社は6社，自治体営事業者は700社，広域配電会社も80社から40社へと減少している．これらの電気事業者は，資本の所有形態により，公営，公私混合営，私営の3種類に区分されており，公営および公私混合営会社の比率が高い．大手電力会社8社は，ドイツ送電連系組合を結成し，全国の電力需給調整を行っており，110 kV以上の高圧送電線の約80%を所有している．地域電力会社（広域電力供給企業）は，8大電力会社から購入した電力や自ら発電した電力を，配電会社または需要家に販売している．一方，旧東ドイツでは，旧西ドイツの8大電力会社の出資により，国営電力会社を民営化し，発送電事業を行う電力共同社（Vega）を創設した．現在では，発送電会社が1社（Vega社），地域エネルギー会社が15社，多数の市町村営事業体から構成されている．

ドイツの産業会は，小売分野の地域独占の撤廃，EU域内の他国からの安価な電力購入による国境を超えた小売自由化に期待している．また，安い北欧からのガスにより褐炭・石炭利用の経済性の見直し，暖房需要におけるガスとの競合など自由化に前向きに対応し，電気事業者団体も，EU指令の合意後は，連邦政府の自由化政策を支持している．さらに，旧東欧など他の市場への積極的な進出，通信・リサイクル・ガス供給などへの多角的な事業展開を実施しつつ，IPPの事業参入も始まっており，産業用電力料金の低減が期待されている．

しかし，EU指令を受け，TPA方式による小売自由化を政府が決定したものの，連邦上院で連邦政府が提案した小売の自由化等を織り込んだエネルギー法案が否決され，さらに，配電会社を経営する自治体が財政収入の減収などの理由から自由化に難色を示すなど，自治体や公営事業者からの反発が強く，議会でのエネルギー法の改正案の成立の見通しは不透明である．

15.2.5　イタリアの電力自由化動向

現在，財政赤字の補填や企業の国際競争力の強化のため，国営企業の民営化政策が進められている．公営などの小規模の発電事業者や自家発電事業者が存在するが，発送配電を一貫経営し，総発電電力量の約80%を占めるイタリア電力公社（ENEL：Ente National perl' Enrgia Elettrica）の民営化，発送配電の分離等の組織変更も含めて，電力市場の自由化が検討されている．1997年に，商工会の電力市場自由化を検討する委員会が，国有企業であるENELを発送配電の3部門に分割し，被分割会社の株

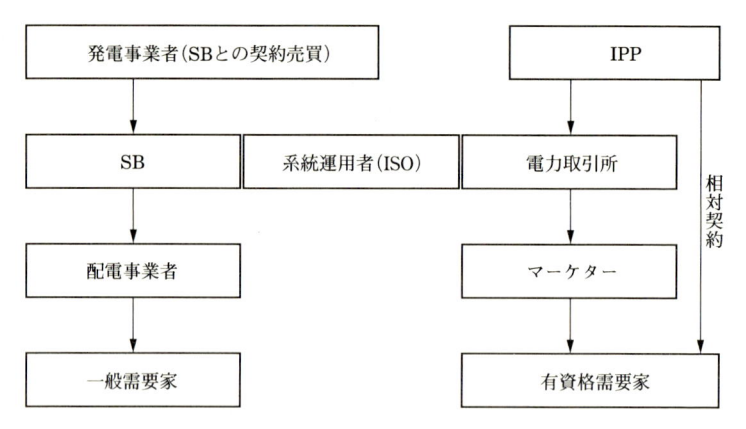

```
       ┌─────────────────────────────┐        ┌──────────┐
       │発電事業者(SBとの契約売買)   │        │   IPP    │
       └──────────────┬──────────────┘        └────┬─────┘
                      │                             │
       ┌──────┐  ┌─────────────┐  ┌──────────┐     │   相
       │  SB  │  │系統運用者(ISO)│  │電力取引所│     │   対
       └──┬───┘  └─────────────┘  └────┬─────┘     │   契
          │                             │           │   約
       ┌──┴───────┐                ┌────┴─────┐     │
       │配電事業者│                │マーケター│     │
       └────┬─────┘                └────┬─────┘     │
            │                           │           │
       ┌────┴─────┐                ┌────┴───────────┴┐
       │一般需要家│                │  有資格需要家   │
       └──────────┘                └─────────────────┘
```

図 15.12 イタリア電力市場の自由化動向

式を ENEL が保有する株式会社方式をとり，段階的に完全分離を行う案を発表した．この自由化案では，発電部門は，ENEL が保有する発電所を数社(4～5社)の発電会社分割保有させ，安全や環境基準をクリアした IPP の参入を促進し，最終的には完全自由化する．送電部門は，分離独立させ送電会社を1社創設，配電部門の 14 地域配電局を子会社化する．しかし，ENEL，労働組合の反対や，政府の慎重な対応により，ENEL の民営化スケジュールも未定のまま，行き先は依然，不透明である(図 15.12 参照)．

15.2.6　スペインの電力自由化動向

スペインでは，大小合わせて 150 社以上が発電に従事しているものの，スペイン電気事業連合会(UNESA)に加盟する大手 14 社が，国内総発電の約 90％を占める．特に，国営発電事業者(Endesa)の市場占有率は高く，上位 2 グループ(Endesa, Iberfrola)で，発電量の約 70％以上を占め，発電・配電分野において支配的な立場にある．送電網は，1985 年に設立されたスペイン電力系統社(REDESA)が所有し，運営している(図 15.13 参照)．

スペインは，国営企業の市場支配と割高な国内炭の利用などにより，ヨーロッパ内でも電気料金が高い国である．そこで，1995 年には，IPP による大口需要家への小売供給自由化(または小売託送)を試みたものの，送電線使用料金の未決定，過剰な既存発電設備により，新規発電事業者の参入のインセンティブが働かず，実質的な競争効果はあまりみられなかった．しかし，1996 年(12 月)に政府と電気事業者間で「議定書」が取り交わされ，今度の自由化方針が決定して．市場開放スケジュールとして，

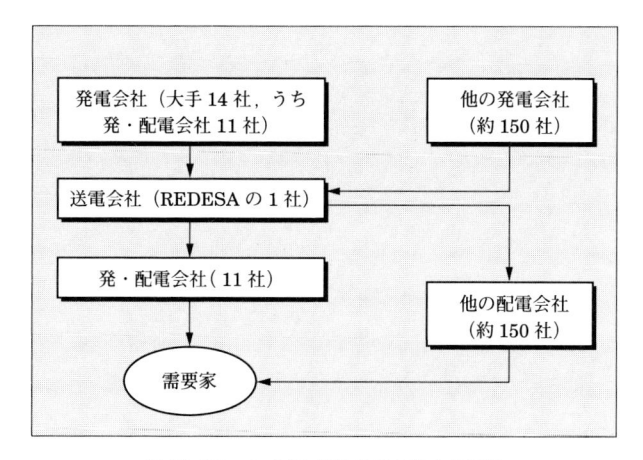

図15.13 スペイン電力市場の自由化動向

1998年以降, イギリスにならい, "電力プール"の導入により卸電力を自由化し, 段階的に大口需要家を対象とする小売供給の自由化に着手する予定である(2002年に, 年間消費電力量が500万kWh以上の需要家を対象). さらに, EU司令に従い発送配電事業の区分, 1999年までに国営企業(Endesa)を民営化し, 2001年までに発電部門と配電部門の分離をする予定である.

15.2.7 EU区域電力市場統合のための新た取り組み

EU域内電力市場(IEM)の送電事業者(TSO)は, 当該指令の実施に係わる未規定の問題について新たな取り組みを始め, 7月1日にドイツのフランクフルトに「欧州送電事業者IEM協会(ETSO)」を設立した. (図15.14). このETSOは, 1951年創立の発送電協調連合(UCPTE)の後継機関として1999年7月1日に設立の送電協調連合(UCTE), NORDEL(スカンジナビア諸国のTSO事業者間の協調を狙いとした同様の機関), イギリス送電系統運営事業者協会(UKTSOA), およびアイルランドの送電事業者協会(ATSOI)が参加して設立されたものである. ETSOは, 他のヨーロッパの機構や機関に対するTSO業界の唯一の窓口であり, EUの代表であることを参加メンバーで合意した.

ETSOの機能は,
① 設立参加の各協会とその代表メンバーによる代表権とコミュニケーション係わる活動の調整
② 共通原則の開発と, 全欧域内電力市場拡大のための, 系統運用の推進と送電シ

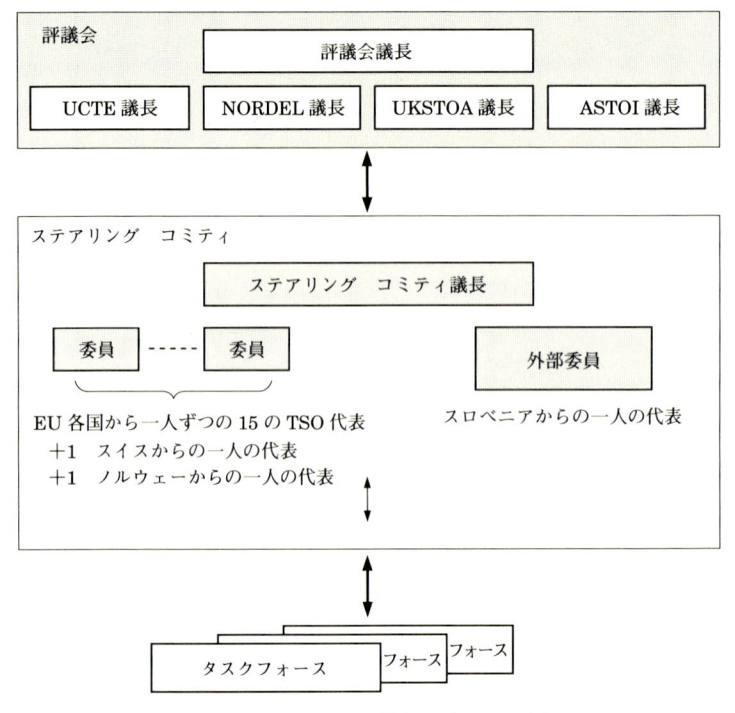

418 第15章 電力自由化の今後の展望

```
評議会
┌─────────────────────────────────────────┐
│           評議会議長                      │
│ UCTE議長  NORDEL議長  UKSTOA議長  ASTOI議長 │
└─────────────────────────────────────────┘
              ↕
ステアリング コミティ
┌─────────────────────────────────────────┐
│       ステアリング コミティ議長           │
│  委員 ---- 委員              外部委員     │
│  EU各国から一人ずつの15のTSO代表          │
│  +1 スイスからの一人の代表   スロベニアからの一人の代表 │
│  +1 ノルウェーからの一人の代表            │
└─────────────────────────────────────────┘
              ↕
         タスクフォース / フォース / フォース
```

図 15.14　ETSO の組織(1999 年 7 月現在)

ステムセキュリティ推進のためのミニマムなルールの設定と協調

③　EU の各機関に対し，欧州レベルおよび国際レベルでの，IEM 構成各国の TSO 事業者を代表した活動

④　TSO 業界に対する欧州共通の利益にかかわる問題などの調査

国際間の送電アクセスと価格設定(プライシング)についての一般原則に関しては，構成メンバー国での実施に係わる法的フレームを規定しているだけであり，送電アクセスとプライシングについての具体的メカニズムにはふれていない．これに対処すべく，ヨーロッパの TSO 事業者は，1998 年 11 月に国際交換についてのステアリング・グループ(SG)を設立した．この SG では主として，"国際間送電の技術的ルール"と"国際間送電の経済ルール"の二つのグループを調整している．このグループでの作業は EU の全 TSO 事業者，つまり，UCTE, ORDEL, UKTOSA, ATSOI および EUR-ELECTRIC(EU 電力業界の協会)からのエキスパートの積極的参加と協調をベースとしている．

この活動成果は「電力の国際交換：欧州の送電事業者の一般原則」最終報告書(1999

年4月26日)にて公表されている．この一般原則の中で記載されているクライテリアに含まれるのは，コスト反映性(リフレクティビティ)，電力設備状況，非差別性，透明性への十分な配慮，当該指令が規定したフレームワークにおける適用性と各国個別の実施である．この最終報告書に記載された原則は，IEMの電力系統で強く結合(つまり，EU域外のNORDELやUCTE)されている非EU諸国にも適用される．系統運用の安全性確保のため必要とされる情報交換によって公平な料金設定がなされること，安定運用を維持するように送電料金が設定されることを一般原則としている．

15.3 電力市場自由化に伴う諸課題

わが国電気事業の競争導入への対応策として，経営・管理の刷新，費用削減と効率向上，顧客サービスの向上，組織の再編，事業領域の見直しなどがあげられる．特に，費用削減対策として，設備投資戦略がより複雑になるものと予想される．たとえば，計画どおりに電力を販売できない場合や実際の需要が需要想定よりも下回った場合，費用回収のために電気料金を上げなければならない．この料金上昇により，需要家が他の電気事業者(発電事業者)に奪われることになる．したがって，将来が不確実になるほど，巨大な設備投資による巨額な固定費(資本費)を抱えている電気事業にとっては，事業リスクが拡大することになる．

さらに，需要家の離脱防止や新規需要家の獲得のため，サービスの改善が不可欠となる．たとえば，イギリスの配電会社では，翌日のプール価格，週間のプール価格予想，月間の消費価格のデータ提供，エネルギー利用診断や電気供給事業者選択のアドバイスとかさまざまなサービスを提供している．アメリカでは，需要家との双方向通信・エネルギー監視システム(たとえば，PG&Eが採用しているEnergy Information System：EIS)により，実時間料金制を提供し，機器の電力消費やコストに関する情報も提供し，電力に情報通信技術を用いた付加価値をつけて販売している．

一方，電気事業は，大規模な人員削減，設備投資の繰り延べ，長期的な研究開発の縮小によるより一層の費用削減が強いられる．

15.3.1 電力系統の計画・運用における諸課題

規制緩和による競争導入された状況においては，電力会社を含めた市場参加者が，各自に必要な需給バランスの確保に対して，各自で判断し責任をもたなければならなくなる．特に，競争の激化により，コスト的に競争力の弱い電源が電力市場から離脱してしまうこと，建設期間が長く建設コストが高い原子力や水力発電設備など新設さ

れにくい状況であること，市場主導型で電源開発が行われることにより将来の供給力不足や系統の弱体化を懸念する意見もある．

さらに，送電系統の建設においても，電源計画で発生する問題よりも，深刻で複雑な問題が発生するのではないかと懸念されている．たとえば，送電線の非差別的なオープンアクセスによる発電市場の自由化により，長期的な送電系統計画が，電源計画との整合性を十分にとることが困難になることが指摘されている．

さらに，電気事業構造の変化に伴い，信頼性維持のための新たな対策が必要になっている．アメリカでは，96年に発生した西部大停電後に，エネルギー省が大統領に提出した事故の原因，対応策などについての報告書で，将来について，現在電気事業が直面している新たな競争的な環境に，現在の信頼性維持に関する制度やシステムが適応できるかどうかが重要課題であると指摘し，検討が行われている．

15.3.2 送電線開放に伴う諸課題

競争的な電力市場において，電力系統の信頼性と安定性を確保し，最適な需給運用状態を阻害しないために，電力市場参加者への公平な送電料金の設定方法が重要になる．今後，わが国においても，将来，発電市場へのIPP参入の増大や自己託送の拡大が予想されるなか，新設送電設備の費用負担や，送電系統の運用状態を反映した送電料金の設定方法の検討が重要となる．なお，アメリカやイギリスの送電料金，これまでに提案されている送電料金や託送料金の概要については，第3章を参照されたい．

しかし，より重要な問題は，競争導入による送電制約の質的変化である．たとえば，イギリスのNGCでは，民営化直後(90年)は，過負荷潮流など熱容量に起因する送電制約(送電容量制約)が支配的であったが，95年には，電圧安定性や過渡安定度に起因する制約が全体の約80%を占めている．こららの送電制約の質的変化の要因には，

① 民営化以降，自由に立地され発電所の運転が市場参加者の意のままに行われていること．
② 送電制約を利用して，制約により発生するコストを増大して利益を上げようとする発電事業者が存在すること．
③ 発電部門の競争に負けて，系統運用上，貴重な無効電力源となる発電設備が閉鎖したこと．
④ NGC自身も新規の送電線増強を先のばししていること．

などがあげられる．

その結果，電圧安定性・過渡安定度の解析は，膨大なパラメータを必要とする複雑で非常に時間のかかる作業となる．一方，電圧安定性や過渡安定度が起因となる系統

事故は，その現象のスピードが速く，事故直後の人為的な対応が困難で，事故後の現象が予測しにくく，系統運用面でも系統安定化装置の設置などの対処が必要となる．

90年代初頭に欧米で始まった電気事業の規制緩和や競争原理導入の流れは，世界的に広まっていく傾向にある．ただし，電力産業における規制緩和の考え方やその程度，電力供給体制再編は，国情よって異なる．しかし，従来の電力会社と卸電気事業者を含めた発電部門全体の費用最小化と電力産業活性化への貢献という点から，発電部門への参入規制緩和は評価されなければならない．

次に，必然的に"託送の自由化"（いわゆるオープンアクセス）の議論が生まれてくる．ただし，託送自由化問題は，電力会社の供給義務，供給信頼性，経営安定性などの電力供給体制のあり方と深い係わりをもつので，十分な検討が必要である．

15.3.3 電気事業の競争への対応

わが国電気事業の競争導入への対応策として，経営・管理の刷新，費用削減と効率向上，顧客サービスの向上，組織の再編，事業領域の見直しなどがあげられる．特に，費用削減対策として，設備投資戦略がより複雑になるものと予想される．たとえば，計画とおりに電力を販売できない場合や実際の需要が需要想定よりも下回った場合，費用回収のために電気料金を上げなければならない．この料金上昇により，需要家が他の電気事業者（発電事業者）に奪われることになる．したがって，将来が不確実になるほど，巨大な設備投資による巨額な固定費（資本費）を抱えている電気事業にとっては，事業リスクが拡大することになる．

さらに，需要家の離脱防止や新規需要家の獲得のため，サービスの改善が不可欠となる．たとえば，イギリスの配電会社では，翌日のプール価格，週間のプール価格予想，月間の消費価格のデータ提供，エネルギー利用診断や電気供給事業者選択のアドバイスとかさまざまなサービスを提供している．アメリカでは，需要家との双方向通信・エネルギー監視システム（たとえば，PG&Eが採用しているEISにより，実時間料金制を提供し，機器の電力消費やコストに関する情報も提供し，電力に情報通信技術を用いた付加価値をつけて販売している．

欧米各国のこれまでの経験や各自由化モデルの社会経済的な評価から，どのような自由化モデルが電気事業において最もふさわしいが判断することは容易ではない．電力市場自由化は世界的な流れであるものの，その試みは初期段階であり，最終的な評価を行うのはむずかしい．しかし，規制緩和を実施・検討している各国においても，電気事業における競争導入の根本的な発想は，安価な電気料金を通じて経済活動の活性化を図ることである．しかし，電力産業はエネルギーの重要な中枢を占めるととも

に，固有の技術的な特性を有しているため，経済学的な発想のみではなく，たとえば，資源の有限性，社会的動向の反映，環境面の配慮が重要課題として指摘できよう．電力産業の固有の特徴を考慮した競争下での対応策として，

① 電力産業の設備投資の抑制による経済的合理性の追求
② 送電線の第三者による公平で自由な利用の保証
③ 環境へのインパクトなどの外部不経済の最小化
④ 社会的にみて説明可能な手法に則った系統計画の立案の必要性
⑤ トータル的にみた社会コストの最小化

などがあげられる．

わが国の電気事業における規制緩和，競争促進は，緒についたばかりである．今後，欧米諸国のように，電力市場完全自由化，小売供給の導入，発電・送電・配電部門の分割化など，今後の規制緩和の行く先は，予測不能なものある．しかし，競争下であっても，きわめて複雑な応答を示す動的システムである電力系統の最適な計画・運用を実現するために，より総合的な関連から，社会経済的，技術的な課題を検討していく必要がある．

15.4 送電可能容量の算定と公開

15.4.1 競争的電力取引と送電可能容量算定

競争的な卸電力取引市場の機能を十分発揮させるためには，送電線開放に関する情報を，送電線利用者に公開する必要がある．このため，アメリカでは，送電線同時情報公開システム(OASIS)が設立され，送電線利用者はインターネットを通じて送電線提供者が所有する送電線に関する情報を非差別的にアクセスすることができる．このOASISには，送電線の合計送電能力を示す尺度として合計可能送電能力(TTC：total transfer capability)と送電線の空き容量を示す尺度として利用可能送電能力(ATC：available transfer capability)が掲載され，送電線利用者は送電線の利用申請を検討する際には，このOASIS情報を参考にすることができる．TTCおよびATCを掲載する義務のある送電線は，①二つの制御地域を連系する送電線，②過去12か月以内に24時間以上，送電サービスの利用申請の拒否や送電サービスに基づく電力取引の制限が実施された送電線，③送電線利用者から情報の掲載希望のあった送電線である．

個々の発電出力や需要の変化に伴い送電系統の潮流状態も変化するため，個々の送

電線の TTC と ATC も変化する．しかしながら，時々刻々と変動する系統状況を反映して TTC と ATC を算定し，OASIS に掲載することは現実的には不可能である．そこで，TTC と ATC は，時間帯別，日別，月別に算定する方法が採用されている．

15.4.2 送電可能容量の定義

ATC は各送電線の物理的な送電可能容量を示す指標として用いられ，NERC の報告書では，次式のように定義されている．

$$AT = \text{TTC} - \text{TRM} - 既存の送電分(\text{CBM を含む})$$

TTC (total transfer capability) は，想定事故を考慮して信頼度を確保した状態での連系系統の物理的送電能力，TRM (transmission reliability margin) は不確実性に対応して確保すべきマージン（経験値），CBM (capacity benefit margin) は連系系統で供給予備力を確保するために必要な送電容量である．さらに，送電停止できる送電取引を含めた ATC で，リコールすることで可能送電容量を増やすことができるリコール可 ATC (recallable ATC : RATC)，送電停止できない送電取引による ATC で ATC の上限となるリコール不可 ATC (NATC : non-recallable ATC) とすると，各要素と ATC の関係は，図 15.15 のように示される．

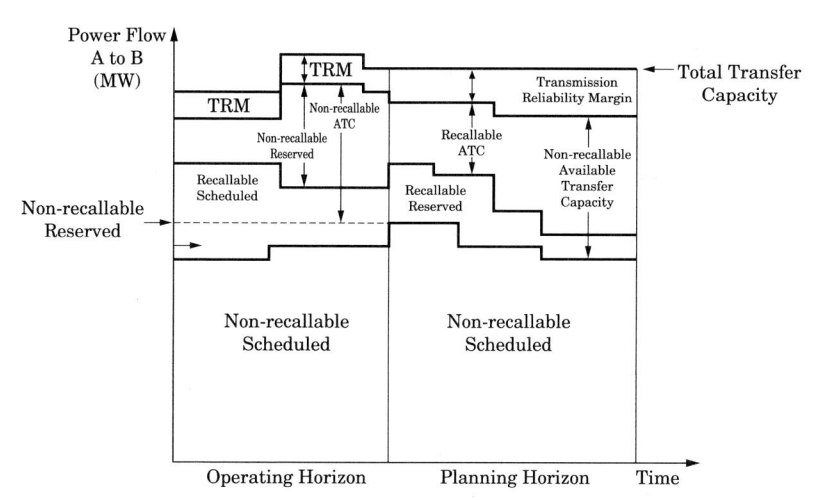

出典：Available Transfer Capacity Definitions and Domination, A framework for determining available transfer capabilities of the interconnected transmission networks for commercially viable electricity market, North American Electric Reliability Council, June, 1996.

図 15.15　ATC と各要素との関係

15.4.3 送電可能容量の算定

NATC は，次式のように定義され，送電系統の最も優先される送電線利用が割り当てられる．

リコール不可な送電サービスの最大値は，NERC が定める適切な想定事故状態と平常時運用状態下で系統が確実に運用できるために，確保しなければならない送電余力と解釈することができる．

$$\text{NATC} = \text{TTC} - \text{TRM} - \text{リコール不可な送電サービス(CBM 含む)}$$

一方，リコール可 ATC は，計画段階と運用段階で，それぞれ以下のように定義されている．RTAC には優先順位の低い送電サービスが割り当てられる．

● 計画段階

$$\text{RATC} = \text{TTC} - a(\text{TRM}) - \text{リコール可能な予約された送電サービス}$$
$$- \text{リコール不可な予約された送電サービス(CBM 含む)}$$

$0 \leq a \leq 1$：系統信頼度を考慮して各送電線提供者が決定する値

● 運用段階

$$\text{RATC} = \text{TTC} - b(\text{TRM}) - \text{リコール可能な計画された送電サービス}$$
$$- \text{リコール不可な計画された送電サービス(CBM 含む)}$$

$0 \leq b \leq 1$：系統信頼度を考慮して各送電線提供者が決定する値

特に，技術的に問題となるのは TTC の計算でである．TTC 検討の際に用いる想定運用条件下の送電系統の潮流は，当然ながら実運用上の潮流とは異なる．さらに，実運用においては発電出力や需要の変動により送電線潮流は時々刻々変化している．こうした系統状況の変化が発生しても安定的な送電を継続できるように，TTC の一部を送電マージンとして確保することが必要となる．したがって，時々刻々と変化する系統状態を反映して，熱容量，電圧や安定度などの物理的，電気的な特性が変化するので，時間帯の TTC は，次式のように，各上限の最小値が選ばれる．

$$\text{TTC} = \text{Minimum}(熱容量上限，電圧上限，安定度上限)$$

TTC 算定の原則として，基本的には単一設備事故時にも系統の安定運用が維持できること(N-1 基準)が条件となっている(図 15.16 参照)．

① 平常時(事故前)の系統構成・運用状態では，系統内におけるすべての設備の潮流は平常時運用目標値以内で，かつ系統内におけるすべての地点の電圧は平常時許容範囲内にあること．

② 電力系統は，送電線，変圧器および発電ユニットなどの単一設備事故時に発生する電力動揺を吸収し，安定運用が維持できること．

15.4 送電可能容量の算定と公開 **425**

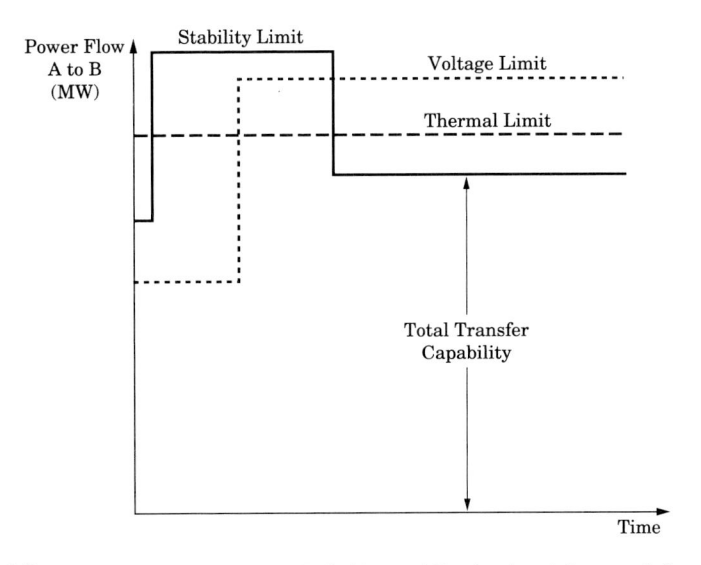

出典：Available Transfer Capacity Definitionsand Domination, A framework for determining available transfer capabilities of the interconnected transmission networks for commercially viable electricity market, North American Electric Reliability Council, June, 1996.

図 15.16　TTC の上限の変化

③ 単一設備事故後の電力動揺が収まり，自動系統制御システムの動作完了後で，系統運用者による系統制御が実施される前の状態において，系統内におけるすべての設備の潮流は緊急時運用目標値以内で，かつ系統内におけるすべての地点の電圧は緊急時許容範囲内にあること．

④ 送電能力が設定されている送電設備において，その能力により定まる潮流を流す前に，系統内の他設備の潮流が平常時運用目標値に達した場合には，送電能力は当該設備が平常時運用目標値に達したときの送電能力値に修正される．

⑤ 送電線が共架している場合や同一用地を通過している場合などで，多重設備事故の可能性が高いときには，こうしたきびしい事故を考慮して送電能力が決定される．

なお TTC や ATC が意味する送電能力〔MW〕は，送電線の熱容量や定格容量を示すものではなく，負荷(および発電出力)変動時や系統事故時にも安定して送電が継続できる能力(系統安定度や電圧安定性が考慮される)を示していることである．また，送電能力は方向性を有しており，同一送電線でも潮流方向により送電能力は異なる．

また，CBMを送電マージンとして確保する妥当性とその算定基準についての議論が多い．特に，送電線利用者の間では，CBMは送電線所有者が自己の抱える需要家に電力を供給するための送電容量確保であり送電線の差別的利用にあたるとするものとし，CBM確保の必要性を否定する意見が多い．これまで，電力会社(垂直統合型)は，他社との連系送電線を系統信頼度の確保(系統事故時や需給逼迫時に緊急融通受電用)と経済効率性の向上(総合的な発電設備建設コストの削減)が目的で電力融通用として利用してきた．しかし，送電線開放後は，この融通受電という概念が，CBMという送電マージンの確保に反映されたが，算定基準が不明確であるため，必要性の是非も含めた大きな議論となっている．

FERCも，CBM算定基準の標準化と算定根拠の情報公開の必要性は認識しており，現在，NERC内にワーキンググループを設置して検討を進めている．

15.5 地域送電機構(RTO)に関する最終規則(Order 2000)

15.5.1 地域送電機構(RTO)の提案

FERCの最終規則(Order No. 888, No. 889)が1996年に発令されて以来，小売自由化の進展[1]，発電設備売却の増加[2]，電力会社の合併・買収の増加[3]，パワーマーケタやIPP等の新規参入者の増加[4]，ISO(独立系系統運用者)の設立[5]など，アメリカの電気事業の再編は急速に進んだ．その結果，競争環境下で複雑化する電力市場におけ

---

[1] 1999年10月現在で，電気事業再編法案が成立した21州のうち，小売全面自由化はロードアイランド州(1998年1月開始)，マサチューセッツ州(1998年3月開始)，カリフォルニア州(1998年3月開始)の3州．小売部分自由化済は，モンタナ州(1998年7月，1 MW以上の大口需要家対象，2000年4月に全面自由化の予定)，ペンシルベニア州(1999年1月，州内の需要家の2/3を対象)，アリゾナ州(1999年10月，州内の需要家の20%を対象)，デラウェア州(1999年10月)，イリノイ州(1999年10月，商業用・産業用需要家の33%を対象)と5州，小売自由化の予定が13州．残りの30州は電気事業再編の方針が決定(3州)もしくは検討中(27州)．

[2] エジソン電気協会(EEI)の調査によれば，1999年4月時点で，売却された総発電設備容量は，5966.7万kW(原子力を除く)で，私営電気事業者が所有する総発電設備容量の約10%に相当．

[3] 全米公営電気事業協会(American Public Power Association)の調査によれば，私営電気事業者によるM&A計画の発表件数は，1990年の2件から，1998年の13件，1999年(8月16日現在)の25件に増加．

[4] パワーマーケタの総卸電力販売量は，1996年第1四半期の275億kWhから1998年第3四半期の8661億kWhに急増．その数(FERC認定)は，1992年の8社から1999年(8月2日現在)で651社に急増．1998年の総卸電力取引量は約4兆kWh，最終需要家への総販売電力量は約3兆2000億kWh．このうちパワーマーケタに卸電力取引量は2兆2825億kWh(約57%)．

る系統信頼度の確保と非差別的な送電線利用による競争的な卸電力市場の構築のための中立的な系統運用機関として考案された組織である．ISOに代わる系統運用機関として，送電会社(Trans Coなど)の設立も検討されているが，具体的な提示はされていなかった．近年，卸電力取引量が増加し，従来の電力会社が個別に系統運用を行う方式では，系統信頼度を確保することが困難となってきている．

発送電の機能分離だけでは，電力会社が自社の送電線利用を優先するなどの差別的慣行の防止が不十分であるなどの指摘から，各地に委ねられていたISOの設立を，柔軟な組織形態を許容した上で，送電線を所有，運営制御するすべての電気事業者は自主的に大きな地域的な規模を有する地域送電機構(RTO：regional transmission operator)に参加することを求める最終規則(Order 2000)が，1999年12月15日にFRECから発表された．すべての市場参加者から独立したRTOは，地域的規模の確保し，送電設備の運用制御の権限や電力取引の需給計画や計画停電の承認などの短期的な系統信頼を確保するために必要な権限を有していなければならない(表15.4参照)．

表15.4 地域送電機構(RTO)の特徴

	内容
①独立性の確保	・すべての市場参加者(電力取引を行う事業者，補助サービスの提供者)から独立 ・市場参加者によるRTOの所有権は1％に制限
②地域的規模の確保	・系統信頼度を確保し，効率的で非差別的な電力市場を構築するのに十分な地域的な規模の確保
③運用制御の権限	・管轄下にあるすべての送電設備の運用制御の責任を有する
④短期的な系統信頼度の確保	・電力取引スケジューリング，発電ユニットの給電，計画停電の承認など送電系統の短期的な信頼度を確保するために必要を権限を有する

15.5.2 地域送電機構(RTO)の特徴と機能

さらに，RTOには，①送電料金表の管理と送電料金の設定，②市場メカニズムを利用した送電線混雑管理，③ループフロー問題の解決，④補助サービスの提供，⑤OASISの管理，⑥市場構造の欠陥や市場支配力の行使などの市場監視，⑦送電系統拡充計画の責任，⑧他地域との協調などといった機能を有していなければならない．競争環境下では，正確な長期需給見通しを立てることが困難であり，長期需給バランス

---

*5 1999年11月現在で5箇所のISOが運用中．ISO New England(1997年7月1日運用開始)，California ISO(1998年3月31日運用開始)，PJM ISO(1998年1月1日運用開始)，New York ISO(1999年11月18日)，ERCOT Texas ISO(1996年9月11日運用開始)．

表 15.5 地域送電機構 RTO の機能

	内容
①送電料金表の管理と送電料金の設定	・送電料金表の管理. ・二重取り(pan-caking)の防止,競争的卸電力市場の機能維持また送電設備建設投資の促進を図るための送電料金の設定
②市場メカニズムを利用した送電線混雑管理	・送電線利用者に正確な価格シグナルを与えるために,送電線混雑を管理するための市場メカニズムの導入(運用から1年以内)
③ループフロー問題の解決	・ループフロー(契約上の送電ルート以外を流れる電力潮流)の解決対策プロセスの策定(運用から3年以内)
④補助的サービスの提供	・補助的サービスの必要量の判断,すべての補助的サービスの提供 ・最終供給責任者(ラストリゾート)としての役割を担う
⑤OASIS の管理	・OASIS の管理 ・ATC と TTC の算定責任
⑥市場監視	・市場構造の欠陥や市場支配力の行使の監視と,必要な改善措置の提案
⑦送電系統拡張計画の責任	・系統信頼度確保と効率的な送電サービス提供に必要な送電系統拡張計画の策定. ・送電線所有者への指示
⑧他地域との協調	・系統の安定運用維持のための他地域との協調

の確保は基本的に市場に委ねられている.このため,発電設備建設への投資インセンティブや価格シグナルを市場参加者に与えなければならない.また,競争的な卸電力市場を機能させ,送電設備建設への投資を促進するためにも,送電料金の設定が重要となる(表15.5参照).FERC は,また,パフォーマンス料金規制(PBR:performance based ratemaking)や混雑料金を含むさまざまなインセンティブ料金設定方式に関わるガイドラインを提示している.

以上の四つの特徴と八つの機能を満足していれば,RTO の組織形態は,非営利機関である ISO や営利機関である送電会社(Trans Co. など),その他の組織形態も認めるという,柔軟な組織形態を容認している[*6].

15.5.3 地域送電機構(RTO)の形成動向

FREC は,送電線を所有,運用制御するすべての電気事業者に対し,2000年10月15日までに RTO への参加を申請すること,2001年12月15日までに RTO の運用を開始することしている.FERC は,RTO 設立を支援するために開催を計画している

[*6] 1999年12月15日,FERC はアイランズ(Alliance)RTO の設立案を承認(条件つき).RTO の組織形態は,送電設備の所有と運用制御の両者の機能を担う営利送電会社(TransCo)である.

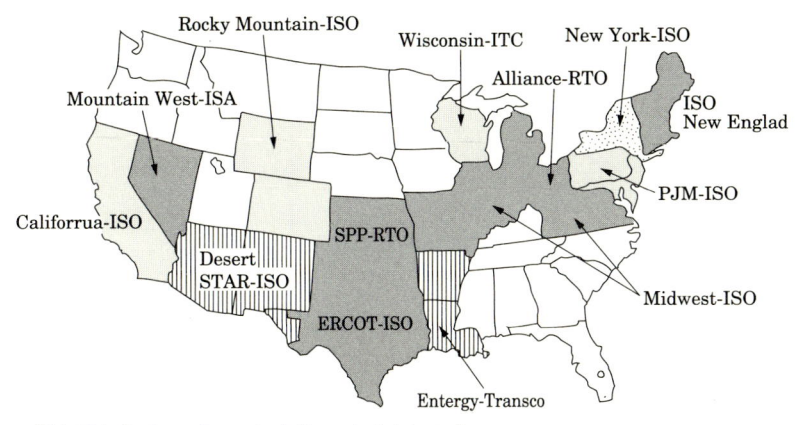

(注) ISA (independent scheduling administrator)
＊ISAは将来的に複数の州をまたぐISOまたは送電会社を設立するまでの移行的な機関で，OASISの運営，電力取引の調整・監視の役割を担う．ただし，送電料金表の管理や送電設備の運用制御は行わない．

図 15.17　ISO および RTO の設立動向(1999 年 10 月現在)

ワークショップへの参加を勧めている．ある程度の地域的規模を有する RTO が形成されれば，効率的な卸電力市場の形成と送電線の非差別的な利用に資するという意見が多いが，これまでに ISO としての運用を開始するまでにかなりの年月を費やしていることから，地域的な広がりを有した RTO の形成までには，相当の年月を要するという意見もある(図 15.17 参照)．

　わが国の電気事業体制のあり方に関しては，今回の部分自由化の効果を 3 年に渡って検証し，さらなる自由化を進めるか否かを決定することとなっている．第 1 章にも述べたようにイギリスは，現行の強制電力プールを放棄し，先物，短期相対契約，需給調整の三つの市場からなる相対契約を主体とした電力取引体制の構築を志向している．北欧をはじめとする EU 諸国は，相対契約と取引市場をもつハイブリッド型，すなわち，PJM などのアメリカ形の市場統一をめざしており，世界的には，規制型第 3 者アクセス制と取引市場の併設が主流に成りつつある．

参 考 文 献

1) 鶴田：規制緩和，ちくま新書，1997．
2) 植草：講座・公的規制と産業①電力，NTT 出版，1994．

3) 電気事業講座編集委員会：電気事業講座第15巻"海外の電気事業"，電力新報社，1996．
4) 矢島：電力市場自由化の動向と評価，平成9年度電力研究所経営部門別研究発表会予稿集，1998．
5) 総務庁：98年度版規制緩和白書，1998．
6) 電気事業講座編集委員会編集：電気事業講座第1巻 電気事業の経営，電力新報社，1996．
7) 浅野：電力自由市場下での需給マネージメントのモデル化，電学論B，**115**，pp. 101-104，1995．
8) 丸山：送電網へのエッセンシャル・ファシリティの法理の適用，電力中央研究所報告，Y 96008，1998．
9) Sally Hunt and Graham Shuttleworth : COMPETITION AND CHOICE IN ELECTRICITY, John Wiley & Sons, Inc., 1996.
10) 塚本：米国を中心とした最近の電気事業の動向-送電線アクセスを巡る動きと託送料金算定方法，(財)日本エネルギー経済研究所，第313回定例研究会報告資料，1995．
11) 塚本，佐川：送電線アクセス料金算定の理論的アプローチ，第12回エネルギーシステム・経済コンファレンス講演論文集，No. 3-1，pp. 55-60，1996．
12) 塚本：送電アクセスが電力計画／運用に与える影響と課題(米国規制緩和事例を参考として)，(財)日本エネルギー経済研究所，第329回定例研究会報告資料，1997．
13) 海外電力調査会：98年以降の英米の電力供給システム，海外電力調査報告書，No. 186，1997．
14) 田山：競争下での送電料金設定方式(日欧米の送電料金設定方式を比較)，海外電力，pp. 13-20，6月号，1996．
15) 浅野，岡田：送電コストの推定手法と負荷・距離法の評価，第12回エネルギーシステム・経済コンファレンス，pp. 67-72，1996．
16) J. W. Marangon Lima : Allocation of transmission fixed charges ; an economic interpretation, IEEE/KTH Stockholm Power Tech. Conference, Stockholm, Sweden, 1995-6.
17) R. R. Kavacs and A. L. Leverett : A load flow based method for calculating embedded, incremental and marginal cost of transmission capacity, *IEEE Trans. on Power System*, **9**, 1, pp. 272-278, 1994-2.
18) H. Rudinick, R. Plama and J. E. Frnandez : Marginal pricing and Supplement Cost Allocation in Transmission Open Access, *IEEE Trans. on Power Systems*, **10**, 2, pp. 1125-1142, 1995-5.
19) J. W. Marangon Lima : Allocation of transmission fixed charges ; an overview, *IEEE Trans. on Power Systems*, **11**, 3, pp. 1409-1478, 1996-8.
20) 浅野，岡田：地域別送電線使用料金の算定手法，電気学会論文誌B，**117-B**，1，pp. 61-67，1997．
21) 松川，岡田：混雑した送電網における nodal pricing の適用と問題点，第12回エネルギーシステム・経済コンファレンス講演論文集，3-2，pp. 61-66，1996．

22) Fred C. Schweppe, Michael C. Caraminis, Richard D. Tabors and Roger E. Bohn: SPOT PRICING OF ELECTRICITY, Kluwer Academic Publisher, 1987.
23) W. Hogan,: Contract Network for Electric Power Transmission, *Journal of Regulatory Economics*, 4, pp. 211-242, 1992.
24) H. Chao and S. Peck: Market Mechanisms for Electric Power Transmission, *Journal of Regulatory Economics*, **10**, pp. 25-59, 1996.
25) Michael Hsu: An introduction to the pricing of electric power transmission, *Utilities Policy*, **6**, 3, pp. 257-270, 1997.
26) R. D. Tabors: Transmission System Management and Pricing, New Paradigms and International Comparisons, *IEEE Trans. on Power Systems*, **9**, 1, pp. 206-215, 1994.
27) 岡田, 浅野:ノーダルプライス評価プログラムマニュアル, 電力中央研究所研究調査資料, No. Y98902, 1998.
28) A. J. Wood and B. F. Wollenberg: POWER GENERATION, OPERATION, AND CONTROL (SECOND EDITION), John Wiley & Sons, Inc., 1996.
29) 田山:英国 NGC 社の送電料金について, 海外電力, pp. 12-23, 1996-2.
30) F. WU:電力市場化の世界的動向, 電学誌, **118**, 3, pp. 169-172, 1998.
31) 特集"欧米電気事業に関する Q&A", 海外電力, **40**, 1, pp. 4-34, 1998.
32) OFFER: Review of Electricity Trading Arrangements, Proposals, July, 1998.
33) B. Turgoose: Recent development worldwide in power exchanges, POWER ECONOMICS, **2**, 6, 1998.
34) 玉置:競争導入と需要家重視の新電力供給システム(上), 電気評論, No. 10, 1997.
35) 岡田, 浅野:ノーダルプライスの基づく送電料金のシミュレーション分析, 電力中央研究所報告, Y 97019, 1998.
36) Associations Agreement on Criteria To Determine Transmission Tariff, May 22, 1998,
37) C. Wilcok and M. Krun: Wheeling in Germany-the Industry Associations' Agreement, Power Economics, **2**, pp. 22-23, June 1998.
38) 伊藤:VDEW, VIK, BDI の 3 者間託送料金協定の内容と料金算定事例, 海外電力, pp. 16-22, 1998-10.
39) California power exchange corporation: Introduction to the market, seminar guide, November 1997.
40) 鈴木:加州における ISO と PX の運営〜電力取引市場での需給計画作成, 海外電力, pp. 2-16, 1998-9.
41) 鈴木:PJM における送電サービスと送電料金表(米国)(送電線空き容量の考え方), 海外電力, pp. 27-37, 1999-2.
42) たとえば, 森本:ミクロ経済学, 有斐閣ブックス, 1992.
43) PJM: Locational Marginal Pricing Implementation Course, March 1998.
44) 鈴木:ニューヨークパワープールにおけるロケーショナルプライシングの適用(米国), 海外電力, pp. 2-13, 1998.

45) 福島：自由化された卸電力市場における信頼度維持対策 NERCの送電線潮流軽減 (TLR)手順について，海外電力，pp. 27-36, 1996.
46) Ian Dobbs: Managerial Economics, OXFORD University Press, 2000.
47) FERC: Order No. 2000 Regional Transmission Organization December 20, 1999.
48) NERC: Transmission Transfer Capability A Reference Document for Calculating and Reporting the Electric Power Transfer Capability of Interconnected Electric System, May 1995.
49) NERC: Available Transfer Capability Definition and Determination, A framework for determining available transfer capabilities of the interconnected transmission networks for a commercially viable electricity market, Jun 1996 (http://www.nerc.com),
50) PJM: PJM Manual for Fixed Transmission Rights, Revision 02, October, 1999.
51) PJM: PJM Manual for Open Access Transmission Tariff Accounting, Revision 08, September, 1999.
52) New York Independent System Operator (NYISO): Ancillary Service manual, 1999.
53) Interconnected Operation Service Working Group (NERC): Defining Interconnected Operations Services under Open Access, March, 1997.
54) OKARIGE National Lab: Unbundling Generation and Transmission Service for Competitive Electricity Markets; Examing Ancillary Services, January 1998.
55) 鈴木：米国における地域送電機関(RTO)設立の動向，海外電力，pp. 45-57, 2000-1.
56) (社)海外電力調査会：98年以降の英米の電力供給システム，海外電力調査報告 No. 186, 1997.
57) 塚本：送電アクセスが電力計画／運用に与える影響と課題(米国規制緩和事例を参考として)，エネルギー経済，23, 5, pp. 2-25, 1997.
58) 塚本：米国における送電アクセスを巡る動きと託送料金算定方式例，エネルギー経済，21, 9, 1995.
59) 岡田，浅野，松川：Nodal Pricingによる送電料金による送電料金設定方法の基礎的検討，電気学会電力技術研究会資料 No. PE-96-53, 1996.
60) 矢島正之：電力改革，東洋経済新報社，1998.
61) 矢島正之：世界の電力ビッグバン，東洋経済新報社，1999.
62) 石原正康：電力自由化，日刊工業新聞社，1999.
63) 電力政策研究会：図説 電力の小売り自由化，電力新報社，2000.
64) 鶴田俊正：規制緩和，ちくま新書，1997.
65) 川本 明：規制改革，中公新書，1998.
66) 鶴 光太郎：日本的市場経済システム，講談社現代新書，1998.
67) 橋本寿郎，中川淳司：規制緩和の政治経済学，有斐閣，2000.

索　引

英数字

2-ステッジ依存型統計計画問題 …………204
AC（平均費用） ……………………………47
AC法（交流法潮流計算） ……………………377
AENS（平均供給不能エネルギー） ………194
AFC（平均固定費用） ………………………47
APD（確率的ディスパッチ）プログラム …226
APX（アムステルダム電力取引所） ………406
Arnoldi法 ………………………162, 174, 177
ASQG（適用統計準勾配法） ………………209
ATC（利用可能送電能力） …28, 123, 160, 422
ATSOI（アイルランドの送電事業者協会）417
AVC（平均可変費用） ………………………47
AVR（自動電圧調整器） ……………136, 283
backward-forward（BF）法 ………………252
BCU法 …………………………………………161
Bellman-Zadehの最大化決定法 ………383
CAIDI（需要家の平均供給不能持続時間）194
CAIFI（需要家の平均供給不能頻度） ……194
Cayley変換 …………………………………176
CBM …………………………………………423
CE ………………………………………………14
CEGB（国営中央発電局） ……………………12
CFD（差額契約） ……………………20, 404
CG法 …………………………………………180
CIT（平均供給不能持続時間） ……………194
COI（慣性中心） ……………………………125
Continuation Method ……………………244
COP3 …………………………………………352
CPFLOW（連続型潮流計算） ……………244
CPUC …………………………………………27
CRP ……………………………………………89
CR法 …………………………………………180
CS（消費者余剰） ……………………………57
CTAIDI（需要家の全平均供給不能持続時間） ………………………………………194
CTC（競争移行料金） ………………………27
DC法（直流法潮流計算） ……………78, 377
De-Coupled Newton-Raphson法 ………231
DSA（動的信頼度評価） ……………………248
DSM（デマンド・サイド・マネジメント） …46
DSP ……………………………………………238
EDC（経済負荷配分制御） …………………133
EdF（フランス電力公社） …………………6, 408
EdF・GDFサービス ………………………408
EEI（エジソン電気協会） …………………426
EIS ………………………………………419, 421
ELD（経済負荷配分） ………………………55
ELD（等価負荷持続曲線） …………………186
EMTP ……………………………………220, 239
ENEL（イタリア電力公社） ………………6, 415
EPAct（エネルギー政策法） ………………22
EPRI …………………………………………240
ERCOT（テキサス電力信頼度協議会管轄地域） ……………………………………………24
Escape Mechanism ………………………261
ESCO …………………………………………353
ETSO（欧州送電事業者IEM協会） ………417
EUE（供給不足エネルギー） ………………185
EUEIC（各需要家の供給不足エネルギー）195
EUROSTAG（長周期系統現象評価解析支援シミュレータ） ……………………220, 233
EU委員会 ……………………………………405
FACTS機器 ……………………183, 239, 328
FC（固定費用） ……………………………47
FDC（頻度－持続時間曲線） ………………185
FEA（フーリエ級数近似法） …………186, 190
FERC（連邦エネルギー規制委員会）
　………………………………………4, 22, 96, 140

434　索　引

FFT（高速フーリエ変換法）………186, 189
Fixed Slope De-Coupled Newton-Raphson
　法 ………………………………………231
Full Newton-Raphson 法 ………………231
Gauss-Seidel 法 …………………………231
GCE（グラムシャリエ級数法）………187, 191
GTO ………………………………………331
HMC（時間別モンテカルロディスパッチ）プ
　ログラム …………………………………226
ICRP…………………………………75, 91
IGBT ……………………………………331
IOS（系統連系運用サービス）…………144
IPP（独立系発電事業者）
　………………………5, 131, 237, 242, 376
ISO（独立系統運用機関）……5, 24, 68, 149
Kryrov 列 ………………………………177
Kuhu-Tucker 条件 ………………………110
LAC（長期平均費用曲線）………………51
Lanczos 法 …………………………162, 177
LBMP（地点別限界価格）…………………85
LC（長期総費用曲線）……………………51
LD（負荷持続曲線）………………………190
LFC（負荷周波数制御）…………………134
LMC（長期限界費用曲線）………………51
LOLE（供給支障電力量）………………226
LOLH（供給支障時間）…………………226
LOLP（供給不足確率）……………14, 185
LOLPIC（各需要家の供給不足確率）……194
Look-Ahead 法 …………………………249
LRA（タップ切換え器）…………………136
LTD（長周期動的）現象 …………………241
LU 分解 …………………………………182
Lyapunov 関数法 ………………………162
MAAC（中部大西洋地域協議会）…………24
MC（限界費用）……………………………47
MCP（市場決済価格）……………………149
MD ………………………………180, 181
MD-ML …………………………………180
MEGA-NOPR ……………………………22
MEGA-utility ……………………………27

MF ………………………………………180
MICID（需要家の最大供給不能時間）……194
MICIF（需要家の最大供給不能頻度）……194
ML-MD …………………………………181
MTTF（平均健全運転継続時間）…………226
MTTR（平均事故継続時間）………………226
n-1 セキュリティ ………………………380
NATC（リコール不可 ATC）……………423
NE（ニュークリア・エレクトリック）……12
NEDO ……………………………………352
NERC（北アメリカ電力信頼度協議会）
　………………………………83, 130, 140
NETA（新電力取引制度）………………147
NETOMAC ……………………………220
Newton-Raphson 法 ……………………231
NGC（ナショナル・グリッド）……13, 75, 131
Nord Pool ………………………………413
NORDEL…………………………………417
NP（ナショナル・パワー）………………12
N-TPA（交渉 TPA）……………………407
OASIS（送電線同時情報公開システム）
　…………………………23, 27, 143, 240, 422
OFFER（電気事業規制局）…………5, 131
OPF（最適潮流計算）……………78, 110, 377
Order No.888 …………………………4, 23, 96
Order No.889 …………………………4, 23, 97
PAFC ……………………………………370
PBR（パフォーマンス料金規制）………428
PEFC ……………………………………370
PG（パワー・ジェン）……………………12
PPP（プール支払価格）……………………16
PPS ………………………………………242
predictor-corrector（CP）法 …………245
PRI（消費者物価上昇率）…………………14
PROMOD Ⅳ（供給信頼度評価解析支援ソフ
　トウェア）………………………………225
PS（生産者余剰）…………………………57
PSP（プール購入価格）……………………16
PSS（系統安定化装置）……………137, 160
PSS/E …………………………………220, 229

索 引　**435**

PURPA（公益事業規制政策法） ……4, 22, 352
P-V カーブ ……………………………244
PWM ………………………………334, 345
PX（電力取引所）……………………5, 148
QC モード周波数シフト方式 …………285
QF（認定設備） ……………………4, 22
QR 法 …………………………………162, 172
RATC（リコール可 ATC） ……………423
RBI 法 …………………………………172
RC（同期調相器）……………………137
RCT（直接たたみ込み法）…………186, 189
Reaction Mechanism ………………259
Reactive Tabu Search（RTS）………259
REDESA（スペイン電力系統社）……416
REED（無効電力エラー検出方式）……288
ROCOF（周波数変化率検出方式）……281
RTNS …………………………………238
RTO（地域送電機構）………………131, 426
R-TPA（料金規制ベース TPA）………407
SAIDI（系統の平均供給不能持続時間）…194
SAIFI（系統の平均供給不能頻度）……194
SBS（単一購入者制度）………………28, 402
SC（スケジューリング・コーディネータ）
　……………………………………25, 149
SCADA システム ……………………280
SQG（統計準勾配法）………………207
SRMC（短期限界費用）………………107
SSA（静的信頼度評価）………………248
SSSC（自励式直列コンデンサ）……334
STATCOM ……………………………331
Statkraft 社 …………………………412
SVC（静電型無効電力補償装置）
　……………………………137, 268, 299, 330
T2 ………………………………………180
TCBR（サイリスタ制御制動抵抗器）…337
TCCs（送電線混雑契約）……………89
TCPST（サイリスタ制御移相器）……337
TCR（サイリスタ制御リアクトル）……330
TCSC（サイリスタ制御直列コンデンサ）　336
Tinney ………………………………181

TLR（送電線混雑解消）手順 …………83
TPA（第三者アクセス）……………28, 68
TRM ……………………………………423
TSC（サイリスタ開閉キャパシタ）……331
TTC（合計可能送電能力）……………422
UCTE（送電協調連合）………………417
UKTSOA（イギリス送電系統運営事業者協
　会）…………………………………417
UNESA（スペイン電気事業連合会）……416
UPFC ………………………………335
UPS（無停電電源システム）…………373
U-schedule（無制約供給契約） ………14
VC（可変費用）………………………47
VOLL …………………………………14
VSA（電圧信頼度評価）………………248
Y 法 ……………………………………220

あ 行

アイルランドの送電事業者協会（ATSOI）417
アクティブフィルタ …………………344
アップリフト …………………………16
アナログシミュレータ ………………220
アムステルダム電力取引所（APX）……406
アンシラリーサービス ……………70, 131
安定化制御 ……………………………311
安定度 …………………………………159
安定領域 ………………………………176

硫黄酸化物 ……………………………379
イギリス送電系統運営事業者協会
　（UKTSOA）………………………417
位相角安定度 …………………………159
位相補償関数 …………………………314
イタリア電力公社（ENEL）………6, 415
一般均衡分析 …………………………55
一般電気事業者 ………………………36
移動通信 ………………………………361
インバータ ……………………………356
インピーダンス測定方式 ……………289

ウインドファーム ················297, 355
運転用給電計画 ··························14
運転予備力 ·····························135

エジソン電気協会(EEI) ···············426
エネルギー間競合 ·····················3, 42
エネルギー関数 ·························161
エネルギー枯渇問題 ····················350
エネルギー政策法(EPAct) ···············22
エネルギー貯蔵モジュール ············226
エネルギーの使用の合理化に関する法律 354
エリオット社 ···························366

欧州送電事業者IEM協会(ETSO) ········417
大口需要家 ·····························397
オーダリング ···························182
オープンアクセス ·················34, 421
オプション市場 ··························17
オプションモジュール ·················226
卸託送 ································10, 68
卸託送型供給形態 ························10
卸電気事業者 ····························36

か 行

カーター政権時代 ··························2
会計上の分離 ···························405
回収不能投資 ····························23
回収不能費用 ····························62
海底ケーブル送電 ·····················340
回転形系統連系装置 ····················317
各需要家の供給不足エネルギー(EUEIC) 195
各需要家の供給不足確率(LOLPIC) ····194
確約サービス ····························67
確率信頼性指標 ·························185
確率的ディスパッチ(APD)プログラム ···226
ガスコンバインドサイクル発電モジュール
  ·······································227
寡占 ··································54, 61
活動基準帰属(ABC)手法 ···············101
過渡安定度 ···············123, 137, 311, 420

過負荷潮流 ·····························420
可変速風力発電システム ···············299
可変速揚水発電システム ···············302
可変費用(VC) ···························47
環境制約付き負荷配分モジュール ·····226
慣性中心(COI) ·························125
完全競争 ································53
完全競争型の供給形態 ····················10
完全競争市場 ····························54

規制緩和 ···························1, 350
規制されたTPA ··························31
規制ベースTPA ························402
規制マストテイク電源 ·················151
規制マストラン電源 ····················151
北アメリカ電力信頼度協議会(NERC)
  ·························83, 130, 140
機能分離 ·································6
規模の経済性 ····························41
基本プログラム ························226
逆潮流 ·································222
逆潮流あり ····························278
逆潮流なし ····························278
逆電力リレー ···························278
逆反復法 ··························162, 172
逆問題 ·································261
キャプストン社 ·························366
キュミュラント法 ·····················187
供給形態
  卸託送型── ························10
  完全競争型の── ····················10
  独占的な── ·························8
  発電市場自由化型の── ··············9
供給支障時間(LOLH) ···················226
供給支障電力量(LOLE) ·················226
供給信頼度評価解析支援ソフトウェア
  (PROMOD Ⅳ) ······················225
供給独占 ································54
供給不足エネルギー(EUE) ············185
供給不足確率(LOLP) ···················185

索 引

供給予備力 ……………………………135
強制サービス ……………………………145
強制プール ……………………………403
競争移行料金(CTC) ……………………27
競争原理 …………………………………2
競争入札 …………………………………401
協調的なプール …………………………404
共同サービス ……………………………145
局限化継電器 ……………………………280
近接固有値 ………………………………173

組み込みの機能 …………………………237
グラムシャリエ級数法(GCE) ………187, 191
グリーン制 ………………………………353

経済負荷配分制御(EDC) …………………133
経済負荷配分(ELD) ………………………55
経済融通モジュール ………………………226
形式上(Pro-format)の送電料金表 ……97
形式的送電料金規制 ……………………23
系統アクセス契約 ………………………407
系統アクセス部 …………………………409
系統安定化装置(PSS) …………………137, 160
系統解析ソフトウェア …………………219
系統混雑度 ………………………………380
系統事故時の事後処理解析 ……………225
系統周波数制御 …………………………303
系統の平均供給不能持続時間(SAIDI) …194
系統の平均供給不能頻度(SAIFI) ………194
系統連系運用サービス(IOS) ……………144
系統連系技術ガイドライン ……………354
系統連系装置 ……………………………317
軽負荷時間帯 ……………………………14
契約経路方式 ……………………………70
限界コスト ………………………………206
限界費用(MC) ……………………………47
限界費用方式 ……………………………70
限界利潤 …………………………………49
建材一体化技術 …………………………360
減衰率 ……………………………………169

原動機制御 ………………………………306
限流器 ……………………………………343

公益事業 …………………………………1
公益事業規制政策法(PURPA) ……4, 22, 352
合計可能送電能力(TTC) …………………422
交渉 TPA(N-TPA) ………………………407
交渉による TPA …………………………31, 402
高速フーリエ変換法(FFT) ……………186, 189
高速モンテカルロ法 ……………………196
高調波 ……………………………138, 275, 344
小売託送 …………………………………10, 68
交流法潮流計算(AC 法) …………………377
氷蓄積技術 ………………………………365
国営中央発電局(CEGB) …………………12
コジェネレーション ……………………361
固定費用(FC) ……………………………47
個別サービス ……………………………145
固有値 ……………………………………164
固有ベクトル ……………………………164
混合系 ……………………………………166
混雑 ………………………………………409
混雑料金 …………………………………82
コンバインドサイクル技術 ……………365
コンバインドサイクル式の火力発電所 …370

さ 行

サービス
　アンシラリー――――――70, 131
　確約―――――――――67
　強制―――――――――145
　共同―――――――――144
　系統連系運用――(IOS) ―144
　個別―――――――――145
　商用―――――――――146
　送電―――――――――67
　送電付帯――――――376
　地点間――――――23, 67
　ネットワーク――――67
　ネットワーク送電――23

非確約 ………………………………67
              必要 …………………………………146
         最適速度制御 ………………………………306
         最適潮流計算(OPF) ……………78, 110, 377
         サイリスタ …………………………………331
         サイリスタ開閉キャパシタ(TSC) ………331
         サイリスタスイッチ ………………………341
         サイリスタ制御位相器(TCPST) …………337
         サイリスタ制御制動抵抗器(TCBR) ……337
         サイリスタ制御直列コンデンサ(TCSC) …336
         サイリスタ制御リアクトル(TCR) ………330
         サイリスタリミッタ ………………………342
         差額契約(CFD) …………………………20, 404
         差額調整 ………………………………………20
         先物市場 ……………………………16, 21, 25, 147
         サッチャー政権時代 …………………………2
         サンプル時間 ………………………………166

         時間別限界コストモジュール ……………226
         時間別モンテカルロディスパッチ(HMC)プ
              ログラム ………………………………226
         事故時バックアップ料金 …………………401
         事故時補給電力 ……………………………140
         市場
              オプション ………………………………17
              完全競争 …………………………………54
              先物 ……………………………16, 21, 25, 147
              需給調整 ……………………………21, 147
              スポット …………………………………17, 149
              短期契約 ……………………………21, 147
              独占 ………………………………………60
              取引1時間前 ……………………………151
              取引前日 …………………………………151
              発電——自由化型の供給形態 …………9
              プール——モジュール …………………227
              北欧電力統合 ……………………………410
              リアルタイム ……………………………153
         市場開放率 …………………………………406
         市場経済 ………………………………………43
         市場決済価格(MCP) ………………………149

         市場支配力 ……………………………………63
         市場需要曲線 …………………………………44
         次数間高調波注入方式 ……………………288
         システム
              SCADA …………………………………280
              可変速風力発電 ………………………299
              可変速揚水発電 ………………………302
              無停電電源——(UPS) ………………373
         自然エネルギー ……………………………299
         自然独占 ………………………………………1
         自然独占性 ………………………………3, 41
         自端検出式 …………………………………280
         実行可能性の回復問題 ……………………119
         自動電圧調整器(AVR) ……………136, 283
         資本関係の分離 ……………………………404
         シミュレーション技術 ……………………218
         シミュレータ ………………………………220
         シャープレイ値配分方式 …………………147
         社会厚生 ………………………………………58
         社会的欠損 ……………………………………61
         周波数 ………………………………………169
         周波数維持 …………………………………133
         周波数シフト方式 …………………………287
         周波数制御 …………………………………133
         周波数変化率検出方式(ROCOF) ………281
         周波数変換装置 ……………………………317
         周波数変動 …………………………………273
         周波数変動量検出シーケンス ……………289
         重負荷時間帯 …………………………………14
         需給調整 ……………………………………133
         需給調整市場 ……………………………21, 147
         主双対内点法 ………………………………111
         受動的方式 …………………………………280
         需要家の最大供給不能時間(MICID) ……194
         需要家の最大供給不能頻度(MICIF) ……194
         需要家の全平均供給不能持続時間(CTAIDI)
              …………………………………………194
         需要家の平均供給不能持続時間(CAIDI) 194
         需要家の平均供給不能頻度(CAIFI) ……194
         需要曲線 ………………………………………44

需要の価格弾力性 ………………………45	静電型無効電力補償装置(SVC)
瞬動予備力 …………………………135	……………………137, 268, 299, 300
上限価格 ………………………………4	制動トルク係数 ……………………314
消費者物価上昇率(PRI) ……………14	制約付き燃料供給モジュール ……226
消費者余剰(CS) ……………………57	整流器形限流器 ……………………344
商用サービス ………………………146	セキュリティ制約 …………………378
商用電源停電対策 …………………373	セル ……………………………371
初期の決済 …………………………20	線形化 ………………………………164
自励式インバータ …………………331	線形微分方程式 ……………………163
自励式切換器 ………………………300	全米公営電気事業協会 ……………426
自励式直流送電 ……………………338	全面自由化 …………………………399
自励式直列コンデンサ(SSSC) ……334	
自励式変換器 ………………………331	総括原価方式 ………………………148
しわとりバックアップ料金 …102, 401	総括費用方式 ………………………70
新エネ法 ……………………………352	操業停止点 …………………………49
新電力取引制度(NETA) ……………147	送電協調連合(UCTE) ………………417
信頼性指数 …………………………185	送電系統影響評価モジュール ……227
信頼度 ……………………………276, 376	送電サービス ………………………67
信頼度マストラン電源 ……………151	送電制約 ……………………………420
	送電線開放型 ………………………10
垂直統合型供給体制 …………………7	送電線混雑解消(TLR)手順 ………83
推定期間特定型 ……………………400	送電線混雑費用 ……………………89
水平分割型供給体制 …………………7	送電線同時情報公開システム(OASIS)
水力発電最適化モジュール ………227	………………23, 27, 143, 240, 422
スウェーデン競争監督局 …………413	送電能力のシミュレーション解析 ……224
スウェーデン系統運用局 …………413	送電付帯サービス …………………376
スケジューリング・コーディネータ(SC)	送電容量制約 ………………………420
………………………………25, 149	送電利用権 …………………………88
スナバー回路 ………………………331	総費用曲線 …………………………47
スパース性 ………………………177, 181	双方向通信・エネルギー監視システム
スパースベクトル法 ………………181	………………………………419, 421
スペイン電気事業連合会(UNESA) ……416	双方独占 ……………………………54
スペイン電力系統社(REDESA) …………416	総余剰 ………………………………58
スペクトル変換 …………………173, 176	ゾーン制料金 ………………………400
スポット市場 ……………………17, 149	組織分離 ……………………………6
	損益分岐点 …………………………49
生産コスト …………………………185	
生産コストシミュレーション ……206	**た　行**
生産者余剰(PS) ……………………57	ダイオード変換器 …………………300
静的信頼度評価(SSA) ………………248	対角行列 ……………………………163

待機予備力 ……………………………135
第三者アクセス(TPA) ……………28, 68
太平洋北西部地域(Indego) …………24
大偏差法 ………………………………193
太陽光セル ……………………………360
太陽光発電 ………………………297, 359
太陽光発電フィールドテスト ………359
太陽電池モジュール …………………360
託送 ………………………………67, 401
託送契約 ………………………………377
託送の自由化 ……………………34, 421
多地域電源拡張計画法 ………………197
脱調 ………………………………159, 337
タップ切換え器(LRA) ………………136
他励式直流送電 ………………………340
単一購入者制度(SBS) ……………28, 402
単一設備事故 …………………………424
短期供給曲線 …………………………50
短期契約市場 ……………………21, 147
短期限界費用(SRMC) ………………107
短期限界費用方式 ………………………72
短時間電力供給予測 …………………357
単独運転 …………………………222, 277
単独運転検出 …………………………278
単独運転検出リレーシーケンス ……289

地域送電機構(RTO) ……………131, 427
逐次反復法 ……………………………172
窒素酸化物 ……………………………379
地点間サービス …………………23, 67
地点別限界価格(LBMP) ………………85
中央給電制御 …………………………376
中部大西洋地域協議会(MAAC) ……24
長期供給曲線 …………………………51
長期限界費用曲線(LMC) ……………51
長期限界費用方式 ………………………72
長期総費用曲線(LC) …………………51
長期平均費用曲線(LAC) ……………51
長周期系統現象評価解析支援シミュレータ
　　　(EUROSTAG) ………………233

長周期動的(LTD)現象 ………………241
長周期動揺 ……………………………160
長周期モード …………………………175
調相設備 ………………………………341
超伝導 …………………………………343
潮流限界点 ……………………………121
潮流分布係数 ……………………………79
直接たたみ込み法(RCT) …………186, 189
直流法潮流計算(DC法) ……………78, 377
直流リンク ……………………………301
直交展開 ………………………………193

定期検査時補給電力 …………………140
定態安定度 ……………………………137
停電コスト ………………………………59
テキサス電力信頼度協議会管轄地域
　　　(ERCOT) ……………………24
適用統計準勾配法(ASQG) …………209
デジタルシミュレータ ………………220
デジタル制御系 ………………………166
デマンド・サイド・マネジメント(DSM) …46
電圧・周波数異常継電器 ……………278
電圧・周波数制御方式 ………………374
電圧・無効電力制御 …………………136
電圧安定性 ………………120, 136, 420
電圧安定度 ……………………………159
電圧位相シフト検出方式 ……………281
電圧信頼度評価(VSA) ………………249
電圧制御 ………………………………136
電圧フリッカ …………………………138
電圧変動 ………………………………274
電圧変動低減対策 ……………………291
展開中心法 ……………………………193
電気事業規制局(OFFER) …………5, 131
電気事業者
　　一般——………………………36
　　卸——…………………………36
　　特定——………………………36
　　特定規模——…………………36
電気自動車用電源 ……………………372

索　引　**441**

電気料金規制局 ……………………413
転送遮断方式 ………………………278
電力改質センター …………………348
電力買取り制度 ……………………353
電力規制委員会 ……………………409
電力事業の自由化 …………………350
電力取引契約 ………………………407
電力取引所(PX) ……………………5, 148
電力プール …………………………399
電力揺動モード ……………………175

等価負荷持続曲線(ELD) …………186
同期化トルク係数 …………………314
同期調相器(RC) ……………………137
同期外れ ……………………………304
同期発電機 …………………………300
同期発電機方式 ……………………356
同期併入 ……………………………324
統計準勾配法(SQG) ………………207
同時同量 ………………………101, 139
同時反復法 ………………162, 173, 177
動態安定度 …………………………311
動的シミュレーション ……………220
動的信頼度評価(DSA) ……………248
トーメン ……………………………358
独占 ……………………………54, 59
　　供給── ……………………54
　　自然── ………………………1
　　双方── ……………………54
独占市場 ……………………………60
独占的競争 ……………………54, 61
独占的な供給形態 …………………9
特定規模電気事業者 ………………36
特定供給 ……………………………362
特定契約 ……………………………399
特定電気事業者 ……………………36
独立系統運用機関(ISO) …5, 24, 68, 149
独立系発電事業者(IPP)
　　　　　 ………5, 131, 237, 242, 376
取引1時間前 …………………25, 151

取引前日 ………………………25, 151

な　行

ナショナル・グリット(NGC) ……13, 75, 131
ナショナル・パワー(NP) …………12

二部料金制 …………………………400
日本工業大学 ………………………361
ニュークリア・エレクトリック(NE) ……12
任意プール …………………………404
認定設備(QF) …………………………4

ネットワークサービス ……………67
ネットワーク送電サービス ………23
熱容量 ………………………………160
燃料電池 ……………………………370
燃料費 ………………………………377

能動的方式 …………………………280
ノーズカーブ ………………………120
ノーダルプライス ………77, 107, 426
ノード縮約法 ………………………181

は　行

ハーフィンダル・フィッシャーマン指標 …63
バイオマス燃焼発電 ………………373
ハイブリッド型供給システム ………5
パッシブフィルタ …………………344
発送配電一貫型 ………………………4
発電運転モード ……………………306
発電可能容量分 ……………………17
発電機間縮約アドミタンス行列 …182
発電市場自由化型の供給形態 ……9
発電出力の平準化 …………………300
ハネウェルパワーシステムズ社 …366
パフォーマンス料金規制(PBR) …428
パワー・ジェン(PG) ………………12
パワーエレクトロニクス技術 …294, 328
パワーコンディショナ ……………360

非確約サービス ……………………………67
非整数次高調波 …………………………275
必要サービス ……………………………146
費用
    可変——(VC) ……………………47
    限界——(MC) ……………………47
    限界——方式 ………………………70
    固定——(FC) ……………………47
    総——曲線 …………………………47
    総括——方式 ………………………70
    送電線混雑—— ……………………89
    短期限界——方式 …………………72
    短期限界——(SRMC) ……………107
    長期限界——曲線(LMC) …………51
    長期限界——方式 …………………72
    長期総——曲線(LC) ………………51
    長期平均——曲線(LAC) …………51
    平均——(AC) ……………………47
    平均可変——(AVC) ……………47
    平均固定——(AFC) ……………47
標準モジュール …………………………226
費用の劣加法性 ……………………………41
頻度 - 持続時間曲線(FDC) …………185

不安定領域 ………………………………177
フーリエ級数近似法(FEA) …………186, 190
風力エネルギー …………………………299
風力発電 ……………………………297, 355
プール購入価格(PSP) ……………………16
プール市場モジュール …………………227
プールシステム …………………………402
プール支払価格(PPP) ……………………16
負荷・距離法 ………………………………71
負荷持続曲線(LD) ………………………190
負荷周波数制御(LFC) …………………134
負荷変動対応電力 ………………………139
負荷変動方式 ……………………………287
負荷余裕 …………………………………121
不完全競争 …………………………………54
複占 ……………………………………54, 61

部分均衡分析 ………………………………55
部分空間法 ………………………………172
部分自由化 …………………………397, 399
浮遊ノード ………………………………181
プライスキャップ規制 ……………14, 154
ブラックスタート ………………………138
フランス電力公社(EdF) ……………6, 408
ブロック対角行列 ………………………178
ブロック対角性 …………………………178
プロファイリング …………………………19
分散型電源 …………………………………2
分散型電源系統連系技術指針 …………223
分散型電源複数台連系 …………………292
分散電源 ……………………297, 346, 350

平均可変費用(AVC) ……………………47
平均供給不能エネルギー(AENS) ……194
平均供給不能持続時間(CIT) …………194
平均健全運転継続時間(MTTF) ………226
平均固定費用(AFC) ……………………47
平均事故継続時間(MTTR) ……………226
平均費用(AC) ……………………………47
平衡点 ………………………………159, 163
べき乗法 ……………………………162, 172
ペネトレーションレシオ ………………374
変更命令 …………………………………401

ボーマン・パワー・システムズ社 ……366
補給電力 …………………………………140
北欧電力統合市場 ………………………410
母線アドミタンス行列 …………………378
母線電圧 …………………………………178
北海道苫前町 ……………………………357
ポンプ入力 ………………………………303

ま 行

マーケット・オペレータ …………………21
マイクロガスタービン …………………363
マクロ・ブロック ………………………236
マルチエリアモデリングモジュール ……226

マルチフューエル ……………………364	誘導発電機 …………………292, 298
無効電力エラー検出方式(REED) ……288	誘導発電機方式 ……………………356
無効電力補償装置(SVC) ……………268	郵便切手方式 …………………70, 409
無効電力補償方式 ……………………288	
無制約供給計画(U-schedule) ………14	揚水運転モード ……………………306
無停電電源システム(UPS) …………373	余剰 ……………………………………57

ら 行

メリットオーダ方式 ……………………9	ライブラリ ……………………………237
	落札価格 …………………………………4
モジュール	ラグランジュ乗数 …………………206
エネルギー貯蔵―― ………………226	
オプション―― ……………………226	リアルタイム市場 ……………………153
ガスコンバインドサイクル発電―― 227	リコール可 ATC(RATC) ……………423
環境制約付き負荷配分―― …………226	リコール不可 ATC(NATC) …………423
経済融通―― ………………………226	離散系 …………………………………166
時間別限界コスト―― ………………226	リパワリング技術 ……………………365
水力発電最適化―― …………………227	利用可能送電能力(ATC) …28, 123, 160, 422
制約付き燃料供給―― ………………226	料金規制ベース TPA(R-TPA) ……407
送電系統影響評価―― ………………227	料金上限規制 …………………………14
太陽電池―― ………………………360	臨界固有値 ……………………………175
プール市場―― ……………………227	
マルチエリアモデリング―― ………226	零次ホールドディレイ ………………166
モデル特定型 …………………………400	零次ホールド …………………………166
モンテカルロ法 …………………186, 195	レイリー商反復法 ……………………172

や 行

	列挙法 …………………………………262
	連続型潮流計算(CPFLOW) ………244
山形県立川町 …………………………358	連続系 …………………………………166
	連邦エネルギー規制委員会(FERC)
融通電力制御 …………………………317	……………………………4, 22, 96, 140

電力自由化と技術開発
21世紀における電気事業の経営効率と供給信頼性の向上を目指して

2001年9月20日　第1版1刷発行	監　修　横山隆一 著　者　浅野浩志　荒井純一　岡田健司 　　　　久保川淳司　栗原郁夫　小柳薫 　　　　陳洛南　中西要祐　新村隆英 　　　　福山良和　藤田吾郎　舟橋俊久 　　　　的場誠一
	発行者　学校法人　東京電機大学 　　　　代表者　丸山孝一郎 発行所　東京電機大学出版局 　　　　〒101-8457　東京都千代田区神田錦町 2-2 　　　　振替口座　00160-5- 71715 　　　　電話　（03）5280-3433（営業） 　　　　　　　（03）5280-3422（編集）
印刷　（株）精興社 製本　渡辺製本（株） 装丁　右澤康之	©Yokoyama Ryuuichi, Asano Hiroshi, Arai Junichi, Okada Kenji, Kubokawa Junji, Kurihara Ikuo, Koyanagi Kaoru, Chen Luonan, Nakanishi Yosuke, Niimura Takahide, Fukuyama Yoshikazu, Fujita Goro, Funabashi Toshihisa, Matoba Seiichi　2001 Printed in Japan

＊無断で転載することを禁じます．
＊落丁・乱丁本はお取替えいたします．

ISBN 4-501-11000-7　C 3054

電気工学図書

直流送電工学

町田武彦 編著
A5判 280頁
直流送電全般，およびパワーエレクトロニクス技術の動向と原理を入門者向けに解説。

超電導工学
現象と工学への応用

松葉博則 編著
A5判 264頁
本書は，超電導現象を工学に応用するための基礎的な事項を述べたものである。（CD-ROM 付）

電気設備技術基準
審査基準・解釈

東京電機大学 編
B6判 458頁
電気設備技術基準およびその解釈を読みやすく編集。関連する電気事業法・電気工事士法・電気工事業法を併載し，現場技術者および電気を学ぶ学生にわかりやすいと評判。

電気法規と電気施設管理

竹野正二 著
A5判 320頁
電気関係の法令に重点をおき，大学生から高校生まで理解できるようにやさしくに解説。電気施設管理は，高専や短大の学生及び電験第二種受験者が習得しておかなければならない基本的な事項をまとめた。

基礎テキスト
電気理論

間邊幸三郎 著
B5判 224頁
電気の基礎である電磁気について，電界・電位・静電容量・磁気・電流から電磁誘導までを，例題や練習問題を多く取り入れやさしく解説。

基礎テキスト
回路理論

間邊幸三郎 著
B5判 274頁
直流回路・交流回路の基礎から三相回路・過渡現象までを平易に解説。難解な数式の展開をさけ，内容の理解に重点を置いた。

基礎テキスト
電気・電子計測

三好正二 著
B5判 256頁
初級技術者や高専・大学・電験受験者のテキストとして，基礎理論から実務に役立つ応用計測技術までを解説。

基礎テキスト
発送配電・材料

前田隆文/吉野利広/田中政直 共著
B5判 296頁
発電・変電・送電・配電等の電力部門および電気材料部門を，基礎に重点をおきながら，最新の内容を取り入れてまとめた。

基礎テキスト
電気応用と情報技術

前田隆文 著
B5判 192頁
照明，電熱，電動力応用，電気加工，電気化学，自動制御，メカトロニクス，情報処理，情報伝送について，広範囲にわたり基礎理論を詳しく解説。

理工学講座
基礎 電気・電子工学 第2版

宮入庄太/磯部直吉/前田明志 監修
A5判 306頁 2色刷
電気・電子技術全般を理解できるように編集した。大学理工学部の基礎課程のテキストに最適。2色刷

＊定価，図書目録のお問い合わせ・ご要望は出版局までお願い致します。

理工学講座

理工学講座
基礎　電気・電子工学　第2版

宮入庄太/磯部直吉/前田明志　監修
A5判　306頁　2色刷
電気・電子技術全般を理解できるように編集した。大学理工学部の基礎課程のテキストに最適。2色刷

理工学講座
改訂　交流回路

宇野辛一/磯部直吉　共著
A5判　318頁
交流現象の理論的な解説と計算法を詳述した名著「交流回路」を，時代の要求に沿っていて親しみやすく，かつ理解しやすいように全面的に見直した改訂版。

理工学講座　エレクトロニクスのための
過渡現象
理論と演習

窪田忠弘　著
A5判　258頁
現象を単に数学的叙述に終わらせることなく，物理的な意味をできるだけ加えて解説。大学のテキスト向き。

理工学講座
電気電子材料
導電性制御とエネルギー変換の実際

松葉博則　著
A5判　218頁
導電性制御および，他のエネルギーへの変換の原理を述べ，その実際の応用についても解説。

理工学講座
電子計測
基礎から制御システムまで

小滝國雄・島田和信　共著
A5判　160頁
今日の産業社会に深く関わっている電子計測について，基礎から最近の計測までを解説。

理工学講座
電磁気学

東京電機大学　編
A5判　266頁
理工系大学の基礎課程のための教科書として編集。講義と学生の演習の便宜を考えて，豊富に例題や演習問題を用意した。

理工学講座
高周波電磁気学

三輪　進　著
A5判　228頁
電磁気学を基礎に，アンテナ，電波伝搬，高周波回路等を理解するのに必要な理論を簡潔に解説。

理工学講座
パワーエレクトロニクスの基礎
新しいパワーデバイスとその応用

岸敬二　著
A5判　290頁
最近のパワーエレクトロニクス技術，特にデバイスの応用分野に力点をおいて解説。

理工学講座
照明工学講義　新訂版

関　重広　著
A5判　210頁
長年読者から愛用され信頼を得ている前著を最新・最良の資料をとり入れて全面的に見直した。

理工学講座
電気通信概論　第3版
通信システム・ネットワーク・マルチメディア通信

荒谷孝夫　著
A5判　226頁　2色刷
全面的に見直し，特にインターネット・ISDN等マルチメディア通信について大きく書き改めた。

＊定価，図書目録のお問い合わせ・ご要望は出版局までお願い致します。

計測・制御

理工学講座
改訂 制御工学 上
深海　登世司/藤巻　忠雄 監修
A5判　246頁

制御工学初学者を対象に，ラプラス変換に基づくフィードバック制御理論を十分理解できるようできるだけ平易にわかりやすく解説。章末に演習問題をつけ，より実践的に理解を深められるよう工夫した。

MATLABによる
制御理論の基礎
野波健蔵 編著
A5判　232頁

自動制御や制御工学のテキストを新しい観点からとらえて解説。特にロバスト制御の基礎概念となるモデル誤差や設計仕様について述べ，MATLABを活用した例題や練習問題を豊富に掲載。

MATLABによる
制御のためのシステム同定
足立修一 著
A5判　208頁

実際にシステム同定を利用する初心者の立場に立って，制御系設計のためのシステム同定理論の基礎を解説。理解の助けのためにMATLABのToolboxを用いた。

基礎テキスト
電気・電子計測
三好正二 著
B5判　256頁

初級技術者や高専・大学・電験受験者のテキストとして，基礎理論から実務に役立つ応用計測技術までを解説。

高周波計測
マイクロ波通信からデバイスまで
森屋侃良昌・関和雄 共著
A5判　162頁

高周波計測の基礎理論から最新の計測器までを解説。テクニックや注意点も併記。

理工学講座
制御工学 下
深海登世司/藤巻　忠雄 著
A5判　156頁

制御工学を学んだ方を対象にシステムの入出力の特性のみならず，内部状態に着目するいわゆる現代制御理論を理解する入門教科書として最適の一冊である。

MATLABによる
制御系設計
野波健蔵 著
A5判　330頁

「MATLABによる制御理論の基礎」の応用編として，主要な制御系設計法の特徴と手順を解説し，実用的な視点からまとめた。制御理論と設計法をMATLABのプログラムを実行しながら理解できる。

MATLABによる
制御工学
足立修一　著
A5判　256頁

電気系学部学生のための制御工学テキスト。MATLABがなくても教科書に採用できるように構成した。

ISO規格等に基づく
計測の基礎
SI単位の不確かさ
関和雄 著
A5判　154頁

ISO規格等に基づいて，計測の基本的な考え方を明確にし，さらに計測の不確かさについて，その計測方法を解説。

初めて学ぶ
基礎 制御工学 第2版
森　政弘/小川鑛一 共著
A5判　288頁

初めて制御工学を学ぶ人のために，多岐にわたる制御技術のうち，制御の基本と基礎事項を厳選し，わかりやすく解説したものである。